湿法冶金的原理与应用

Michael Free 著
李育彪 译

北 京
冶 金 工 业 出 版 社
2020

内 容 简 介

本书详细阐述了湿法冶金过程的基本原理、化学过程、物种形成与平衡、反应热力学及动力学、金属的回收与利用、环境问题、工艺流程及经济学与统计学知识等。

本书可供从事矿物加工工程、环境科学与工程、材料科学与工程、化学工程等领域的科技人员阅读参考，也可作为大学本科生和研究生相关课程的教学用书或教学参考。

图书在版编目(CIP)数据

湿法冶金的原理与应用/李育彪译. —北京：冶金工业出版社，2020.10
ISBN 978-7-5024-6009-9

Ⅰ.①湿…　Ⅱ.①李…　Ⅲ.①湿法冶金　Ⅳ.①TF111.3

中国版本图书馆 CIP 数据核字(2020)第 184763 号

出 版 人　苏长永
地　　址　北京市东城区嵩祝院北巷 39 号　邮编　100009　电话　(010)64027926
网　　址　www.cnmip.com.cn　电子信箱　yjcbs@cnmip.com.cn
责任编辑　徐银河　程志宏　美术编辑　吕欣童　版式设计　禹　蕊
责任校对　石　静　责任印制　李玉山
ISBN 978-7-5024-6009-9
冶金工业出版社出版发行；各地新华书店经销；北京印刷集团有限责任公司印刷
2020 年 10 月第 1 版，2020 年 10 月第 1 次印刷
169mm×239mm；22 印张；429 千字；341 页
70.00 元
冶金工业出版社　投稿电话　(010)64027932　投稿信箱　tougao@cnmip.com.cn
冶金工业出版社营销中心　电话　(010)64044283　传真　(010)64027893
冶金工业出版社天猫旗舰店　yjgycbs.tmall.com
(本书如有印装质量问题，本社营销中心负责退换)

前　　言

本书旨在介绍湿法冶金的基本原理及其实际应用。与火法冶金相比，湿法冶金具有能耗低、污染小，可以有效处理低品位矿石等优点，因此受到了越来越多的关注。为了让读者更好地理解湿法冶金过程，本书结合大量计算案例与实际工业应用，围绕湿法冶金的基本化学原理、主要步骤、环境问题、工艺流程设计、经济学与统计学等方面进行了详细的阐述。

本书内容共分12章，第1章简介，对金属的重要性、金属的来源、水的重要性以及湿法冶金的基本原理进行阐述。第2章、第3章及第4章结合计算案例，简明介绍了湿法冶金涉及的化学过程、物种形成与平衡、反应动力学等基础理论。第5章至第8章结合计算案例与大量实际工业应用，对金属的提取、富集、回收与利用等主要步骤进行了详细介绍。第9章介绍湿法冶金过程中的环境问题及解决方案。第10章为湿法冶金工艺流程的基本设计原则。第11章和第12章为湿法冶金相关的经济学与统计学内容。每章结束均设有思考练习题，帮助读者更好地巩固所学的理论知识。

随着矿产资源不断开发利用，矿石品位日趋降低，加之当今社会对能耗、环境等的要求也越来越高，湿法冶金工艺必将得到更大的发展和更广泛的应用。译者希望通过本书在国内翻译出版，能够让读者结合计算案例与实际工业应用，清晰明了地理解有关湿法冶金的化学、环境学、设计学、经济学以及统计学等学科的基础理论，帮助读者更全面、深入地理解整个湿法冶金过程。本书可供矿物加工工程、环境科学与工程、化学工程、材料科学与工程等领域的科研技术人员阅读参考，也可作为大学本科学生及研究生教学用书或教学参考。

本书在翻译过程中获得了武汉理工大学“15551人才工程”资助，在翻译、录入及校订过程中得到了博士研究生魏桢伦及硕士研究生彭樱、傅佳丽、王志杰、杨旭、肖蕲航、柯春云、段万青等的帮助，在此一并感谢。

由于译者水平所限，错误或不足之处敬请读者批评指正。

李育彪

2020年8月

目　　录

第 1 章　简介 …… 1

1.1　金属的重要性 …… 1

1.2　矿物沉积 …… 5

1.3　水的重要性 …… 9

1.4　金属的液相加工与使用 …… 10

1.5　基本原理和应用概述 …… 13

参考文献 …… 15

思考练习题 …… 16

第 2 章　湿法冶金的化学基础 …… 17

2.1　常规反应 …… 17

2.2　化学势 …… 19

2.3　自由能和标准条件 …… 22

2.4　自由能和非标准状态 …… 24

2.5　平衡 …… 25

2.6　溶度积 …… 26

2.7　K、pK、pK_a和 pH 之间的关系 …… 27

2.8　自由能和非标准温度 …… 28

2.9　反应产生的热量 …… 31

2.10　自由能和非标准压强 …… 32

2.11　平衡浓度的确定 …… 32

2.12　活度和活度系数 …… 33

2.13　求解实际平衡问题 …… 37

2.14　电化学反应原理 …… 41

2.15　平衡和电化学方程 …… 43

参考文献 …… 48

思考练习题 …… 49

第 3 章　物种图和相图 …… 51

3.1　物种（或离子分布）图 …… 51
3.2　金属配体物种图 …… 54
3.3　相稳定图 …… 57
参考文献 …… 66
思考练习题 …… 66

第 4 章　速率过程 …… 67

4.1　化学反应动力学 …… 67
4.2　生物化学反应动力学 …… 73
4.3　电化学反应动力学 …… 75
4.4　传质 …… 84
4.5　传质和反应动力学的组合 …… 90
4.6　颗粒反应模型 …… 93
4.7　传质和电化学组合动力学 …… 101
4.8　结晶动力学 …… 103
4.9　表面反应动力学概述 …… 104
参考文献 …… 106
思考练习题 …… 107

第 5 章　金属提取 …… 109

5.1　一般原则与术语 …… 109
5.2　细菌浸出/细菌氧化 …… 127
5.3　贵金属浸出应用 …… 130
5.4　精矿提取 …… 134
参考文献 …… 140
思考练习题 …… 143

第 6 章　溶解金属的分离 …… 144

6.1　液-液或溶剂萃取 …… 144
6.2　离子交换 …… 157
6.3　活性炭吸附 …… 162
6.4　超过滤或反渗透 …… 166
6.5　沉淀 …… 167

6.6　工艺及废水处理 …… 167
参考文献 …… 168
思考练习题 …… 169

第7章　金属回收工艺 …… 171

7.1　电解沉积 …… 171
7.2　电解精炼 …… 180
7.3　置换沉淀与接触还原 …… 182
7.4　使用溶解的还原剂回收金属 …… 183
参考文献 …… 184
思考练习题 …… 186

第8章　金属的应用 …… 187

8.1　简介 …… 187
8.2　电池 …… 187
8.3　燃料电池 …… 191
8.4　化学镀 …… 193
8.5　电镀涂层 …… 195
8.6　电铸 …… 196
8.7　电化学加工 …… 196
8.8　腐蚀 …… 197
参考文献 …… 205
思考练习题 …… 206

第9章　环境问题 …… 207

9.1　简介 …… 207
9.2　美国环境政策问题 …… 208
9.3　金属去除与环境修复问题 …… 211
参考文献 …… 216
思考练习题 …… 217

第10章　流程设计原则 …… 219

10.1　确定总体目标 …… 219
10.2　基本流程环节的确定 …… 219
10.3　具体环节选择的调查 …… 220

10.4　整体流程图 …… 225
10.5　附加信息的获得 …… 226
10.6　工艺流程图示例 …… 227
参考文献 …… 244
思考练习题 …… 246

第 11 章　一般工程经济学 …… 247

11.1　时间与利息的影响 …… 247
11.2　投资收益 ROR …… 255
11.3　成本估算 …… 255
11.4　现金流量折现经济分析 …… 257
11.5　等价转换 …… 258
11.6　净现值分析 …… 260
11.7　评估风险的财务影响 …… 266
11.8　工程经济术语 …… 272
参考文献 …… 273
思考练习题 …… 274

第 12 章　一般工程统计学 …… 276

12.1　不确定度 …… 276
12.2　基本统计学术语和概念 …… 279
12.3　正态分布 …… 280
12.4　概率与置信度 …… 281
12.5　线性回归与相关内容 …… 297
12.6　选择合适的统计函数 …… 298
12.7　假设检验 …… 303
12.8　方差分析（ANOVA） …… 304
12.9　因素设计与实验分析 …… 307
12.10　田口法 …… 309
参考文献 …… 314
思考练习题 …… 315

附录 …… 317

附录 A　化学元素相对原子质量 …… 317
附录 B　其他常量 …… 318

附录C　换算系数 …… 318
附录D　自由能数据表 …… 319
附录E　实验室计算 …… 329
附录F　选定离子种类数据 …… 332
附录G　标准半电池电位 …… 333
附录H　通用术语 …… 334
附录I　常见的筛网尺寸 …… 336
附录J　金属和矿物 …… 336
参考文献 …… 340

第1章　简　　介

金属是现代生活的基础，如果没有金属，我们只能依靠石器时代的技术来生活。

本章节主要的学习目标和效果

(1) 理解金属的重要性；
(2) 了解金属的一些重要用处；
(3) 了解金属的价值；
(4) 理解金属矿床的是怎样形成的；
(5) 理解金属是怎样在地球上以不同形式进行自然循环的；
(6) 理解水在金属加工中的重要性；
(7) 识别从含金属矿石中提取金属需要用到的基本方法。

1.1　金属的重要性

金属是人类生存的必需品。我们的身体依靠金属来完成很多生命机能。氧气运输到细胞的过程需要铁，骨骼的形成需要钙，许多必要生命功能的调节需要钠和钾。我们身体中的种种关键活动都需要大量微量金属的参与。

金属是现代生活的基础。我们使用大量的金属去制造小到自行车、汽车，大到轮船、飞机等交通工具。我们依靠金属来修建房屋、桥梁和公路。我们需要金属去制造电脑和其他电子产品。金属还是发电所必需的，也是众多工业和家用机械中电动机的基础。金属决定了我们的生活方式，如果没有金属，我们只能依靠石器时代的技术来生活。

无数事物由金属构成或者含有金属部件，以实现它们的功能。很多地方都可以生产金属，使得金属制品遍布全球。表1.1总结了一些金属及其应用，表1.2展示了全球金属产量。

表1.1　一些金属常见应用的对比[1~3]

金属	符号	常见应用
锕	Ac	热电能源，中子源
铝	Al	合金，容器，航空航天，室外结构，陶瓷（氧化铝）
锑	Sb	半导体，合金，耐火材料

续表 1.1

金属	符号	常见应用
钡	Ba	常以重晶石、硫酸钡等非金属形式应用，特种合金
铍	Be	特种合金，电极，X射线窗口
铋	Bi	特种合金，热电偶，火灾探测，化妆品
镉	Cd	特种合金，涂料，电池，太阳能电池
钙	Ca	常以非金属形式应用，还原剂，脱氧剂，特种合金
铈	Ce	常以非金属形式应用，催化剂，特种合金
铯	Cs	催化剂，氧气捕收剂，原子钟
铬	Cr	不锈钢，涂料，催化剂，染色剂，防锈剂
钴	Co	高强度、高温合金，磁性材料，染色剂
铜	Cu	电线，导管，传热材料，合金（青铜和黄铜）
镝	Dy	特种磁性材料，特种合金，核控制设施
铒	Er	染色剂
铕	Eu	非金属形式的特种材料，特种合金
钆	Gd	非金属形式的特种材料，特种合金
镓	Ga	太阳能电池，半导体，中微子探测器，特种合金，涂料
金	Au	珠宝，金条/投资工具，装饰，特种涂料，合金，硬币
铪	Ha	特种合金，核控制棒
钬	Ho	特种合金，灯丝，中子吸收
铟	In	特种合金，太阳能电池，热敏电阻，焊料
铱	Ir	特种合金和涂料，珠宝，电极
铁	Fe	钢，铸铁，许多合金，即使用最广泛、成本最低的金属
镧	La	用于非金属及合金制品
铅	Pb	电池，辐射防护，电缆盖，弹药，特种合金
锂	Li	热传递，特种合金，电池，玻璃中的非金属形式，医药
镥	Lu	催化剂，特种合金
镁	Mg	特种合金，还原剂，烟火，许多以非金属形式的用途
锰	Mn	钢和特种合金，以非金属形式用于电池，染色剂，化学作用
汞	Hg	氯碱生产，汞合金，特种用途
钼	Mo	主要用于钢合金，催化剂，加热元件
钕	Nd	特种磁铁，激光，还以非金属形式，如玻璃染色剂
镎	Np	中子探测
镍	Ni	许多特种合金，电池，管道，涂料，磁铁，催化剂
铌	Nb	特种合金，磁铁

续表 1.1

金属	符号	常见应用
锇	Os	高成本的特种硬质合金
钯	Pd	合金（脱色金），催化剂，用于氢气净化
铂	Pt	催化剂，珠宝，热电偶，玻璃制造设备，电化学
钚	Pu	核武器和燃料
钋	Po	中子源，卫星热电动力
钾	K	还原剂，大多数用于非金属形式，如肥料
镨	Pr	特种合金，非金属形式如玻璃染色剂
镭	Ra	中子源
铼	Re	特种合金，热电偶，催化剂
铑	Rh	特种合金，热电偶，催化剂，珠宝
铷	Rb	特种合金，催化剂，特种玻璃（非金属）
钌	Ru	特种合金，催化剂
钐	Sm	磁铁，特种合金，催化剂
钪	Sc	特种合金
银	Ag	珠宝，银器，焊料，电池，抗菌用途，硬币
钠	Na	化学反应中的试剂，电池，主要用于非金属形式
锶	Sr	特种合金，锌精馏，烟火，玻璃染色剂
钽	Ta	特种合金，电容器，外科器械
锝	Tc	放射性示踪剂
铊	Tl	特种合金，光伏器件
钍	Th	特种合金，便携式气体灯罩，催化剂
铥	Tm	特殊合金，放射源（如果预先暴露）
锡	Sn	特种合金，焊料，涂料，半导体
钛	Ti	航空航天合金，耐腐蚀合金，植入物，油漆颜料（二氧化钛）
钨	W	灯丝，合金，工具用钢和硬质材料
铽	Tb	固体器件，特种合金中的掺杂剂
铀	U	核燃料，核武器
钒	V	特种钢，催化剂，核应用
镱	Yb	特种合金，放射源
钇	Y	合金，催化剂，非金属染色剂的应用
锌	Zn	镀锌金属的镀层，如黄铜等合金，焊料，电池，硬币
锆	Zr	核燃料罐，耐腐蚀管道，爆炸性的引物

表1.2 世界金属产量、单价和估算总价（基于USGS 2012年总结的数据）[1]

金属	2011年世界各地预计产量/吨	2011年金属预计单价/美元·千克$^{-1}$	预计总产值/美元
铝	44100000	2.71	119585969708
锑	169000	13.45	2272757336
铍	240	447.54	107409775
铋	8500	25.57	217376926
镉	21500	2.75	59125000
铬	24000	14.50	348000000
钴	98000	39.68	3888974625
铜	16100000	8.82	141978438678
镓	95	700.00	66500000
金	2700	51440.73	138889966710
铟	640	720.00	460800000
铁/钢	1100000000	1.32	1455058533036
铅	4500	2.49	11210565
镁	780000	5.18	4041094380
汞	1930	100.00	193000000
钼	250000	76.94	19235432880
镍	1300000	22.71	29520051148
铌	63000	41.00	2583000000
钯	207	23470.54	4858400758
铂	192	55301.04	10617800216
铼	49	2000.00	98000000
银	23800	1108.93	26392557155
锡	253000	25.35	6414383033
钛	186000	22.71	4223638087
锌	12400000	2.20	27337463348
锆	1410	64.00	90240000

2011年金属原料的年产值预估超过2万亿美元，而这仅仅只是金属原料的价值，如果考虑到其加工出来的产品的价值，那么其对世界经济的价值将是这个数值的好几倍。

图1.1展示了地球上金属经历的持续循环使用过程。金属来自地球，它在地

质作用下持续地运输和转化。

金属通常来源于矿物，通过发现、开采和转化，最终得到金属。现在使用的所有金属都经历过非常缓慢或快速的腐蚀或降解过程。腐蚀过程的本质是金属经化学转化形成矿物或离子产物，金属的大气侵蚀通常会形成金属氧化矿，空气和水中的氧气诱发了氧化反应。腐蚀产生的氧化矿物产品和矿石中的矿物是一致的。金属的存在形式是多种多样的，这取决于它在金属循环中的位置。但是，金属的循环周期非常长。

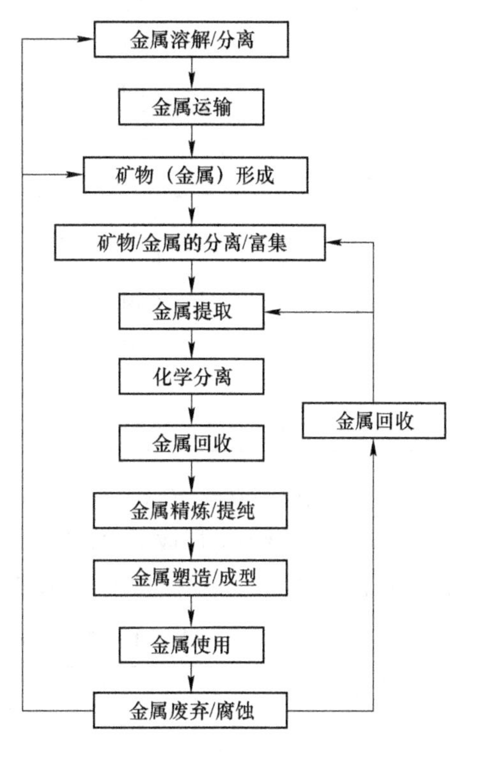

图 1.1 金属循环概述图

不同金属的生产方式往往是不同的。很多处理方法都会涉及水或含水的介质，因此，这类处理方式通常被称为湿法冶金。本书包括湿法冶金的基本原则，同时也呈现了一些在水介质中处理、利用和评估金属和金属处理的重要方法。本书涉及很多相关的主题，如金属提取、电沉积、能量储存和生产、电铸、环境问题、经济学和统计学等。

1.2 矿物沉积

金属通常起源于地壳中，以金属氧化矿、硫化矿或其他矿物形式存在。诸如铝、铁、钙、钠、镁、钾和钛等的金属都有很大的储量，如表 1.3 所示。在某些区域，特定的金属会被矿化作用富集。锰、钡、锶、锆、钒、铬、镍、铜、钴、铅、铀、锡、钨、汞、银、金和铂等金属都很稀有，经济高效提取这些稀有金属需要合适的矿床。

表 1.3 地壳中的元素丰度[4]

元素	丰度/%	元素	丰度/%
氧	46.4	钒	0.014
硅	28.2	铬	0.010
铝	8.2	镍	0.0075
铁	5.6	锌	0.0070

续表 1.3

元 素	丰度/%	元 素	丰度/%
钙	4.1	铜	0.0055
钠	2.4	钴	0.0025
镁	2.3	铅	0.0013
钾	2.1	铀	0.00027
钛	0.57	锡	0.00020
锰	0.095	钨	0.00015
钡	0.043	汞	0.000008
锶	0.038	银	0.000007
稀土	0.023	金	<0.000005
锆	0.017	铂系金属	<0.000005

矿石是由资源富集而形成的天然物质，矿床或矿体中包含大量的矿石。如表 1.4 所示，某些稀有金属或矿物必须被富集到它们平均天然丰度的 1000 倍甚至更高倍后才能形成经济上可行的矿体（请参阅附录 A，将原子质量转换为原子核数）。

表 1.4 矿体形成必需的丰度富集系数[5]

金属	从天然丰度到形成经济矿体所需丰度的大约富集系数
铝	4
铬	3000
钴	2000
铜	140
金	2000
铁	5
铅	2000
锰	380
钼	1700
镍	175
银	1500
锡	1000
钛	7
钨	6500
铀	500
钒	160
锌	350

矿石是由资源富集而成的天然物质。矿体是地壳中目的矿物充分富集到可以进行商业开采的局部区域。

如表1.5所示，地壳内各金属富集的方式差异很大，这取决于金属本身及其伴生矿物。一些金属如铬等，是通过在岩浆中沉淀或结晶实现富集的。沉淀取决于溶解度，这与温度息息相关。岩浆冷却后，使得局部区域温度不同，每种温度区域都可能生成特定的矿物（或一系列相似的矿物）。因此，不同的温度区域形成了不同的矿区或矿脉。这个过程类似于寒冷的挡风玻璃上冰晶的形成，在这种情况下，纯粹的组分会形成混合物（空气和水蒸气）在局部区域富集形成纯的沉淀物。图1.2展示了岩浆结晶与空气/水蒸气混合物的对比。

表1.5　金属/含金属矿物的沉积方法[5]

岩浆结晶	海底火山喷气过程	热液溶解沉淀	风化作用/沉积作用	冲击沉淀	接触交代作用
铝	√				
铬	√	√			
钴	√				
铜	√	√	√	√	√
金	√	√	√		
铁	√	√	√	√	√
铅	√	√	√	√	
锰	√	√	√	√	
钼	√	√			
镍	√	√	√		
银	√	√	√		
锡	√	√	√		
钛	√	√			
钨	√	√	√		
铀	√	√			
锌	√	√	√	√	

水在矿体形成和金属加工中起到重要作用。

如图1.2所示，冰是空气-水蒸气混合物中纯水在局部区域相对富集形成的。相似的，矿物晶体则富集的是金属。

达到工业品位的铝矿床是经过大量风化作用溶解去除了诸如硅酸盐等之后形成的。热带地区的风化作用最迅速。相应地，大多数可以进行商业开采的铝矿床都在热带区域。

其他诸如银和锡等金属是通过热液作用进行富集的。它们首先被溶解到地壳

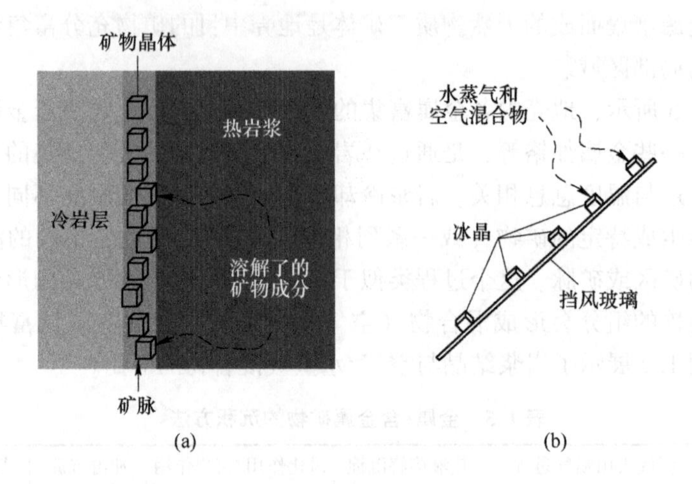

图 1.2　溶解矿物组分在靠近热岩浆位置形成矿物晶体（a）和寒冷的挡风玻璃上空气-水蒸气混合物形成冰晶的示意图（b）

热液中，接下来，它们会被运送到由于地质构造的改变导致溶液发生变化的区域。岩层和相关含水层的破坏导致水上涌到温度较低的区域，温度的降低会影响溶解度。如果被溶解的金属不再可溶，就会生成沉淀，大规模的沉淀就构成了矿体。矿体是地壳中目的矿物充分富集到可以进行商业开采的局部区域。

诸如金等金属以悬浮颗粒的形式被运输，当水流比较缓慢时，就会沉积下来形成砂矿。因此，一些金矿石会以砂矿形式存在。

具有水溶性的金属会形成离子或离子化合物，因此，热液矿的形成过程很重要。事实上，表 1.5 中提到了四种涉及水的沉淀方法。其中，热液富集是最常见的矿体形成方法。相应地，金属通常可以从溶液中沉淀下来。它们可以被合适的溶液溶解和加工，但是，金属的提取通常需要极端的加工条件。

诸如铂和金等金属需要强氧化条件和络合剂才能溶于水中，而其他诸如镁等金属则很容易被溶解。

金属矿体的形成是目的矿物在特定区域大规模富集的结果。

金属的液相加工已经被应用了好几个世纪。早在 16 世纪，欧洲就有了用金属铁从酸性矿井水中获取铜的方法[6]。早在 1679 年，Rio Tinto，Spain 就发现了细菌活动导致金属溶解的证据[7]。从 1783 年起，氰化物可以溶解贵金属就广为人知[8]。但是，直到近代，液相金属加工才有了广泛的应用。世界范围内采用湿法冶金得到的铜产品比例稳定增加，由 1996 年的 13% 增加至 2000 年的 18%[9]。这个增加表明金属的湿法冶金处理方法正在普及。此外，世界上大部分的锌、铀、银、金和铜都是依靠液相方法提纯的。表 1.6 为与液相金属加工和利用相关的历史事件。

表 1.6 与金属在液相介质中化学加工相关的历史事件

事 件	参考文献	年份	单位或地点
从金箔中分离银	[10]	1556	Europe
铜的化学沉积	[11]	1670	Rio Tinto, Spain
贵金属氰化反应的发现	[8]	1783	
电化学电池的发明	[12]	1800	Pavia, Italy
用铁沉淀铜	[11]	1820	Strafford, VT
电冶的发明	[13]	1838	St. Petersburg, Russia
水基燃料电池的发明	[14]	1839	Swansea, G. B.
铜的电解还原	[12]	1869	Swansea
沸石上的阳离子交换	[10]	1876	(Lemberg)
贵金属氰化反应获得专利	[10]	1887	(MacArthur)
Bayer 法铝碱浸工艺	[10]	1892	(Bayer)
碱性充电电池专利的获得	[15]	1916	United States
大规模反光片的电冶	[16]	1924	Newark, NJ
大规模的电解沉积	[10]	1926	Arizona
阴离子交换树脂的合成	[10]	1935	(Adams, Holmes)
用离子交换法回收铀	[10]	1948	(Bross)
氨浸/气态还原镍	[11]	1954	(Sherrit-Gordon)
大规模溶剂萃取铀	[10]	1955	Shiprock, NM
氧化镍矿的高压硫酸浸出	[10]	1958	Mao Bay, Cuba
大规模细菌堆浸	[10]	1960	Bingham, UT
美国太空计划的水燃料电池	[17]	1965	United States
大规模溶剂萃取/电积铜	[11]	1968	Bluebird, AZ
铜矿石的硫酸浸出	[10]	1974	(Nchanga LTD)
硫化锌高压氧浸的商业化	[10]	1981	(Cominco)
金精矿细菌氧化的商业化	[7]	1984	(Gencor)
11 兆瓦水燃料电池的演示	[18]	1991	Japan
铜精矿的高压氧化	[19]	2002	Bagdad, AZ

1.3 水的重要性

水使得金属的液相加工具备有可行性。从化学角度看，水是一种不同寻常的物质。与水分子量相似的很多物质在室温下都是气体，如甲烷和氨等。但是，水在室温下却是液体。水不同寻常的性质主要是由于氢键作用，使氢原子具有失电子倾向，氧原子具有得电子倾向。因此，水分子会相应地调整自己的朝向。水分子中的氧原子会携带更多的电子，从而表现出轻微的负电性，氢原子则会表现出轻微的正电性。静电作用使氢原子与相邻的氧原子结合。相结合的分子形成近似四面体的网络结构[20]，由此产生的结构具有足以容纳水分子的开放孔洞，使离子可以扩散，事实上，这种结构的多孔性使得水可以被压缩，高压下可以形成密度比液体水大65%的固体（Ice Ⅶ）[21]。

水的另一个重要的性质是它在电化学反应中的作用。水分子可以被分解成氧气和氢气，这种分子的破坏有时候被称为水解。但是，水解作用更常用于描述水与其关联的另一个化合物的分解。水的解离发生在非常高或低的氧化电位下。在高电位下，形成氧气和氢离子；在低电位下，产物则是氢气和氢氧根。相关的化学过程如式（1.1）和式（1.2）所示。电解作用是由于施加电化学势或电压导致失去或得到电子的过程。高氧化电位反应中会释放电子，与之相反，低氧化电位反应中会消耗电子。

$$2H_2O \rightleftharpoons 4H^+ + 4e + O_2 \tag{1.1}$$

$$2H_2O + 2e \rightleftharpoons H_2 + 2OH^- \tag{1.2}$$

式（1.1）或其化学等价形式更容易生成氢氧根而不是氢离子，$2H_2O+O_2+4e \rightleftharpoons 4OH^-$,是很多金属氧化还原反应的关键，其逆反应也很关键。式（1.1）的逆反应形成的氢氧根对大多数的空气腐蚀都很重要。式（1.1）的逆反应是吸氧生物新陈代谢所必需的。

水分子的结构对化学反应很重要，水合作用会使水泥和石膏硬化。水合作用是获得水的过程，会增加有效离子的尺寸并减小其流动性，所有的离子都会不同程度地发生水合作用。换句话说，每个离子都会与多个水分子部分结合。此外，水合作用会改变很多界面现象。

1.4　金属的液相加工与使用

金属原子有多种存在形式，它们可以作为被溶解离子或离子络合物存在，也可以作为纯金属或含金属矿物存在。通过湿法冶金，矿物经过溶解、富集和回收过程被转化为金属。

金属必须首先从地球获得，所以金属提取在本书的第一部分中进行讨论。金属被提取、提纯和回收后才可以被使用。因此，在讨论了金属的提取工艺、提纯工艺和回收工艺之后才会讨论金属的使用。

通过湿法冶金溶解、富集和回收，矿物能够被转化为金属。

纯金属中的金属原子靠金属键结合，在金属晶格中，它们没有净电荷。在书写时，有时会加上一个上标“0”（M^0），但是通常都不会写出来。从固体金属中移出金属原子差不多总要失去至少一个电子（$M^0 \rightleftharpoons M^+ + e$），电子的转移使金属原子转变成其氧化态。氧化态的金属缺电子，以离子或化合物形式存在。一个金属离子氧化的例子是 Fe^{2+}和 Fe^{3+}。金属离子，和其他拥有净电荷的分子一样，通常在水中是可溶的。离子型含金属化合物包括 $Fe(OH)^{+}$、$CuCl_3^{-}$和 WO_4^{3-} 等，金属氧化物包括 FeO、Fe_3O_4和 Fe_2O_3等。离子可以与其他离子结合形成离子型或非离子型化合物，如 $Fe^{3+}+SO_4^{2-} \rightleftharpoons FeSO_4^{+}$和 $Fe^{2+}+SO_4^{2-} \rightleftharpoons FeSO_4$等。氧化态的金属也可以作为金属离子存在。

从矿物中提取金属需要发生化学反应。

相比之下，金属也可以从一些化合物中以无电子损失的形式被移出，例如：$2H^{+}+CuO \rightleftharpoons Cu^{2+}+H_2O$。在这个例子中，铜被氧化成 CuO 和 Cu^{2+}中的二价状态，这个交换反应中不需要电子转移。以含金属矿物形式发现的金属已经被氧化了，因此，从矿物中移出金属不一定需要电子的转移。矿物中的一些金属在被提取时需要额外的氧化反应。但是，为了从矿物中去除或提取金属，化学键必须被打破。因此，从矿物中分离金属必须通过化学反应。为了破坏化学键，必须提供更好的替换物。在之前所展示的氧化铜和氢离子发生反应的情况中，产物水分子中的氧要比反应物氧化铜中的氧更稳定。因此，铜氧键被破坏形成更稳定的产物。

金属的反应活性与其原子结构有关。

金属的反应活性与原子结构有关，原子结构是电子轨道、质子和中子数量的函数。通常用元素周期表来描述其基本结构，如图 1.3 所示。最左边的金属元素，如钠和钾等，反应活性很强，它们的强反应活性限制了其金属形式的应用，仅限

族 周期	1	2	3	4	5	6	7	8	9	10	11	12	13	14	15	16	17	18
1	1 H																	2 He
2	3 Li	4 Be											5 B	6 C	7 N	8 O	9 F	10 Ne
3	11 Na	12 Mg											13 Al	14 Si	15 P	16 S	17 Cl	18 Ar
4	19 K	20 Ca	21 Sc	22 Ti	23 V	24 Cr	25 Mn	26 Fe	27 Co	28 Ni	29 Cu	30 Zn	31 Ga	32 Ge	33 As	34 Se	35 Br	36 Kr
5	37 Rb	38 Sr	39 Y	40 Zr	41 Nb	42 Mo	43 Tc	44 Ru	45 Rh	46 Pd	47 Ag	48 Cd	49 In	50 Sn	51 Sb	52 Te	53 I	54 Xe
6	55 Cs	56 Ba	57～ 71	72 Hf	73 Ta	74 W	75 Re	76 Os	77 Ir	78 Pt	79 Au	80 Hg	81 Tl	82 Pb	83 Bi	84 Po	85 At	86 Rn
7	87 Fr	88 Ra	89～ 103	104 Rf	105 Db	106 Sg	107 Bh	108 Hs	109 Mt	110 Ds	111 Rg	112 Cn	113 Uut	114 Fl	115 Uup	116 Lv	117 Uus	118 Uuo

镧系元素	57 La	58 Ce	59 Pr	60 Nd	61 Pm	62 Sm	63 Eu	64 Gd	65 Tb	66 Dy	67 Ho	68 Er	69 Tm	70 Yb	71 Lu
锕系元素	89 Ac	90 Th	91 Pa	92 U	93 Np	94 Pu	95 Am	96 Cm	97 Bk	98 Cf	99 Es	100 Fm	101 Md	102 No	103 Lr

图 1.3 元素周期表

于少数特殊用途。左边包括镁在内的第二列金属，反应活性也很强，但是可以作为金属形式使用。其他列的金属基于它们的原子结构表现出各种各样的性质。在周期表中序数较大的金属通常会更致密。

湿法冶金的关键在于金属与水之间的接触，这种接触会以多种形式发生。金属和含金属矿物可以在化学反应器、湖泊、河流、海洋和池塘等环境中与水接触。它们还可以通过冷凝水、雨水或水蒸气与水接触。这种接触可以发生在地表也可以发生在地下。

接触后，金属的溶解需要发生化学反应。涉及电子转移的反应需要电子供体和受体，其他的反应则需要活性反应物，活性反应物必须与矿物的非金属组分进行交换或转化，这些反应将金属转化为可溶的离子形态。当金属被溶解后，它可以在溶液中被富集，提纯或去除，如图 1.4 所示。

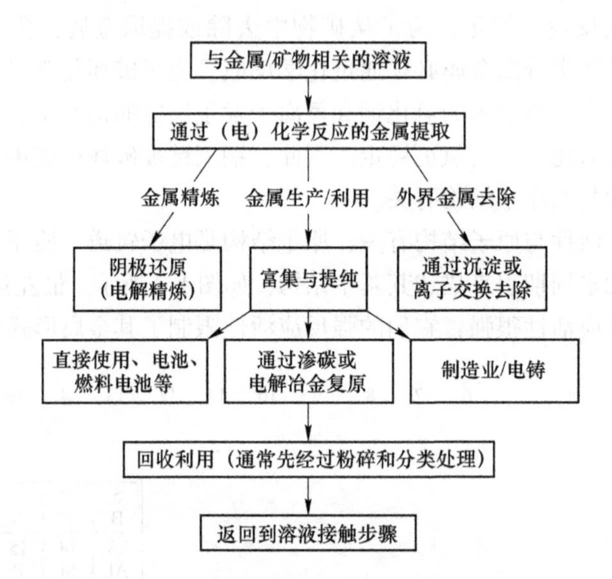

图 1.4　金属在溶液中的溶解/提取、富集、回收、生产、利用和加工的流程图

富集处理方法包括液-液或溶剂萃取、离子交换、炭吸附、反渗透和沉淀等。在大多数工业生产中，不需要的离子往往随着目的离子的溶解而溶解。因此，必须采用富集处理将目的离子和不需要的离子分离。同时，还需要将溶剂和目的离子分离。溶剂或溶液萃取是常见的工业富集处理方法，也被称为提纯处理。

溶剂萃取是指含金属水溶液和有机化合物的接触。有机化合物先被溶解于无水介质中，再与水介质强烈搅拌混合。强烈的搅拌使媒介之间亲密接触。因此，金属离子可以快速从水溶液转移到有机介质中。

溶剂萃取过程的目的在于选择性提取，因此，不需要的组分仍被保留在水溶液中。当金属离子被提取到有机或无水相中后，依靠沉降作用将无水介质从水介质中分离，然后将被提取的金属从无水相中分离。分离过程通常在较小的容器中进行以富集金属离子，分离溶液中的杂质维持在较低水平。

富集处理方法包括液-液或溶剂萃取、离子交换、炭吸附、反渗透和沉淀等。

从本质上来说，除了活性有机化合物是被固定在如树脂等固体介质中而不是溶解于无水介质中以外，离子交换和溶液萃取是一致的。炭吸附通常被认为是一种特殊形式的离子交换。反渗透则是分子级别的过滤。

沉淀包括添加能与溶解物质发生反应的化合物，然后形成沉淀。沉淀物可以是废弃物或有用物质，然后通过固液分离处理使沉淀从溶液中分离。

当金属被富集于水介质中后，它可以作为纯金属被回收。通常，纯金属是金属离子回收所需的形式。但是，金属离子也可以被直接加工为涂料和电铸物件等产品。此外，它还可以被用于电池、电极和传感器等电子器件。在一些电池和燃料电池的应用中，金属和/或金属化合物可以在水介质中作为电极。

电化学还原被用于从富集液中回收金属。在外加电压的电解还原反应中，被溶解的金属会被电镀到阴极板上。外加电压作用于阳极和阴极之间。在其他还原反应中，还原剂提供电子使得被溶解金属还原成金属单质或其金属态。通常以溶液物种（非接触还原）或表面化合物（接触还原）的形式提供还原剂。

电化学还原被用于从富集液中回收金属。

图 1.5 是一个铜被提取、富集和回收的例子。大多数金属的提取需要酸、氧化剂和/或络合剂。富集过程通常采用溶剂萃取或离子交换，会在溶液中释放酸或其他离子。回收过程提供的电子使得金属被还原为其金属态。

金属的精炼或提纯常常通过电解进行，这项技术被称为电解提纯，应用于金属提纯以获得高纯度的金属。电解提纯是迫使不纯金属溶解和再沉积的电解过程。溶解发生在阳极，再沉积发生在阴极。通常杂质不会溶解，以细颗粒形式保留在溶液中。活性较低的金属不会溶解，活性较强的金属倾向于维持其溶解态。因此，最终的产品会比初始物质纯很多。

有很多技术可以被用于去除金属杂质，大多数金属杂质是通过沉淀作用去除。此外，离子交换、炭吸附、反渗透或膜过滤等都可以用于去除金属杂质。

当金属以电线、电池、车辆零部件和电子器件等消费品形式被利用后，这些零部件能以它们被制造时的相同方法被回收使用，但是这些消费品的回收需要在溶解前进行分类和破碎，如图 1.4 所示。

1.5 基本原理和应用概述

湿法冶金处理的主要步骤有提取、富集和回收。这些步骤的特定应用已经讨论过，接下来，将对与这些应用有关的湿法冶金基础理论进行讨论。

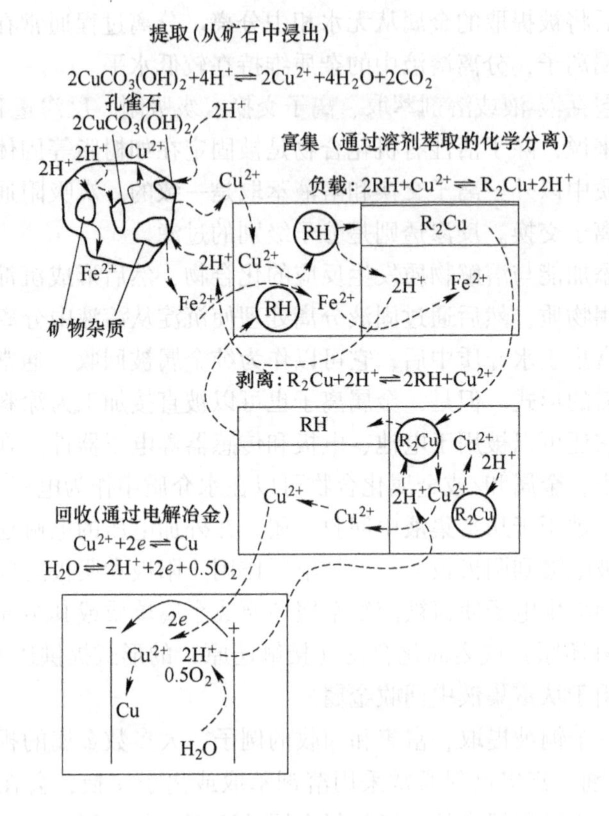

图 1.5　通过湿法冶金从矿物中获得铜的金属提取、富集和回收流程的示意图

热力学可以定量解释化学稳定性和反应活性。

通过热力学可以判断化学反应能否自发地发生。实际上，热力学可以解释相应的化学稳定性和反应活性。热力学计算可以判断添加的特定数量化合物会溶解还是沉淀。这些计算可以判断规定条件是否有利于特定矿物的浸出，也可以确定规定条件下目标金属回收时所需的外加电位，还可以得到反应的生成热。因此，热力学是湿法冶金过程的关键工具。热力学在第 2 章中进行讨论。第 3 章讨论热力学的子集——物种的形成与平衡。

反应速率是湿法冶金安全性和经济性的关键。

对湿法冶金而言，反应速率很关键。如果反应发生得很快，可能会发生爆炸。如果一个反应需要 10000 年才能完成，就没有商业价值。可以用反应动力学去评估反应速率。在反应动力学计算中会考虑温度、浓度和面积等因素的影响。总反应速率通常由反应物的物质传递控制，反应物必须在溶液中通过扩散和对流作用运送至其他反应物的表面。因此，反应动力学与物质传递息息相关，它们将一起在第 4 章中被讨论，第 5 章讨论的是金属提取，第 6 章和第 7 章分别讨论金属的富集和回收。

金属被用在各种各样的产品中，它们对于环境的反应，如腐蚀等，往往决定了它们的使用寿命。

对很多技术领域而言，都需要在水介质中使用金属，这些将在第 8 章讨论。金属通常暴露于包括水在内的露天环境中，金属暴露于水中通常会导致腐蚀。在电池中，金属腐蚀反应会产生能量。金属利用相关章节中将讨论这些以及其他水介质中的金属制造。

环境问题的适当响应对湿法冶金很重要。

湿法冶金过程对环境影响很大。湿法冶金必须以环境敏感的方式进行，从而实现其可持续发展。第 9 章讨论湿法冶金相关的环境法规和问题。

湿法冶金过程必须在技术和经济上可行。

大规模商业化从矿物中提取金属需要合适的设备和设计，从而对物质进行有序的处理。第 10 章讨论湿法冶金过程相关的设计原则。

湿法冶金必须以经济可行的方式进行。工程师们需要了解他们的技术方案对整体工艺经济学的影响。工程师们往往还要对他们提供给企业的技术方案进行初步的经济评估。为了大规模的应用，工程解决方案必须在经济和技术上可行。第 11 章讨论应用于湿法冶金的重要经济原则。

统计学分析是评估数据和进行决策的重要工具。

所有湿法冶金工程师都面临着数据收集和分析，统计学为数据收集和分析提供了有效和可信的方法。第 12 章讨论湿法冶金中用于收集和分析数据的统计学原理和方法。

参 考 文 献

[1] USGS，“Mineral Commodity Summaries 2012”.

[2] Available at http：//www. webelements. com/. Accessed 2013 Apr 23.

[3] Available at http：//www. chemicool. com/. Accessed 2013 Apr 23.

[4] B. A. Wills，“Mineral Processing Technology，” 3rd edition，Pergamon Press，Oxford，1985.

[5] W. Dennen，“Mineral Resources：Geology Exploration，and Development，” Taylor & Francis，New York，1989.

[6] R. H. Lamborn，“The Metallurgy of Copper，” Lockwood and Company，London，1875.

[7] C. L. Brierly，“Bacterial Leaching，” CRC Critical Reviews in Microbiology，6(3)，207，1978.

[8] F. Habashi，“Principles of Extractive Metallurgy，” Vol. 2，Gordon and Breach，New York，

1970.
[9] Industry Newswatch, "Copper Production Reaches 13.2Mt During 2000," Mining Engineering, 53 (5), 18, 2001.
[10] M. E. Wadsworth, "Hydrometallurgy Course Notes," 1995.
[11] N. A. Arbiter and A. W. Fletcher, "Copper Hydrometallurgy—Evolution and Milestones," Mining Engineering, 46 (2), 118, 1994.
[12] C. A. Vincent and B. Scrosati, "Modern Batteries," John Wiley and Sons, London, p. 1, 1997.
[13] S. G. Bart, "Historical Reflections on Electroforming," in Electroforming—Applications, Uses, and Properties of Electroformed Metals, ASTM publication No. 318, ASTM, Philadelphia, p. 172, 1962.
[14] J. A. A. Ketelaar, "History," Chapter 1 in Fuel Cell Systems, eds. L. J. M. J. Blomen and M. N. Mugerwa, Plenum Press, New York, p. 20, 1993.
[15] C.A Vincent and B. Scrosati, "Modern Batteries," John Wily and Sons, London, p. 162, 1997.
[16] S. G. Bart, "Historical Reflections on Electroforming," in Electroforming—Applications, Uses, and Properties of Electroformed Metals, ASTM publication No. 318, ASTM, Philadelphia, p. 180, 1962.
[17] C. C. Morrill, "Proceedings of the Annual Power Sources Conference," vol. 19, No. 32, 1965.
[18] R. Anahara, "Research, Development and Demonstration of Phosphoric Acid Fuel Cell Systems," Chapter 8 in Fuel Cell Systems, eds. L. J. M. J. Blomen and M. N. Mugerwa, Plenum Press, New York, p. 20, 1993.
[19] R. A. Carter, "Pressure Leach Plant Shows Potential," Engineering and Mining Journal, 204 (6), pp. 26-28, 2003.
[20] J. O' M. Bockris and A. K. N. Reddy, "Modern Electrochemistry," Plenum Press, New York, 1970.
[21] L. Pauling, "General Chemistry," Dover Publications Inc., New York, 1970.

思考练习题

1.1 什么是金属循环以及其与湿法冶金的联系？
1.2 列举三种涉及湿法冶金的矿体形成方法。
1.3 简述水在湿法冶金中的重要性。
1.4 列出金属加工的主要步骤。
1.5 列出五种有较大产值的金属。

第2章　湿法冶金的化学基础

化学反应是所有湿法冶金工艺的基础。

本章节主要的学习目标和效果

（1）识别湿法冶金反应的种类；
（2）用公式表达相关的湿法冶金反应；
（3）理解自由能以及其与化学平衡的关系；
（4）判定化学反应的可行性；
（5）计算标准和非标准体系下反应的自由能；
（6）理解物种活度在判定化学平衡中的作用；
（7）计算相关物种的反应活度系数；
（8）计算湿法冶金反应的物种平衡；
（9）计算电化学反应的电化学电位。

2.1　常规反应

金属和矿物在液相中与化学物质相互作用，所涉及金属和化学物质的反应可分为几大类，即沉淀反应、水解反应、电化学反应、置换反应、络合反应、溶解反应、离子离解反应。许多化学反应能够被划分到多种反应类型中。不同类别之间存在相互联系。以下列举了7类湿法冶金反应的例子。

（1）沉淀反应：

$$Ag^{+} + Cl^{-} \rightleftharpoons AgCl \tag{2.1}$$

$$Fe^{2+} + 2OH^{-} \rightleftharpoons Fe(OH)_2 \tag{2.2}$$

（2）水解反应：

$$Fe^{3+} + H_2O \rightleftharpoons Fe(OH)^{2+} + H^{+} \tag{2.3}$$

$$PCl_3 + 3H_2O \rightleftharpoons P(OH)_3 + 3HCl \tag{2.4}$$

（3）电化学反应：

$$Fe^{3+} + e \rightleftharpoons Fe^{2+} \tag{2.5}$$

$$O_2 + 4H^{+} + 4e \rightleftharpoons 2H_2O \tag{2.6}$$

（4）置换反应：

$$CaCO_3 + 2HCl \rightleftharpoons CaCl_2 + CO_2 + H_2O \tag{2.7}$$

$$CuO + H_2SO_4 \rightleftharpoons CuSO_4 + H_2O \tag{2.8}$$

（5）络合反应：

$$Au^+ + 2CN^- \rightleftharpoons Au(CN)_2^- \tag{2.9}$$

$$Cu^{2+} + nNH_3 \rightleftharpoons Cu(NH_3)_n^{2+} \tag{2.10}$$

（6）溶解反应：

$$CO_2(g) \rightleftharpoons CO_2(aq) \quad 或 \quad H_2O + CO_2(g) \rightleftharpoons H_2CO_3(aq) \tag{2.11}$$

$$O_2(g) \rightleftharpoons O_2(aq) \tag{2.12}$$

（7）离子离解反应：

$$Na_2SO_4 \rightleftharpoons 2Na^+ + SO_4^{2-} \tag{2.13}$$

$$MgCl_2 \rightleftharpoons Mg^{2+} + 2Cl^- \tag{2.14}$$

如果化学反应被正确的写出，将很容易理解。不正确的反应方程式会存在许多问题。正确表达水介质中的化学平衡表达式是非常具有挑战性的，通常会有多种可能的表达式。假设最初与最终的物种是已知的，一般通过以下 6 步可以有效地写出湿法冶金反应表达式。

（1）书写未配平基础表达式。

（2）配平除了氢和氧以外的其他全部元素。

（3）利用水配平氧（有时涉及水和氢，氢氧化物，过氧化氢，分子氧 O_2 或氢氧根 OH^-）。

（4）利用 H^+配平氢元素。

（5）利用电子配平电荷，每个电子都带一个负电荷。

（6）如果在平衡电荷时电子明确地出现在方程式的一边，则将表达式写成还原反应（电子写在左边）（例如：反应方程式如 $Fe^{2+} \rightleftharpoons Fe^{3+} + e$ 应该被颠倒，但是化学反应方程式如 $Fe^{2+} + SO_4^{2-} \rightleftharpoons FeSO_4$ 由于不涉及电子转移，所以不受该步骤的影响）。这一步骤对于已经写成还原反应的电化学反应也是不必要的。

湿法冶金反应 6 步系统书写方法有利于独立写出有意义的反应和减少错误。

有时，最终的物种是未知的，一般采用自由能计算或者利用自由能最小化计算软件去判定最有可能的最终产物。

例 2.1　确定硫酸铁在水中和氢氧化钙（熟石灰）形成氢氧化铁和硫酸钙的化学反应平衡方程式。

最初的表达式：$Fe_2(SO_4)_3 + Ca(OH)_2 \rightleftharpoons Fe(OH)_3 + CaSO_4$

铁的平衡：　$Fe_2(SO_4)_3 + Ca(OH)_2 \rightleftharpoons 2Fe(OH)_3 + CaSO_4$

钙的平衡：　$Fe_2(SO_4)_3 + 3Ca(OH)_2 \rightleftharpoons 2Fe(OH)_3 + 3CaSO_4$

其他平衡因为没有电子交换，不需列出。

例 2.2　确定铁在水中形成氧化铁的平衡方程式。

最初的表达式：　$Fe \rightleftharpoons Fe_2O_3$

铁的平衡：　$2Fe \rightleftharpoons Fe_2O_3$

氧的平衡：　$2Fe + 3H_2O \rightleftharpoons Fe_2O_3$

氢的平衡：　$2Fe + 3H_2O \rightleftharpoons Fe_2O_3 + 6H^+$

电荷平衡：　$2Fe + 3H_2O \rightleftharpoons Fe_2O_3 + 6H^+ + 6e$

以还原反应写出：　$Fe_2O_3 + 6H^+ + 6e \rightleftharpoons 2Fe + 3H_2O$

反应方程式两边的元素总和必须平衡。如果有两个铁原子作为反应物，产物中必定有两个铁原子。然而，在某些情况下，一种化合物可能有几种相同的原子。因此，平衡必须包括化学计量系数和每个化合物中的原子数。一个数学方程式对配平复杂的反应是非常有用的，该式如下：

$$\sum v_{j,i} A_{i,h} = 0 \tag{2.15}$$

在反应 j 中，物种 i 前面的符号 $v_{j,i}$ 是化学计量数。元素 h 在物种 i 中的原子数为 $A_{i,h}$。方程左边物种的化学计量系数为正，右边物种的化学计量系数为负。因此，产物具有正的化学计量数，反应物具有负的化学计量数。这种有条理的数学方法对平衡总体反应特别有用。

热力学被应用于确定最有可能发生的化学反应平衡。

写一个不具备现实性但平衡的化学反应方程式是容易的。热力学可以被用于判定反应的可行性。换句话说，热力学计算可以显示在特定条件下某反应是否发生。热力学计算也可用于计算反应达到平衡时某个物质的浓度。

2.2 化学势

在理想溶液中，物种 i 的化学势可以表达为：

$$\mu_i = \mu_i^{\ominus} + RT\ln x_i \tag{2.16}$$

式中，μ_i 代表化学势；$\mu_i^{\ominus}$ 代表在标准状态下测得的标准参考化学势；R 是气体常数（见附表 B 和附表 C）；T 是开尔文温度；x_i 是摩尔分数。

对于非理想溶液，式（2.17）在工业中更常见

$$\mu_i = \mu_i^{\ominus} + RT\ln a_i \tag{2.17}$$

式中，$a_i = k_i x_i$（k 是非理想条件下的修正因子）。

当溶液含可溶解的物种时，摩尔分数 x 由式（2.18）决定：

$$x = \frac{n_i}{n_{solvent} + \sum n_{solute}} \tag{2.18}$$

式中，n 为摩尔数，与所有溶质的摩尔数相比，水的摩尔数通常很大，即 1000g 的 H_2O 是 55.51mol。因此，溶液化学的摩尔分数可以近似为：

$$x_n \approx \frac{n_i}{n_{solvent}} \tag{2.19}$$

质量摩尔浓度是用于热力学计算的浓度形式，因为它类似于摩尔分数。

这种近似法对典型溶液（小于 0.1m）的误差可忽略不计（0.2%）。对于含有 1mol 溶质的溶液，误差小于 2%。对误差的修正将在后面讨论。大多数溶解的物质并不是以摩尔分数的形式表示的。因此，使用一种最能精确地表示摩尔分数的通用标准浓度单位更方便。最常见的浓度单位是质量摩尔浓度 m，即溶质的摩尔数/1 千克溶剂；体积摩尔浓度 M，即溶质的摩尔数/1 升溶液以及 ppm，即 1 微克溶质/1 克溶液或固体，亦可表示为 1 克/吨溶液或固体。质量摩尔浓度可以作为一个常量来近似成摩尔分数。体积摩尔浓度取决于溶液的体积。溶液体积是温度和溶质溶解度的函数。百万分比浓度是根据溶液的总重量计算的。溶液的重量取决于溶剂与溶质。百万分比浓度精确地表示质量分数。然而，它经常与 μg/mL 或 μg/L 互换使用。这些单位在非常稀的溶液中与 ppm 近似。质量摩尔浓度是大多数热力学数据的参考浓度，因为它与摩尔分数最相似。因此，质量摩尔浓度是热力学推导的基础。利用质量摩尔浓度，方程（2.16）可以重写为

$$\mu_i = \mu_i^{\ominus} + RT\ln\left(\frac{\gamma_{i(aq)} m_i}{m^{\ominus}}\right) \tag{2.20}$$

式中，$m^{\ominus}$ 是一个出现在分母中的摩尔参考量，以摩尔分数的形式表示浓度，从而保持无量纲对数项。$\gamma_{i(aq)}$ 是物种“i”的活度系数。注意，一般来说，在大多数涉及离子的讨论中都会省略下标（aq），因为离子通常存在于水介质中。水活度系数只适用于以质量摩尔浓度为基础的水介质。

此时，很明显 $m_i/m^{\ominus}$ 不是真正的摩尔分数。相反，它是一种换算形式。1000g 的水总共含有 55.5mol 的水。因此，在水介质中摩尔分数/摩尔质量分数的比值必须包含 55.5 系数因子。热力学文献中，溶液的标准是以质量摩尔浓度为基础的活度。当热力学得到适当的应用时，摩尔分数和质量摩尔浓度活度之间的差异，并不是一个问题。

化学电势与自由能存在关联，见公式（2.21）：

$$dG = VdP - SdT + \mu_i dn_i + \mu_j dn_j + \cdots \tag{2.21}$$

对于恒压恒温反应，这个方程可写成：

$$dG = \mu_i dn_i + \mu_j dn_j + \cdots \tag{2.22}$$

对式（2.22）积分得到式（2.23）：

$$G_{final} - G_{init.} = \mu_i(n_{ifinal} - n_{iinit.}) + \mu_j(n_{jfinal} - n_{jinit.}) + \cdots \tag{2.23}$$

对于 x 摩尔纯 B 反应生成 y 摩尔纯 C，$xB \rightarrow yC$，式（2.23）变为：

$$\Delta G_{BC} = \mu_B(0 - x) + \mu_C(y - 0) \tag{2.24}$$

用物种 B 和 C 化学势（见式（2.16））代入式（2.24），式（2.24）变成：

$$\Delta G_{BC} = y(\mu_C^\ominus + RT\ln a_C) - x(\mu_B^\ominus + RT\ln a_B) \tag{2.25}$$

经过推导后变为

$$\Delta G_{BC} = y\mu_C^\ominus - x\mu_B^\ominus + RT\ln\frac{a_C^y}{a_B^x} \tag{2.26}$$

化学势等于自由能对物质摩尔数的偏导数。因此，标准化学势可以用自由能代替。然而，只有当自由能是摩尔量时，才能进行这种替换。同样有必要的是，在所有浓度范围内，自由能随物质摩尔数的变化都是线性的。这些假设通常是准确的。因此，可以陈述为

$$\Delta G_{BC} = yG_C^\ominus - xG_B^\ominus + RT\ln\frac{a_C^y}{a_B^x} \tag{2.27}$$

或者

$$\Delta G_{BC} = \Delta G_{BC}^\ominus + RT\ln\frac{a_C^y}{a_B^x} \tag{2.28}$$

式中，$\Delta G_{BC}^\ominus$ 等于生成物 C 的标准自由能减去反应物 B 的标准自由能，且必须给出每个物种的化学计量数，如式（2.28）所示（C 对应 y，B 对应 x）。使用下标“r”表示式（2.28）是一种更普遍的形式，该反应如下：

$$\Delta G_r = \Delta G_r^\ominus + RT\ln Q \tag{2.29}$$

$\Delta G_r^\ominus$ 是反应标准自由能的变化，可以表示为

$$\Delta G_r^\ominus = \sum_{k}^{\text{products}(k-z)} v_k \Delta G_k^\ominus - \sum_{a}^{\text{reactants}(a-j)} v_a \Delta G_a^\ominus \tag{2.30}$$

式中，v 是物种的化学计量系数；$\Delta G_a^\ominus$ 是反应物生成的标准自由能；$\Delta G_k^\ominus$ 是生成物生成的标准自由能；Q 是质量活度系数，或生成物与反应物活度的比值。化学计量数必须适当考虑。Q 可以表示为

$$Q = \frac{\prod_{p}^{\text{products}(k-z)} \gamma_p^{v_j} m_p^{v_j}}{\prod_{p}^{\text{reactants}(a-j)} \gamma_r^{v_a} m_r^{v_a}} \tag{2.31}$$

其中，下标“p”表示生成物，“r”表示反应物。

反应的标准自由能是在标准条件下做有用功所得的能量。

式（2.29）是一个非常重要的方程，它可确定不同浓度下的自由能。确定了标准自由能，才能利用这个方程进行计算。标准自由能可由式（2.30）计算。例 2.3 演示了式（2.30）的用法。例 2.3 的数据在例 2.4 中，被用于演示式（2.29）的应用。

例 2.3 计算以下反应的标准自由能变化 $\Delta G_r^\ominus$。

$$2Fe^{3+} + 3SO_4^{2-} \rightleftharpoons Fe_2(SO_4)_3$$

标准自由能的计算方法是用生成物的标准自由能之和减去反应物的标准自由

能之和。计算过程中，必须准确的考虑到以下物质的化学计量数和单位（数据见附录）：

$$\Delta G^{\ominus}_{Fe^{3+}} = -4600\text{J/mol}$$

$$\Delta G^{\ominus}_{SO_4^{2-}} = -744630\text{J/mol}$$

$$\Delta G^{\ominus}_{Fe_2(SO_4)_3} = -2249555\text{J/mol}$$

$$\Delta G^{\ominus}_{r} = -2249555 - [2 \times (-4600) + 3 \times 744630] = -6465\text{J/mol}$$

注意，这是标准的自由能变化量，是所有化合物在标准条件下标准单位活度自由能的变化。更多细节将在 2.3 节中解释。实际自由能可用标准自由能和质量活度系数 Q 计算。

例 2.4　计算以下反应的自由能：

$$2Fe^{3+} + 3SO_4^{2-} \rightleftharpoons Fe_2(SO_4)_3$$

在标准大气温度和压力（SATP）条件下（298.15K，1bar 的压力），采用例 2.3 中的数据以及单位活度，以及式（2.29）计算。

$$\Delta G_r = \Delta G^{\ominus}_r + RT\ln \frac{a_{Fe_2(SO_4)_3}}{a^2_{Fe^{3+}} a^3_{SO_4^{2-}}}$$

$$\Delta G_r = -6465\text{J/mol} + RT\ln \frac{1}{1^2 \times 1^3}$$

因为所有的活度在 SATP 条件下（如：在理想溶液中的 1m 离子浓度和纯理想气体中的 1bar 气体压力）为 1，对数项为 0，标准条件下反应的自由能变化为

$$\Delta G_r = -6465\text{J/mol}$$

因为反应发生在标准条件下，所以这个结果等于例 2.3 中计算的标准自由能。

2.3　自由能和标准条件

反应自由能 ΔG_r 是一个反应可用或者“自由”能量的变化。自由能原理如图 2.1 所示。一个球在山上具有显著的势能。如果球被释放，重力将迫使球下山。球的可用势能取决于它的位置。接近底部时，球的可用能量比接近顶部时要少。如果被释放，球的势能就会降低。因此，最终能量将小于初始能量。这个过程的能量变化是负的。然而，如果球最初在山的底部，它必须获得能量，才能上升到更高的位置。因此，如果能量变化是负的，事件可以自发进行。此外，如果能量变化为负，则不需要外部能量。

同样地，如果一个化学反应释放能量，其能量的变化是负的。释放自由能的反应是自然发生的。需要外部能量的反应不是自行发生的。反应自由能取决于反应条件和组分。

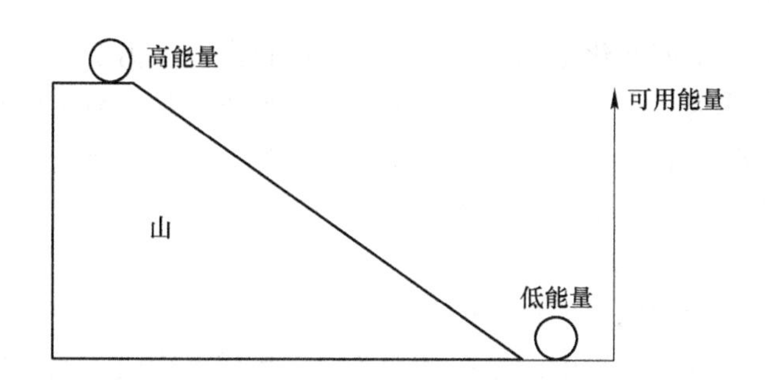

图 2.1 山上的球比在山下的球具有更多的能量

温度、压力、相和浓度影响反应的自由能。

反应条件对自由能的变化有重要影响。气体分子在 1000kPa 时比在 100kPa 有更多的自由能。同样，水在 99℃ 比 1℃ 有更多的可用能量。温度和压力影响“自由”能。因此，需要建立一套标准条件。自由能的比较需要标准条件。

国际上使用的 SATP 条件是 298.15K（25.15℃）和 1bar（0.987atm 或 100kPa）。SATP 是所有热力学参考状态和标准的基础。然而，标准温度和压力（STP）的定义各不相同。在许多参考文献中 STP 是 273.15K 和 1bar。SATP 是测试和分析热力学数据最方便、应用最广泛的标准条件。

气压随天气和海拔的变化明显大于 1bar 和 1atm 的差别。因此，大多数工程计算对于在开放的大气中运行的工厂，通常不考虑 1bar 和 1atm 之间的区别。

反应组分的相也影响自由能。例如，水蒸气在 100℃ 比液态水在 100℃ 有更多的能量。标准参考状态是基于 SATP 最稳定的相。例如，水在 SATP 的标准参考状态是液态。然而，在 SATP 条件下，水蒸气与液态水共存。对于氢元素，标准状态或者相是气态 H_2。

另一个影响反应自由能的因素是活度。活度本质上是有效的浓度。反应通常需要一个达到阈值水平的反应物活度。

SATP 是所有热力学参考状态和标准的基础。

纯固体化合物的参考或标准活度为 1。为了方便起见，将标准活度设置为 1。纯液体的参考活度也被选为 1。纯理想气体的参考活度在 SATP 状态下为 1bar。纯理想气体包括氢、氮和氧。具有液态形态的化合物，在标准状态下的气态具有纯组分蒸气压标准。水蒸气在其纯组分蒸气压下具有单位活度。0.026bar 的水蒸气，即纯水在 SATP 状态下的蒸气压，具有单位活度。对于 1m 的理想溶液，溶解物的参考活度为 1。注意：质量摩尔浓度 = 摩尔数/千克溶剂 ≈ 体积摩尔浓度/$\rho_{溶液}$(kg/L) 或质量摩尔浓度 ≈ 0.001ppm/[$\rho_{溶液}$(kg/L) · M_w]。对于稀溶液（小于 0.001m 或 100ppm），质量摩尔浓度 ≈ 体积摩尔浓度 ≈ 0.001ppm/M_w(更详细的实验室计算资料见附录）。

给定反应的自由能变化是相对的。为了明确自由能，需要一个参考系统。考虑使用海拔测量作为一个近似的方法。某座山的海拔总是与海平面有关，例如海拔 6500 英尺。海平面作为参考是因为方便和实用。可将地球的中心当作参考。然而，参考海平面要方便得多。同样，为了方便计算，自由能是参考纯元素在 298K 或实际室温下的能量。

在标准状态下，纯元素的生成自由能为零。

元素或化合物的标准自由能是在标准条件下形成该物质的元素的自由能。标准态的纯元素在 SATP 状态下的自由能为零。这个标准是为了方便而制定的。相关的反应自由能可通过实验测量。因此，298K 和 1bar 压力下是元素自由能的常规参考状态。

元素或化合物的标准自由能是在标准条件下纯元素以标准状态形成该物质的自由能。

最后，由于选择的标准态活度都为 1，根据式（2.30）所示，任何化合物在标准条件下生成的自由能都等于其标准生成能。根据式（2.30），在单位活度、标准条件下对数项为零。然而，如果活度不等于 1（在实际应用中通常是这种情况），结果就会不同。

2.4　自由能和非标准状态

在标准条件下发生反应是极不常见的。因此，确定非标准条件下的自由能至关重要。湿法冶金中遇到的最常见和最重要的非标准条件是物种的活度或浓度。活度通常显著偏离标准活度 1。式（2.30）的对数项适用于处理这些非标准态的活度。例 2.5 显示，标准活度下对数项为零。由于活度或浓度可能与 1 相差几个数量级，对数项一般不为 0。

例 2.5　计算反应的自由能变化量

$$2Fe^{3+} + 3SO_4^{2-} \rightleftharpoons Fe_2(SO_4)_3$$

假设在 SATP（标准状况的大气温度为 298.15K 和 1bar 的压力）条件下铁离子 Fe^{3+} 和硫酸盐离子 SO_4^{2-} 的初始活度为 0.6。

方程（2.30）可用于解决这个问题。因为硫酸铁 $Fe_2(SO_4)_3$ 在反应中作为中性的和相对不溶性化合物（因为铁离子和硫酸根离子的解离，该化合物本身具有显著的溶解度，但反应方程假设它不完全溶解，导致存在一些残余固体），它被视为一个固体，根据定义具有的活度为 1（在一些不寻常的情况下，中性的物种由于具有显著的溶解能力，必须被视为溶解的物种）。因此，自由能

$$\Delta G_r = -6465\text{J/mol} + RT\ln\frac{1}{0.6^2 \times 0.6^3}$$

$$\Delta G_r = -137\text{J/mol}$$

这个反应自由能变化的值几乎可以忽略不计。在现实世界中，这意味着这个反应如果从指定的活度开始，几乎不会释放出自由能。

如果例 2.4 和例 2.5 中所用的反应活度大于 1，则会出现不同的结果。如果离子的活度为 2.00，自由能计算的结果为 - 11565J/mol。如果反应开始时离子活度为 2.00，并允许反应进行直到活度达到 0.6 时，可用的反应自由能就会降低，如图 2.2 所示。因此，很明显，初始条件和最终条件对自由能的计算是至关重要的。

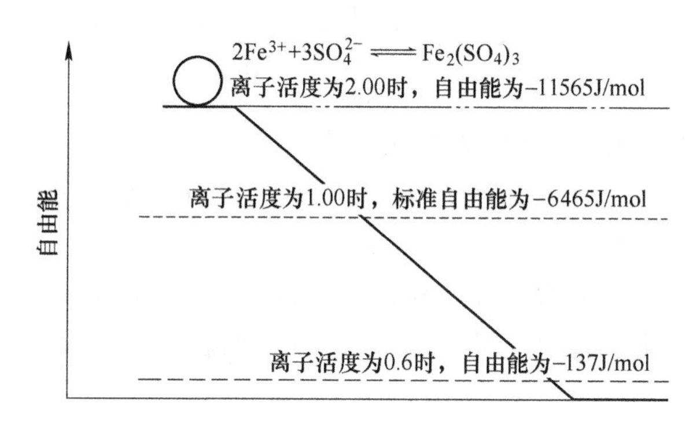

图 2.2　不同活度水平下三价铁离子与硫酸根离子反应生成硫酸铁的自由能示意图

2.5　平衡

当对数项等于标准自由能时的特殊情况称为平衡。此时，$\Delta G_r = 0$。在物理上，这种特殊情况是一个重要的参考点，因为它意味着系统在反应过程中没有自由能可以得到或失去。因为在平衡状态下没有能量可以得到或失去，所以系统中没有产生净变化的驱动力。在决定一个给定系统的最终配置或形态时，平衡尤其重要。在许多工程计算中，系统的最终状态非常接近真实的平衡状态，因此计算平衡状态可以提供有价值的实用信息。根据热力学平衡的定义，$\Delta G_r = 0$，标准自由能可以被用于确定系统最终或平衡的物种。平衡时，将 $\Delta G_r = 0$ 代入式（2.29）后得出

$$\Delta G_r^{\ominus} = -RT\ln K \tag{2.32}$$

式中，K 是平衡常数，本质上与质量活度系数 Q 不同。Q 表示处于反应初始和结束之间的非标准条件，与反应起点无关。平衡常数 K，等于平衡时生成物的活度除以反应物的活度。

如果一个处于平衡状态的系统受到干扰，系统会对干扰效应做出响应，并重新建立平衡。这就是所谓的 Le Chatelier 原理。因此，如果反应物突然添加到一个处于平衡状态的系统中，为了重新建立平衡，就会生成产物。相反，如果加入

产物，就会产生额外的反应物来平衡体系。

例 2.6　计算铁离子 Fe^{3+} 反应的平衡活度

$$2Fe^{3+} + 3SO_4^{2-} \rightleftharpoons Fe_2(SO_4)_3$$

当初始硫酸根离子 SO_4^{2-} 活度为 0.8 时，式（2.32）只对平衡条件有效

$$\Delta G_r^{\ominus} = -RT\ln\frac{a_{Fe_2(SO_4)_3}}{a_{Fe^{3+}}^2 \cdot a_{SO_4^{2-}}^3} = -RT\ln\frac{1}{a_{Fe^{3+}}^2 \times 0.8^3}$$

使用-6465J/mol 的标准自由能值（见例 2.4）并重新整理后，表达式变为

$$a_{Fe^{3+}} = \sqrt{\frac{1}{\exp\left[\frac{-(-6465)}{RT}\right]0.8^3}} = 0.379$$

然而，这一结果假定存在硫酸铁沉淀或固体。

Le Chatelier 原理：如果一个处于平衡状态的系统受到干扰，系统会对干扰效应做出响应，并重新建立平衡。

在许多情况下，溶解物的活度不足以导致沉淀物或固体的形成。如果没有形成固体或沉淀物，则最初假定固体或沉淀物存在的表达式将无效。

2.6　溶度积

不同物种之间经常结合形成沉淀物。当反应物的活度乘积超过溶度积时，就会发生沉淀。溶度积一般记作 K_{sp}。方程左边沉淀物的反应为离解反应。离解反应的平衡常数等于溶度积。方程右边有沉淀物的反应是生成反应。生成反应的平衡常数等于 $1/K_{sp}$。因此，离解反应更有利于评估沉淀反应。并且，溶度积只在平衡时有效。

如果形成沉淀所需的各种离子的活度乘积超过溶度积 K_{sp}，就会产生沉淀。超过溶度积的离子被用来形成沉淀。因此，当沉淀物形成时，离子活度降低以满足溶度积。

如果形成沉淀所需的各种离子的活度乘积超过溶度积 K_{sp}，就会产生沉淀。

如果不超过溶度积，存在的沉淀物就会溶解。因此，通过 K_{sp} 可以计算出平衡溶解度。在涉及沉淀物的问题中，应使用物种活度乘积来确定是否发生沉淀。如果活度乘积不超过溶度积，就不会发生沉淀。在这种情况下，相关方程就失效了。

例 2.7　确定硫酸铁 $Fe_2(SO_4)_3$ 是否沉淀：

$$2Fe^{3+} + 3SO_4^{2-} \rightleftharpoons Fe_2(SO_4)_3$$

如果铁离子 Fe^{3+} 的活度是 0.7，而硫酸根离子 SO_4^{2-} 的活度是 0.3，该反应能否在 298.15K 发生？重新整理方程（2.32），确定平衡常数得到

$$K = \exp\left(\frac{-\Delta G_r^{\ominus}}{RT}\right) = \exp\left(\frac{-6465}{8.314 \times 298}\right) = 13.59$$

因为沉淀物或固体在方程的右边，溶度积等于 $1/K$（注意：如果方程写反了，$K=K_{sp}$）：

$$K_{sp} = \frac{1}{K} = 0.07358$$

通过比较，形成沉淀所需的离子活度乘积为：

$$\Pi a_{products} = a_{Fe^{3+}}^2 \cdot a_{SO_4^{2-}}^3 = 0.7^2 \times 0.3^3 = 0.0132$$

由于活度乘积小于 K_{sp}，沉淀不会形成。因此，对于本例中指定的活度，示例 2.4 中的初始方程对该问题无效。但是，它在示例 2.4 中给出的条件下是有效的。由于在本例中没有形成沉淀物，最终的物种活度（或浓度）将等于原始值。

2.7 K、pK、pK_a和 pH 之间的关系

考虑到反应

$$HX^- \rightleftharpoons H^+ + X^{2-} \tag{2.33}$$

该反应中，假设化合物 HX^- 分解成自由的 H^+ 离子和自由的 X^{2-} 离子。这个反应平衡常数为

$$K = \frac{a_{H^+} \cdot a_{X^{2-}}}{a_{HX^-}} \tag{2.34}$$

因为该反应涉及酸或 H^+ 离子，所以平衡常数 K 通常被称为 K_a。大多数情况下，K 或 K_a的值很小，因此使用对数计算与其他值进行比较很方便。相应地，使用对数术语，如 pK 或 pK_a。在这些项中，“p” 表示负对数。例如，pK_a表示为

$$pK_a = -\lg K_a \tag{2.35}$$

因此，如果反应的 K_a值为 1×10^{-7}，则 pK_a值为 7。同样，pH 是氢离子活度的负对数，即

$$pH = -\lg a_{H^+} \tag{2.36}$$

例 2.8 计算氢离子活度为 0.0001 的酸性溶液的 pH 值。

$$pH = -\lg 0.0001 = 4$$

pH 和 pK_a是相关的，但很少相等。

在水离解的重要情况下

$$H_2O \rightleftharpoons H^+ + OH^- \tag{2.37}$$

得到的平衡表达式是

$$K_a = \frac{a_{H^+} \cdot a_{OH^-}}{a_{H_2O}} = 1 \times 10^{-14} \tag{2.38}$$

式中，$pK_a=14$。假设水的活度为 1，则

$$pK_a = 14 = -\lg(a_{H^+} \cdot a_{OH^-}) \tag{2.39}$$

如果溶液中没有其他物质解离，$a_{H^+}=a_{OH^-}$ 则

$$pK_a = 14 = -\lg(a_{H^+})^2 \tag{2.40}$$

然后

$$\frac{1}{2}pK_a = \frac{1}{2} \times 14 = -\lg a_{H^+} = pH \tag{2.41}$$

因此，如果水活度为 1，氢氧根和氢离子活度相等，那么 pH 就等于 pK_a 的一半。注意，对于某些系统，如水中的铁离子，可以发生几个水解步骤：$Fe^{3+} + H_2O = Fe(OH)^{2+} + H^+$；$Fe(OH)^{2+} + H_2O = Fe(OH)_2^+ + H^+$；$Fe(OH)_2^+ + H_2O = Fe(OH)_3 + H^+$。第一个反应称为第一水解反应，其平衡常数为 K_{a1}。第二水解反应的平衡常数为 K_{a2}。第三个是常数为 K_{a3} 的第三水解反应。通常，第一个反应常数与 pK_a 有关，称为 K_a。

2.8 自由能和非标准温度

温度对自由能的影响对许多溶液平衡的计算非常重要。在非 298K 条件下通常无法获得标准自由能值。因此，利用 298K 下的数据和热容信息推断更高温度下的自由能非常有用。对于不发生相变的反应，在给定温度 T 下，标准自由能的变化量为

$$\Delta G_T^{\ominus} = \Delta H_T^{\ominus} + T\Delta S_T^{\ominus} \tag{2.42}$$

这个方程适用于许多系统。然而，对于溶液中的离子这一情况，我们将在稍后讨论。

小幅度温度变化会导致反应自由能的微小变化。

关于自由能随温度变化的更多细节见参考文献［1］。在大多数应用中，自由能随温度的变化很小，约为 50J/(mol · ℃)。因此，在 STAP 附近，温度的影响常常可以忽略。然而，对于自由能很小的反应（小于-5000J/mol），微小温度变化的影响可能是显著的。通常，诸如沉淀之类的反应会受到温度的显著影响。熵、焓和热容的数据可以在参考文献［2~5］中找到。虽然一些数据是可以找得到（见附录 F），但缺乏在较高温度下水体系中溶解离子的必要数据。

2.8.1 温度对平衡常数的影响

van't Hoff Isocore 方程为[6]

$$\frac{d(\ln K)}{dt} = \frac{\Delta H_r^{\ominus}}{RT^2} \tag{2.43}$$

该方程可重新写为

$$\frac{\mathrm{d}(\ln K)}{\mathrm{d}\,\dfrac{1}{T}}=-\frac{\Delta H_{\mathrm{r}}^{\ominus}}{R} \tag{2.44}$$

重新整理该方程，假设对于较小的温度变化，焓不是温度的函数，可以得到一个确定不同温度下的 K 值的通用方程：

$$\ln K'=\ln K_{298}-\frac{\Delta H_{\mathrm{r}}^{\ominus}}{R}\left(\frac{1}{T'}-\frac{1}{298}\right) \tag{2.45}$$

假设参考和预期温度之间的变化通常小于 100℃，则该方程可以给出了一个合理预估值。

升高温度会抑制放热反应或产生热的反应。

升高温度会抑制放热反应或产生热的反应。这一发现与 Le Chatlier 原理有关。相应地，温度的升高抑制反应焓为负的沉淀反应。温度的升高促进吸热沉淀反应。

2.8.2 温度对离子自由能的影响

涉及 100℃以上离子的系统通常采用不同的评估方法。高温下离子自由能常由以下方程得到[6]

$$\Delta G_{T}^{\ominus}=\Delta G_{298}^{\ominus}-(T-298)\Delta S_{298,\,\mathrm{adj.}}^{\ominus}+\int_{298}^{T}\Delta c_{\mathrm{p}}\mathrm{d}T-T\int_{298}^{T}\Delta c_{\mathrm{p}}\frac{\mathrm{d}T}{T} \tag{2.46}$$

式中

$$\Delta S_{298,\,\mathrm{adj.}}^{\ominus}=\Delta S_{298}^{\ominus}-20.92z \tag{2.47}$$

式中，z 是离子的电荷。根据 Criss 和 Coble 的对应原理研究表明，离子在一定温度范围内的平均摩尔热容为

$$c_{\mathrm{p,\,ions}}\big|_{298}^{T}=\alpha_{T}+\beta_{T}\Delta S_{298,\,\mathrm{adj.}}^{\ominus} \tag{2.48}$$

在假设摩尔热容的平均值为常数的条件下，可将摩尔热容移出积分。因此，当确定摩尔热容的变化时，这个常数可以用于计算离子自由能。因此，在实际的纯金属生成离子过程中，积分是：

$$\int_{298}^{T}\Delta c_{\mathrm{p}}\mathrm{d}T=\left(c_{\mathrm{p,\,ions}}\big|_{298}^{T}-\frac{\int_{298}^{T}\Delta c_{\mathrm{p,solid}}\mathrm{d}T}{\int_{298}^{T}\mathrm{d}T}\right)(T-298) \tag{2.49}$$

$$T\int_{298}^{T}\Delta c_{\mathrm{p}}\frac{\mathrm{d}T}{T}=T\left(c_{\mathrm{p,\,ions}}\big|_{298}^{T}-\frac{\int_{298}^{T}\Delta c_{\mathrm{p,solid}}\mathrm{d}T}{\int_{298}^{T}\Delta c_{p}}\right)\ln\frac{T}{298} \tag{2.50}$$

式中，α 和 β 的值见表 2.1。

表 2.1　α 和 β 的值随温度和离子的变化①

温度/℃	阳离子		简单阴离子		含氧阴离子		氢氧根离子	
	α	β	α	β	α	β	α	β
50	146	−0.41	−192	−0.28	−532	1.96	−510	3.44
100	192	−0.55	−243	0	−577	2.24	−565	3.97
150	192	−0.59	−255	−0.03	−556	2.27	−598	3.95
200	209	−0.63	−272	−0.04	−607	2.53	−636	4.24

①参考文献［17］。

例 2.9　作为使用这种方法的一个例子，如果 Ni 和 Ni^{2+} 在 298K 的标准熵分别为 31.35 和−106.7J/(mol·K)，确定在 150℃时 Ni 生成 Ni^{2+} 的自由生成能。Ni 的摩尔热容是 $16.99+0.0295T$，Ni^{2+} 的标准生成自由能为−48240J/mol。

$$\Delta S^{\ominus}_{298,\,\mathrm{adj.\,Ni^{2+}}} = \Delta S^{\ominus}_{298,\,\mathrm{Ni^{2+}}} - 20.92 z_{\mathrm{Ni^{2+}}} = -106.7 - 20.92 \times 2 = -148.5\mathrm{J/(mol \cdot K)}$$

$$\Delta S^{\ominus}_{298,\,\mathrm{adj.\,Ni}} = \Delta S^{\ominus}_{298,\,\mathrm{Ni}} - 20.92 z_{\mathrm{Ni}} = 31.4 - 0 = 31.4\mathrm{J/(mol \cdot K)}$$

$$\Delta S^{\ominus}_{298,\,\mathrm{adj.}} = \Delta S^{\ominus}_{298,\,\mathrm{adj.}} - \Delta S^{\ominus}_{298,\,\mathrm{adj.}} = -149 - 31.4 = 180\mathrm{J/(mol \cdot K)}$$

式中，z 是离子的电荷。根据 Criss 和 Coble 的对应原理研究表明，对于离子来说[7]

$$c_{\mathrm{p,\,Ni}} = \frac{\int_{298}^{T} c_{\mathrm{p,\,Ni}} \mathrm{d}T}{\int_{298}^{T} \mathrm{d}T} = \frac{\int_{298}^{T} (16.99 + 0.0295T) \mathrm{d}T \big|_{298}^{T} \left(16.99T + 0.0295 \dfrac{T^2}{2}\right)}{T - 298}$$

$$= 27.6\mathrm{J/(mol \cdot K)}$$

$$c_{\mathrm{p,\,Ni^{2+}}} \big|_{298}^{T} = \alpha_T + \beta_T \Delta S^{\ominus}_{298,\,\mathrm{adj.}} = 192 + (-0.59)(-148.54) = 280\mathrm{J/(mol \cdot K)}$$

$$\Delta c_{\mathrm{p}} = 280 - 27.6 = 252.4\mathrm{J/mol}$$

$$\Delta G^{\ominus}_{\mathrm{T}} = \Delta G^{\ominus}_{298} - (T - 298)\Delta S^{\ominus}_{298,\,\mathrm{adj.}} + \int_{298}^{T} \Delta c_{\mathrm{p}} \mathrm{d}T - T\int_{298}^{T} \Delta c_{\mathrm{p}} \frac{\mathrm{d}T}{T}$$

$$\int_{298}^{T} \Delta c_{\mathrm{p}} \mathrm{d}T = \left(c_{\mathrm{p,\,ions}} \big|_{298}^{T} - \frac{\int_{298}^{T} \Delta c_{\mathrm{p,\,solid}} \mathrm{d}T}{\int_{298}^{T} \mathrm{d}T} \right)(T - 298)$$

$$= (280 - 27.6)(T - 298) = 31550\mathrm{J/mol}$$

$$T\int_{298}^{T} \Delta c_{\mathrm{p}} \frac{\mathrm{d}T}{T} = T\left(c_{\mathrm{p,\,ions}} \big|_{298}^{T} - \frac{\int_{298}^{T} \Delta c_{\mathrm{p,\,solid}} \mathrm{d}T}{\int_{298}^{T} \Delta c_{p}} \right) \ln \frac{T}{298}$$

$$= 423 \times (280 - 27.6) \times \ln \frac{423}{298} = 37398\text{J/mol}$$

$$\Delta G_T^{\ominus} = -45600 - (423 - 298) \times 180 + 31550 - 37398 = -74248\text{J/mol}$$

2.8.3 温度对气体溶解度的影响

平衡时气体溶解度也受到温度的强烈影响。例如，随着温度的升高，氧和氢在水中的溶解度会降低，直至达到水的沸点为止。在沸点以上，随着温度的进一步升高，溶解度迅速增加，如表 2.2 所示。

表 2.2 在 300psi、20.6bar 或 20.3atm 的 1g 水中，氧气和氢气的溶解度①

温度/K	300	422	435	472	475	533	589
氧气/mL	0.024	0.018	0.023	0.048	0.088		
氢气/mL	0.017	0.017	0.023	0.047	0.084		

①使用 Wadsworth 的数据计算数值[8]。

2.9 反应产生的热量

另一个与温度有关的重要方面是反应产生的热量。大多数湿法冶金系统是在恒压下进行的，不涉及系统本身或系统所做的有用功。因此，反应产生或消耗的热量，往往可以用反应焓的变化来确定。相关的温度变化可以通过热量产生或消耗数据以及热容信息来确定。反应热可以表示为[9]

$$\Delta H = \Delta H_{298}^{\ominus} + \int_{298}^{T} \Delta c_{\text{p}} \text{d}T \tag{2.51}$$

可用这个方程计算由反应引起的温度升高。通常会做出简化假设。在浸出过程中，温度变化不大，预计在反应温度下反应焓值与在 298K 时近似。因此，可以用标准焓和热容来估算温度的升高。

例 2.10 假设浸出反应为 $FeS_2+H_2O+3.5O_2 = Fe^{2+}+2H^++2SO_4^{2-}$，估算质量分数为黄铁矿 FeS_2 占 0.7%、石英占 69.3%、水占 30%的硫化物堆在 SATP 条件下细菌浸出的温度变化。假设 298K 时反应物的标准生成焓（按在反应方程式中的出现顺序）分别为−171544、−285830、0、−89100、0 和−909270J/mol。石英和水的热容分别为 44 和 75.19J/(mol · K)。假设焓和热容在估计的温度变化范围内保持不变。石英、黄铁矿和水的分子质量分别为 60.09、119.97 和 18.015g/mol。忽略黄铁矿、氧和氮热容的影响。

$$\Delta H_{\text{r},298} = \sum_{\text{products}} \Delta H_{\text{f},298} - \sum_{\text{reactants}} \Delta H_{\text{f},298}$$

$$= [2\times(-909270) + 0 + (-89100)] -$$

$$[(-171544) + (-285830)] = -1450266\text{J/mol}$$

$$\Delta T_{\text{estimate}} = \frac{m_{\text{reactant}} \Delta H_{\text{r, 298}}}{m_{\text{pyrite}} Cp_{\text{pyrite}} + m_{\text{quartz}} Cp_{\text{quartz}} + m_{\text{water}} Cp_{\text{water}}}$$

$$= \frac{\frac{0.7}{119.97}\text{mol} \times (-1450266\text{J/mol})}{\frac{69.3\text{mol}}{60.09} \times 44\text{J/(mol} \cdot \text{K)} + \frac{30\text{mol}}{18.015} \times 75.19\text{J/(mol} \cdot \text{K)}} = 48.1\text{K}$$

因此，该堆浸作业温度有上升 48.1K 的可能。然而，由于气体和溶液流动的热损失，这个值将无法达到。此外，没有考虑蒸发损失和反应不完全。然而，这种评估表明反应热是重要的。在精矿浸出过程中，密闭容器内的产热尤为重要。密闭的容器可能需要散热设备来进行适当的温度控制。

2.10　自由能和非标准压强

在反应过程中，由于摩尔体积的变化，自由能随压强的变化而变化（V_m）。压强的上升增加了能量的储存。因压缩储存的额外能量类似于压缩弹簧时储存的能量。自由能随压强的变化可以表示为

$$\Delta G_{\text{p}}^{\ominus} - \Delta G_{\text{1atm}}^{\ominus} = \int_{\text{1atm}}^{p} \Delta V_{\text{m}} \text{d}p \tag{2.52}$$

通常，自由能变化为 0.1J/(mol · bar)。因此，除非压强变化非常大，否则压力对自由能的影响一般可以忽略不计。然而，对于涉及自由能变化非常小的平衡，它可能是重要的。

2.11　平衡浓度的确定

利用自由能数据对一个典型的湿法冶金平衡反应进行研究：

$$b\text{B} + h\text{H}^+ \rightleftharpoons c\text{C} + d\text{H}_2\text{O} \tag{2.53}$$

利用该表达式可以得到物种活度：

$$\Delta G_{\text{r}}^{\ominus} = -RT\ln \frac{a_{\text{H}_2\text{O}}^{d} \cdot a_{\text{C}}^{c}}{a_{\text{B}}^{b} \cdot a_{\text{H}^+}^{h}} \tag{2.54}$$

将这个表达式转换为以 10 为底的对数得到：

$$\Delta G_{\text{r}}^{\ominus} = -2.303RT\lg \frac{a_{\text{H}_2\text{O}}^{d} \cdot a_{\text{C}}^{c}}{a_{\text{B}}^{b} \cdot a_{\text{H}^+}^{h}} \tag{2.55}$$

由于 $\text{pH} = -\lg a_{\text{H}^+}$，方程（2.55）可以重新整理为

$$\Delta G_{\text{r}}^{\ominus} = -2.303RT[\lg(a_{\text{H}_2\text{O}}^{d} \cdot a_{\text{C}}^{c}) - b\lg a_{\text{B}} + h\text{pH}] \tag{2.56}$$

进一步重新整理后，并假设水的活度为1，该方程可以表示为

$$\frac{\Delta G_{r}^{\ominus}}{2.303RT} = b\lg a_{B} - c\lg a_{C} - h\text{pH} \tag{2.57}$$

例 2.11 如果最终 pH 值是 8，确定反应的平衡态或最终的亚铁离子 Fe^{2+} 活度：

$$FeO + 2H^{+} \rightleftharpoons Fe^{2+} + H_{2}O$$

假设溶液是理想的，活度系数等于1。

反应形式与式（2.53）相同，因此，式（2.56）适用，且

$$\frac{\Delta G_{r}^{\ominus}}{2.303RT} = \lg a_{FeO} - \lg a_{Fe^{2+}} - 2\text{pH}$$

使用附录D中的数据可以得到：

$$\Delta G_{r}^{\ominus} = [-78870 + (-237141)] - (-251156 + 0^{2}) = -64855\text{J/mol}$$

用自由能和 $a_{FeO}=1$ 替换后，重新整理得到：

$$\lg a_{Fe^{2+}} = \frac{-(-64855)}{2.303 \times 8.314 \times 298} + \lg 1 - 2 \times 8.0$$

$$a_{Fe^{2+}} = 2.33 \times 10^{-5}$$

2.12 活度和活度系数

活度是对一个物种在环境中的“活性”或有效性的衡量，或其离开环境的倾向。

活度是一个物种热力学有效性的量度。活度有时被看作是一个物种从环境中逃逸的趋势。事实上，活度和逸度几乎是一样的。逸度来自拉丁词，意思是迁徙或逃跑。如果一个物种与它的环境不适宜，它的活度就会增加。相反，如果一个物种与它的环境适宜，它的活度就会减少。因此，物种的活度与其浓度有关。单个分子离开或发生反应的概率随着物种密度或浓度的增加而增加。在理想溶液中，活度与浓度成正比。

如果一个物种与环境不适宜，它就会寻求逃离。在这种情况下，该物种的活度比我们认为的理想溶液中的要大，活度不再等于浓度，必须使用一个称为活度系数的校正因子。活度与活度系数的关系为

$$a_{j} = \gamma_{j}\frac{m_{j}}{m^{\ominus}} \tag{2.58}$$

如果该物种与它的环境不适宜，其活度系数大于1。如果该物种与其所处的环境相适宜，其活度系数小于1。离子常在水中与其他离子发生良好的相互作用。因此，离子在水中的活度系数小于1。其他离子的存在可以增加相互作用。

稀溶液一般表现为理想溶液，因为离子一般远离邻近离子的影响。稀溶液如图2.3所示。

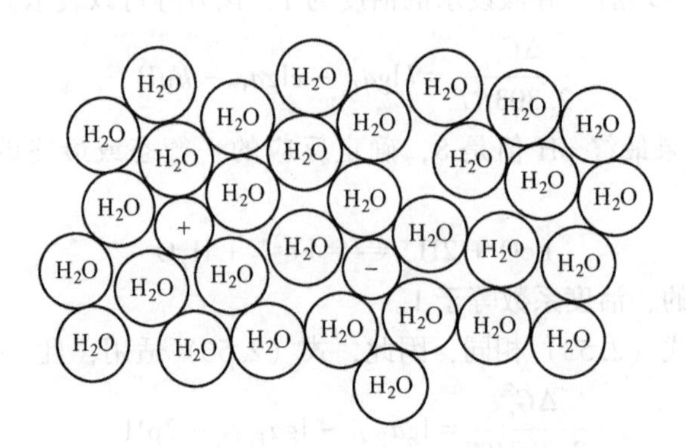

图 2.3　离子和水分子在稀溶液中的示意图

环境对离子有利，使它们活性降低，不易离开，从而降低其活度。

在水介质中，不同离子之间可以发生相互作用。因此，增加其他离子的浓度会降低某种离子的活度。这种降低是由于溶液中额外的离子有利于离子之间的相互作用，使得离子不太可能离开。例如，如果在溶液中加入盐，其带正电荷的“阳离子”很可能与溶液中带负电荷的“阴离子”结合，从而在溶液中形成静电缔合，使它们不太可能发生反应或离开系统。这种效果可以用图 2.4 来说明。

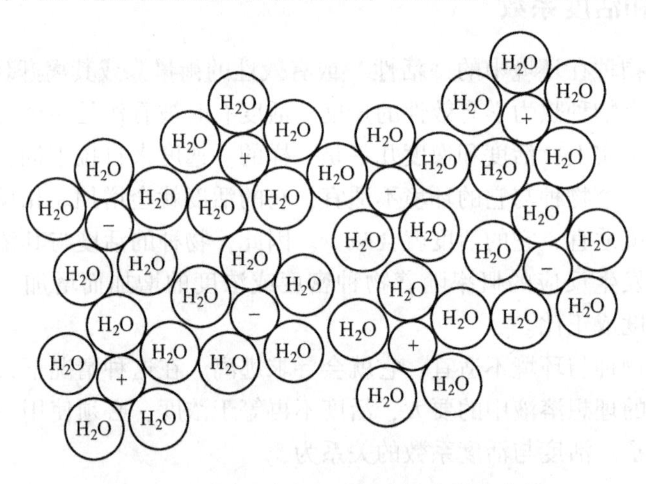

图 2.4　离子和水分子在浓溶液中的示意图

对于水溶液，离子活度与离子强度有关。离子强度是溶液带电性质的一种度量。当离子带电时，它们的活度受周围离子电场的影响。此外，离子之间的相距距离与浓度有关，也会影响离子的活度。因此，离子的浓度和电荷都对活度有贡献。

离子强度 I 定义为[10]

$$I=\frac{1}{2}\sum\frac{m_i z_i^2}{m^{\ominus}} \tag{2.59}$$

式中，m_i 为物质 i 的质量摩尔浓度（mol/100g 水）；z_i为物质 i 的电荷量；$m^{\ominus}$ 为水体系的参考质量摩尔浓度（1m）。

如果离子强度小于 0.00001，则溶液为理想溶液。理想溶液具有单位活度系数；γ_i。当离子强度大于 0.00001 时，活度系数将不为 1。

计算活度系数的一种常用方法是 Debye-Huckel 方程[4]

$$-\lg\gamma_i=\frac{Az_i^2\sqrt{I}}{1+d_iB\sqrt{I}} \tag{2.60}$$

式中，$A=0.2409+9.01\times10^{-4}T$(有效范围从 273K 到 333K，在 298K 处等于 0.5094)，$B=0.280+1.62\times10^{-4}T$(在 298K 时等于 0.3283)，有效直径 d_i的典型值为：

单电荷离子（2.5~4）×10^{-8}cm；

双电荷离子（4.5~8）×10^{-8}cm；

多电荷离子（9~11）×10^{-8}cm。

值得注意的例外是 H^+为 9×10^{-8}cm，Li^+为 6×10^{-8}cm（有关更多信息，请参阅《Solutions，Minerals，and Equilibria》一书[4]）。

对于纯水，离子强度足够低（小于 0.00001），从而可假设活度系数为 1。在大多数湿法冶金应用中，活度系数不为 1。离子强度大于 0.1 的溶液通常使用平均盐法、Meissner 相关关系或其他高浓度相关关系进行处理（更多细节见参考文献［10］）。

例 2.12 计算含 0.01m K_2SO_4溶液中 SO_4^{2-}离子的活度系数。假设在 SATP 条件下完全溶解，有效离子直径 4.3×10^{-8}cm：

$$I=\frac{1}{2}\sum\frac{2(0.01m)(+1)^2}{1m}+\frac{(0.01m)(-2)^2}{1m}=0.03$$

$$A=0.2409+9.04\times10^{-4}\times298=0.5094$$

$$B(10^8\text{cm}^{-1})=0.280+1.62\times10^{-4}\times298=0.3283\times10^8\text{cm}^{-1}$$

$$-\lg\gamma_{SO_4^{2-}}=\frac{0.5094\times(-2)^2\times\sqrt{0.03}}{1+4.3\times10^{-8}\times0.3283\times10^8\times\sqrt{0.03}}$$

$$\gamma_{SO_4^{2-}}=0.520$$

活度系数也可以用 Davies 方程来确定

$$-\lg\gamma_i=Az_i^2\left(\frac{\sqrt{I}}{1+\sqrt{I}}-0.2I\right) \tag{2.61}$$

令人惊讶的是，Davies 方程可以为某些离子提供可达 1M 的合理的活度系数。

然而，应用该方程于 $I>0.1$ 时，应该谨慎。

溶解在水介质中的非离子物质的活度系数可以用以下表达式[11]

$$\lg\gamma_{i(\text{nonionic})} = bI \tag{2.62}$$

式中，b 一般接近于 0.15[11]，并且 I 为离子强度。

水溶液中溶解气体和中性物质的活度系数不受离子强度的强烈影响。

气体的活度通常用分压来计算。一般来说，单个物种在气相中的活度与在溶液中的相似。气体组分的活度为

$$a_{i(\text{gas})} = \gamma_{i(\text{gas})} \frac{P_i}{P_i^{\ominus}} \tag{2.63}$$

式中，P_i 为气相中气体的分压，$P_i^{\ominus}$ 为标准条件下纯 i 的分压。注意，纯“i”对氧的分压与对氯仿或乙醇等化合物的分压是不一样的。造成这种现象的原因是，通常情况下，氧是一种气体。相反，氯仿和乙醇通常是液体。然而，乙醇在 SATP（例如 298.15K，1bar 或 0.987atm）条件下的蒸气压为 0.1atm。因此，在 SATP 条件下，它也是一种普遍的气体。在 SATP 条件下是液体的其他化合物，如汞，蒸气压非常低（2.43×10^{-6}atm）。因此，$P_i^{\ominus}$ 的值有很大差异。然而，对于标准状态 SATP 是气体的化合物，$P_i^{\ominus}$ 仍然是 1bar。

根据溶液中物种活度的定义

$$a_{\text{igas(aq)}} = \gamma_{\text{igas(aq)}} \frac{m_{\text{igas}}}{m^{\ominus}} \tag{2.64}$$

在典型的气体反应中，如氧溶于水介质中

$$O_2(g) \rightleftharpoons O_2(aq) \tag{2.65}$$

平衡常数 K 可以写成

$$K = \frac{a_{O_2(aq)}}{a_{O_2(g)}} \tag{2.66}$$

用式（2.63）和式（2.64）替换后变为

$$K = \frac{\gamma_{O_2(aq)} \dfrac{m_{O_2(aq)}}{m^{\ominus}}}{\gamma_{O_2(g)} \dfrac{P_{O_2(g)}}{P_{O_2}^{\ominus}}} \tag{2.67}$$

气相的活度系数一般可以假定为 1。溶解在水中气体的活度系数约为 1。气体在水中接近单位活度是由于气体的电荷为中性。因此，式（2.67）可以以溶解氧浓度写为

$$m_{O_2(aq)} = K \frac{P_{O_2(g)}\, m^{\ominus}}{P_{O_2}^{\ominus}} \tag{2.68}$$

它可以被简化成更熟悉的气体形式。SATP 条件下的气体标准压力（$P^{\ominus}=1\text{atm}$），P_i需要用 bar（或大气压）表示，最终溶液质量摩尔浓度（$m^{\ominus}=1m$）：

$$m_{\mathrm{i(aq)}} = KP_{\mathrm{i(g)}} \tag{2.69}$$

这和亨利定律很相似，但并不相同，亨利定律是这样的

$$P_{\mathrm{i}} = x_{\mathrm{i}}K_{\mathrm{H}} \tag{2.70}$$

式中，K_{H} 是亨利常数。1000g 水的摩尔量为 55.5mol，是很大的。相比较而言，溶质的摩尔量通常要小得多。因此，每 1000g 水的摩尔量大约是 55.5mol。由此可见，$x_i \approx m_i/55.5$。此外，可以很容易地看出

$$m_{\mathrm{i}} = \frac{55.5P_{\mathrm{i}}}{K_{\mathrm{H}}} = KP_{\mathrm{i}} \tag{2.71}$$

假设压力为无量纲分压，而且 $K=55.5/K_{\mathrm{H}}$ 。然而，应该注意的是，有些人错误地将亨利常数作为平衡常数。此外，在使用亨利常数时应谨慎。如果单位是压强，那么这个常数就是亨利常数。如果单位是无量纲的，这个常数就是平衡常数。

需要指出的是，在任何低至中等压力（小于 10atm）的混合物中，液体（如水或乙醇）的活度都是由该组分的蒸气压除以纯组分的蒸气压给出的。因此，水在浓电解质中的活度可以通过其蒸气压来确定。蒸气压除以纯水蒸气压等于它的活度。

2.13 求解实际平衡问题

实际溶液物种的形态非常复杂，未知参数比理论问题中展现的要多。最终物种形态通常是根据初始量来解决的。然而，自由能信息是建立在最终物种的形态上的。因此，必须用化学计量法在初始条件和最终条件之间建立联系。

通过将信息以方程组的形式组合起来，可以确定最终的平衡。对于一般湿法冶金反应：

$$a\mathrm{A} + b\mathrm{B} \longrightarrow c\mathrm{C} + d\mathrm{D} \tag{2.72}$$

平衡表达式可以写成

$$K = \frac{a_{\mathrm{C}_E}^{c}a_{\mathrm{D}_E}^{d}}{a_{\mathrm{A}_E}^{a}a_{\mathrm{B}_E}^{b}} = \frac{\gamma_{\mathrm{C}_E}^{c}\gamma_{\mathrm{D}_E}^{d}}{\gamma_{\mathrm{A}_E}^{a}\gamma_{\mathrm{B}_E}^{b}}\frac{m_{\mathrm{C}_E}^{c}m_{\mathrm{D}_E}^{d}}{m_{\mathrm{A}_E}^{a}m_{\mathrm{B}_E}^{b}} \tag{2.73}$$

式中，下标“E”表示平衡值。化学计量质量平衡被用来形成方程式。这些方程按初值和平衡值表示质量摩尔浓度。初值用下标“I”表示。物种的平衡浓度是按一个物种来跟踪的。利用经过反应达到平衡的物种“A”的分数“x”，可以方便地跟踪。质量平衡的表达式是：

$$m_{\mathrm{A}_E} = m_{\mathrm{A}_I} - xm_{\mathrm{A}_I} \tag{2.74}$$

$$m_{B_E} = m_{B_I} - x\frac{b}{a}m_{B_I} \tag{2.75}$$

$$m_{C_E} = m_{C_I} + x\frac{c}{a}m_{C_I} \tag{2.76}$$

$$m_{D_E} = m_{D_I} + x\frac{d}{a}m_{D_I} \tag{2.77}$$

把这些表达式代入平衡常数的表达式得到

$$K = \frac{\gamma_{C_E}^c \gamma_{D_E}^d}{\gamma_{A_E}^a \gamma_{B_E}^b} \frac{\left(m_{C_I} + x\frac{c}{a}m_{C_I}\right)^c \left(m_{D_I} + x\frac{d}{a}m_{D_I}\right)^d}{\left(m_{A_I} - xm_{A_I}\right)^a \left(m_{B_I} - x\frac{b}{a}m_{B_I}\right)^b} \tag{2.78}$$

得到的方程是关于初始浓度值的。前面的表达式是关于平衡值的，新的表达式可以求出 x 值，x 值可以用来确定平衡质量摩尔浓度。x 的表达式通常不容易解。这类方程通常用二次方程求解（如果合适的话）。或者，这样的方程可以用计算机进行数值求解。

例 2.13 在1000g纯水中加入2g氯化钙和0.5g氟化钠（在SATP条件下），计算最终的钙离子浓度，假设钙离子和氟离子的活度系数分别为0.4和0.75（假设氯化钙和氟化钠完全溶解并解离）。这里参与的反应是

$$Ca^{2+} + 2F^- \rightleftharpoons CaF_2$$

由于氯化钠或食盐的溶解度高，另一种钠离子和氯离子反应不会形成沉淀（因为此反应非常明显，所以没有给出计算）。

下一步是确定所涉及物种的摩尔量。

Ca 的摩尔量 $n_{Ca} = \dfrac{2}{M_w CaCl_2} = \dfrac{2}{110.99} = 0.0180 mol$

F 的摩尔量 $n_F = \dfrac{0.5}{M_w NaF} = \dfrac{0.5}{41.99} = 0.0119 mol$

因为质量摩尔浓度定义为每1000g溶剂的摩尔数：

$$m_{init.Ca} = 0.0180m$$

$$m_{init.F} = 0.0119m$$

根据规定的化学计量比，氟离子的摩尔消耗量是钙离子的两倍，所以最终的质量摩尔浓度为：

$$m_{finCa} = 0.0180m - m_{consumpCa}$$

$$m_{finF} = 0.0119m - 2m_{consumpCa}$$

在最终的平衡条件使用自由能（式（2.29）的替代 $a_i = \gamma m_i / m^{\ominus}$），可推导出：

$$\Delta G_r^{\ominus} = -2.303RT\lg\frac{\gamma_{CaF_2}m_{CaF_2}}{\gamma_{Ca^{2+}}m_{Ca^{2+}}\gamma_{F^-}^2 m_{F^-}^2}$$

取代最终质量摩尔浓度后，平衡自由能的表达式可写成：

$$\Delta G_r^{\ominus} = -2.303RT\lg\frac{1}{\gamma_{Ca^{2+}}(0.0180m - m_{consumpCa})\gamma_{F^-}^2(0.0119m - 2m_{consumpCa})^2}$$

对反应自由能值进行计算可得到：

$$\Delta G_r^{\ominus} = (-1162000) - [-553540 + 2\times(-276500)] = -55460\text{J/mol}$$

$$-55460 = -2.303RT\lg\frac{1}{\gamma_{Ca^{2+}}(0.0180m - m_{consumpCa})\gamma_{F^-}^2(0.0119m - 2m_{consumpCa})^2}$$

$$10^{9.72}\times 0.4\times 0.75^2[(0.0180m - m_{consumpCa})(0.0119m - 2m_{consumpCa})^2] - 1 = 0$$

$$9.72 = \lg\frac{1}{0.4\times 0.75^2(0.0180m - m_{consumpCa})(0.0119m - 2m_{consumpCa})^2}$$

通过迭代求解 $m_{consumpCa}$ 得到：

$$m_{consumpCa} = 0.005818m$$

用这个值作为摩尔消耗量，计算出最终的平衡值。

$$m_{finCa} = 0.0180m - m_{consumpCa} = 0.01218m$$

$$m_{finF} = 0.0119m - 2m_{consumpCa} = 0.000264m$$

通常，在不知道离子强度的情况下必须计算活度系数。在这种情况下，必须对离子强度作出初步估计。最初的估计是基于给定的信息。通过对离子强度的初步猜测，可以确定活度系数。活度系数可以用来求解质量摩尔浓度。利用计算出的质量摩尔浓度，可以重新计算离子强度。然后将计算出的离子强度与猜测值进行比较。如果初始猜测和计算出的离子强度在合理的公差范围内，就可以得到最终的解答。如果推测的离子强度和计算的离子强度有显著差异，则使用新的离子强度计算值重新计算活度系数。新的活度系数被用来重新计算质量摩尔浓度。用新的质量摩尔浓度重新计算离子强度。如果新的离子强度接近以前的离子强度，则解答是合适的。如果存在显著差异，则重复此过程，直到以前的离子强度值在新计算值的指定公差范围内。

例 2.14 考虑使用示例 2.12 中的相同信息，但不知道活性系数：计算在 1000g 纯水中，当 2g 二氯化钙与 0.5g 氟化钠混合（SATP）时，钙离子的最终浓度（假设氯化钙和氟化钠完全溶解并解离）。

问题的初始部分与例 2.12 相同，因此使用以下表达式计算：

$$Ca^{2+} + 2F^- \rightleftharpoons CaF_2$$

Ca 的摩尔量 $\quad n_{Ca} = \dfrac{2}{M_w CaCl_2} = \dfrac{2}{110.99} = 0.0180\text{mol}$

F 的摩尔量　　$n_F = \frac{0.5}{M_w CaF} = \frac{0.5}{41.99} = 0.0119 mol$

$$m_{finCa} = 0.0180m - m_{consumpCa}$$

$$m_{finF} = 0.0119m - 2m_{consumpCa}$$

$$\Delta G_r^{\ominus} = -2.303RT\lg\frac{1}{\gamma_{Ca^{2+}}(0.0180m - m_{consumpCa})\gamma_{F^-}^2(0.0119m - 2m_{consumpCa})^2}$$

$$-55460 = -2.303RT\lg\frac{1}{\gamma_{Ca^{2+}}(0.0180m - m_{consumpCa})\gamma_{F^-}^2(0.0119m - 2m_{consumpCa})^2}$$

活度系数的计算需要离子强度信息。对离子强度的初步估计的最佳估计值是利用已知信息：

$$I = \frac{1}{2}\sum\frac{2(0.018m)(-1)^2}{1m} + \frac{(0.018m)(+2)^2}{1m} + \frac{(0.0119m)(-1)^2}{1m} + \frac{(0.0119m)(+1)^2}{1m}$$

$$= 0.057$$

$$-\lg\gamma_{Ca^{2+}} = 0.5094 \times (-2)^2\left[\frac{\sqrt{0.057}}{1+\sqrt{0.057}} - 0.2 \times 0.057\right] = 0.3695$$

$$\gamma_{Ca^{2+}} = 0.427$$

$$-\lg\gamma_{F^-} = 0.5094 \times 1^2\left[\frac{\sqrt{0.057}}{1+\sqrt{0.057}} - 0.2 \times 0.057\right] = 0.0924$$

$$\gamma_{F^-} = 0.808$$

替换和重新整理后为：

$$5.25 \times 10^9 = \frac{1}{0.427 \times 0.808^2(0.0180m - m_{consumpCa})(0.0119m - 2m_{consumpCa})^2}$$

$$1.46 \times 10^9 = \frac{1}{(0.0180m - m_{consumpCa})(0.0119m - 2m_{consumpCa})^2}$$

通过迭代求解 $m_{consumpCa}$ 得到：

$$m_{consumpCa} = 0.005832m$$

用这个值作为摩尔消耗量，计算出最终的平衡值。

$$m_{finCa} = 0.0180m - 0.005832m = 0.0122m$$

$$m_{finF} = 0.0119m - 2 \times 0.005832m = 0.000236m$$

离子强度的新值是：

$$I = \frac{1}{2}\sum 2(0.018)(-1)^2 + (0.0122)(+2)^2 +$$

$$(0.000236)(-1)^2+(0.0119)(+1)^2$$
$$=0.0395$$

$$-\lg\gamma_{Ca^{2+}}=0.5094\times(-2)^2\left(\frac{\sqrt{0.0395}}{1+\sqrt{0.0395}}-0.2\times0.0395\right)=0.3217$$

$$\gamma_{Ca^{2+}}=0.4767$$

$$-\lg\gamma_{F^-}=0.5094\times1^2\left(\frac{\sqrt{0.0395}}{1+\sqrt{0.0395}}-0.2\times0.0395\right)=0.804$$

$$\gamma_{F^-}=0.831$$

用该活度系数值计算质量摩尔浓度：

$$m_{consumpCa}=0.005841m$$

用这个新值作为摩尔消耗量，计算出最终的平衡值。

$$m_{finCa}=0.0180m-0.005841m=0.01216m$$
$$m_{finF}=0.0119m-2\times0.005841m=0.000218m$$

这些值与前一步的值非常接近。所得，离子强度几乎与之前的迭代相同。因此，不需要进一步迭代。这些值是对准确的质量摩尔浓度的适当估计。

2.14 电化学反应原理

对于涉及电子转移的反应，如：

$$Fe^{3+}+e \rightleftharpoons Fe^{2+} \tag{2.79}$$

反应的自由能与电子转移有关。而电子转移又与电化学势或电压有关。电势等于每转移单位电荷的能量（1V＝1J/C）。自由能与电化学势 E 的关系为：

$$\Delta G_r=-nN_AeE=-nFE \quad 或 \quad \Delta G_r^{\ominus}=-nFE^{\ominus} \tag{2.80}$$

电化学势与自由能直接相关。
式中，E 等于电势或电压；$E^{\ominus}$ 为标准电势或电压；n 为每摩尔反应转移的电子数；N_A 为阿伏伽德罗常数（6.022×10^{23}个原子或分子/摩尔）；e 为每个电子的电荷量（1.602×10^{-19}C）；F 为法拉第常数（96485C/mol）。在涉及电子转移的反应中，自由能可转化为电化学势。将自由能方程除以$-nF$ 得到

$$\frac{\Delta G_r}{-nF}=\frac{\Delta G_r^{\ominus}}{-nF}+\frac{RT}{-nF}\ln Q \tag{2.81}$$

用势能和自由能之间的关系来代替，可以得到

$$E=E^{\ominus}-\frac{RT}{nF}\ln Q \tag{2.82}$$

这个方程被称为能斯特方程。

对于铁离子和亚铁离子的反应，能斯特方程可以写为：

$$E = E^{\ominus} - \frac{2.303RT}{F}\lg\frac{a_{Fe^{2+}}}{a_{Fe^{3+}}} \tag{2.83}$$

利用能斯特方程可以确定半电池氧化还原反应的电化学势。

因此，随着产物浓度的增加，溶液电势降低。另一方面，如果反应物的浓度增加，电势也会增加。注意，铁离子 Fe^{3+}/亚铁离子 Fe^{2+} 反应为阴极反应。换句话说，它被写为还原反应。氧化物质是反应物，还原物质是产物。依据该规则，产生的电势将对应于测定的电压。如果反应写成阳极形式，计算的电压将与测定电压相反（一些电化学家用相反的方法来写方程式，然后通过改变符号来描述自由能和势能之间的关系）。因此，通常的惯例是用阴极来写反应，阴极反应方程式的左边有电子。

Fe^{3+}/Fe^{2+} 反应的标准自由能为-74.32kJ/mol。将该值代入式（2.80）和式（2.82），得到标准电势为 0.770V。这个反应被称为半电池反应。为了使这个反应发生，必须有一个互补的半电池反应。互补反应提供电子来完成反应。在某些情况下，互补反应会得到电子。假设互补的半电池反应是：

$$Cu^{2+} + 2e \rightleftharpoons Cu \tag{2.84}$$

其标准自由能为-65520J/mol。这两种半电池反应可以结合起来写为：

$$Cu + 2Fe^{3+} \rightleftharpoons Cu^{2+} + 2Fe^{2+} \tag{2.85}$$

反应的方向可以由自由能决定。如果物种的活度未知，则可以根据标准自由能估计其方向。式（2.85）中铜/铁反应的标准自由能为：

$$\Delta G_r^{\ominus} = 2\Delta G_{r1}^{\ominus} - \Delta G_{r2}^{\ominus} = 2 \times (-74320) - (-65520) = -83120\text{J/mol} \tag{2.86}$$

负的标准自由能表明会按书写方程的趋势进行反应。实际的自由能将取决于物种的活度。注意，第一个反应（Fe^{3+}/Fe^{2+}）的自由能乘以 2，因为铜反应需要两个电子。利用电化学势可以对反应进行更简单的比较。

电化学势可以很容易地比较反应趋势，它是电荷归一化的自由能。铁和铜的半电池反应电位分别为 $E_{Fe}^{\ominus} = 0.770V$ 和 $E_{Cu}^{\ominus} = 0.339V$。这些电位表明，铁的半电池反应比铜更有可能发生阴极反应。电位越高，阴极反应的可能性越高。通过耦合联半电池反应，高电位的反应将继续进行。相应地，较低的电势反应将被迫向相反的方向进行。任何半电池反应都可以进行同样的比较。常见的半电池反应列于附录 G。

电位越高的半电池反应，每个电子的自由能越高（负反应自由能）。因此，较高的电位反应将驱动较低电位反应向相反方向进行。例如，黄金在自然界中几乎总是以单质的还原态存在。这种现象是由于从金离子还原成金的半电池电位高。相比之下，单质铁由于其低半电池电位而易于溶解（或生锈）。

对于涉及电子转移的更为复杂的湿法冶金反应，如：

$$B + hH^+ + ne \rightleftharpoons cC + dH_2O \tag{2.87}$$

对应的电化学势表达式为：

$$E = E^{\ominus} - \frac{2.303RT}{nF}\lg\frac{a_C^c a_{H_2O}^d}{a_B^b a_{H^+}^h} \tag{2.88}$$

假设水为单位活度，用 pH 值代替 $-\lg a_{H^+}$，得到：

$$E = E^{\ominus} + \frac{2.303RT}{nF}(b\lg\gamma_B[B] - h\text{pH} - c\lg\gamma_C[C]) \tag{2.89}$$

在湿法冶金过程中，该方程建立了溶液电位、物质浓度和 pH 值之间非常有用的数学关系。

对于水，可以写出几个重要的反应，其中大多数涉及电子转移。与水的一个可能反应是：

$$O_2 + 4H^+ + 4e \rightleftharpoons 2H_2O \tag{2.90}$$

这个反应是有机体将食物转化为呼吸所需能量的重要步骤。相反方向的反应表明，如果电子、氧或氢离子可以从系统中除去，水就会被消耗掉。换句话说，在适当的条件下，水会分解成氧、氢离子和电子。必须存在电子受体时这种情况才能发生。因此，需要一种逆反应。水的反应是湿法冶金的关键。当水分解时，很难进行工业反应。然而，一些工业处理导致水分裂成氧和氢离子。有些工艺在不同的条件下把水分解成氢气和氢氧根离子。水裂解反应是湿法冶金实际反应的一个重要边界。在平衡状态下，式（2.89）表示的水分解为氧气和氢离子的边界条件可以表示为（25℃）：

$$E(V) = 1.228 - 0.0591\text{pH} + 0.0147\lg P_{O_2} \tag{2.91}$$

一个等价的反应，往往发生在高 pH 值下，可以写成

$$O_2 + 2H_2O + 4e \rightleftharpoons 4OH^- \tag{2.92}$$

其他涉及氢的重要水的反应是

$$2H^+ + 2e \rightleftharpoons H_2 \tag{2.93}$$

和

$$2H_2O + 2e \rightleftharpoons H_2 + 2OH^- \tag{2.94}$$

对于这些反应，有电位如下（25℃）：

$$E(V) = 0 - 0.0591\text{pH} + 0.0295\lg P_{H_2} \tag{2.95}$$

离子活度与电位之间的关系常用于电化学传感器和选择性离子电极的应用中。这种关系允许根据电位或电压测量来确定浓度。此关系的应用将在第 2.15 节中进行阐述。

2.15 平衡和电化学方程

我们已经讨论过自由能，当自由能趋于零时，就会达到平衡。假设有两个半

电池反应：

$$Y^{P+} + je \rightleftharpoons Y^{m+} \tag{2.96}$$

$$Z^{Q+} + ke \rightleftharpoons Z^{S+} \tag{2.97}$$

整体反应是

$$Y^{P+} + \frac{j}{k}Z^{S+} \rightleftharpoons Y^{m+} + \frac{j}{k}Z^{Q+} \tag{2.98}$$

整个反应的自由能可以从单个反应中计算出来。平衡时，自由能为零，如下所示：

$$\Delta G_r = \Delta G_{r(Y)} - \frac{j}{k}\Delta G_{r(Z)} = 0 \tag{2.99}$$

这个方程可以重新整理成：

$$\Delta G_{r(Y)} = \frac{j}{k}\Delta G_{r(Z)} \tag{2.100}$$

代入 $\Delta G = -nFE$（其中 n 是 j 或 k）得：

$$-jFE_Y = -kF\left(\frac{j}{k}E_Z\right) \tag{2.101}$$

进一步重新整理得到平衡表达式：

$$E_Y = E_Z \tag{2.102}$$

在平衡状态下，系统中所有的半电池电势都相等，但很少为零。

因此，在平衡状态下，半电池反应的电位是相等的。同样的概念也适用于多个半电池反应。直观上看，这是因为反应通常发生在导电基质上。因此，发生在同一导电基质上的所有半电池反应都暴露在相同的电位下。虽然整个反应的自由能在平衡时为零，但平衡电位很少为零。这些是值得进一步注意的重要概念。

能斯特方程表明，电化学势与物种活度有关。耦合的能斯特方程可用于确定平衡浓度，且在平衡时具有相同的电位。该关系式如式（2.89）所示，可进行平衡计算。因此，能通过分别求解能斯特方程计算平衡时的电化学反应平衡。例如，考虑以下反应：

$$Sn^{2+} + 2e \rightleftharpoons Sn,\ E^{\ominus} = -0.136V \tag{2.103}$$

$$Ni^{2+} + 2e \rightleftharpoons Ni,\ E^{\ominus} = -0.250V \tag{2.104}$$

展开的能斯特方程为

$$E_{Sn} = -0.136 - \frac{2.303RT}{2F}\lg\frac{a_{Sn}}{a_{Sn^{2+}}} \tag{2.105}$$

和

$$E_{Ni} = -0.250 - \frac{2.303RT}{2F}\lg\frac{a_{Ni}}{a_{Ni^{2+}}} \tag{2.106}$$

当这些反应耦合时，具有较高电势（Sn）的反应将正向进行。因此，较低的电位反应（Ni）将向相反的方向发展。当镍金属溶解时，将产生锡金属。因此，溶液中各物种的浓度会随着反应的进行而改变。这些反应将继续进行，直到达到平衡。当反应的电势相等时，就达到平衡。当方程（2.105）等于方程（2.106）时，达到平衡。注意，这种确定平衡物种形成的方法是自由能法的另一种选择。显然，这两种方法是直接相关的。

镍-锡体系的平衡取决于 Ni^{2+} 和 Sn^{2+} 的物种活度。反应平衡假设 Ni 和 Sn 处于平衡状态。如果其中一种金属被完全消耗，它的活度将不再是 1。因此，如果其中一个组分被消除了，该方程就无效了。假设两种金属都处于平衡状态，就能确保两个方程都成立。令两个能斯特方程相等，得到：

$$-0.136-\frac{2.303RT}{2F}\lg\frac{a_{Sn}}{a_{Sn^{2+}}}=-0.250-\frac{2.303RT}{2F}\lg\frac{a_{Ni}}{a_{Ni^{2+}}} \tag{2.107}$$

简化为

$$\lg a_{Sn^{2+}}=\frac{-0.114}{\frac{2.203RT}{2F}}+\lg a_{Ni^{2+}} \tag{2.108}$$

电化学电位是相对于参比电位来测量的。

这样就可以计算出 Sn^{2+} 的最终活度和浓度，计算需要最终的 Ni^{2+} 浓度。最终浓度的测定需要化学计量平衡。如果知道平衡电位，能斯特方程（2.83）可以用来确定平衡活度。原则上，溶液的电化学势值可以用氧化还原电极测量。氧化还原电极是一种测量溶解物的吸引电子倾向的电极。电极通常由铂片和内部参考系统组成。铂表面的物质具有吸电子的潜力。将这个电势与内部参考系统进行比较。铂和参考物之间的电势差是最终氧化还原电势。氧化还原电位（redox potential）也称为 Oxidation-Reduction Potential（ORP）。电位 E 是相对于标准氢电池的，它有时被称为 E_h。E_h 和 ORP 经常可以互换使用。在许多情况下，除了氢以外的其他物质都与它们有关。然而，重要的是要理解氧化还原测量是相对于参比电位进行的。参考体系对测量结果的解释至关重要。此外，重要的是要认识到，动力学效应可以影响氧化还原的测量。测量的电势实际上是所有被吸附物质的混合电势。因此，被测 ORP 或 E_h 受活度和反应动力学的影响。动力学和混合势的详细说明将在后面讨论。表 2.3 列出了常见的参考反应和电位。

表 2.3 参考半电池反应电位的比较[①]

反 应	浓度规格	电位 E/V
$CuSO_4+2e=Cu+SO_4^{2-}$	标准条件	0.339
$CuSO_4+2e=Cu+SO_4^{2-}$	标准 $CuSO_4$ 溶液	0.318

续表 2.3

反 应	浓度规格	电位 E/V
$HgCl_2+2e=2Hg+2Cl^-$	标准条件	0.268
$HgCl_2+2e=2Hg+2Cl^-$	饱和 KCl 溶液	0.241
$AgCl+e=Ag+Cl^-$	标准条件	0.222
$AgCl+e=Ag+Cl^-$	饱和 KCl 溶液	0.199
$2H^++2e=H_2$	标准条件	0

①参考文献［12］~［14］。

参比电位通常基于半电池反应，稳定电位接近于零。

亚铁/铁半电池反应已经通过此方式测量。显然，由于前面讨论过的原因，在解释 ORP/E_h 结果时必须谨慎。另一个影响测量的问题是溶液络合。然而，溶液的复杂性问题可以很容易得到解决。第一步需要计算溶液的物种。在亚铁/铁半电池反应中，0.01m 硫酸铁溶液中仅 6%的铁元素为游离 Fe^{3+}。相反，其余的则以其他形式复合，主要是 $FeSO_4^+$。以亚铁离子为例，70%的铁在类似的溶液（0.01m 硫酸亚铁）中是游离的 Fe^{2+}。因此，0.01m $FeSO_4$ 和 0.005m $Fe_2(SO_4)_3$ 不会产生等量的 Fe^{3+} 和 Fe^{2+} 浓度。理想的理论 E_h 为半电池反应的标准电位（0.770V）。然而，溶液络合大大降低了有效的铁离子浓度。此外，铁离子活度系数明显小于 1。由于络合和活度系数的降低，E_h 的测定值为 0.665V（0.01m $FeSO_4$，0.05m $Fe_2(SO_4)_3$）。采用普通银-氯化银氧化还原电极测定这个系统的 ORP 是 0.466V。因此，了解自由离子浓度和活度系数是非常重要的。另外，在适当的条件下还可以使用氧化还原法测量确定这些值。

从离子浓度中分离活度系数的公式如下：

$$E = E^{\ominus} - \frac{RT}{nF}\ln\frac{\gamma_{Fe^{2+}}}{\gamma_{Fe^{3+}}} - \frac{RT}{nF}\ln\frac{m_{Fe^{2+}}}{m_{Fe^{3+}}} = E_{eff} - \frac{RT}{nF}\ln\frac{m_{Fe^{2+}}}{m_{Fe^{3+}}} \tag{2.109}$$

这个方程表明电势等于一个有效势减去浓度的对数贡献。如果活度系数为常数，则活度系数与标准电位的组合为常数。如果离子强度是常数，则活度系数是常数。自由离子浓度或未络合离子浓度可用热力学计算。

能斯特方程也被广泛用于确定物种浓度。例如使用离子选择电极测定氢离子或金属离子浓度。选择性电极通常基于电化学反应。一般的反应形式是

$$M^{n+} + ne + X = MX \tag{2.110}$$

假设 X 和 MX 为单位活度，可以写出相关能斯特方程。假设稀释系统单位是 ppm 则，质量摩尔浓度≈0.001ppm/［$\rho_{溶液}$(kg/L)·M_w］，表达式为

$$E = E^{\ominus} - \frac{RT}{nF}\ln\frac{M_W}{0.001\text{ppm}_{M^{n+}}\rho_{soln}\gamma_{M^{n+}}} = E_{eff} + \frac{2.303RT}{nF}\lg(\text{ppm}_{M^{n+}}) \tag{2.111}$$

这个表达式将常数与标准势合并，形成一个有效电势 E_{eff}。因此，测量的电势 E 应该与浓度的对数成正比。这是假设电极对特定物质有选择性。这个方程可以对其他浓度单位进行修正。离子强度不变时，浓度的对数比例关系保持不变。图 2.5 给出了电位与铜离子浓度（ppm）的关系图。图 2.5 来自固定离子强度介质（0.1M 硝酸钠）的测量结果。然而，在实际中，精确的电极响应范围是有限的。大多数电极受到类似或相反物质的强烈干扰。因此，需要查阅电极手册，以确保在适当的条件下使用。

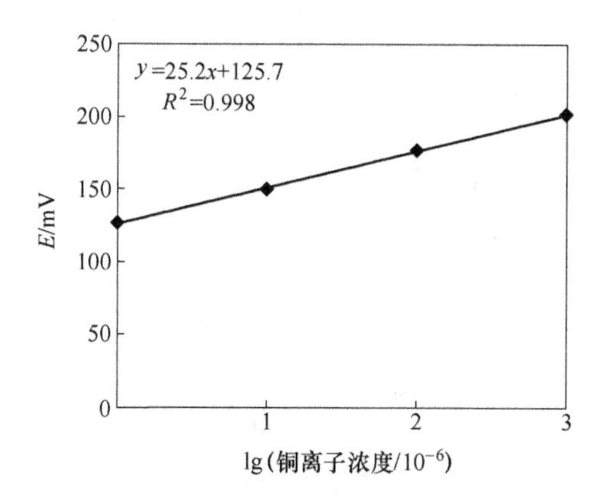

图 2.5　使用铜离子选择电极在 22℃ 0.1M 硝酸钠水溶液介质中的电位与铜离子浓度（ppm）对数的比较

所有的电化学电位测量都是相对于同一参比进行的。理想情况下，电位可通过标准的氢半电池反应来测量。氢的半电池反应电位为零。因此，这种参考在数学上是理想的。然而，这个参考值需要 1bar 氢气，pH 值为零。这是不切实际的。因此，测量是用封闭在电极内的其他参比体系完成的。

围绕参考系统设计的电极，称为参比电极，与溶液通过盐桥连接。盐桥将内部参比反应与外部溶液连接起来，测量系统的电路。常见的参比反应包括甘汞或银/氯化银。如果溶液的电化学电势为零（参照标准氢电极（SHE）），一个含有甘汞内参（饱和 KCl 溶液）的 ORP 电极测量电位将为−0.241V。这个测量的电位是相对于内部基准的。内部甘汞参比值比标准氢反应高 0.241V[15]。因此，0V（相对于 SHE）的溶液电位与参比电极电位之差为−0.241V。甘汞电极（饱和氯化钾溶液）的电位一般以相对于 SCE 电压记录，尽管它经常通过在 SCE 读数上加 0.241V 被转换成相对于 SHE 的电压。含有内部 Ag/AgCl 参比池（饱和 KCl 溶液）的电极可能读数为-0.199V[15]。因此，添加 0.199V 将把测量值转换为更有意义的 SHE 电压（0V）。SHE 值可以与热力学数据直接相关。图 2.6 给出了甘汞参比电极应用的示意图。

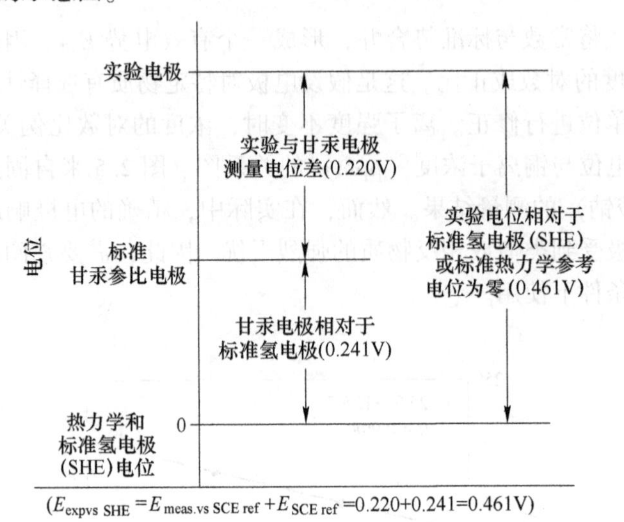

图 2.6　实验、甘汞基准和标准氢电位之间的相对关系图

将参比电极测量值转换为等效 SHE 值的一般公式为：

$$E_{SHE} = E_{meas} + E_{ref} \tag{2.112}$$

式中，E_{SHE} 为相对于 SHE 的电位；E_{meas} 为使用参比电极测量的电势；E_{ref} 为参比电极的电位。有关电化学测量的更多信息将在后续的章节中提供。

能斯特方程和其他平衡表达式在许多涉及金属的化学系统中都很有用。能斯特方程给出了反应物与生成物作为稳定组分的平衡边界条件。在边界的一侧，对反应物有利，另一侧，对产物有利。因此，这些方程可以用来描述相稳定边界。因此，它们是相稳定图的基础。

参考文献

[1] D. R. Gaskell, "Introduction to Metallurgical Thermodynamics," 2nd edition, Hemisphere Publishing Corporation, New York, 1981.

[2] P. W. Atkins, "Physical Chemistry," 3rd edition, W. H. Freeman and Company, New York, 1986.

[3] D. D. Wagman, W. H. Evans, V. B. Parker, R. H. Schumm, I. Halow, S. M. Bailey, K. L. Churney, and R. L. Nuttall, "The NBS Tables of Chemical Thermodynamic Properties," Journal of Physical and Chemical Reference Data, vol. 11, suppl 2, National Bureau of Standards, Wash-

ington, DC, 1982.

[4] R. A. Robie, B. S. Hemingway, and J. R. Fisher, "Thermodynamic Properties of Minerals and Related Substances at 298.15K and 1bar (10^5 Pascals) Pressure and at Higher Temperatures," Geological Survey Bulletin, vol. 1452, US Department of the Interior, Washington, DC, 1978.

[5] R. M. Garrels, and C. L. Christ, "Solutions, Minerals, and Equilibria," Jones and Bartlett Publishers, Boston, MA, 1990.

[6] D. J. G. Ives, Chemical Thermodynamics, University Chemistry, Macdonald Technical and Scientific, London, 1971.

[7] K. Han, "Fundamentals of Aqueous Metallurgy", SME, Littleton, 2002.

[8] M. E. Wadsworth, Hydrometallurgy Course Notes.

[9] H. S. Fogler, "Elements of Chemical Reaction Engineering," Prentice-Hall, Englewood Cliffs, 1986.

[10] J. F. Zemaitis, Jr., D. M. Clark, M. Rafal, N. C. Scrivner, "Handbook of Aqueous Electrolyte Thermodynamics," Design Institute for Physical Property Data, New York, 1986.

[11] J. N. Butler, Ionic Equilibrium, John Wiley, NY, p. 49, 1998.

[12] J. M. West, Basic Corrosion and Oxidation, 2nd edition, Ellis-Horwood Limited, NY, 1980.

[13] L. Pauling, "General Chemistry," 3rd edition, Dover Publications Inc., New York, 1970.

[14] D. A. Jones, "Principles and Prevention of Corrosion," Macmillan Publishing Company, New York, 1992.

[15] American Society for Testing and Materials (ASTM), D 1498-76 (Reapproved, 1981).

思考练习题

(除非另有说明，否则假定 SATP 条件)

2.1 计算下列反应的标准自由能：

$$2H_2 + O_2 \longrightarrow 2H_2O$$

2.2 确定下列反应在假设单位活度条件下是否在热力学上可行：

$$3Fe^{2+} \longrightarrow Fe + 2Fe^{3+}$$

2.3 确定铁离子与亚铁离子（铁离子与亚铁离子比从最初的 0.0001 到最终为 100）反应的自由能变化（假设活性系数等于 1）（$Fe^{3+}+e = Fe^{2+}$，忽略电子自由能）。

(答案：+34229J/mol)

2.4 如果产物是钙离子（Ca^{2+}）和氢氧根离子（OH^-），计算氢氧化钙的溶度积。

2.5 确定当 K^+ 和 Cl^- 的初始活度为 4 时，处于平衡状态的 KCl 沉淀是否存在。

2.6 在初始 pH 值为 12.3 的 1000g 水中加入 0.05mol 的 $AgNO_3$，确定平衡时 Ag^+ 的浓度和 pH 值，假设产物只有 Ag(OH)，且 $I=0.1$。

2.7 计算水解反应 pK_a：$Fe^{3+}+2H_2O = Fe(OH)_2^+ +2H^+$，pH 为多少时 Fe^{3+} 和 $Fe(OH)_2^+$ 的活度是相等的？

2.8 在 pH 为 3 时，含 7g/L 铜离子的铜溶液要在含有氢（5atm 恒压）的高压釜中还原。如果反应完成，最终的铜浓度和 pH 值是多少？（假设离子强度为 0.1）

（答案：$m_{Cu}=5.45\times10^{-14}m$）

2.9 测定当氢气分压为1atm，氢气在水中的亨氏常数为70260atm，溶解在水中的氢气的活度。

（答案：7.83×10^{-4}）

2.10 含0.0001M Fe^{3+}和0.0001M Fe^{2+}溶液的电化学势是多少？假设只涉及这些离子和单位活度系数。

（答案：0.770V）

2.11 在0.019m二氯化镍溶液中加入过量的金属钴，计算平衡电位和镍的平衡浓度。不要用自由能数据来解决这个问题。（假设钴在溶解时会形成Co^{2+}离子，镍只有一种氧化态（Ni^{2+}）。假设氯在反应中不起作用。所有未指定的物种都具有可忽略的活度。）

2.12 使用包含饱和KCl的氯化银-银对参比电极（0.199V SHE），计算铜离子选择电极测量含硫酸（0.0333m H_2SO_4）的铜离子（Cu^{2+}）稀溶液的斜率和截距（当绘制电势与铜离子的浓度（ppm）的自然对数关系）。根据能斯特方程，假设电极按$Cu^{2+}+2e=Cu$反应工作。

第3章　物种图和相图

物种图和相图量化了条件变化对物种浓度的影响。

本章节主要的学习目标和效果

(1) 确定复杂系统中的物种平衡浓度；
(2) 绘制一个物种图；
(3) 绘制一个简单的 E_h-pH 图。

3.1　物种（或离子分布）图

在分析确定条件对物种分布的影响时，物种图很有效果。例如，在硫酸根/水体系中，可以用 pH 值来确定硫酸根离子浓度。在低 pH 值下，大部分硫酸根与氢络合。络合硫酸根不能作为硫酸根反应。在高 pH 值下，几乎所有的硫酸根都与氢离子解离。游离硫酸根很容易与其他物质发生反应。物种图能够提供物种的可视化和定量信息。物种图和相图可以制作含有各种参数的函数。

物种图和相图是根据热力学数据绘制的。

绘制物种图需要热力学数据和计算。前面讨论了这些计算的细节。绘制图的第一步是确定需要测定的物种。在硫酸/水体系中，硫酸根、硫酸氢根（亚硫酸氢根）和硫酸需要进行评估。这些物种共同的原子是硫。因此，用每一种物质在总硫中所占的比例来表示它们是可行的。对于硫酸根/水体系，最有趣的反应是：

$$H^+ + SO_4^{2-} \rightleftharpoons HSO_4^- \tag{3.1}$$

$$H^+ + HSO_4^- \rightleftharpoons H_2SO_4 \tag{3.2}$$

注意：反应 $2H^+ + SO_4^{2-} \rightleftharpoons H_2SO_4$ 也可以包括在内。它没有包括在内，是因为它不是独立的。换句话说，它可以用上面的方程推导出来。

方程（3.1）和方程（3.2）的自由能和平衡常数为：

$$\Delta G_r^{\ominus} = -755.91 - [0 + (-744.63)] = -11.28\text{kJ/mol};\ K_{H1} = 94.9 \tag{3.3}$$

$$\Delta G_r^{\ominus} = -689.995 - [-755.910 + 0] = -65.915\text{kJ/mol};\ K_{H2} = 2.79 \times 10^{-12} \tag{3.4}$$

根据这些表达式，代入物种活度，结果是：

$$\frac{a_{HSO_4^-}}{a_{H^+}a_{SO_4^{2-}}} = 94.9 \tag{3.5}$$

$$\frac{a_{H_2SO_4}}{a_{H^+}a_{HSO_4^-}} = 2.79 \times 10^{-12} \tag{3.6}$$

由式（3.6）可知，H_2SO_4的浓度较小，因为其他活度接近或小于1。因此，H_2SO_4将被忽略。因此，式（3.3）充分描述了本分析中pH值对含硫物种的影响。对式（3.3）取对数得到：

$$\lg\frac{a_{HSO_4^-}}{a_{SO_4^{2-}}} = \lg 94.9 + \lg a_{H^+} = 1.977 - pH \tag{3.7}$$

方程（3.7）假设HSO_4^-和SO_4^{2-}的活性系数相等。此外，假设总硫质量摩尔浓度/活度为1。这些假设和下面的方程如表3.1所示。

$$\frac{\gamma_{HSO_4^-}m_{HSO_4^-}}{\gamma_{SO_4^{2-}}m_{SO_4^{2-}}} = 10^{1.977-pH} \tag{3.8}$$

$$m_{HSO_4^-} = (S_{tot} - m_{HSO_4^-})10^{1.977-pH} \tag{3.9}$$

$$m_{HSO_4^-} = \frac{m_{Stotal} \times 10^{1.977-pH}}{1 + 10^{1.977-pH}} \tag{3.10}$$

表3.1　HSO_4^-和SO_4^{2-}活度系数表

pH	$S_{HSO_4^-}$	$S_{SO_4^{2-}}$
0.0	9.90×10^{-1}	1.04×10^{-2}
1.0	9.05×10^{-1}	9.53×10^{-2}
2.0	4.87×10^{-1}	5.13×10^{-1}
3.0	8.67×10^{-2}	9.13×10^{-1}
4.0	9.40×10^{-3}	9.91×10^{-1}
5.0	9.48×10^{-4}	9.99×10^{-1}
6.0	9.49×10^{-5}	1.00
7.0	9.49×10^{-6}	1.00
8.0	9.49×10^{-7}	1.00
9.0	9.49×10^{-8}	1.00
1.0	9.49×10^{-9}	1.00
1.1	9.49×10^{-10}	1.00
1.2	9.49×10^{-11}	1.00
1.3	9.49×10^{-12}	1.00
1.4	9.49×10^{-13}	1.00

对表3.1中的数据进行画图，如图3.1所示。

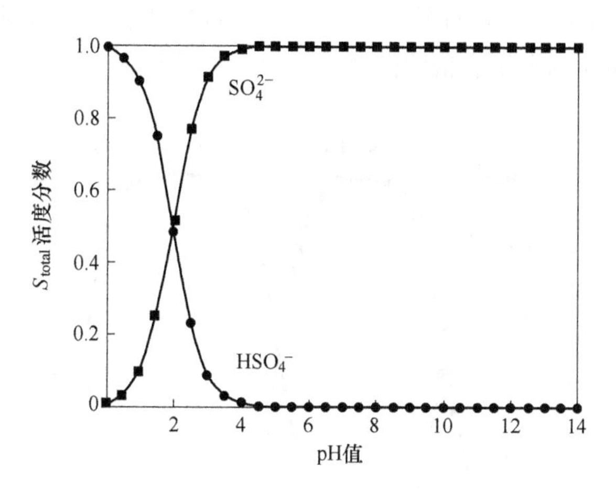

图 3.1 硫酸根/水系统的物种或离子分布图

从图 3.1 中可知，当 pH 值大于 1 时，硫酸根浓度急剧增加。硫酸根离子的活度在 pH=4 左右达到最大值。在 pH 值为 2 时，HSO_4^- 和 SO_4^{2-} 离子的活度几乎相等。虽然图 3.1 很有用，但更实际的物种图包含更多的物种。更实际的图表制作起来更复杂。

磷酸根/水系统比前面的例子更加复杂。对于磷酸根/水体系，主要有三种平衡：

$$H^+ + PO_4^{3-} \rightleftharpoons HPO_4^{2-} (\Delta G_r^\ominus = -75000 J/mol; K_{H1} = 1.40 \times 10^{13}) \quad (3.11)$$

$$H^+ + HPO_4^{2-} \rightleftharpoons H_2PO_4^- (\Delta G_r^\ominus = -41000 J/mol; K_{H2} = 1.54 \times 10^7) \quad (3.12)$$

$$H^+ + H_2PO_4^- \rightleftharpoons H_3PO_4 (\Delta G_r^\ominus = -12000 J/mol; K_{H3} = 126.9) \quad (3.13)$$

这导致产生三个方程和五个未知数。然而，变量 H^+ 可以通过在一个范围内调节 pH 值进行设置。因此，H^+ 被认为是一个已知变量。另一个需要的方程是质量平衡方程。相关方程为 $[H_3PO_4] + [H_2PO_4^-] + [HPO_4^{2-}] + [PO_4^{3-}] = [P_{total}]$。为方便起见，将 $[P_{total}]$ 视为 1。然而，应该注意的是，在实际中，P_{total} 通常在绘制图中是 100%而不是 1。

磷酸根/水系统的方程组包括三个非线性方程组和一个线性方程组。因此，得到溶液并不像硫酸根/水系统那样简单。然而，使用软件可以很容易地获得结果。

许多物种，如硫酸根和磷酸根，容易与氢离子形成络合物。因此，最终的平衡形态往往依赖于 pH 值。同样，其他络合物和相关物种也受到其他离子的影响。

电子表格中有一栏专门记录每种物种的活度以及 pH 值。另外还有一栏记录总磷。然后，根据适当的常数以及其他单元格设置每个单元格。平衡常数或质量平衡是根据化学和热力学原理建立的。其中一种磷酸根将作为另一种表格计算的基础。它的值将由电子表格计算工具决定。进行优化，来最好地满足所有的方程。磷酸根/水系统的电子表格软件解答如图 3.2 所示。

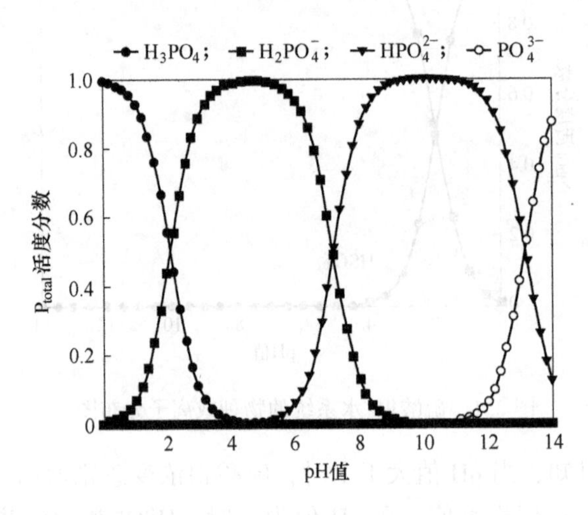

图 3.2　磷酸根/水系统的物种或离子分布图

（该图是基于活度而不是摩尔量。注意：总分数是基于浓度等于活度的假设）

利用图 3.1 和图 3.2 中的数据，可以很容易地得到任何相关物种的分数。这是湿法冶金中一种非常重要的工具。大多数湿法冶金反应依赖于单个组分的浓度。通常，只有系统中的总原子数量能够被测出。物种信息还提供了重要离子离解的 pH 值。用于生成 pH 基图的相同原理也可以用于生成 E_h 基、部分压力基或其他类似的离子分布图。

3.2　金属配体物种图

确定金属物种的方法与前面例子类似。然而，通常可以进行一些简化。金属离子通常被区别对待，因为它们不容易与 H^+ 离子络合。因此，所得到的图常由与它们相关联的反离子或配体绘制。下面是一些相关术语。

β_n是基本离子的形成常数，等于形成平衡常数。相反，平衡常数可以表示具有不同配位数和转换的离解反应和形成反应。如果使用得当，β_n等于 $1/K_{sp}$。β_n适用于配体为“n”的配位数。

$$\beta = \frac{a_{ML_n}}{a_L^n a_M} \approx \frac{[ML_n]}{[L]^n[M]} \tag{3.14}$$

L 是配体。配体是一种能够与另一种物种结合形成络合物的物种。配体常与金属结合形成配位体。例如，$Cu(Cl)_2^-$，其中 Cu^+是目标金属离子，Cl^-是配体。配体和金属的一般化学式为 ML_n，其中 n 为配位数，L 为配体种类。

α_n是物种的比例，被定义为物种 ML_n 相对 M_{total} 的百分数或

$$\alpha_n = \frac{[ML_n]}{[M_{total}]} \tag{3.15}$$

$$M_{total} = [M^+] + [ML] + [ML_2^-] + L[ML_n^{(n-1)-}] \tag{3.16}$$

对于典型金属和配体系统，

$$M^+ + L^- \rightleftharpoons ML(\Delta G_r^\ominus = -38570J/mol;\ \beta_1 = 5.77 \times 10^6) \tag{3.17}$$

$$M^+ + 2L^- \rightleftharpoons ML_2^-(\Delta G_r^\ominus = -27540J/mol;\ \beta_2 = 6.72 \times 10^4) \tag{3.18}$$

$$M^+ + 3L^- \rightleftharpoons ML_3^{2-}(\Delta G_r^\ominus = -32170J/mol;\ \beta_3 = 4.36 \times 10^5) \tag{3.19}$$

有三个方程和五个未知数。因此，需要一个方程和一个设定值来求解方程组。

金属 M 的质量平衡使 $[M_{total}] = [M^+] + [ML] + [ML_2^-] + [ML_3^{2-}]$，

$$[ML] = \beta_1[M^+][L^-] \tag{3.20}$$

$$[ML_2^-] = \beta_2[M^+][L^-]^2 \tag{3.21}$$

$$[ML_3^{2-}] = \beta_3[M^+][L^-]^3 \tag{3.22}$$

每个物种中 M 相对于总 M 的百分比为：

$$\alpha_n = \frac{\beta_n[M^+][L^-]^n}{[M^+] + \beta_1[M^+][L^-] + \beta_2[M^+][L^-]^2 + \cdots + \beta_{total}[M^+][L^-]_{total}} \tag{3.23}$$

对于给定的具体例子，单个分数可以用简化形式给出。简化形式由 M^+浓度约简得到：

$$\alpha_0 = \frac{1}{1 + \beta_1[L^-] + \beta_2[L^-]^2 + \beta_3[L^-]^3} \tag{3.24}$$

$$\alpha_1 = \frac{\beta_1[L^-]}{1 + \beta_1[L^-] + \beta_2[L^-]^2 + \beta_3[L^-]^3} \tag{3.25}$$

$$\alpha_2 = \frac{\beta_2[L^-]^2}{1 + \beta_1[L^-] + \beta_2[L^-]^2 + \beta_3[L^-]^3} \tag{3.26}$$

$$\alpha_3 = \frac{\beta_3[L^-]^3}{1 + \beta_1[L^-] + \beta_2[L^-]^2 + \beta_3[L^-]^3} \tag{3.27}$$

注意：对于这种只涉及一种金属氧化态和一种配体的情况，所得到的金属物种分数可以通过简化的方法来计算，而不需要在电子表格或使用计算器中求解。然而，对于许多现实问题来说，物种更为复杂。更复杂的情况通常不能得到足够的简化以避免数值解。例如，考虑下面的一组方程：

$$M^+ + L^- \rightleftharpoons ML(\Delta G_r^\ominus = -38570J/mol;\ K_1 = 5.77 \times 10^6) \tag{3.28}$$

$$M^+ + 2L^- \rightleftharpoons ML_2^- (\Delta G_r^\ominus = -27540\text{J/mol};\ K_2 = 6.72 \times 10^4) \tag{3.29}$$

$$M^{2+} + L^- \rightleftharpoons ML^+ (\Delta G_r^\ominus = -2450\text{J/mol};\ K_3 = 2.688) \tag{3.30}$$

$$M^{2+} + e \rightleftharpoons M^+ (E^\ominus = 0.1611\text{V};\ K_4 = 0.0926 \text{ 当 } E_{soln} = 0.3\text{V}) \tag{3.31}$$

有四个方程和六个未知数，所以还需要一个方程和一个设定值。

金属 M 的质量平衡是 $[M_{total}] = [M^+] + [ML] + [ML_2^-] + [ML^+] + [M^{2+}]$。平衡方程为：

$$[ML] = K_1[M^+][L^-] \tag{3.32}$$

$$[ML_2^-] = K_2[M^+][L^-]^2 \tag{3.33}$$

$$[ML^+] = K_3[M^{2+}][L^-] \tag{3.34}$$

$$[M^+] = K_4[M^{2+}] \tag{3.35}$$

每个物种中 M 相对于总 M 的百分比为：

$$\alpha_0 = \frac{[M^+]}{[M^+] + K_1[M^+][L^-] + K_2[M^+][L^-]^2 + K_3[M^{2+}][L^-] + K_4[M^{2+}]} \tag{3.36}$$

$$\alpha_1 = \frac{K_1[M^+][L^-]}{[M^+] + K_1[M^+][L^-] + K_2[M^+][L^-]^2 + K_3[M^{2+}][L^-] + K_4[M^{2+}]} \tag{3.37}$$

$$\alpha_2 = \frac{K_2[M^+][L^-]^2}{[M^+] + K_1[M^+][L^-] + K_2[M^+][L^-]^2 + K_3[M^{2+}][L^-] + K_4[M^{2+}]} \tag{3.38}$$

$$\alpha_3 = \frac{K_3[M^{2+}][L^-]}{[M^+] + K_1[M^+][L^-] + K_2[M^+][L^-]^2 + K_3[M^{2+}][L^-] + K_4[M^{2+}]} \tag{3.39}$$

$$\alpha_4 = \frac{K_4[M^{2+}]}{[M^+] + K_1[M^+][L^-] + K_2[M^+][L^-]^2 + K_3[M^{2+}][L^-] + K_4[M^{2+}]} \tag{3.40}$$

注意：因为 M^+和 M^{2+}离子存在，K 用来代替 β。因此，不能使用 β。

通过增加配体浓度的设定值，当方程同时求解时，可以绘制出相对于设定值的配体浓度的单独物种百分数含量。同时求解这类方程组的一种有效方法是使用电子表格求解器和宏程序。电子表格解决方案的基本格式如表 3.2 所示。

表 3.2 电子表格解决方案

电子表格的列							
A	B	C	D	E	F	G	H
[L^-]	[M^+]	[M^{2+}]	[ML]	[ML_2^-]	[ML^+]	[M_{total}]	Target
Set	Solve	f(B, G)	f(A, B)	f(A, B)	f(A, C)	Set	f(all M)

注：目标表格值= [M_{total}]-B 列-C 列-D 列-E 列-E 列-F 列。

该方程组采用电子表格求解程序求解。此过程需要计算所针对的目标单元格值。目标值通常设置为计算值和已知值之间的差值。当模拟实现时，目标单元的值将趋近于零。在本例中，计算机将更改 M^+的值，直到目标单元格趋近于零。当 M^+值发生变化时，作为 M^+函数的其他列的值也会发生变化。因此，B 列会改变直到 H 列中的值低于指定的限制。通常用户需要检查以确保最小值小于 1×10^{-15}。因此，使用者必须经常更改电子表格选项中的默认计算参数。

配体浓度和总金属浓度的值必须在适当的单元格中设置。通常，在第一列的第一行将配体浓度设置为所期望的水平。乘法，如 $A2=A1\times k$ 可用于后续单元格中自然增加的配体浓度。其他列的函数由平衡常数和其他指定适当列决定。例如，方程（3.29）的结果，即 ML 浓度的解，将放在 D 列的第一个可用单元格中。表格看起来像这样 D4=(平衡常数 K_1 的值)×A4×B4。其他值将以类似的方式计算。宏通常有助于生成自动计算例程。

所示方程的结果如图 3.3 所示。

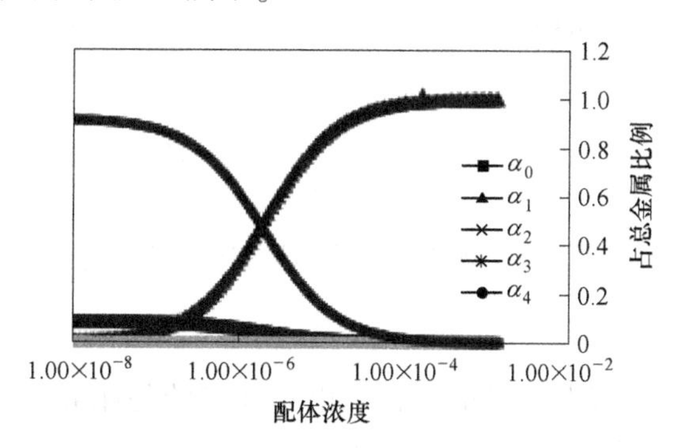

图 3.3 使用电子表格确定金属离子的比例和配体浓度的对比

3.3 相稳定图

相图（图 3.4）提供了有用的物种信息。它们把条件与平衡物种联系起来。然而，与物种图一样，相稳定图只在平衡条件下有效。此外，相图只提供优势物种的区域。没有提供非优势物种浓度的信息，这点很重要。此外，如果系统处于不平衡状态（由于动力学缓慢，有时需要数年时间才能达到真正的平衡），图表可能会给出错误信息。它们可以包括亚稳态物种。亚稳态物质是热力学上允许但实际不太可能出现的物质，因为它们会分解成另一种物质。大多数图不包括亚稳态物种。尽管它们有局限性，相图在预测平衡条件下的优势物种时是有效的。

以下信息以铜-水为例显示了如何构造相图。

3.3.1 绘制相稳定图的步骤

例 3.1 绘制铜在水中的相稳定图，只包含 Cu^+、Cu^{2+}、Cu、CuO、CuO_2。

1. 列出要考虑的物种

考虑物种包括：Cu^+、Cu^{2+}、Cu、CuO、CuO_2。因 $Cu(OH)_2$ 不稳定，$Cu(OH)^+$、CuO_2^{2-} 被忽略，以减少物种数量，使图表的构建简化。更完整的图例见图 3.4。

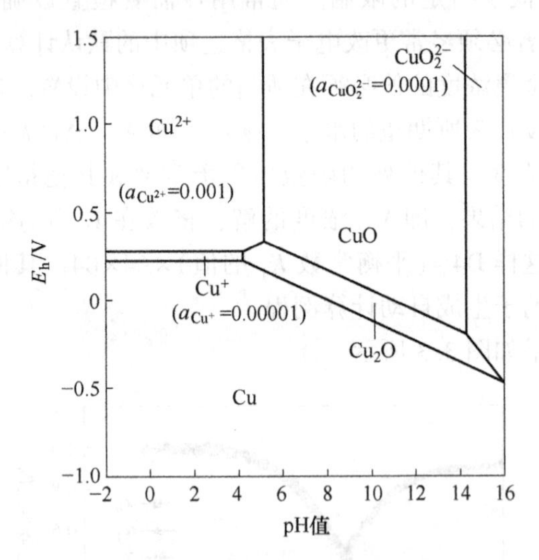

图 3.4 铜-水相稳定（E_h-pH）图实例

2. 写出化学平衡

（1）确保列出了所有可能的平衡。由于计算的是相界，而不是物质浓度，所以方程可能比物质多，也可能比物质少。

（2）确保每个物种至少用一个方程表示。大多数物种将涉及至少一个方程式。

（3）不考虑亚稳态物种。例如，当考虑 $Fe(OH)_3$ 和 Fe_2O_3 时，只有 Fe_2O_3 在室温的水溶液中是热力学稳定的，即 $2Fe(OH)_3 \rightleftharpoons Fe_2O_3 + 3H_2O$ 具有负的自由能且活度都为 1，直到 $Fe(OH)_3$ 消失。检查物种，如 Fe_2O_3 和 $Fe(OH)_3$ 是相同的，除非水化成可能的亚稳态物种。

（4）首先考虑一步和几步的反应。如 Fe^{3+} 到 Fe^{2+}，而不是 Fe^{3+} 到 Fe；

$Fe(OH)_2^+$到 $Fe(OH)_3$，而不是 Fe 到 $Fe(OH)_3$。一步反应中每一个金属原子涉及一个电子或一个氢氧根离子。几步反应中每个金属原子涉及两个电子或两个氢氧化物，或一个电子和一个氢氧化物的组合。而每一个金属原子涉及三个或三个以上的电子、氢氧化物或它们组合的大步骤通常不会发生。相反，总反应可以通过一系列的一步反应进行。如果包括像总反应这样的反应，产生的曲线将从最终图中删除。因此，大的反应步骤可以考虑，但会增加工作量。

（5）平衡化学平衡，首先用 H_2O 平衡氧，然后用 H^+平衡氢，再加上电子来平衡电荷。如对于 $Cu^+ \rightleftharpoons CuO$，步骤将为 $Cu^+ + H_2O \rightleftharpoons CuO$ 然后 $Cu^+ + H_2O \rightleftharpoons CuO + 2H^+$，最后 $Cu^+ + H_2O \rightleftharpoons CuO + 2H^+ + e$。

（6）一般将氧化还原反应写成阴极反应，且在电子表达式的左边（$Fe^{3+} + e \rightleftharpoons Fe^{2+}$）。如果有一个与水、氢和一个电子的反应，考虑到要写成阴极反应，即电子在左边，应当先考虑电子（应当注意到欧洲共同体通常使用相反的符号）。

（7）表达式应该包含物种之间的所有逻辑关系：

$$Cu^+ + e \rightleftharpoons Cu \tag{3.41}$$

$$Cu^{2+} + e \rightleftharpoons Cu^+ \tag{3.42}$$

$$CuO + 2H^+ \rightleftharpoons Cu^{2+} + H_2O \tag{3.43}$$

$$Cu_2O + 2H^+ \rightleftharpoons 2Cu^+ + H_2O \tag{3.44}$$

$$2CuO + 2H^+ + 2e \rightleftharpoons Cu_2O + H_2O \tag{3.45}$$

$$2Cu^{2+} + H_2O + 2e \rightleftharpoons Cu_2O + 2H^+ \tag{3.46}$$

$$Cu_2O + 2H^+ + 2e \rightleftharpoons 2Cu + H_2O \tag{3.47}$$

$$CuO + 2H^+ + 2e \rightleftharpoons Cu + H_2O \tag{3.48}$$

3. 计算反应的自由能（注意：为了简便，单位用 kJ 而不是 J）

$$\Delta G_r^{\ominus} = 0 - 49.98 = -49.98\text{kJ/mol} \tag{3.49}$$

$$\Delta G_r^{\ominus} = 50.16 - 65.52 = -15.36\text{kJ/mol} \tag{3.50}$$

$$\Delta G_r^{\ominus} = 65.52 - 237.14 - (-129.56) = -42.06\text{kJ/mol} \tag{3.51}$$

$$\Delta G_r^{\ominus} = 2(49.98) - 237.14 - (-146.03) = 8.85\text{kJ/mol} \tag{3.52}$$

$$\Delta G_r^{\ominus} = -146.03 - 237.14 - 2 \times (-129.56) = -124.05\text{kJ/mol} \tag{3.53}$$

$$\Delta G_r^{\ominus} = -146.03 - [2(65.52) - 237.14] = -39.93\text{kJ/mol} \tag{3.54}$$

$$\Delta G_r^{\ominus} = -237.14 - (-146.03) = -91.11\text{kJ/mol} \tag{3.55}$$

$$\Delta G_r^{\ominus} = -237.14 - (-129.56) = -107.58\text{kJ/mol} \tag{3.56}$$

4. 决定需要绘制什么图以及哪种图效果最好

（1）反应的类型：$bB + hH^+ \rightleftharpoons cC + dH_2O$，最好绘制 B 活度的对数与 pH 的关

系图。即使反应是用 OH^-而不是 H^+来表示，也可适用。

(2) 如果反应的类型是 $bB+hH^++ne \rightleftharpoons cC+dH_2O$，最好绘制 E（或 E_h）与 pH 值的关系图。

(3) 如果反应涉及气体 B 或 C，最好绘制气体压强的对数与 pH 值的关系图。

(4) 如果一个反应涉及气体，但不涉及 pH 或 E，则需要绘制出气体压强对数与其他物种反应活度（或压力）对数的关系图。

(5) 如果反应涉及金属离子和 H^+且氧化发生，则最好绘制离子浓度或活度与 pH 值的关系图。

在这种情况下，电子被转移，pH 是一个重要的变量，通常画 E_h-pH 图是最有用的。

5. 计算平衡线方程

式（3.41）的通式为：

$$E = E^{\ominus} - \frac{2.303RT}{nF}\lg\frac{a_{Cu}}{a_{Cu^+}}$$

$E^{\ominus}$ 的数值可以从自由能（见第 2 章）计算出来，也可以从附录 G 中得到。对于这个反应，$E^{\ominus}$ 的数值是 0.520V。使用这个值并重新整理和替换后得到：

$$E = 0.520 + \frac{2.303RT}{F}\lg a_{Cu^+}$$

因为图是电势 E 与 pH 值的关系图，为了维持二维图，活度不能是变量。因此，活度必须是定值。不同的活度会产生不同的图表。在本例中，Cu^+的活度指定为 1×10^{-5}。利用这个值，方程（3.41）的平衡线变为

$$E = 0.224\text{V}$$

对于方程（3.42），一般方程为：

$$E = 0.153 + \frac{2.303RT}{F}\lg\frac{a_{Cu^{2+}}}{a_{Cu^+}}$$

在取代活度（$a_{Cu^{2+}} = 1\times10^{-3}$）后，变为：

$$E = 0.271\text{V}$$

方程（3.43）不是一个半电池反应，不使用能斯特方程。因此，自由能方程用这种形式表示：

$$\Delta G_r^{\ominus} = -2.303RT\lg\frac{a_{H_2O}a_{Cu^{2+}}}{a_{CuO}a_{H^+}^2}$$

或

$$\frac{\Delta G_r^{\ominus}}{2.303RT} = \frac{-42060}{2.303\times8.314\times298} = -\lg a_{Cu^{2+}} - 2\text{pH}$$

对于特定的铜离子活性（$a_{Cu^{2+}} = 1 \times 10^{-3}$）和反应自由能：

$$pH = 5.19$$

式（3.44）推导出如下直线表达式：

$$\frac{\Delta G_r^{\ominus}}{2.303RT} = \frac{8850}{2.303 \times 8.314 \times 298} = -2\lg a_{Cu^+} - 2pH$$

用 $a_{Cu^+} = 1 \times 10^{-5}$ 替代后变为：

$$pH = 4.22$$

方程（3.45）所需的方程为：

$$E = E^{\ominus} - \frac{2.303RT}{nF}\lg\frac{a_{Cu_2O}a_{H_2O}}{a_{CuO}^2 a_{H^+}^2}$$

$$E^{\ominus} = \frac{-\Delta G_r^{\ominus}}{nF} = \frac{-(-124050J/mol)}{2(96485J/(C \cdot mol))(J/(C \cdot V))} = 0.643V$$

$$E = E^{\ominus} - \frac{2.303RT}{nF}\lg\frac{1 \times 1}{1^2 a_{H^+}^2} = E^{\ominus} + \frac{2 \times 2.303 \times 8.314 \times 298}{2 \times 96485}\lg a_{H^+}$$

$$E = 0.643 - 0.0591pH$$

式（3.46）可以用能斯特方程表示为：

$$E = E^{\ominus} - \frac{2.303RT}{nF}\lg\frac{a_{Cu_2O}a_{H^+}^2}{a_{Cu^{2+}}^2 a_{H_2O}}$$

$$E^{\ominus} = \frac{-\Delta G_r^{\ominus}}{nF} = \frac{-(-39930J/mol)}{2(96485J/(C \cdot mol))(J/(C \cdot V))} = 0.207V$$

将上述两种表达方式结合起来重新排列得出：

$$E = 0.207 + 0.0591pH + 0.0591\lg a_{Cu^{2+}} = 0.0296 + 0.0591pH$$

对于式（3.47）为：

$$E = E^{\ominus} - \frac{2.303RT}{nF}\lg\frac{a_C^c a_{H_2O}^d}{a_B^b a_{H^+}^h}$$

$$E^{\ominus} = \frac{-\Delta G_r^{\ominus}}{nF} = \frac{-(-91110J/mol)}{2(96485J/(C \cdot mol))(J/(C \cdot V))} = 0.472V$$

$$E = 0.472 - \frac{2.303 \times 8.314 \times 298}{2 \times 96485}\lg\frac{a_{Cu}^2 a_{H_2O}^1}{a_{Cu_2O}a_{H^+}^2}$$

归纳为：

$$E = 0.472 - 0.0591pH$$

对于式（3.48）为：

$$E = E^{\ominus} - \frac{2.303RT}{nF}\lg\frac{a_{Cu}a_{H_2O}}{a_{CuO}a_{H^+}^2}$$

$$E^{\ominus} = \frac{-\Delta G_{r}^{\ominus}}{nF} = \frac{-(-107580\text{J/mol})}{2(96485\text{J/(C·mol)})(\text{J/(C·V)})} = 0.558\text{V}$$

$$E = 0.558 - \frac{2.303 \times 8.314 \times 298}{2 \times 96485} \lg \frac{a_{Cu}^{2} a_{H_2O}}{a_{Cu_2O} a_{H^+}^{2}}$$

归纳为

$$E = 0.558 - 0.0591\text{pH}$$

6. 用方程标签画出平衡线

铜-水系统平衡线如图 3.5 所示。

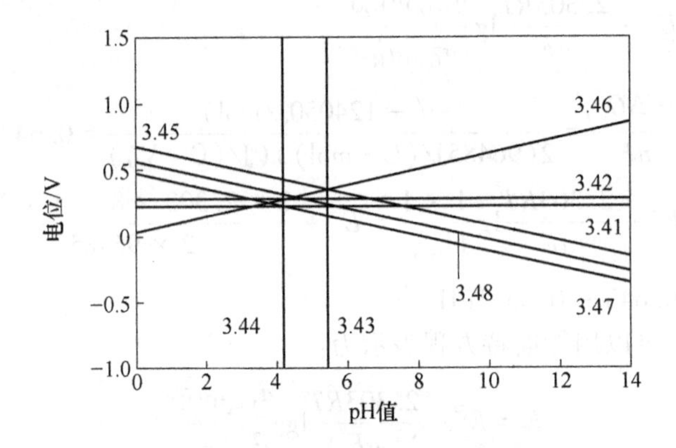

图 3.5　例 3.1 给出的铜-水系统的平衡线图

注意：在例 3.1 中，三条线的某些交点并不完全在一个点上相交。这些差异通常是由于图或自由能数据不准确造成的。

7. 确定每条线两边的物种

确定平衡线两边的物质的最简单的方法是看线、坐标轴和反应。接下来，思考这样的问题：如果 pH 值增加，反应会偏向于反应物或产物吗？或者：如果离子浓度增加，反应会偏向于反应物或产物吗？亦或如果溶液电势 E 增加（即，氧化程度越高的物质形式越占优势），反应会偏向于反应物还是产物（如果反应像应该的那样在阴极进行的，则反应物的电位倾向于越高）？

出于清晰的目的（物种太多），此处没有包括这张图表。

8. 确定稳定区域的有用提示

（1）只需一个相位组合即可至少满足大部分或全部线。

（2）如果直线相交，每个相交直线的至少一部分必须在相交之前或之后擦除（有些线可能被完全删除）。

（3）使用以下逻辑开始分配区域和擦除线段：

1）思考这样的问题：Cu^{2+}/CuO 平衡线（式 3.43）是否在 Cu^{2+}/Cu^{+}线（式

3.41）以下有效？答案是否定的，因为 Cu^{2+}不会在 Cu^{2+}/Cu^{+}平衡之下。因此，应该删除 Cu^{2+}/CuO 线（式 3.43）中低于 Cu^{2+}/Cu^{+}线（式 3.41）的部分。再举一个例子，考虑 Cu/CuO 线（式 3.48），它位于 Cu/Cu_2O（式 3.47）和 Cu_2O/CuO（式 3.44）之间，并且不能存在于这两行之间，因为在物种到达这条线之前，所有的 Cu 和 CuO 都会被转换成 Cu_2O。因此，对于 Cu^{+}形成的线，Cu 不会存在于线的上方，使得 Cu/CuO 线在整个图中无效。另一个例子是，考虑 Cu/Cu^{+}线（式 3.41），它在 Cu^{+}/Cu_2O（式 3.44）的右边是无效的，因为 Cu^{+}在越过这条线后会转化为 Cu_2O。因此，Cu^{+}/Cu_2O（式 3.44）右边的 Cu/Cu^{+}线（式 3.41）将被擦除。

2）非络合金属离子在酸性侧趋于稳定，在电位和离子活度较低时，氧化态最低。

3）氢氧根沉淀物往往在高 pH 值时出现，并且有一条垂直线将它们与随后的电离金属氢氧根络合物分开。

4）高氧化态的物种一般出现在 E_h-pH 图的上部。

5）当删除线段时，涉及更少氢氧根的反应，如 $M^{2+}+OH^{-} \rightleftharpoons M(OH)^{+}$，比涉及更多氢氧根的反应，如 $M^{2+}+2OH^{-} \rightleftharpoons M(OH)_2$ 更容易出现在低 pH 值划分线段。

6）当三条线几乎相交，并且根据物种应该相交时，用来产生线段的数据并不完全准确（或绘图不准确），所以应该做一些调整，让线相交。

7）当图完成时，检查确保这些线代表了图上所示物种之间的平衡。

可参见图 3.6。

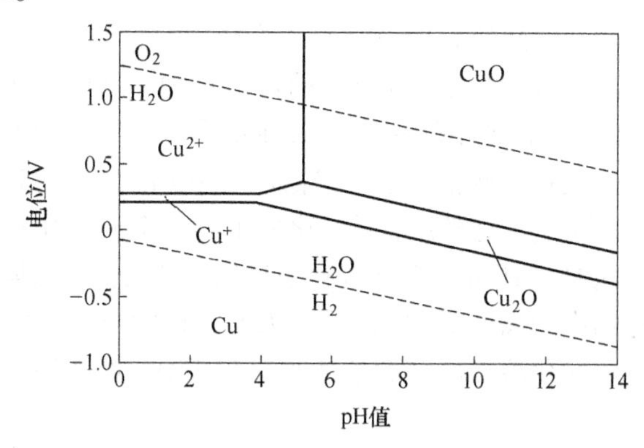

图 3.6 例 3.1 铜系统的最终相稳图

（铜离子活度为 10^{-3}，亚铜离子活度为 10^{-5}。注意：为了提高清晰度许多可能的物种被忽略）

9. 画水稳性线

画（$4H^{+}+O_2+e = 2H_2O$；$2H^{+}+2e = H_2$）线作为参考，因为水只在这些线

之间稳定。此外，请确保标记任何固定的活度值，见图 3.6。

图 3.7 所示为一个较为完整的包含更多氧化物和一个含氧阴离子的金属的典型示意图。

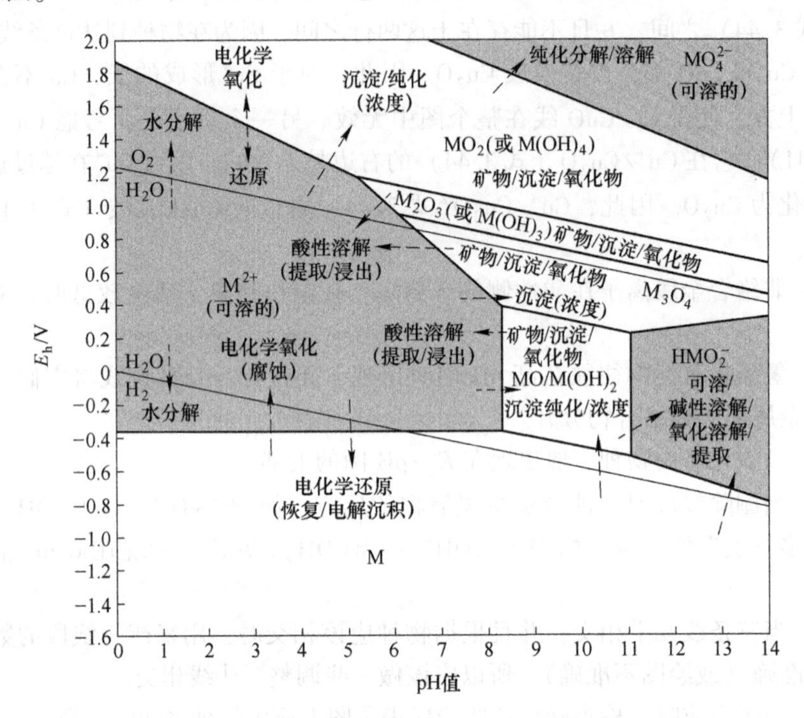

图 3.7　金属 M 与电位和 pH 值相关的 E_h-pH 图

图 3.7 显示了许多可能随 pH 和电位 E_h 变化而发生的转变。电位的增加会产生更多的氧化产物。高 pH 值会生成更多的富氧物种。从图 3.7 中可以看出，金属氧化物可以在高、低 pH 值下转化为可溶性物质。通过增加电位，金属可以被转化为金属氧化物，或在某些情况下，只需改变 pH 图也可达到类似作用。该图也显示增加中性 pH 值可将大部分金属转化成不溶的金属氧化物或氢氧化物。因此，不可浸出。E_h-pH 图还可以根据溶解趋势确定从溶液中去除金属或将一种氧化物从另一种氧化物中分离所需的 pH 值。因此，该图对于确定将矿物转化为金属或通过湿法冶金法净化溶液所需的条件非常有帮助。此图还显示了金属腐蚀所需的条件。

相图提供了有用的信息。对相图的错误解释会导致不正确的结论和潜在的严重错误。与相图相关的主要问题包括：这些图仅限于特定的条件。它们不提供关于物种转变速率的信息。尽管在相图中显示了一个相，但在不同浓度下经常会出现几个相（考虑一下，如果将图 3.2 简单地转换为相图，那么一部分信息将丢失。图 3.8 中将只包含三条线和四个相）。通常，派生相图的条件与应用的条件不匹配，因此建议保持谨慎。有关相位稳定图的其他有用信息可以在第 2 章的参考文献［5］中找到。

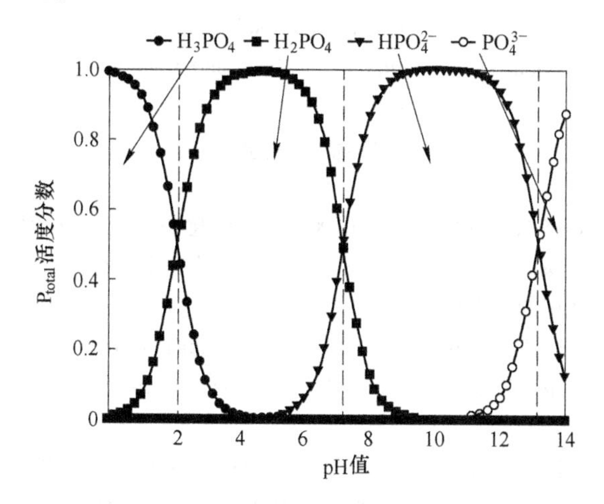

图 3.8 磷酸/水体系形态和相图信息的比较

（虚线表示相边界线，箭头表示在该区域内哪个物种为优势相）

3.3.2 沉淀图

溶液中许多金属的溶度积都与 pH 相关。在特定 pH 条件下，金属倾向于形成氢氧化物。一般的化学方程式如下：

$$M^{y+} + yOH^- \rightleftharpoons M(OH)_y$$

溶度积数据可用于构建沉淀图，确定产生沉淀的 pH 条件。

相对应的可溶产物可用于构建多种金属及其氢氧化物的简化相稳定图，如图 3.9 所示[1]。

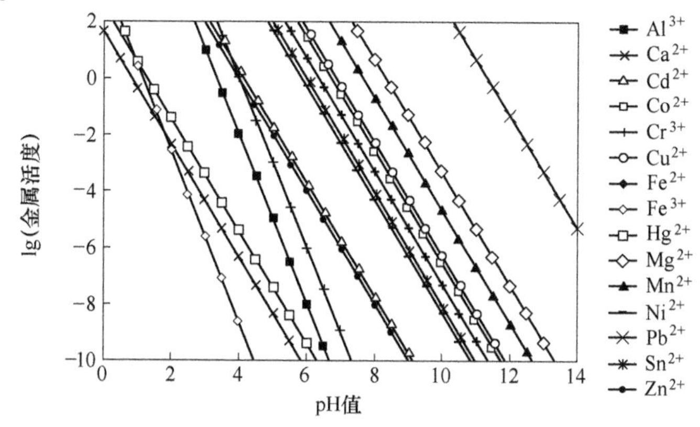

图 3.9 基于金属氢氧化物溶解产物的沉淀图

（来源：基于附录和参考文献［1］中的数据）

参考文献

[1] A. J. Monhemius, Precipitation Diagrams for Metal Hydroxides, Sulphides, Arsenates, and Phosphates, Transactions of the Institution of Mining and Metallurgy, 86: C202, 1977.

思考练习题

3.1 使用选择的电子表格软件程序包，为 0.0001*m* 总硫化物（pH 从 0 到 14，单位分辨率为 0.1）的水-硫化物系统（$H_2S(aq)$、HS^-和 S^{2-}）构建一个物种图。假设单位活度系数以简化问题（展示使用的方程和常数）。

3.2 使用 Visual Minteq 软件（http://www.lwr.kth.se/english/OurSoftware/Vminteq/免费下载）或电子表格软件程序，测定 pH 值为 1、2 和 3 时 SO_4^{2-}和 HSO_4^-的浓度。假设总硫酸盐浓度 100*m*，25℃。

3.3 用 Visual Minteq 软件，为磷/水系统（PO_4^{3-}、HPO_4^{2-}、$H_2PO_4^-$和 H_3PO_4等物种）生成一个物种图（相对总磷的分数与 pH 值关系，pH 从 1 到 13，pH 单位分辨率为 0.1）。

3.4 计算下列反应的平衡线（Pourbaix 图线根据 E_h 和 pH 值）氧气分压为 1atm（注意：$a_{H^+}a_{OH^-}=10^{-14}$）：$O_2+2H_2O+4e \rightleftharpoons 4OH^-$；$O_2+4H^++4e \rightleftharpoons 2H_2O$。
（答案：$E=1.23\sim0.0591pH$）

3.5 在没有热力学计算机软件的帮助下，生成一个 E_h-pH 图或锌/水系统的 Pourbaix 图，其中包含物种 Zn^{2+}、ZnO、ZnO_2^{2-} 和 Zn，假设溶解物质的活度为1×10^{-6}。

3.6 利用 HSC 等软件构建水-硫系统 E_h-pH 图，包括 H_2S（aq）、S^{2-}、HS^-、H^+、SO_4^{2-}、HSO_4^-、H_2SO_4（总硫浓度为 1*m*，总气压为 1atm）。

第 4 章 速 率 过 程

湿法冶金反应速率决定了该过程在技术和经济上的可行性。

本章节主要的学习目标和效果

(1) 了解决定总反应速率的因素;
(2) 了解基本的反应动力学;
(3) 了解基本的生物氧化动力学;
(4) 根据实验数据确定动力学参数;
(5) 理解基本的传质方程;
(6) 理解并应用相关专业传质方程;
(7) 应用动力学和传质方程来解决相关问题。

4.1 化学反应动力学

了解物种的热力学稳定性至关重要。然而,实际应用中反应速率是决定性的因素。需要数百万年才发生的反应几乎没有工业价值,仅需几毫秒的反应具有潜在的危险性。因此,反应速率十分重要[1~17]。反应动力学描述了与动态化学体系相关的反应速率和机理。

4.1.1 反应速率的概念

反应速率通常由反应的物种浓度来决定。考虑如下反应

$$aA + bB = cC + dD \tag{4.1}$$

反应速率与反应物浓度和化学计量数有关。相关的反应速率(远离平衡态)通常记为:

$$R = k_f C_A^{\chi} C_B^{\xi} \tag{4.2}$$

式中,k_f 为正反应速率常数;C_A 为反应物 A 的浓度;C_B 为反应物 B 的浓度。上标 χ 和 ξ 指反应级数。上标 χ 为 1,则反应是 A 浓度的一级反应;上标 ξ 为 2,则反应是 B 浓度的二级反应。χ 和 ξ 的总和为总反应级数。通常,上标 χ 和 ξ 等于反应方程式中的系数 a 和 b。但是,由于具有中间步骤,它们可能不相等。因此,χ 和 ξ 可能与 a 和 b 不同。

4.1.2 反应级数和正反应速率常数的确定

通过实验可以确定各组分浓度的反应级数。这些实验测定与物种浓度变化相关的速率变化。每种物种的浓度变化独立于其他物种而变化。可以将浓度变化对反应速率的影响与理论进行比较。初始速率方程的修订能够提高准确率。速率方程的对数形式为:

$$\ln(R) = \ln(k_f) + \chi\ln(C_A) + \xi\ln(C_B) \tag{4.3}$$

速率表达式中与物种对应的系数之和为反应级数。

浓度与速率对数的关系图揭示了反应级数,其中反应级数为各物种的斜率。图4.1为 $i\mathrm{I} + a\mathrm{Ar} = 0.5i\mathrm{I}_2 + a\mathrm{Ar}$ 反应的关系图。氩气对应的斜率为1,表明氩气反应为一级反应。同样地,碘的斜率为2,表明碘反应为二级动力学。碘和氩气的斜率总和为3,因此,总反应级数为3。换句话说,该反应的总反应级数为三级反应。碘和氩气的例子是用来定义动力学。但许多湿法冶金反应动力学行为不是理想状态。

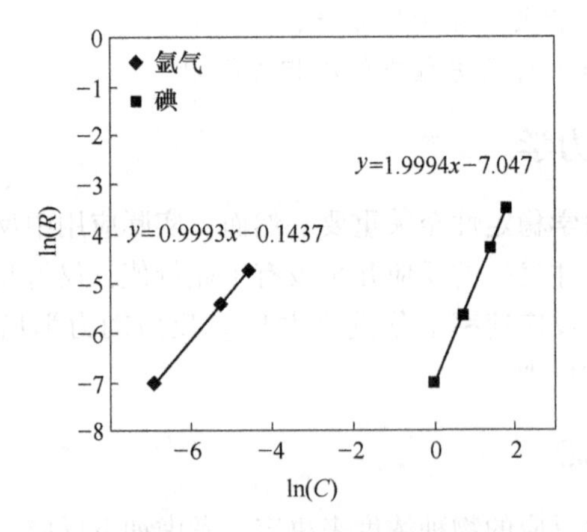

图4.1 氩气与碘反应生成碘气的反应速率对数与氩气和碘浓度对数的比较[9]

速率常数可以在含浓度对数的图中找到,如果反应级数已知,或者可以通过适当处理速率和浓度的关系来确定速率常数。

反应速率常数可通过多种方法测定。速率常数可以从图4.1中确定,将图中的截距和物种浓度结合起来,利用式(4.3)把斜率和截距转换为 k_f,也可以用其他方法来确定。k_f 为速率与 $C_I^2 C_{Ar}$ 的斜率。根据式(4.2),得到相对应的截距为零。这些评估假设反应遵循所示的动力学。图4.1可用于验证反应级数。值得注意的是图4.1和图4.2呈线性关系,表明动力学模型能充分描述反应过程。

例4.1 若铜在含有 $0.015m$, $0.03m$ 和 $0.05m$ 的 H^+ 的容器中反应1min后其浓度分别为 6.3×10^{-6}、11.6×10^{-6} 和 18.8×10^{-6},则可以确定酸与铜矿物的测定

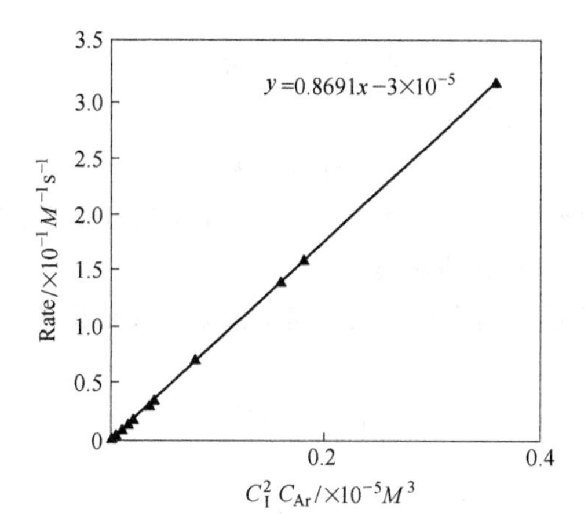

图 4.2 通过图 4.1 的数据比较反应速率与 $C_I^2C_{Ar}$

或表观反应级数。这一过程需要忽略传质的限制。

为便于计算反应速率可以用百万分之一分钟表示。然后，可以将浓度的自然对数绘制为速率（百万分之一分钟）的自然对数的函数，如图 4.3 所示。

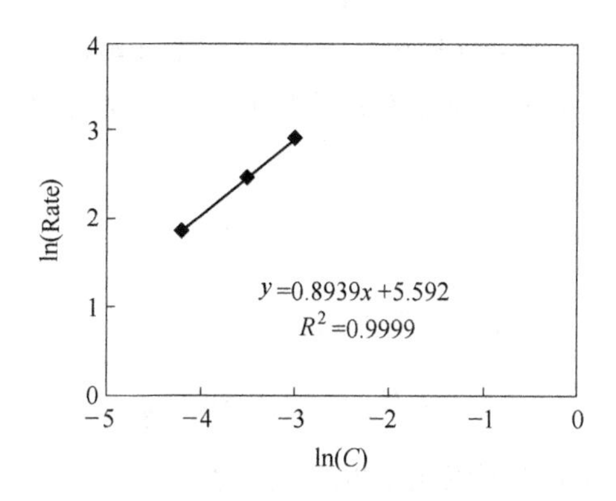

图 4.3 例 4.1 中速率的自然对数与浓度的自然对数关系

由此产生的斜率，即反应产物 H^+ 的反应级数为 0.89 或近似于 1。然而，传质的影响并没有考虑在内。因此，由于忽略了传质，测定的或表观反应级数不能表示真实的反应级数，这将在后面的章节中讨论。

4.1.3 平衡和可逆

前面所示的速率表达式适用于远离平衡态的反应。然而，许多反应在接近平衡态时发生。在这种情况下，需要考虑逆反应速率。对于一个简单的反应

$$jX \rightleftharpoons mY \tag{4.4}$$

反应的净速率是正反应速率和逆反应速率之差。对应的反应速率可以用数学

形式表达

$$R_{净} = R_{正} - R_{逆} \tag{4.5}$$

该方程可以更详细地表示为：

$$R_{总} = k_f C_X^j - k_b C_Y^m \tag{4.6}$$

式中，k_f 是正反应速率常数；C_X^j 是物种“X”的 j 次方浓度；k_b 是逆反应速率常数；C_Y^m 是物种“Y”的 m 次方浓度。

在平衡态时，正反应速率和逆反应速率根据定义是相等的。因此，一级反应可以表示为：

$$k_f C_X = k_b C_Y \tag{4.7}$$

整理得

$$\frac{k_f}{k_b} = \frac{C_Y}{C_X} \tag{4.8}$$

式（4.8）与平衡常数表达相似，是产物浓度与反应物浓度的比值。然而，平衡常数是活度的比值，不是浓度的比值。因此，若浓度近似为活度（$a_i \approx C_i$）

$$K = \frac{C_Y}{C_X} = \frac{k_f}{k_b} \tag{4.9}$$

否则，就需要将活度进行转化。然后，式（4.6）可以等同于自由能（$\Delta G_r^{\ominus} = -RT\ln K$），确定正反应速率常数与逆反应速率常数的比值。将式（4.9）等于自由能得到：

$$k_b = k_f \exp \frac{\Delta G_r^{\ominus}}{RT} \tag{4.10}$$

这个公式可以代到式（4.6）中得到：

$$R_{总} = k_f C_X^j - k_f C_Y^m \exp \frac{\Delta G^{\ominus}}{RT} \tag{4.11}$$

对于一级反应，自由能可以用浓度来近似表示：

$$\Delta G_r = \Delta G_r^{\ominus} + RT\ln \frac{C_Y}{C_X} \tag{4.12}$$

整理得：

$$\Delta G_r = \Delta G_r^{\ominus} + RT\ln C_Y - RT\ln C_X \tag{4.13}$$

将式（4.13）代入到式（4.11），一级反应表示为：

$$R_{总} = k_f C_X - k_f C_Y \exp \frac{\Delta G_r - RT\ln C_Y + RT\ln C_X}{RT} \tag{4.14}$$

进一步整理得：

$$R_{总} = k_f C_X - k_f C_Y \exp \frac{\Delta G_r}{RT} \exp \frac{-RT\ln C_Y}{RT} \exp \frac{RT\ln C_X}{RT} \tag{4.15}$$

再整理得到一个有关反应速率的重要结论

$$R_{总} = k_f C_X \left(1 - \exp \frac{\Delta G}{RT}\right) \tag{4.16}$$

当反应自由能大于（更负）-20000J/mol 时，逆反应可以忽略不计。

式（4.16）表明反应速率与自由能有关。当自由能趋于零时，反应速率也趋于零；当自由能更小时，反应为正反应。换句话说，若自由能足够小，逆反应将忽略不计。若反应自由能为-20000J/mol，则由 $1 - \exp(\Delta G/RT)$ 项中的指数项给出的逆反应速率为正反应速率的 0.031%。在此条件下，逆反应可以忽略。然而，这个值是相对的，与正反应速率有关。因此，它没有给出绝对速率的直接信息。要确定绝对速率，必须知道正反应速率常数和反应物浓度。

例 4.2 测定自由能为-4500J/mol 反应的逆反应分数（相对于正反应速率）。

逆反应分数为：

$$逆反应（分数）= \exp \frac{\Delta G}{RT} = \exp \frac{-4500\text{J/mol}}{8.314\text{J/(mol·K)} \times 323\text{K}} = 0.187$$

4.1.4 温度对化学反应动力学的影响

只有当分子以足够的能量碰撞时才会发生反应。因此，反应速率与碰撞频率有关，也与碰撞能量有关。反应速率常数与反应速率成比例。速率常数可以用碰撞频率因子 v 和反应碰撞具有足够能量的概率来表示。能量项为 $\exp(-E_a/RT)$。用数学形式表达为

$$k_f = \nu e^{(-E_a/RT)} \tag{4.17}$$

活化能通常由速率常数的自然对数与绝对温度的倒数的 Arrhenius 图来确定。

该等式称为 Arrhenius 方程。E_a 是活化能，ν 是频率因子。因此，通过适当的图可以确定反应的频率因子和活化能。$\ln(k_f/\text{L·s}^{-1})$ 与 $1/T$ 图的截距 $\ln(\nu/\text{L·s}^{-1})$ 和斜率 $-E_a/R$ 提供了所需的常数，如图 4.4 所示。

Arrhenius 方程可为湿法冶金工艺设计提供有价值的信息。例如，活化能可用于预测温度变化的速率响应。换句话说，若常数已知，可用 Arrhenius 方程来确定速率与温度之间的关系。

活化能可提供有关温度灵敏度的信息。活化能越大，温度对速率的影响越大。当活化能为 50000J/mol 时，温度升高 10℃，反应速率提高 93%。

活化能也能用于评估动力学的控制。在许多反应中，总速率由传质决定。扩散这种传质过程活化能很低。水扩散控制的反应活化能通常低于 15000J/mol。由化学控制的反应具有更大的活化能。因此，扩散控制的反应不像大多数反应控制过程那样受到温度的强烈影响。因此，活化能常用于帮助确定反应过程中的传质控制和反应控制。

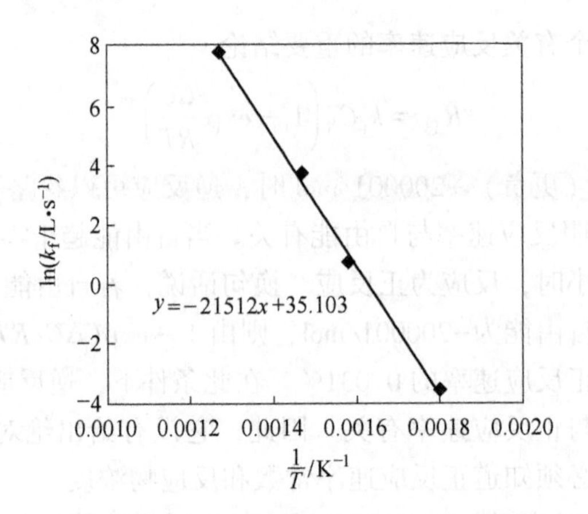

图 4.4 氢气与碘反应的反应常数与绝对温度倒数的对数[15]

例 4.3 一位学生测得不同温度下金的吸附量，然后确定吸附速率常数。得到以下数据：

k_f/L · s^{-1}	T/℃	k/L · s^{-1}	T/℃
2620	24	3900	62
3150	42	5330	81.5

计算吸附过程的活化能。

通过绘制 $\ln(k_f/L\cdot s^{-1})$ 与 $1/T$ 图，根据速率常数和温度数据可以确定活化能，从斜率（$-E_a/R$）可确定活化能为斜率乘以 R（图 4.5）。

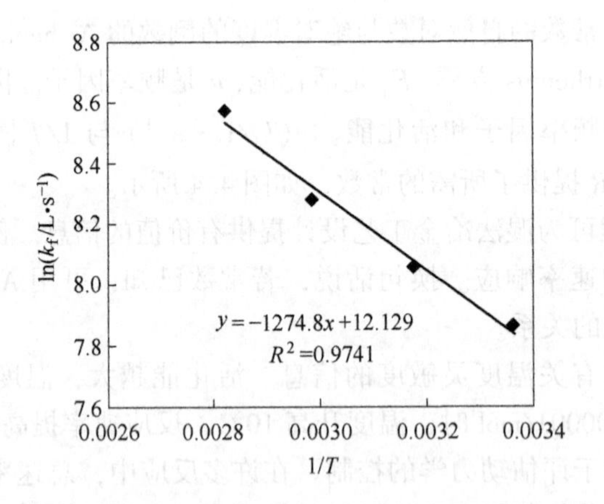

图 4.5 例 4.3 中速率常数与温度倒数的自然对数

该图的斜率为−1274.8。因此，活化能为：

$$E_a = -\text{斜率} \times R = -(-1274.8) \times 8.314\text{J/mol} = 10599\text{J/mol}$$

4.2 生物化学反应动力学

细菌可以通过催化亚铁离子氧化来生成铁离子，从而大大提高湿法冶金反应动力学，而铁离子是某些浸出过程中所需要的氧化剂。

生化学反应通常包含酶和营养物质。通常，营养物质首先被吸附在细胞部位，这部位有酶、蛋白质和溶液的通道，都有利于运输或转化。营养物质要么进入细菌，要么保持吸附。细菌为新陈代谢或细胞成分转化营养物质。在金属溶液浸出中，细菌经常氧化溶解物质以获得能量。氧化亚铁嗜酸硫杆菌（注意名称已由硫杆菌改为嗜酸硫杆菌）将亚铁离子氧化为铁离子。它们通过将亚铁-铁半电池反应与水生成相结合来实现这一目标。这个反应（$4H^{+}+O_2+4e=2H_2O$）只有在向细胞提供氧气时才进行。氧气和氢离子在呼吸生物中的反应促进了这些生物的新陈代谢。代谢能是通过一系列与水形成反应耦合的反应而获得的。

亚铁氧化细菌也有其他需求。细菌（和其他生物）需要其他营养物质（即 K、Mg、PO_4^{3-}、NH_3、CO_2 和 O_2）才能存活。假设所有基本需求都满足，氧化速率与亚铁离子有关。可以使用传统的 Michaelis-Menten 或 Monod 动力学[1]来确定亚铁的生物氧化速率。

$$R_{Fe^{2+}ox} = \frac{C_{cells}\mu_{max}C_{Fe^{2+}}}{Y_c(C_{Fe^{2+}} + K_m)} \tag{4.18}$$

式中，C_{cells} 为细胞浓度；μ_{max}为最大增长率；Y_c 为细胞产率系数或底物单位消耗质量产生的细胞群；K_m 为 Michaelis 常数。Michaelis-Menten 动力学是建立在反应限制位点有效性的假设基础上的。根据研究文献中的数据[2,3]，在硫化矿精矿搅拌反应器中，这些变量的实例值为 $C_{cells}=3g/L$，$\mu_{max}=0.03h^{-1}$，$Y_c=0.07$，$K_m=0.025g/L$，$C_{Fe^{2+}}=0.03g/L$。通常使用氧化还原反应或氧化还原电位（ORP）电极进行亚铁的氧化。ORP 信息与第 2 章中讨论的浓度有关。堆浸的值很相近，只是细菌浓度低得多。堆浸也更有可能受到氧气和二氧化碳的影响。同样地，式(4.18)也可以用来描述氧气对细菌活性的影响。由于氧化亚铁嗜酸硫杆菌是自养型生物，它们利用二氧化碳来建立细胞群。若二氧化碳不易获得，则细胞群将受到限制。在生物反应器中，可以用 CO_2（占空气含量的 1%）来补充原料气，以使细胞群最大化。

生物氧化速率通常遵循 Michaelis-Menten 动力学。

在大多数生物浸出操作中，有几种具有不同氧化功能的细菌菌株。与矿物浸出有关的最常见细菌是氧化亚铁钩端螺旋菌、氧化亚铁嗜酸硫杆菌、嗜酸氧化硫硫杆菌、嗜酸硫杆菌和类硫化叶菌。图 4.6 展示了在有细菌混合培养物的稳态生物反应器中进行的批量测试的典型亚铁氧化数据。

为了确定生物氧化方案的反应参数，可以对测试数据进行评估。图 4.6 展示

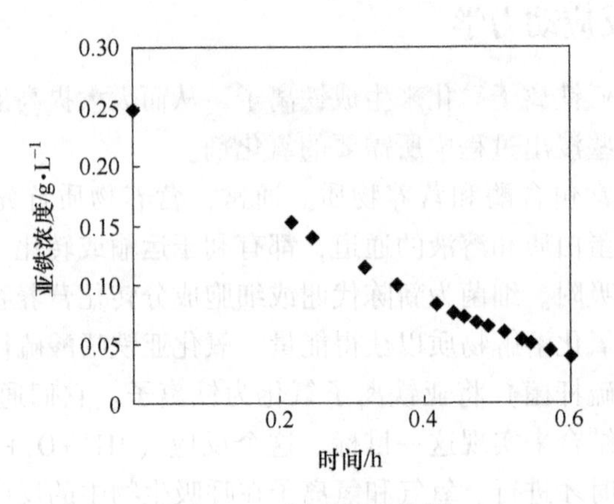

图 4.6　亚铁生物氧化[2]

了一个测试数据的示例。式（4.18）整理后最适用于数据的评估。

$$\frac{1}{R_{Fe^{2+}ox}} = \frac{Y_c K_m}{\mu_{max} C_{cells} C_{Fe^{2+}}} + \frac{Y_c}{\mu_{max} C_{cells}} \tag{4.19}$$

因此，$1/R$ 与 $1/C_{Fe^{2+}}$ 的关系图可用于确定所需的常数。这种图被称为 Lineweaver-Burke 图，如图 4.7 所示。图 4.7 中的数据与使用 Michaelis-Menten 或 Monod 动力学模型预测的数据线性相关。因此，细菌活性可能与细菌内的亚铁离子浓度和相关酶活性有关。

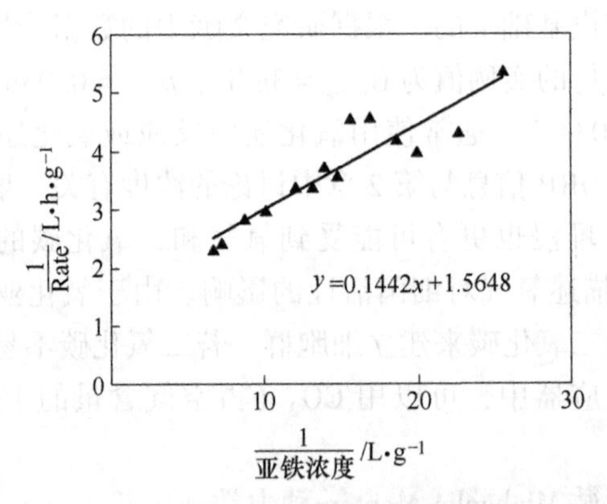

图 4.7　亚铁生物氧化速率的 Lineweaver-Burke 图[2]

细菌浸出率也受营养物质、污染物和流速的影响。若没有必需的营养物质，细菌将无法繁殖或在最佳水平发挥作用。有机化合物和重金属等毒素可以限制或消除细菌的生长。最后，如果含有细菌的培养基的交换速度快于细菌繁殖的速度，那么细菌群最终将被“洗掉”。冲洗条件仅限于停留时间较短的生物反应器。

4.3 电化学反应动力学

4.3.1 电化学反应速率理论（Butler-Volmer 动力学）

电化学动力学与传统化学反应动力学相似，但是涉及电子转移，因此，电势的影响非常大。

电化学反应动力学与化学反应动力学非常相似。然而，除了公共参数外，还有电荷转移概率。电荷转移概率与反应界面处的电位有关。对于给定的电化学反应：

$$aX^{p+} + ne \rightleftharpoons bX^{m+} \tag{4.20}$$

得到的反应速率方程为：

$$R_{\text{electr}} = k_b C^b_{X^{m+}} \exp\frac{\alpha_a FE}{RT} - k_f C^a_{X^{p+}} \exp\frac{-\alpha_c FE}{RT} \tag{4.21}$$

式中，a 是 X^{p+} 的反应级数；b 是 X^{m+} 的反应级数；α_a 是阳极电荷转移系数；α_c 是阴极电荷转移系数；E 是电化学势；F 是法拉第常数；其他常数与前面的定义相同。指定浓度为表面浓度，而最初被作为体相浓度。

注意：正反应速率常数和逆反应速率常数的方向相反。这种反转符合阳极反应中正电子流的电化学惯例。该惯例要求阴极反应的化学动力学方程写于反向位置。

电化学反应通常涉及导电基板，基板能够在物质之间转移电子。因此，吸附在不同位置的两种物质可以通过基板交换电子。

电化学反应速率通常用电流密度 i 表示，电流密度是单位面积上的电流，即 $i = I/A$。电流密度与总反应中每摩尔转移电子数的反应速率有关（$i/nF = R_{\text{electr}}$）。每摩尔反应转移的电子数为 n。电化学反应速率表示为：

$$i = k_b C^b_{X^{m+}} nF \exp\frac{\alpha_a FE}{RT} - k_f C^a_{X^{p+}} nF \exp\frac{-\alpha_c zFE}{RT} \tag{4.22}$$

该等式是 Butler-Volmer 方程的一种形式，可以导出更常见、更简单的形式。

在平衡态时，平衡电位 E_{eq} 处，净电流密度为零。

$$0 = k_b C^b_{X^{m+}} nF \exp\frac{\alpha_a FE_{\text{eq}}}{RT} - k_f C^a_{X^{p+}} nF \exp\frac{-\alpha_c zFE_{\text{eq}}}{RT} \tag{4.23}$$

然而，正反应速率和逆反应速率在平衡态时都不为零。相反，这些速率等于平衡交换电流密度

$$i_o = k_b C^b_{X^{m+}} nF \exp\frac{\alpha_a FE_{\text{eq}}}{RT} = k_f C^a_{X^{p+}} nF \exp\frac{-\alpha_c FE_{\text{eq}}}{RT} \tag{4.24}$$

如前所述，i_o 随浓度、温度和速率常数的变化而变化。相关的速率常数很大

程度上取决于基板。因此，如表 4.1 所示，i_o 随基板的改变而发生较大的变化。对于所示的氢反应，铂基板所产生的 i_o 值比锡基板的高。当平衡交换电流密度较高时，来自平衡的轻微扰动都会对反应速率产生显著的影响。如果 i_o 很小，则来自平衡的小扰动对反应速率的影响较小。因此，i_o 是决定反应速率的一个重要特征参数。

整理电流密度方程得：

$$i = k_b C_{X^{m+}} nF\exp\frac{\alpha_a FE_{eq}}{RT}\exp\frac{\alpha_a FE}{RT}\exp\frac{-\alpha_a FE_{eq}}{RT} - k_f C_{X^{p+}} nF\exp\frac{-\alpha_c FE_{eq}}{RT}\exp\frac{-\alpha_c FE}{RT}\exp\frac{\alpha_c FE_{eq}}{RT} \tag{4.25}$$

表 4.1 1N HCl[16]（$2H^+ + 2e \rightleftharpoons H_2$）的选择交换电流密度

金 属	交换电流密度/$A \cdot cm^{-2}$
铂	10^{-2}
金	10^{-5}
铁	10^{-5}
锡	10^{-7}

Butler-Volmer 方程描述了电化学反应速率。

取代平衡交换电流密度，并重新整理得：

$$i = i_o\left[\exp\frac{\alpha_a F(E - E_{eq})}{RT} - \exp\frac{-\alpha_c F(E - E_{eq})}{RT}\right] \tag{4.26}$$

式（4.26）是 Butler-Volmer 方程的常见形式。$E - E_{eq}$ 称为过电位，用符号 η 表示，代表了电位与平衡电位的差值。负的过电位表示电位低于平衡电位。如果电位 E 大于 E_{eq}，则 Butler-Volmer 方程中的第一个阳极指数项更具影响力。如果电位小于 E_{eq}，则第二个阴极项变得更具影响力。换句话说，如果电位低于 E_{eq}，则电流就为负的或阴极的。负电流表示净还原反应。

Butler-Volmer 方程提供了一个半电池反应的电流密度。反应至少包括两个耦合的半电池反应，而耦合的半电池反应必须具有平衡电流。换句话说，阴极电流必须与阳极电流平衡。如果耦合两个以上的反应，则电流总和必须平衡。在数学上，电流平衡可以表示为：

$$\sum I_{阴极} = \sum i_{阴极} A_{阴极} = -\sum i_{阳极} A_{阳极} - \sum I_{阳极} \tag{4.27}$$

如果所有反应的反应面积相同，则电流密度可以代替电流。

例如，考虑氢离子 H^+ 和金属 M 之间的反应，应用式（4.26）得到的数据如图 4.8 所示。在图 4.8 中，氢气的产生是阴极反应（图 4.8 中的反应 1），金属的溶解是阳极反应（图 4.8 中的反应 2）。除非有外加电流，否则氢和金属的电流必须平衡。反应电流在混合电位 E_{mix}处平衡。混合电位也称腐蚀或反应电位。对于每个半电池反应，混合电位和平衡电位（$E_{mix}-E_{eq}$，此处 $E=E_{mix}$）之差是各反应的“过电位”。在氢反应的情况下，过电位是负的。在这种情况下，金属反应具有正的过电位。

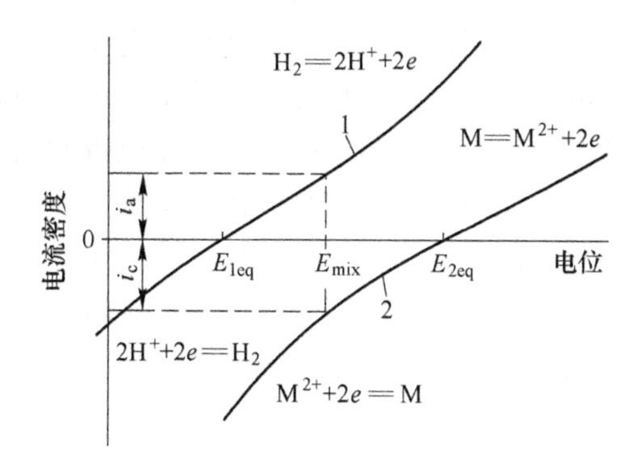

图 4.8 电流密度与两个半电池反应（1 和 2）电位的关系图

（该图显示了各个半电池反应的平衡电位 E_{1eq}和 E_{2eq}）

图 4.8 还显示了耦合反应的混合电位（E_{mix}）。当阴极和阳极电流密度（i_c和 i_a）的大小相等，但符号相反时，会产生混合电位。

绘制电流密度和电位的更典型方式是电位（y 轴）与电流密度绝对值的对数（x 轴），如图 4.9 所示。图中显示了半电池反应的交换电流密度值。此外，该图还显示了混合电位和反应电流密度。

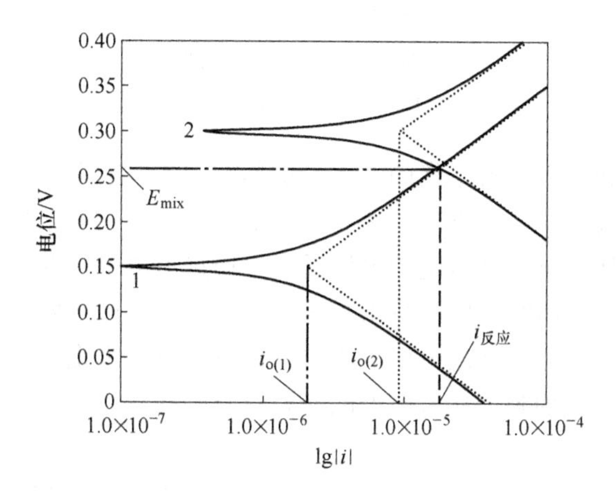

图 4.9 反应 1 和反应 2 电位与 lg|i|的比较

（该图基于 Butler-Volmer 电化学反应动力学）

4.3.2　电化学速率测试

电化学反应通常发生在离子和表面之间的导电基板上。用探针测量物种间单个电子的转移是不可行的。但是，可以改变基板电位。导电基板通常称为工作电极。改变平衡态的电极电位需要有外加电流。可以测量随电压改变而改变的电流。对测量电流和电压之间的关系非常有用。无法直接测量的反应信息可以从这些数据中推断出。例如，可以通过数据外推得到交换电流和反应速率。然而，这种方法需要使用必要的可用数据和能斯特方程来确定各个平衡态。

电化学测试通常使用具有工作电极、辅助电极和参比电极的三电极电池。

典型的电化学电池如图 4.10 所示。基本组件包括工作电极、参比电极、辅助电极、容器和所需溶液。通常，容器是密封的，并且用如空气、氧气或氩气等气体填充以提供所需的环境。工作电极通常安装在可旋转的装置中。电极通过绝缘线与可控电源有电接触。可控电源通常称为恒电位仪。

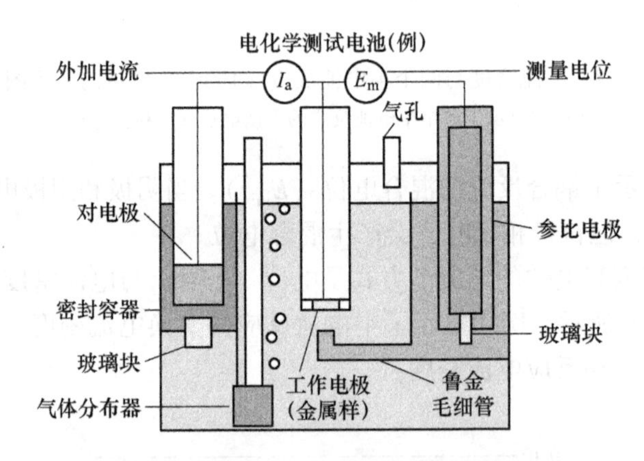

图 4.10　典型电化学测试反应器示意图

I—电流；*E*—电化学势

混合电位是阳极和阴极电流平衡的电位，也称反应或腐蚀电位。

在反应电位或混合电位下，无法测量到电流。为了改变工作电极电位，必须施加电流。所施加的电流来自辅助电极反应。通过恒电位仪改变辅助电极电位以提供所需的电流，且所需的电流量由工作电极电位和反应决定。工作电极电位相对于参比电极设定。如果辅助电极电流与工作电极电流平衡，则工作电极可以保持在设定值。必须施加到工作电极上的必要电流为：

$$I_{外加} = \left(\sum I_{阳极} + \sum I_{阴极} \right) \tag{4.28}$$

注意：阴极电流为负，因此式（4.28）为阳极和阴极电流之差。如果所有反应都发生在同一表面上（阴极和阳极的面积相等）：

$$i_{外加} = (\sum i_{阳极} + \sum i_{阴极}) \tag{4.29}$$

使用辅助电极可以将电位从混合电位中移除，其中辅助电极必须在施加电位时提供平衡阳极和阴极电流所需的电流。

当电位从自然反应电位或混合电位移除时，就需要施加电流。施加的电流量取决于阳极和阴极电流之差。电极电位与混合电位差值越大，对施加电流的要求越高。

图 4.11 表明了电位 E_1 处所需的外加电流。电位 E_1 小于 M 和 X 线交点给出的混合电位。因为电位 E_1 小于 E_{mix}，反应 X 消耗的电子比 M 提供的更多。因此，辅助电极必须提供所需的电流。在 E_1 处，M 的电流密度为 3.2mA/cm^2，X 的电流密度为-6mA/cm^2。因此，在 E_1 处，工作电极必须提供-2.8mA/cm^2 的电流密度。图 4.12 为 E_2 的示意图。E_2 小于 E_1。因此，电流需求（-8mA/cm^2）比 E_1 高。电流的需求随着电压的降低而增加。最终，M 在总电流中只占很小一部分。因此，在大的过电位下，所施加的电流接近主导反应线上的电流，且电位与 lg|i| 之间呈线性关系。外加电流和电压与理论值的比较如图 4.13 所示。外加电流的线性范围可以进行外推。自然反应速率可以在两直线的交点处得到。当 lg|i| 值接近 0 时，就会得到反应电位或混合电位。因为这些值永远不会达到 0，所以混合电位在测量到的 |i| 最小值处。

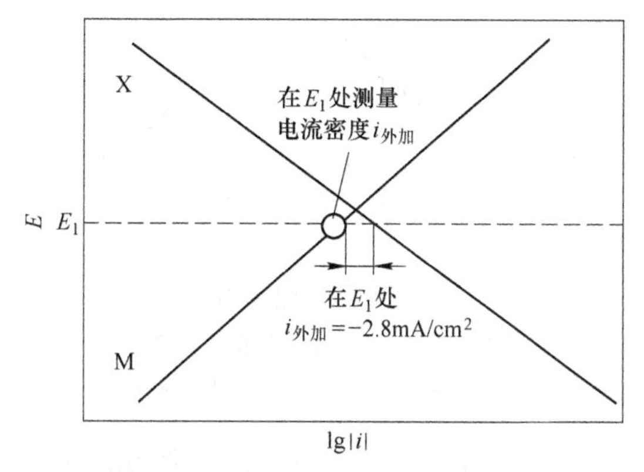

图 4.11 电位 E_1 处所施加的电流密度示意图

（在 E_1 处，阳极反应速率为 3.2mA/cm^2，阴极反应速率为-6.0mA/cm^2，因此外加电流密度为-2.8mA/cm^2，低于自然反应速率）

电化学测试数据可用于确定混合电位处的速率。

混合电位通常远离阳极和阴极的平衡电位。如图 4.14 所示的例子。实例表明，在混合电位下，电位与 lg|i| 之间呈线性关系。混合电位附近的线性度是由于 Butler-Volmer 方程中有一项占主导地位。因此，当分析远离平衡态时，相应的

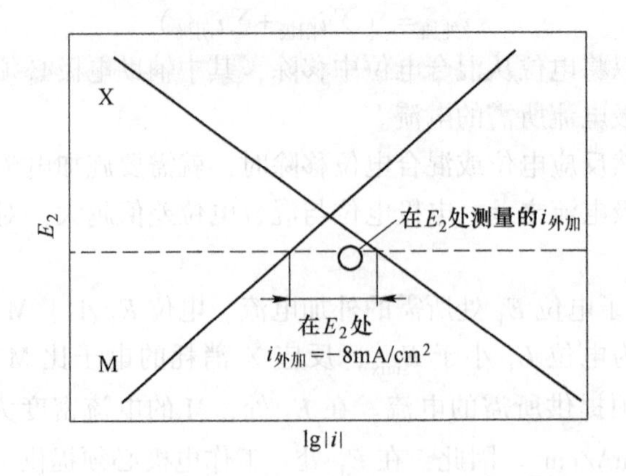

图 4.12　电位 E_2 处所施加的电流密度示意图

（低于混合电位或反应电位及图 4.11 中所示的电位 E_1。在 E_2 处，阳极反应速率为 $2mA/cm^2$，阴极反应速率为 $-10mA/cm^2$，因此外加电流密度为 $-8mA/cm^2$）

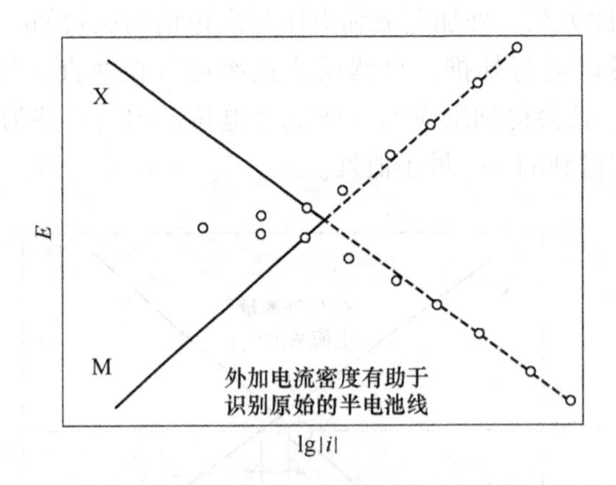

图 4.13　与 X 和 M 的半电池反应数据相比，在自然反应电位上下施加的电流密度值（用圆圈表示）的示意图

（虚线表示超出自然反应的半电池反应数据）

Butler-Volmer 表达式可以简化为一个指数项。对于典型的反应，线性区域通常与平衡电位相距 150mV。在图 4.14 中，M 和 X 表示为阳极和阴极反应。在混合电位处，M 和 X 发生相交，其反应速率大小相等，但符号相反。因此，阳极项为：

$$i_{M}=i_{oM}\exp\frac{\alpha_{M_a}F(E-E_{oM})}{RT} \tag{4.30}$$

下标“a”表示阳极项。阴极项为：

$$i_{X}=-i_{oX}\exp\frac{-\alpha_{X_c}F(E-E_{oX})}{RT} \tag{4.31}$$

式中，下标“c”表示阴极。阴极和阳极速率等于两个反应体系的反应速率。反应速率可以通过混合电位或反应电位下的反应速率来确定。整理并利用对数函数得：

$$E - E_{M}^{\ominus} = \eta = \frac{RT}{\alpha_{M_a}F}\ln\frac{i_M}{i_{oM}} \tag{4.32}$$

进一步整理得到以10为底的对数形式方程

$$\eta_a = \frac{2.303RT}{\alpha_{M_a}F}\lg\frac{i_M}{i_{oM}} \tag{4.33}$$

方程的修正形式，称为Tafel方程，为

$$\eta_a = \beta_a\lg\frac{i_M}{i_{oM}} \tag{4.34}$$

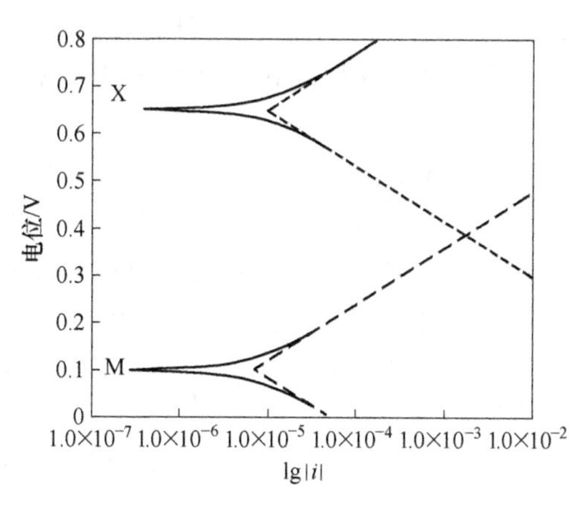

图4.14 相对于Butler-Volmer线（实线）的X和M反应的Tafel斜率（虚线）

Tafel方程是Butler-Volmer方程的线性形式，如果反应电位远离它们的平衡电位（>200mV），则可以应用。

该表达式用于阳极反应，如下标“a”所示。相应的Tafel斜率β_a表示为：

$$\beta_a = \frac{2.303RT}{\alpha_a F} \tag{4.35}$$

对于具有负斜率的阴极反应，其相应的方程必须在对数表达式中进行适当处理，得：

$$E - E_{X}^{\ominus} = -\frac{RT}{\alpha_{X_a}F}\ln\frac{|i_X|}{i_{oX}} \tag{4.36}$$

$$\eta_c = -\frac{2.303RT}{\alpha_{X_a}F}\lg\frac{|i_X|}{i_{oX}} \tag{4.37}$$

$$\eta_c = \beta_c \lg \frac{|i_X|}{i_{oX}} \tag{4.38}$$

$$\beta_c = -\frac{2.303RT}{\alpha_c F} \tag{4.39}$$

Tafel 方程表明过电位与电流密度或反应速率的对数呈线性关系。

这些方程表明电流密度的对数与过电位成比例。后面的形式，包括过电位和 η 被称为 Tafel 方程。所得线的斜率为 β_a 和 β_c，也称 Tafel 斜率。图 4.14 中对应的虚线为 Tafel 线，常用于代替 Butler-Volmer 线来简化图形。Tafel 线仅适用于远离平衡态（各个反应中通常比 E_o 大 150mV）进行分析的情况，并且速率由电化学控制，而不是由传质控制。

可以使用另一种方法来分析近平衡态的反应（通常比 E_{mix} 小 10mV）。这种分析近平衡态的方法称为极化电阻。极化电阻一词意味着对极性变化的阻抗。换句话说，它是对电位变化的抵制，且与反应电位的反应速率有关。该方法源于 Butler-Volmer 方程，基于外加电流或测量电流变化以响应电位的改变。从外加电流的 Butler-Volmer 方程开始：

$$i_{外加} = i_{测量} = i_{oa} \exp \frac{\alpha_a F(E - E_{ao})}{RT} - i_{oc} \exp \frac{-\alpha_c F(E - E_{co})}{RT} \tag{4.40}$$

过电位是电位“超过”平衡电位或平衡半电池反应电位和外加电位之间的差值。

按照建立平衡交换电流密度的相同逻辑，可以得到：

$$i_{测量} = i_{反应} \left[\exp \frac{\alpha_a F(E - E_{mix})}{RT} - \exp \frac{-\alpha_c F(E - E_{mix})}{RT} \right] \tag{4.41}$$

如果 E 在 E_{mix} 的 10mV 范围（<10mV）内，则可以进行替换。当 x 很小时，可以做下面的展开式替换：

$$\exp x = 1 + x + \frac{x^2}{2!} + \frac{x^3}{3!} + \cdots \approx 1 + x，当 x < 0.1 \tag{4.42}$$

因此，只要电位在自然反应电位 E_{mix} 的 10mV 范围内

$$\frac{i_{测量}}{i_{反应}} = 1 + \frac{\alpha_a F(E - E_{mix})}{RT} - 1 - \frac{-\alpha_c F(E - E_{mix})}{RT} \tag{4.43}$$

重新整理得

$$\frac{i_{测量}}{2.303 i_{反应}} = \frac{\alpha_a F(E - E_{mix})}{2.303RT} - \frac{-\alpha_c F(E - E_{mix})}{2.303RT} \tag{4.44}$$

代入相应的 Tafel 斜率后，方程变为

$$\frac{i_{测量}}{2.303 i_{反应}} = -\left[\frac{1}{\beta_a}(E - E_{mix}) + \frac{1}{|\beta_c|}(E - E_{mix}) \right] \tag{4.45}$$

Tafel 斜率 β_a 和 β_c 可以从每个半电池反应的 E 与 $\lg|i|$ 图中的相应斜率来确

定。对于该测试，电位需要大于每个半电池平衡电位 150mV。另外，可以通过假设对称因子为 0.5 来估计β_a和β_c。换句话说，电荷转移系数α_a和α_c均等于 0.5。当对称因子为 0.5 时，Tafel 斜率$\beta_a=0.118\text{V}$且$\beta_c=-0.118\text{V}$。

对测量所得反应电流密度和自然反应电流密度的方程进行重新整理得：

$$i_{测量}=2.303 i_{反应}\frac{(E-E_{mix})(|\beta_c|+\beta_a)}{|\beta_c|\beta_a} \tag{4.46}$$

因此，可从$i_{测量}$与电位的关系图中得到斜率为：

$$斜率(i_{测量}与E(近似E_{mix}))=\frac{\Delta i_{测量}}{\Delta E(近似E_{mix})}=-2.303 i_{反应}\frac{|\beta_c|+\beta_a}{|\beta_c|\beta_a} \tag{4.47}$$

极化一词表示电极是“极化的”，或者由于其电位在平衡电位之上或之下的变化而变得更极性。

因此，可以由斜率计算出在极化（电位变化）测试期间相对恒定的$i_{反应}$。

$$i_{反应}=\frac{|\Delta i_{测量}|\cdot|\beta_c|\beta_a}{2.303|\Delta E_{近似E_{mix}}|(|\beta_c|+\beta_a)} \tag{4.48}$$

这是假设测试是在自然反应电位附近（10mV 内）进行的。对于接近传质限制的应用，将在后面讨论，相关方程为

$$i_{反应}=\frac{\Delta i_{测量}+i_{Lcath}}{1+\dfrac{2.303\Delta E_{近似E_{mix}}}{\beta_a}} \tag{4.49}$$

当反应速率随流体流速的改变而改变时，存在部分或全部的传质限制。有关传质评估的其他详细信息将在后续章节中讨论。

例 4.4 图 4.15 所示为盐溶液中金属的测量电流密度与电位的样图。假设 Tafel 斜率$\beta_a=0.12\text{V}$和$\beta_c=-0.12\text{V}$，且反应不受传质控制。

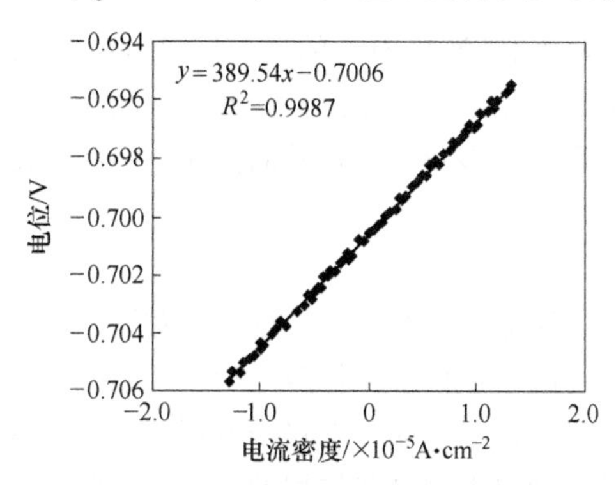

图 4.15 盐溶液中金属样的电位与电流密度

（所报道的电位为相对于银/氯化银（饱和 KCl）参比电极的）

电流变化为 $1\times10^{-5}\mathrm{A/cm^2}-(-1\times10^{-5}\mathrm{A/cm^2})=2\times10^{-5}\mathrm{A/cm^2}$，相应的电位变化为 $-0.6969-(-0.7047)=0.0078\mathrm{V}$（图中给出了 $389\mathrm{V\cdot cm^2/A}$ 的极化电阻斜率）。因此，将该信息代入自然反应电流密度或混合电位下的反应速率方程中，得：

$$i_{反应}=\frac{|2\times10^{-5}\mathrm{A/cm^2}|\times|-0.12\mathrm{V}|0.12\mathrm{V}}{2.303\times|0.0078\mathrm{V}|\times(|-0.12\mathrm{V}|+0.12\mathrm{V})}=6.68\times10^{-5}\mathrm{A/cm^2}$$

法拉第定律指出，电沉积物的质量与施加于该反应的电流成正比。

电化学反应速率与质量有关。法拉第定律指出，电流与反应物的质量成正比，即

$$质量=\frac{ItA_w}{nF} \tag{4.50}$$

式中，A_w是经过还原的反应物质的原子量；时间用 t 表示；电流用 I 表示；每摩尔反应转移的电子数是 n；F 为法拉第常数。法拉第定律仅适用于理想条件下。通常，不止一个物种在表面发生反应。如果表面使用电流是由于两个物种的减少而引起的，则只有在知道每个物种使用的电流时才能应用法拉第定律。因此，在复杂系统中必须谨慎使用法拉第定律。

例 4.5　假设所有外加电流都用于铜的还原（$Cu^{2+}+2e=Cu$），使用 1.000A 的电流计算沉积的铜的质量。

$$质量=\frac{ItA_w}{nF}=\frac{1.000\mathrm{A}\left(\frac{\frac{\mathrm{C}}{\mathrm{s}}}{1\mathrm{A}}\right)(1\mathrm{h})\frac{3600\mathrm{s}}{1.000\mathrm{h}}\left(63.55\frac{\mathrm{g\ Cu}}{\mathrm{mol\ Cu}}\right)}{2\frac{e\ \mathrm{mol}}{\mathrm{mol\ Cu}}\left(96485\frac{\mathrm{C}}{e\ \mathrm{mol}}\right)}=1.243\mathrm{g}$$

4.4　传质

许多湿法冶金工艺涉及固-液界面处的反应。这种反应的总速率因反应物和产物的传递而变得复杂。与化学反应相比，传递的限制对总速率的限制更大。虽然，一些重要的湿法冶金应用涉及中性物质的传质，但离子传质更为常见。

4.4.1　离子传质

离子在水介质中的传质通常涉及三个过程，即对流、扩散和迁移。对流仅仅是离子通过流体流动进行的大量传质。扩散是物质在浓度梯度作用下的传质。迁移是根据电势梯度的传质。迁移完成了电路中电荷的流动。这些过程也与反应有关。在质量平衡时，必须加以考虑这些过程的速率。因此，在一小部分流体中物种“i”的一般离子传质平衡为：

$$\frac{\partial c_i}{\partial t} = \boldsymbol{U}\nabla c_i + z_i F \nabla(u_i c_i \nabla E) + \nabla(D\nabla c_i) + R_i \tag{4.51}$$

式中，$\boldsymbol{U}$ 为速度矢量；u_i 为离子迁移率；R_i 为反应速率。梯度运算符号 ∇ 为相对于坐标系的偏导数。其他符号与前面的定义相同。右边第一项为对流，第二项为迁移，第三项为扩散，末项为反应速率。左边为浓度变化率。

对流、扩散和迁移过程如图 4.16 所示。图 4.16 为一种由氢溴酸生成氢和溴的电化学电池。它表明了离子传输机制的定量维度。在氢溴酸的情况下，氢离子比溴离子的移动性高四倍。因此，氢离子比溴离子携带更多的净电荷。溴离子和氢离子的迁移是完成电路中电荷流动的必要条件。迁移是基于离子的有效性和迁移率，如质量平衡方程所示。特定离子携带的迁移电流通量与相对于系统的浓度和迁移率成比例，并通过转移数计算：

$$t_j = \frac{z_j F(-u_j c_j \nabla E)}{-[F\sum_j z_j u_j c_j]\nabla E} = \frac{z_j u_j c_j}{\sum_j z_j u_j c_j} \tag{4.52}$$

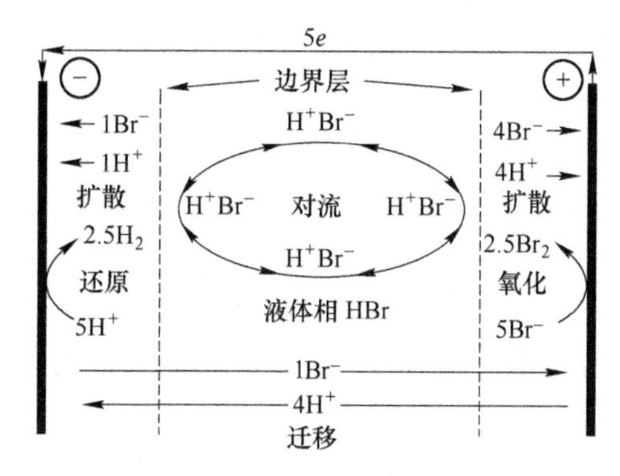

图 4.16　电化学电池的离子运输图（以氢溴酸为介质）

（在纯 HBr 中，H^+ 离子的移动能力是 Br^- 离子的四倍左右，因此 H^+ 离子的迁移率是 Br^- 离子的四倍左右）

例 4.6　假设离子完全解离且没有溶解络合，计算含 0.1M Na_2SO_4 溶液中钠离子的迁移数。假定钠离子和硫酸根离子的迁移率分别为 $0.519\times10^{-3}\text{cm}^2/(\text{V}\cdot\text{s})$ 和 $0.827\times10^{-3}\text{cm}^2/(\text{V}\cdot\text{s})$。

$$t_{Na^+} = \frac{1\times\frac{0.519\times10^{-3}\text{cm}^2/(\text{V}\cdot\text{s})}{RT}\times0.2M}{1\times\frac{0.519\times10^{-3}\text{cm}^2/(\text{V}\cdot\text{s})}{RT}\times0.2M - 2\times\frac{-0.827\times10^{-3}\text{cm}^2/(\text{V}\cdot\text{s})}{RT}\times0.1M}$$

$$= 0.399$$

迁移数是特定离子携带的迁移电流的百分数。

扩散可以提供迁移未运输的离子。扩散还可以去除未被反应的用于迁移的离子。在氢溴酸的条件下，扩散效应产生五分之一的氢离子和五分之四的溴离子。

离子通过对流在介质中传输。对流可以通过热梯度自然发生，或者通过搅拌强制发生。需要对流将离子运输到表面附近，离子通过扩散到表面。

大多数允许简化一般的质量平衡表达式。在没有电场的情况下，可以去除迁移项。当背景电解质浓度比活性物质浓度高时，也可以忽略迁移。界面反应通常包括对流在质量传递边界层中的影响，并去除了对流项。反应项通常等于浓度随时间的变化。如果这些假设和简化是适当的，则可以将方程简化为

$$\frac{\partial c_i}{\partial t} = \nabla(D\nabla c_i) \tag{4.53}$$

这个方程也被称为菲克第二定律。其他的简化得到方程的其他形式。

4.4.2 快速移动的薄反应区的扩散

如果反应发生迅速，反应区的厚度会变得非常小，反应界面会快速移动。在这种情况下，反应位置以与扩散速率相近的速率移动。这种应用的适当表达式为菲克第二定律，对于恒定的有效扩散性，可以写成[4]：

$$\frac{\partial C_i}{\partial t} = D_{有效} \nabla^2 C_i \tag{4.54}$$

其中，∇^2 取决于坐标系的选择问题。对于球面坐标而言不依靠角度[5]：

$$\nabla^2 = \frac{1}{r^2}\frac{\delta}{\delta r}\left(r^2\frac{\delta}{\delta r}\right) \tag{4.55}$$

将方程（4.54）和方程（4.55）应用于孔隙率 ε 的多孔颗粒的快速反应中，得：

$$\varepsilon\frac{\partial C_i}{\partial t} = \frac{D\varepsilon}{\tau}\left(\frac{\partial^2 C_i}{\partial r^2} + \frac{2}{r}\frac{\partial C_i}{\partial r}\right) \tag{4.56}$$

球形颗粒的反应可用扩散区和反应区表示，如图4.17和图4.18所示。同样的方法也可用于离子交换，将反应部分作为负载部分处理。在涉及纯金属或固体晶体的反应中，整个颗粒被消耗。因此，只有溶液边界层和反应区的扩散才需要考虑传质。传质与反应区中发生的反应相结合。

在低品位矿石颗粒的浸出过程中，大部分颗粒是不反应的。对于这样的颗粒，空隙扩散比边界层扩散更为重要。因此，边界层扩散在矿石颗粒浸出过程中常常被忽略。

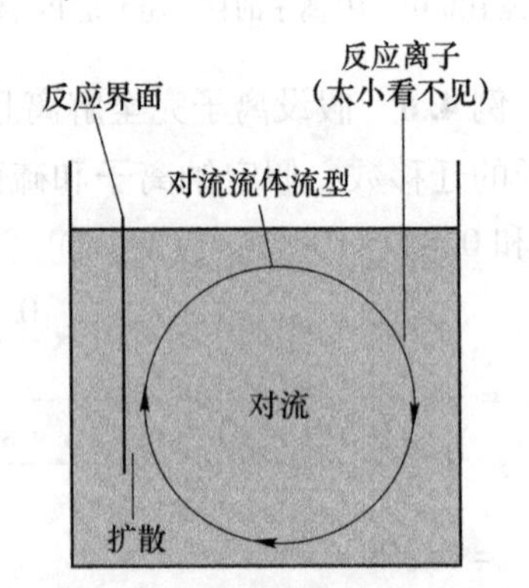

图4.17 含有溶液的烧杯中水合离子与所示金属界面的反应示意图

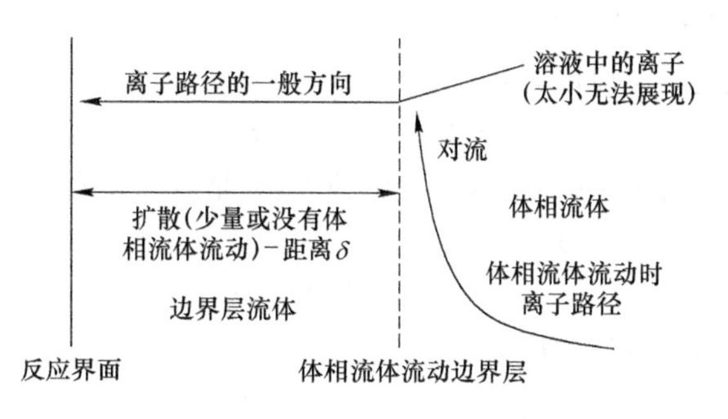

图 4.18 反应界面附近的流体流动和离子运输示意图

4.4.3 缓慢移动或固定反应区的扩散

界面反应需要以扩散的形式进行传质。如果不涉及迁移并且几乎是稳定且缓慢移动的，则通量由菲克第一定律近似为：

$$J = \frac{\mathrm{d}n}{\mathrm{d}t}\frac{1}{A} = -D\frac{\mathrm{d}c}{\mathrm{d}x} \tag{4.57}$$

式中，J 为单位面积内的通量或传质速率；A 为面积；n 为转移的摩尔数；t 为时间；D 为扩散系数；c 为扩散物质的浓度；x 为扩散层的厚度。x 可以是半径或其他空间坐标，这取决于坐标系。负号表示对于方向矢量来说向粒子中心的运输方向。这种形式的菲克定律通常适用于这样的反应，反应前段可被视为相对于扩散的静止段的反应。这种方法常用于矿物浸出和金属腐蚀，将这种方法应用于颗粒的浸出需要离散颗粒尺寸。相同的方法可以应用于多孔层的腐蚀，也可以用于涉及缓慢移动的反应界面的其他含水反应。

菲克第一定律通过区域 A 表面的简单扩散反应的传质，得：

$$\frac{\mathrm{d}n}{\mathrm{d}t} = -DA\frac{c_{体积} - c_{表面}}{\delta} \tag{4.58}$$

传质边界层厚度取决于流速、溶液属性和几何形状。

扩散层的厚度或边界层厚度 δ 取决于条件。涉及完全溶解的反应需要通过溶液边界层扩散。该边界层是不易移动的介质层，因为溶剂分子与表面结合，表面附近的溶剂分子层倾向于与表面和近表面分子结合。随着与表面的距离增加，溶剂分子的流动性增强。由于自然对流或强制对流，大部分溶液通常在运动。因此，大量流体的运动将离子输送到系统的其他部分，但不能输送到溶剂不移动的区域。因此，边界层或扩散层表示到表面的距离，在该距离处，较少不流动和较多流动的溶剂分子之间发生有效过渡。图 4.17 和图 4.18 显示了反应界面、对流、扩散和扩散层之间的关系。

传质边界层的厚度“δ”取决于几何形状和不同的流动形式，如方程

(4.58)~方程 (4.61)[6~8]所示。

平板上层流边界层厚度为：

$$\delta = 3l^{1/2}U_{\infty}^{-1/2}\nu^{1/6}D^{1/3} \tag{4.59}$$

式中，l 是到前缘的距离；U_{∞} 是体积溶解速率；ν 是运动黏度；D 是介质扩散系数。

平板上湍流边界层厚度为：

$$\delta = l^{0.1}U_{\infty}^{-0.9}\nu^{17/30}D^{1/3} \tag{4.60}$$

旋转盘上层流边界层厚度为：

$$\delta = 1.61\omega^{-1/2}\nu^{1/6}D^{1/3} \tag{4.61}$$

式中，ω 是角速度。

例 4.7 流体的运动黏度为 $0.01\mathrm{cm^2/s}$，并且流体的扩散系数为 $1\times10^{-5}\mathrm{cm^2/s}$，计算以 300r/min 转速旋转的圆盘边界层厚度。

$$\delta = 1.61\omega^{-1/2}\nu^{1/6}D^{1/3}$$

$$\delta = 1.61\left(\frac{300Rev}{\min}\frac{6.28}{Rev}\frac{1\min}{60\mathrm{s}}\right)^{-1/2}\cdot(0.01\mathrm{cm^2/s})^{1/6}\cdot(1\times10^{-5}\mathrm{cm^2/s})^{1/3}$$

$$= 2.87\times10^{-3}\mathrm{cm}$$

球形颗粒周围层流产生的边界层厚度（基于 Frossling 相互关系[1]）

$$\delta = d_{\mathrm{p}}\frac{1}{2+0.6\nu^{-1/6}d_{\mathrm{p}}^{1/2}U_{\infty}^{1/2}D^{-1/3}} \tag{4.62}$$

式中，d_{p}为颗粒的直径。

计算雷诺数可以用来确定流动是否为层流。

在使用这些方程前，必须确定层流和湍流的条件。首先计算雷诺数 Re 来进行判断：

$$Re = \frac{\rho UL}{\mu} = \frac{UL}{\nu} \tag{4.63}$$

式中，U 是特征速度，通常是体相速度；L 是特征长度，通常是管或颗粒的直径或板的长度；ν 是运动黏度。雷诺数用于确定合适的模型，是惯性力与黏性力的比值。高雷诺数表示湍流，低雷诺数表示层流。在 $Re\approx2300$ 时，管内层流与湍流发生过渡。对于颗粒周围的流动，过渡开始于雷诺数接近 1 的地方。

与大颗粒扩散相比，外扩散是微不足道的。内扩散通过反应部分以及微孔孔隙发生。内扩散还包括曲折因子、收缩因子和孔隙度等影响。这些影响通常与扩散系数相结合，而有效的扩散系数 $D_{有效}$[8]为：

$$D_{有效} = \frac{D\sigma\varepsilon}{\tau} \tag{4.64}$$

式中，σ 是收缩因子（孔的收缩横截面积/孔的正常横截面积）；ε 是颗粒内扩散孔隙度；τ 是曲折因子（微粒从点 A 到点 B 的实际孔长度除以微粒从点 A 到点 B

的最短距离)。

简化的传质方程常与传质系数一起使用。

扩散有时用传质系数来表示。在某些文本中，菲克第一定律以整理后的形式表达：

$$\frac{\mathrm{d}n}{\mathrm{d}t} = k_1 A(C_{\mathrm{b}} - C_{\mathrm{s}}) \tag{4.65}$$

式中，k_1 是传质系数，$k_1 = D/d$。因此，传质系数用于许多应用中。使用传质系数需要遵守菲克第一定律。扩散系数和边界层厚度值可以由传质系数得到。

不同物种在水中的扩散系数取决于环境。在纯水中，氧的扩散系数为 $2.25\times10^{-9}\mathrm{m}^2/\mathrm{s}$[9]。然而，在更典型的溶液中，氧的扩散系数为 $0.5\times10^{-9}\mathrm{m}^2/\mathrm{s}$[1]。溶解氯气的扩散系数（在溶解盐为 0.12$m$ 的溶液中）为 $1.26\times10^{-9}\mathrm{m}^2/\mathrm{s}$。氯化钠（0.05$m$）中氯离子在室温下的扩散系数为 $1.26\times10^{-9}\mathrm{m}^2/\mathrm{s}$[10]。扩散系数数据在许多文本中都很常见。斯托克斯–爱因斯坦方程可以用来估计扩散系数[4]。

$$D_i = \frac{kT}{4\mu\pi r_i} \tag{4.66}$$

式中，μ 是溶液黏度（注意黏度也是有关温度的函数）；T 是温度；k 是玻耳兹曼常数；r_i 是扩散物种“i”的半径。当使用斯托克斯-爱因斯坦方程时，需要注意一些问题。离子半径，尤其是多价离子的半径随温度的变化而变化。半径的变化通常与水合数有关。斯托克斯-爱因斯坦方程往往不够准确。然而，它有效地用于预测由于黏度和半径变化引起的扩散系数的变化。

另一种确定扩散系数的方法涉及分子运动理论。扩散是一种类似于化学反应的分子运动过程，两者都涉及内能和进入下一步或下一个位置的概率。在反应的情况下，下一步通常是与其他微粒或原子相互作用。在扩散的情况下，下一步是位移。用分子运动理论来表示扩散，其简化表达式为：

$$D = D^{\ominus} \exp \frac{-E_{\mathrm{D}}}{RT} \tag{4.67}$$

式中，D 是扩散系数；$D^{\ominus}$ 是标准扩散系数；E_{D} 是扩散活化能；R 是气体常数；T 是温度。

4.4.4 识别传质控制

传质控制的反应速率通常可以通过增加流体流速来提高，并且速率遵循所建立的传质方程。然而，内扩散控制的反应速率对增加的流体流速并不响应。

传质控制可以通过适当的测试和分析来识别。如果流体速度增加，反应速率随之增加，则传质参与动力学控制。如果流体速度增加而反应速率没有变化，则反应不受向外表面的传质控制。如果增加的流体流速不影响速率，则反应仍可由内扩散控制。内扩散将在后面讨论。如果流体流速的增加导致速率与传质控制方程成比例增加，说明速率是传质控制。利用菲克第一定律，传质控制的反应速率与边界层厚度成反比。因此，如果边界层厚度减少50%，则速率加倍。在旋转圆盘实验中，边界层厚度与转速的平方根成反比。因此，对于旋转圆盘实验，如果它是传质控制且转速增加四倍，则速率应该增加一倍。图4.19中的数据为旋转圆盘实验中转速的平方根与反应速率的关系。该图表明反应是由传质控制的，因为速率与转速的平方根成正比。非线性关系表明是由传质和反应控制。水平线表示是由反应或内扩散控制。同样，边界层厚度方程可用于将观察到的速率变化与传质控制的预期速率进行比较。如果速率变化与预期不同，则速率也许由反应和传质动力学共同控制。通常，速率由传质和反应动力学控制。在这种情况下，必须使用组合模型。

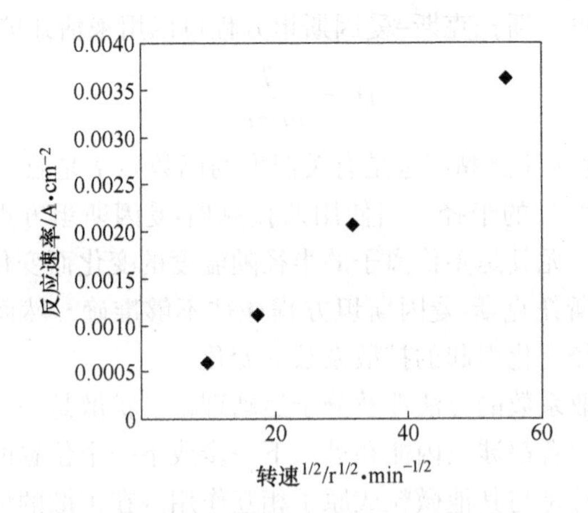

图4.19　速率与转速平方根的关系
（数据来源于硫酸铁水溶液中铜的溶解）

4.5　传质和反应动力学的组合

区域A表面的简单一级反应表达式为：

$$\frac{dn}{dt}=-AkC_s \tag{4.68}$$

将一级反应方程等价于菲克第一定律的扩散方程，得：

$$-DA\frac{C_b-C_s}{\delta}=-AkC_s \tag{4.69}$$

求解C_s得：

$$C_s = C_b \frac{1}{k\left(\frac{1}{k} + \frac{\delta}{D}\right)} \tag{4.70}$$

把这个结果代入到反应速率方程中，得

$$\frac{dn}{dt} = V\frac{dC_b}{dt} = \frac{-AC_b}{\frac{1}{k} + \frac{\delta}{D}} \tag{4.71}$$

注意：该方程表明当速率常数较小时，逆速率变大并且总速率低。反之，如果扩散系数小，则扩散占主导地位。扩散系数和速率常数都必须很大才能具有较大的总速率。重新整理该方程，然后对单位体积具有恒定面积的大量体系进行积分，得到：

$$\int_{C_0}^{C} \frac{dC_b}{C_b} = \ln\frac{C_0}{C_b} = \int_0^t \frac{-A}{V\left(\frac{1}{k} + \frac{\delta}{D}\right)} dt = \frac{-At}{V\left(\frac{1}{k} + \frac{\delta}{D}\right)} \tag{4.72}$$

该方程可用于大量体系中浓度随时间变化的预测，且方程中的常数可以根据浓度随时间的变化来计算。

许多应用的反应系统涉及反应和传质控制。

4.5.1 质量平衡在不同反应器类型中的应用

一些冶金过程表现得像活塞流反应器。

用于一般化学反应的一种重要反应器类型是活塞流反应器。堆浸粗略近似为一个非常大的活塞流反应器。虽然堆浸具有复杂的因素，限制了其作为活塞流反应器建模的能力，但一些概念是适用的。活塞流反应器假设反应发生在管中。反应物进入管中，在管内发生反应，然后部分或全部转化为产物。由活塞流反应器的质量平衡得到方程式[8]：

$$\frac{dCq}{dV} = R \tag{4.73}$$

式中，q 是体积流量。如果反应速率 R 是一级的，则可以将方程整理为：

$$\frac{dCq}{dV} = -kC \tag{4.74}$$

进一步整理得：

$$kdV = -q\frac{dC}{C} \tag{4.75}$$

方程两边积分得：

$$V = \frac{q}{k}\ln\frac{C_{初始}}{C_{最终}} \tag{4.76}$$

如果方程两边除以单位面积，如 $1m^2$，则方程可以化简为：

$$l = \frac{q_{每平方米}}{k} \ln \frac{C_{初始}}{C_{最终}} \tag{4.77}$$

该方程可用来评估给定浓度变化时反应器的长度或柱的高度。

例 4.8 对于具有均匀颗粒的纯金属氧化物与惰性岩石混合的假设浸出柱，假设体积流速为 $0.00286L/(m^2 \cdot min)$，反应常数为 $9\times10^{-9}s^{-1}$，估算浸出所需反应物浓度降低80%时所需的初始柱高（假设这种近似可以忽略由于浸出引起的尺寸减小）：

$$l = \frac{q_{每平方米}}{k} \ln \frac{C_{初始}}{C_{最终}} = \frac{\dfrac{0.00286d\ m^3}{m^2 min} \dfrac{1m^3}{1000d\ m^3}}{\dfrac{60s}{1min} \dfrac{9 \times 10^{-9}}{s}} \ln \frac{C_{初始}}{0.2C_{最终}} = 8.52m$$

因此，假设堆浸柱的高度为 8.52m。

另一种类型的反应器是连续搅拌釜式反应器（CSTR）。这种类型的反应器在湿法冶金中有许多应用，包括浸出。由这种类型反应器稳态运行的摩尔平衡得

$$V = \frac{q(C_{输入} - C_{输出})}{R} \tag{4.78}$$

一些冶金过程表现得像 CSTR 反应器。

注意：在搅拌均匀的 CSTR 中的浓度是 $C_{外}$。浓度可以指产品或反应物。例如，金的浸出速率通常取决于含氧氧化剂的浓度。搅拌槽中氧浓度通常保持在一个恒定水平。因此，对于给定的粒度和氧浓度，金的浸出速率可能是恒定的。

例 4.9 举个简单的例子。计算处理 $100m^3/min$ 质量分数为 35% 固体（固体密度为 $2.65g/cm^3$）的浸出浆所需要的 CSTR 体积和停留时间，输入的贵金属浓度为 $1\times10^{-6}m$，当溶解氧浓度为 $0.0002m$ 且有效贵金属浸出反应速率常数为 $8.75\times10^{-8}s^{-1}$（摩尔）时，输出浓度为 $1\times10^{-5}m$，观察到的金属浸出速率为氧气的一级反应速率。该反应实际上是传质控制，但可以使用简单的一级化学反应速率方程来模拟，其中，k 实际上是 D/δ（假设 CSTR 充分搅拌，颗粒尺寸和浸出特性一致，消耗 1mol 氧气可产生 4mol 金属。注意：这是许多浸出方案的过度简化情形）。

利用该方程可以计算出液体体积分数：

$$V_{分数(液体)} = \frac{1}{1 + \dfrac{\rho_1 W_{分数(固体)}}{\rho_s (1 - W_{分数(固体)})}} = \frac{1}{1 + \dfrac{1 \times 0.35}{2.65 \times (1 - 0.35)}} = 0.83$$

溶液的体积流量为：

$$q = q_{矿浆} \times 液体体积分数 = 100m^3/min \times 0.83 = 83m^3/min$$

CSTR 的体积方程为：

$$V_{液体}=\frac{q(C_{输入}-C_{输出})}{r}=\frac{q(C_{输入}-C_{输出})}{-kC_{O_2}}$$

$$V_{液体}=\frac{83\frac{m^3}{min}\frac{1min}{60s}[1\times10^{-6}m-1\times10^{-5}m(Me)]}{-\frac{4m(Me)}{1m(O_2)}\frac{8.75\times10^{-8}}{s}0.0002m(O_2)}=1.78\times10^5m^3$$

反应器还需要通过乘以 100/83 得到固体体积 $2.14\times10^5m^3$。

停留时间的计算：

$$t_{停留}=\frac{V}{q}=\frac{2.14\times10^{-5}m^3}{100m^3/min}=2140min$$

后面将对混合传质和动力学进行更深入的分析。

4.6　颗粒反应模型

4.6.1　颗粒或表面混合控制动力学模型

总反应速率通常由一个或多个独立的速率过程控制。它们可以通过如沉淀等反应控制，也可以通过反应产物层的生长控制。一些产物层是致密的并且在它们形成时会导致反应速率快速降低。这种限制性的产物层被称为钝化膜，钝化膜的形成过程称为钝化。钝化使动力学数据的分析更具挑战性。

之前的模型是为传质或反应控制动力学建立的，而受多种模式控制的动力学需要一种组合方法。速率平衡通常是解决此类问题的最佳方法。图 4.20 展示了一个速率平衡，数学上如方程（4.79）所示。反应体系的累积速率为“输入-输出”相加得到的反应速率，且假设不发生沉淀或钝化。

图 4.20　反应系统原理图

$$R_{累积i}=\sum R_{输入i}-\sum R_{输出i}+\sum R_{反应i}\tag{4.79}$$

这种方法通常可以应用于任何系统，适用于多种反应和多种输入及输出。对于多反应体系，第一个反应器的输出成为下一反应器的输入。多物种体系中每个物种都需要速率平衡方程。

4.6.2　缩核颗粒动力学模型（内扩散控制和反应控制）

缩核模型是最有用的湿法冶金反应模型之一。

图 4.21 展示了典型的矿物氧化或浸取反应过程。内扩散比外扩散慢得多。

因此，矿石提取通常忽略外扩散。因此，菲克第一定律用来表示扩散速率，还考虑了典型的反应速率动力学。氧气是一种常见的反应物。因此，将它作为推导的示例。氧的一个常见反应为 $2FeS_2+7O_2+2H_2O = 2Fe^{2+}+4SO_4^{2-}+4H^+$。从矿石中提取金属通常是一个非常缓慢的过程。因此，这类体系通常被假定为稳态。稳态情况下可以简化速率平衡方程，且没有累计速率（$R_{累积}=0$）。因此，产生该反应所需的氧气的速率平衡为：

$$R_{O_2反应} = R_{O_2扩散} \tag{4.80}$$

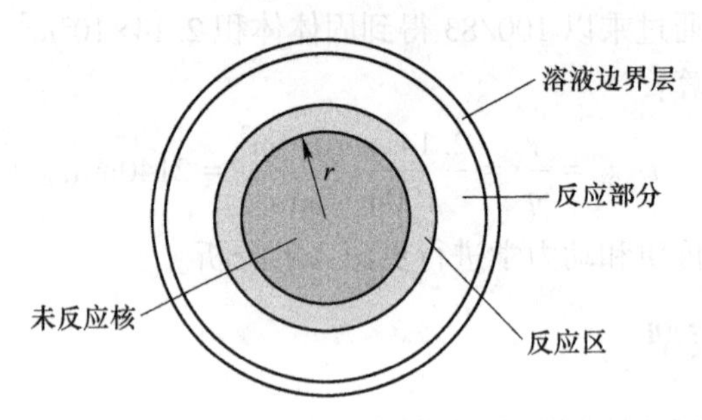

图 4.21　球形颗粒在反应过程中的区域示意图

假设反应没有产生氧气，且反应进行相对缓慢，反应区可忽略不计，则可以应用菲克第一定律，即方程（4.57），得：

$$R_{扩散} = \frac{1}{A_{扩散}} \frac{dn_{O_2}}{dt} = -D \frac{C_{最终} - C_{初始}}{\tau(x_{最终} - x_{初始})} \tag{4.81}$$

重新整理，得：

$$\frac{dn_{O_2}}{dt} = -\frac{A_{扩散} D(C_{O_2体积} - C_{O_2表面})}{\tau(r_0 - r)} \tag{4.82}$$

一级表面反应对应的速率方程为：

$$R_{O_2反应} = \frac{1}{A_{扩散}} \frac{dn_{O_2}}{dt} = -k_f C_{O_2表面}\left(1 - \exp\frac{\Delta G}{RT}\right) \tag{4.83}$$

重新整理，得：

$$\frac{dn_{O_2}}{dt} = -A_{反应} k_f C_{O_2表面}\left(1 - \exp\frac{\Delta G}{RT}\right) \tag{4.84}$$

通过方程（4.82）和方程（4.84）求表面氧浓度 $C_{O_2表面}$，得：

$$C_{O_2表面} = \frac{A_{扩散} D C_{O_2体积}}{\tau(r_0 - r) k_f A_{反应}\left(1 - \exp\frac{\Delta G}{RT}\right) + A_{扩散} D} \tag{4.85}$$

将方程（4.84）代入到方程（4.82）中，得：

$$\frac{\mathrm{d}n_{O_2}}{\mathrm{d}t}=-\frac{A_{扩散}DC_{O_2体积}}{\tau(r_0-r)}\left(1-\frac{A_{扩散}D}{\tau(r_0-r)k_fA_{反应}\left(1-\exp\frac{\Delta G}{RT}\right)+A_{扩散}D}\right) \tag{4.86}$$

重新整理，得

$$\frac{\mathrm{d}n_{O_2}}{\mathrm{d}t}=-\frac{A_{扩散}DC_{O_2体积}}{\tau(r_0-r)}\cdot\frac{1}{1+\dfrac{\dfrac{A_{扩散}D}{\tau(r_0-r)}}{k_fA_{反应}\left(1-\exp\dfrac{\Delta G}{RT}\right)}} \tag{4.87}$$

注意扩散过程的驱动力（$C_{O_2体积}-C_{O_2表面}$）被替换为：

$$C_{O_2体积}\frac{1}{\dfrac{A_{反应}}{A_{扩散}}+\dfrac{A_{扩散}}{A_{反应}}} \tag{4.88}$$

反应物摩尔数的变化可以通过积分来计算。然而，通常用反应微粒分数来表示反应速率更为方便。反应摩尔数并不实用，可以通过式（4.89）转化为反应部分的摩尔数。

$$n_{微粒}=\frac{\rho M_f4\pi r^3}{3M_w} \tag{4.89}$$

式中，M_f是微粒反应物的质量分数；M_w是微粒反应部分的分子量；ρ 是微粒反应部分的密度。已反应的微粒部分可表示为：

$$\alpha=\frac{\dfrac{4}{3}\pi r_0^3-\dfrac{4}{3}\pi r^3}{\dfrac{4}{3}\pi r_0^3}=1-\frac{r^3}{r_0^3}，即\ r=r_0(1-\alpha)^{1/3} \tag{4.90}$$

将方程（4.90）代入到方程（4.89）中，得：

$$n_{微粒}=\frac{\rho M_f4\pi r_0^3(1-\alpha)}{3M_w} \tag{4.91}$$

将该方程微分后，得：

$$\frac{\mathrm{d}n_{微粒}}{\mathrm{d}t}=-\frac{\rho M_f4\pi r_0^3}{3M_w}\frac{\mathrm{d}\alpha}{\mathrm{d}t} \tag{4.92}$$

反应化学计量数是用于连接反应物和微粒的摩尔数变化。化学计量因子 S_f是消耗每摩尔微粒，反应物的摩尔数。将化学计量因子代入到方程（4.92）中，得：

$$\frac{\mathrm{d}n_{O_2}}{\mathrm{d}t}=-\frac{\rho M_f S_f4\pi r_0^3}{3M_w}\frac{\mathrm{d}\alpha}{\mathrm{d}t} \tag{4.93}$$

方程（4.93）可以直接等于方程（4.87），由此生成的方程可以解出反应分数 α 。在求解之前，需要对变量（如面积）进行适当的替换。

收缩核的面积项如下所示：

$$A_{反应} = \frac{A_f 4\pi r^2}{\Psi} = \frac{A_f 4\pi r_0^2 (1-\alpha)^{2/3}}{\Psi} \tag{4.94}$$

$$A_{内扩散} = \frac{\varepsilon\sigma M_f 4\pi r r_0}{\Psi} = \frac{\varepsilon\sigma M_f 4\pi r_0^2 (1-\alpha)^{1/3}}{\Psi} \tag{4.95}$$

$$A_{外扩散} = \frac{M_f 4\pi r_0^2}{\Psi} \quad （不经常使用） \tag{4.96}$$

式中，ε 是颗粒孔隙度；M_f 是相对于惰性物质的反应物质的质量分数（约等于面积分数）；σ 是收缩因子（孔隙收缩的横截面积/平均孔隙横截面积）；Ψ 是球形因子（球面积/等效直径颗粒的实际颗粒表面积）。注意，如果 σ 不比 r_0 小，则对于外扩散区域，$A=4p(r_0+\delta)^2$。将方程（4.87）和方程（4.93）与适当的面积表达式相结合，得：

$$\frac{d\alpha}{dt} = \frac{3M_w}{\rho M_f S_f 4\pi r_0^3} \cdot \frac{A_{扩散} D C_{O_2体积}}{\tau(r_0 - r)} \cdot \frac{1}{1 + \dfrac{\dfrac{A_{扩散} D}{\tau(r_0 - r)}}{k_f A_{反应}\left(1 - \exp\dfrac{\Delta G}{RT}\right)}} \tag{4.97}$$

进一步对零时刻无反应物质的条件进行整理，得：

$$\int_0^t \frac{3M_w}{\rho M_f S_f 4\pi r_0^3} dt = \int_0^\alpha \left[\frac{\tau(r_0 - r)}{A_{扩散} D C_{O_2体积}} + \frac{1}{k_f A_{反应} C_{O_2体积}\left(1 - \exp\dfrac{\Delta G}{RT}\right)}\right] d\alpha \tag{4.98}$$

用反应分数来代替面积和半径，方程（4.98）变为：

$$\int_0^t \frac{3M_w C_{O_2体积}}{S_f \rho M_f r_0} dt = \int_0^\alpha \left[\frac{\Psi\tau r_0(1-(1-\alpha)^{1/3})}{\varepsilon\sigma M_f D (1-\alpha)^{1/3}} + \frac{\Psi(1-\alpha)^{-2/3}}{k_f M_f\left(1 - \exp\dfrac{\Delta G}{RT}\right)}\right] d\alpha \tag{4.99}$$

$(a+bx)^n dx$ 的不定积分等于 $(a+bx)^{n+1}/(n+1)b + C$（对于 $n \neq 1$）。这个不定积分可用来解方程。因此，在反应物浓度不变的条件下应用不定积分，得：

$$\frac{3M_w C_{O_2初始}}{S_f \rho r_0 \Psi} t = \frac{3r_0}{2D_{有效}}\left[1 - \frac{2}{3}\alpha - (1-\alpha)^{2/3}\right] + \frac{3}{k_f\left(1 - \exp\dfrac{\Delta G}{RT}\right)}\left[1 - (1-\alpha)^{1/3}\right] \tag{4.100}$$

这是收缩核混合动力学（扩散和反应控制）浸出模型（$D_{有效} = D\varepsilon\sigma/\tau$）的一种最终形式。它与 Wadsworth[6] 给出的几乎相同，只是命名上有一些细微的变化。方程（4.100）表明扩散控制体系的反应与 r_0^2 有关，反应控制体系与 r_0 有关。

注意：这里有三个术语。左边项是常数乘以时间，中间项（扩散项）是扩散常数乘以反应分数的函数，右边项（反应项）是反应常数乘以反应分数的函数。如果是扩散控制，则去掉右边项；反之，如果是反应控制，则去掉中间项。数据分析同样可以揭示是扩散还是反应在控制速率。如果浸取时间与［$1-2/3\alpha-(1-\alpha)^{2/3}$］成比例，则反应控制速率。

例 4.10 低品位矿石浸出试验结果如下：

已反应部分的质量分数	时间/min
0.14	15
0.39	45
0.60	75

在边界层扩散不受速率限制的情况下，确定过程是扩散控制还是反应控制。

如果该过程是扩散控制，则［$1-2/3\alpha-(1-\alpha)^{2/3}$］与时间呈线性关系。如图 4.22 所示，［$1-2/3\alpha-(1-\alpha)^{2/3}$］与时间在本例中的数据不呈线性关系。因此，反应不可能是扩散控制的。

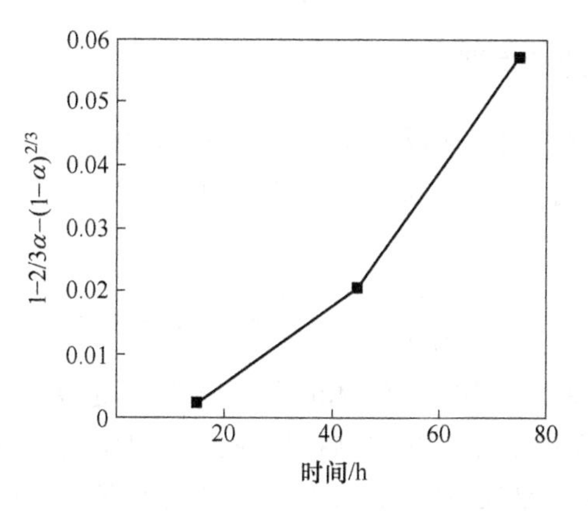

图 4.22 例 4.10 中［$1-2/3\alpha-(1-\alpha)^{2/3}$］与时间的关系

如果该过程是反应控制，则时间与［$1-(1-\alpha)^{1/3}$］呈线性关系。图 4.23 所示的结果表明，时间与［$1-(1-\alpha)^{1/3}$］呈线性关系。因此，反应速率可能受到反应控制。

对于许多反应，初始阶段是反应控制的。在近表面物质被浸出后，再由扩散控制。方程（4.100）给出了反应分数和其他常数之间的关系。如果表面反应速率常数大，则扩散占主导地位。如果扩散系数大，则表面反应占主导地位。

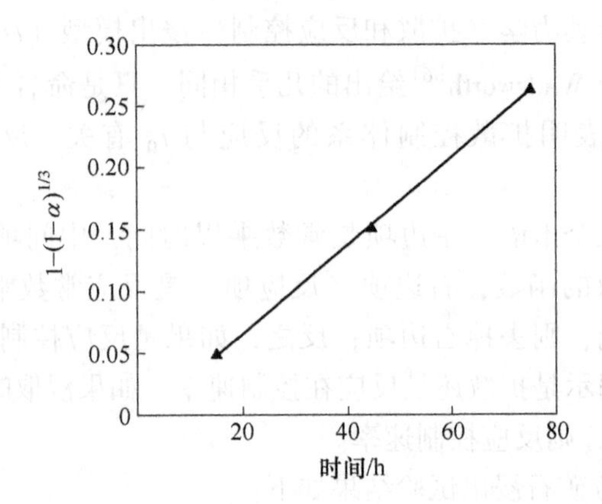

图4.23 例4.10中 $[1-(1-\alpha)^{1/3}]$ 与时间的关系

用于解决缩核问题的方法可以应用于其他相关问题。应用这类方程的关键是确保正确的假设。缩核模型通常应用于低品位矿石的矿物氧化，且氧化速率相对较慢。这种假设通常适用于商业矿石浸出作业。

可以采用另一种方法来确定反应是否遵循混合动力学。将方程（4.100）中所有项除以 $[1-(1-\alpha)^{1/3}]$ 可得到线性形式。随后，对 $t/[1-(1-\alpha)^{1/3}]$ 与 $[1-2/3\alpha-(1-\alpha)^{2/3}]/[1-(1-\alpha)^{1/3}]$ 的关系图进行分析。如果关系是线性的，则速率可能是由扩散和反应动力学控制。

4.6.3 内扩散控制速率模型

内扩散速率控制应用于非反应基体中有价实体的提炼。另外，当从纯颗粒中提炼产品层时和当内扩散距离随反应的增加而增加时，该模型都适用。反应时间的相关方程是[11]

$$t = \frac{S_f M_f \rho r_0^2}{2D_e C}\left[1 - \frac{2}{3}\alpha - (1 - \alpha)^{2/3}\right] \tag{4.101}$$

式中，t 是时间；M_f 是基体中有价实体的质量分数；ρ 是摩尔密度；r_0 是颗粒的外半径；S_f 是化学计量数系数（每摩尔颗粒反应消耗的反应物摩尔数）；D_e 是反应物离子的有效扩散率；C 是反应物离子的摩尔浓度；α 是总反应物质分数。

4.6.4 小颗粒的外（边界层）扩散控制速率模型

外扩散适用于含有纯小颗粒的体系。在充分搅拌的溶液中，颗粒必须小于几微米。另外，该模型也适用于低流速条件下的大颗粒。外扩散速率控制可表示为[11]：

$$t = \frac{S_f \rho r_0^2}{2DC}\left[1 - (1 - \alpha)^{2/3}\right] \tag{4.102}$$

4.6.5 大颗粒的外（边界层）扩散控制速率模型

该模型适用于在充分搅拌的体系中，纯的大颗粒（约大于 0.1mm）的反应。数学上表示为[11]：

$$t = \frac{k' r_0^{3/2}}{C}[1 - (1 - \alpha)^{1/2}] \tag{4.103}$$

式中，k' 是比例常数。

4.6.6 外（边界层）扩散控制速率模型

该模型适用于外扩散控制多相反应。因此，适用于小颗粒矿石的浸出。它也适用于产品层与反应成比例增长时的纯小颗粒浸出。相关方程表示为[11]：

$$t = \frac{S_f M_f \rho r_0}{2k_1 D_e C}\alpha \tag{4.104}$$

式中，k_1 是传质系数。

4.6.7 孔隙性质变化的内扩散

孔隙特性随尺寸的变化是可以适应的。与大颗粒相比，细颗粒每单位体积的孔隙更少。因此，这种现象使用如下方程更有利：

$$t = \frac{r_0^{2-n_{r0}} \rho \psi M_{fY} S_f}{2kDC}\left[1 - \frac{2}{3}\alpha - (1 - \alpha)^{2/3}\right] \tag{4.105}$$

n_{r0} 表示初始粒度和孔隙特性之间的关系。如果孔隙特性与尺寸无关，则该方程简化为传统的内扩散控制速率模型。n_{r0} 值可以从时间斜率、反应分数项与初始粒度的对数关系图中找到。

4.6.8 颗粒表面反应控制速率

该模型适用于反应控制的应用。它适用于有或者无产品层的纯颗粒，也适用于非反应基体中分散的颗粒：

$$t = \frac{S_f M_f \rho r_0}{2k_s C}[1 - (1 - \alpha)^{1/3}] \tag{4.106}$$

式中，k_s 是表面反应速率常数。

4.6.9 多孔球体中溶质的简单扩散

该模型考虑了来自多孔球体中溶质的扩散。应用包括来自“酸处理”团聚体中铜的扩散。该模型基于菲克第二定律，得到的方程为：

$$\alpha = 1 - \frac{6}{\pi}\sum_{n=1}^{\infty}\frac{1}{n^2}\exp\frac{D_{有效}n^2\pi^2 t}{r_0^2} \tag{4.107}$$

4.6.10　矿石浸出应用的组合模型

通常，实际应用需要适当应用多个动力学模型。

在许多浸出情况下，颗粒具有明显的不均匀性。它们由嵌入基体中的一种矿物的部分组成，如图 4.24 所示。

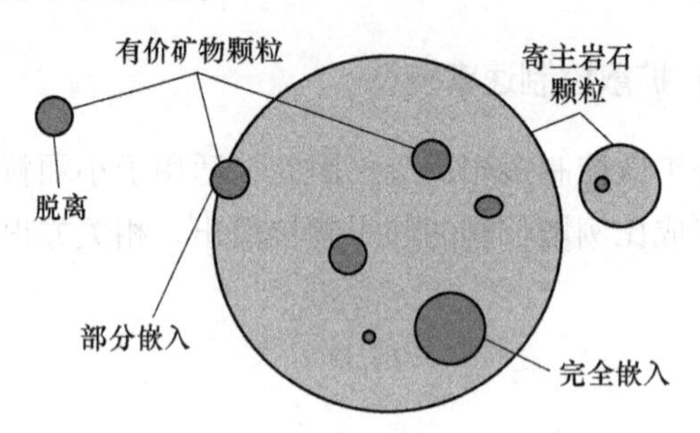

图 4.24　矿石中有价矿物颗粒与寄主岩石颗粒之间的关系

如果颗粒是有价矿物颗粒，它就会解离出来。从颗粒分布中可以估计出有价矿物的概率。找到尺寸为 r_{vmp} 的有价矿物颗粒的概率乘以有价矿物颗粒概率等于或大于寄主岩石颗粒的概率，有助于评估有价矿物的解离。数学上，可用离散形式表示[12]：

$$P_{解离} \approx \sum_{r_{hrp}}\sum_{r_{vmp}} f\left(r_{hrp} \pm \frac{\Delta r}{2}\right)\Delta r_{hrp} f\left(r_{vmp} \pm \frac{\Delta r}{2}\right)\Delta r_{vmp}\cdots,\ r_{vmp} \geqslant r_{hrp} \tag{4.108}$$

下标“hrp”和“vmp”分别代表寄主岩石颗粒和有价矿物颗粒。计算解离的式（4.108）的简化形式为[13]：

$$P_{解离.简化} = \exp\frac{-\sqrt{r_{vmp}^* r_{hrp}^*}}{r_{vmp}^*}\left(1 - \exp\frac{-\sqrt{r_{vmp}^* r_{hrp}^*}}{r_{hrp}^*}\right)\cdots,\ r_{vmp} \geqslant r_{hrp} \tag{4.109}$$

式（4.109）中的星号表示特征粒度。该尺寸通常对应 63.8% 的通过尺寸，或者可以用 d_{80} 近似。因此，从找到有价矿物颗粒的概率中可以得到解离程度。有价矿物颗粒部分或完全嵌在寄主岩石颗粒内的概率由未解离部分（$1-P_{脱离}$）或（$1-P_{脱离.简化}$）确定。部分嵌入的有价矿物颗粒的部分可通过以下公式进行计算。

$$P_{部分嵌入.简化} = (1 - P_{解离.简化})\left[1 - \left(\frac{r_{hro}^* - r_{vmp}^*}{r_{hrp}^*}\right)^3\right]\cdots,\ r_{hrp}^* > r_{vmp}^* \tag{4.110}$$

$$P_{部分嵌入.简化} = (1 - P_{解离.简化})\cdots,\quad r_{hrp}^{*} < r_{vmp}^{*} \tag{4.111}$$

完全嵌入（不暴露）有价矿物颗粒部分可通过式（4.112）[13]估计：

$$P_{完全嵌入.简化} = (1 - P_{解离.简化})\left(\frac{r_{hro}^{*} - r_{vmp}^{*}}{r_{hrp}^{*}}\right)^{3}\cdots,\quad r_{hrp}^{*} > r_{vmp}^{*} \tag{4.112}$$

注意：如果寄主岩石颗粒尺寸小于有价矿物颗粒尺寸，则没有矿物是完全嵌入的。

计算的解离、部分嵌入和完全嵌入的有价矿物颗粒概率可以适用于加权动力学模型以获得更准确的整体浸出模型。

利用有价矿物颗粒和寄主岩石颗粒的尺寸分布，可以确定浸出特性。首先，计算嵌入、部分嵌入和解离颗粒的概率。

其次，使用适当的浸出模型确定浸出时间[13]。从解离颗粒的浸出模型得[12]：

$$t(r_{vmp})_{解离} = k_{解离} r_{vmp}[1 - (1 - \alpha_{脱离})^{\gamma}] \tag{4.113}$$

式中，$K_{解离}$是反应常数，s/cm；α 是反应分数。对于反应控制，快速流动/细颗粒和缓慢流动/大颗粒的浸出条件，γ 分别是 1/3，1/2 或 2/3。部分嵌入颗粒浸出的简化为[13]：

$$t(r_{vmp})_{部分嵌入} \approx \frac{4\pi}{\left(\frac{4}{3}\pi\right)^{2/3}} k_{解离} r_{vmp}[1 - (1 - \alpha_{脱离})^{\gamma}] \tag{4.114}$$

可以使用收缩核模型或孔隙扩散模型来评估嵌入的有价矿物颗粒的浸出动力学。

第三，通过不同浸出模型的适当加权来确定总浸出。加权基于与模型相关的矿物比例。换句话说，如果 50%的颗粒是部分嵌入的，那么整个模型中部分嵌入的浸出模型占 50%。

4.7 传质和电化学组合动力学

严格的电化学反应动力学方法将利用传质平衡方程。该方程包括迁移、对流、扩散和反应的影响。然而，在大多数情况下，活性物质的迁移电流很小。对流流动可以通过边界层厚度耦合扩散。因此，质量平衡方程可以归结为反应和扩散耦合对流。质量平衡方程必须与反应速率有关。使用 Butler-Volmer 方程模拟电化学反应速率。对于传质或电化学控制的极端情况，每个方程都是有效的。然而，大多数电化学反应不受传质或电化学动力学的控制。相反，大多数电化学反应速率是由传质和电化学动力学联合控制。因此，建立组合动力学模型需要组合方程。

Butler-Volmer 方程适用于传质的影响。

Butler-Volmer 方程假定电化学界面处的浓度等于体相浓度。如果传质成为限制因素，则该假设将不再有效。因此，隐含在 i_0 值中的体相浓度（i_0 是体相浓度的直接函数）必须乘以表面浓度除以体相浓度。该方法有效地将 i_0 中固有的体相浓度项替换为所需的表面浓度。得到的 Butler-Volmer 方程为：

$$i = i_0\left[\frac{C_{sa}}{C_{ba}}\exp\frac{\alpha_a F(E - E_{eq})}{RT} - \frac{C_{sc}}{C_{bc}}\exp\frac{-\alpha_c F(E - E_{eq})}{RT}\right] \tag{4.115}$$

式中，下标 s 表示表面浓度；b 表示体相浓度；a 表示阳极；c 表示阴极。

极限电流密度是基于扩散控制的最大电化学反应电流密度。

如果传质控制电流的流动，根据菲克定律，结合从摩尔速率到电流密度的转换，得到了传质极限电流密度 i_l 的表达式：

$$i_l = \frac{nFDC_b}{\delta} \tag{4.116}$$

传质控制的物种也是重要的迁移载流体，在这种情况下可以使用修正的表达式来获得更精确的结果：

$$i_l = \frac{nFDC_b}{\delta(1 - t_j)} \tag{4.117}$$

式中，t_j 为实验条件下物种 j 的迁移数。

注意：边界层厚度可以用前面的公式计算。但是，当有合适的设备时，直接测量极限电流密度往往很方便。因此，用另一种形式使用前面的简单极限电流密度表达式通常是有效的。

$$\delta = \frac{nFDC_b}{i_l} \tag{4.118}$$

将该方程代入菲克第一定律的表达式：

$$i = \frac{nFD(C_b - C_s)}{\delta} \tag{4.119}$$

将边界层厚度的极限电流密度表达式替换为电流密度表达式，得到：

$$i = \frac{nFD(C_b - C_s)i_l}{nFDC_b} \tag{4.120}$$

重新整理该方程，得：

$$i = i_l\left(1 - \frac{C_s}{C_b}\right) \tag{4.121}$$

另一种形式：

$$C_s = C_b\left(1 - \frac{i}{i_l}\right) \tag{4.122}$$

该方程可用在 Butler-Volmer 方程（4.115）中：

$$i = \frac{i_o\left[\exp\frac{\alpha_a F(E - E_{nat.rxn})}{RT} - \exp\frac{-\alpha_c F(E - E_{nat.rxn})}{RT}\right]}{1 + i_o\left[\frac{1}{i_{la}}\exp\frac{\alpha_a F(E - E_{nat.rxn})}{RT} - \frac{1}{i_{lc}}\exp\frac{-\alpha_c F(E - E_{nat.rxn})}{RT}\right]} \tag{4.123}$$

虽然这种形式的 Butler-Volmer 方程很大，但它对于扩散限制或部分扩散限制的电化学反应非常有用。

在该方程中，i_{la} 为极限阳极反应物的极限电流密度，i_{lc} 为极限阴极反应物的极限电流密度。或者，可以使用先前的极限电流密度表达式。当传质部分或完全控制动力学时，该表达式为电流密度的确定提供了一种实际可行的方法，且假设迁移电流可以忽略不计。

4.8 结晶动力学

当离子浓度超过溶解极限时，金属离子将与带相反电荷的离子结合形成沉淀晶体。对于许多工业来说，沉淀或结晶的过程是非常重要的。

当离子浓度超过溶解度时，大多数沉淀物不会立即形成。通常，结晶需要显著超过溶解度的离子活度。在溶解度低的情况下，离子活度远超过溶解度。相反，当溶解度高时，余量可能很小。超出溶解度的余量称为过饱和度，即 S：

$$S = \frac{C}{C_{溶解度}} \tag{4.124}$$

结晶动力学通常与过饱和度有关。

式（4.124）中，C 是物种浓度；$C_{溶解度}$是物种溶解度极限。过饱和后，$S > 1$，结晶的下一个要求是成核（如果还没有结晶）。通常延迟成核的一段时间称为诱导时间。诱导时间可以用方程表示为[14]：

$$t = 10^{-10}\exp\frac{32\pi\sigma^3\nu}{15kK^2T^3}\ln(S)^{-2} \tag{4.125}$$

式中，t 是诱导时间；σ 是表面能；ν 是频率；k 是玻尔兹曼常数；K 是反应常数；T 是绝对温度；S 是过饱和度。当扩散控制成核时所形成的晶体数量的成核速率如下所示[14]：

$$N = 10^{22}\exp\frac{48\pi\sigma^3\nu}{15kK^2T^3}(\ln S)^{-2} \tag{4.126}$$

应注意：表面能在纯溶液中成核和表面成核之间显著下降。因为表面提供了一个能增加表面能的模板，所以在高能量表面更容易成核。具有高表面能的材料有玻璃和金属，低表面能的材料有 Teflon®。

晶体生长速率通常是工业人员关心的问题。晶种种子通常用于结晶过程中，以跳过成核过程。成核比晶体生长更难控制。各种模型用于确定或预测晶体生长速率。每种模型都有特定结晶条件。在许多涉及吸附控制结晶的情况下，晶体生长速率倾向于遵循线性速率规律[14]：

$$R = \frac{DV_m C_{溶解度}(S-1)}{\delta} \tag{4.127}$$

式中，D 是扩散系数；V_m 是沉淀物的摩尔体积；$C_{溶解度}$是相应物种溶解度的极限浓度；S 是饱和度；δ 是在 100μm 量级的停滞条件下的扩散层厚度。非线性条件通常可以使用如下形式的方程来处理[14]：

$$R = kN_s(C - C_{溶解度})^x \tag{4.128}$$

式中，k 是反应速率常数；N_s 是晶种数；C 是所需物种的浓度；$C_{溶解度}$是相应物种的溶解度极限浓度；x 是一个可调因子，通常接近 2。在扩散方程的基础上，由 Turnbull 推导出来的方程可以估算球形生长的晶体半径[14]：

$$\frac{r^2}{2D} + \frac{r}{G} = mKt \tag{4.129}$$

式中，r 是颗粒半径；D 是扩散系数；G 是界面传递系数；m 是溶液中沉淀物的浓度；K 是速率常数；t 是时间。

应注意，即使在没有发生净生长的情况下，晶体的尺寸也在动态变化。当在饱和溶液中存在小晶体时，一些晶体将倾向于以其他晶体收缩为代价而生长。这种小晶体消耗而大晶体生长的现象与表面能有关。这类似于高温下金属中的晶粒生长。这种现象称为奥斯特瓦尔德熟化。

另一个与晶体生长有关的重要方面是杂质的影响。杂质水平和类型的微小变化都会对相关晶体的类型、形状、大小、成核速率和生长速率产生巨大影响。在结晶过程中，杂质影响重要的速率限制步骤。

4.9 表面反应动力学概述

溶液表面的反应需要脱水、反应和表面扩散步骤。

几乎所有在水介质中发生的化学冶金动力学过程都涉及界面附近的反应或活动。了解界面附近发生的各种过程的重要性，为动力学章节及最后一节提供了基础。反应离子在本体溶液中的时间和发生反应的时间之间发生的任何一个步骤都可以成为速率限制步骤。

界面反应始于溶液中的水合离子，所以需要将该离子输送到表面进行反应。在本例中，将考虑一个施加了负电压的金属电极。如图 4.17 所示，就原子尺度而言，离子离表面非常远。因此，在离子向反应界面迁移的过程中，需要对流传质来增强离子的迁移率。

当离子接近水的表面边界层时，会对移动的本体溶液产生显著的阻力。表面附近的阻力非常大，以至在一定距离内与流动的大量流体的影响相比可以忽略不计。该距离称为边界层厚度。即使在本体溶液中存在湍流，表面几微米内的离子也不会受到总体流动的影响。因此，离子被迫向边界层和界面之间的表面扩散，参见图 4.18 所示。

离子在通过边界层扩散后必须脱水。脱水过程从双电层边界开始，如图 4.25 所示。双电层由表面吸附水和离子组成，这些离子的距离足以使它们的水层接触到表面水层。脱水过程还伴随着电荷转移。然而，离子必须非常接近表面才能发生电荷转移。在该阶段仅损失部分水化层或覆盖物。不涉及电荷转移的沉淀过程，也遵循相同的无电荷转移步骤。

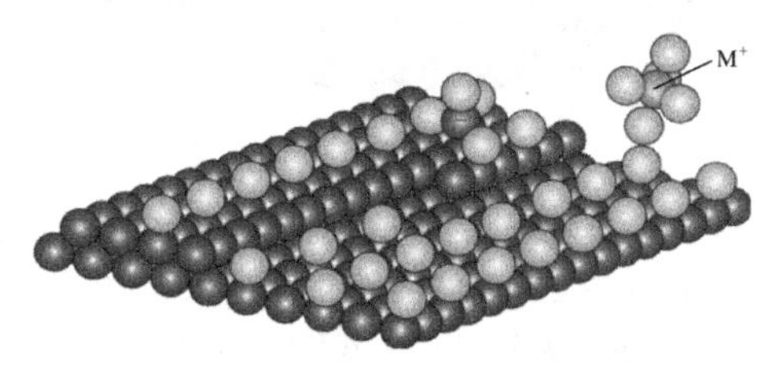

图 4.25 双电层边缘的水化金属阳离子示意图
（仅结合水将带电金属表面与金属阳离子分开）
黑色球代表金属原子；浅色球代表水分子

如图 4.26 所示，在部分脱水和电荷转移后，另外的步骤必然发生。当离子沿表面扩散时，会遇到表面台阶或壁架。壁架的存在有利于进一步脱水，此外，还提供了与表面原子的额外关联。因此，形成了如图 4.27 所示的附加键。

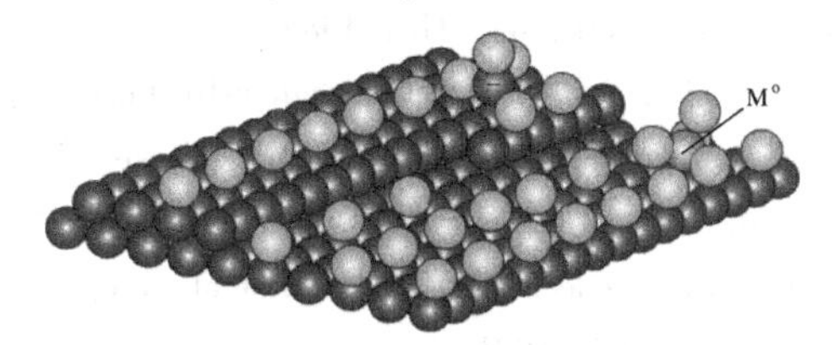

图 4.26 部分水化金属原子示意图
（该金属原子由于在底层金属表面获得电子而电荷减少。注意，为了使金属原子到达其表面位置，需要取代结合水分子，然后通过获取电子使电荷减少）
黑色球代表金属原子；浅色球代表水分子

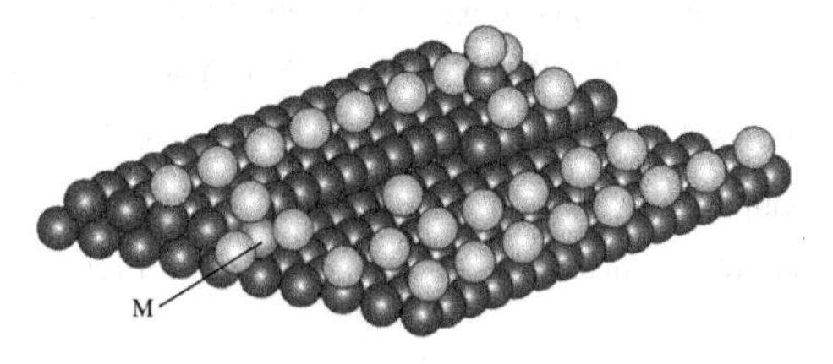

图 4.27 进一步脱水、吸附的金属原子通过表面扩散沿表面移动到表面边缘示意图
（在壁架处，金属原子失去了一些结合水，以换取与金属原子更多的结合）
黑色球代表金属原子；浅色球代表水分子

边缘相关原子进一步扩散，直到在扭折点形成附加键，如图4.28所示。在向扭折点迁移的过程中，金属原子进一步脱水并更完全的结合，并且形成附加键。在表面生长过程中，其他离子也会这样。相反，溶解过程遵循相反的顺序。因此，生长和溶解通常在边缘发生。

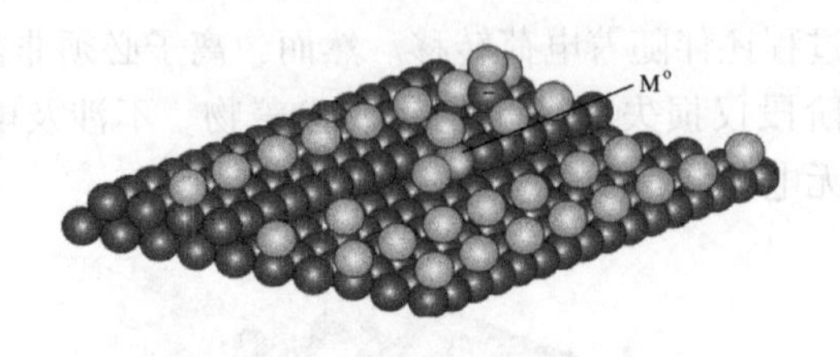

图4.28　进一步脱水、吸附的金属原子通过表面扩散沿边缘移动到表面扭折点的示意图
（在扭折点处，金属原子失去了附加的结合水，以换取与金属原子更多的结合）
黑色球代表金属原子；浅色球代表水分子

参 考 文 献

[1] J. E. Bailey and D. F. Ollis, "Biochemical Engineering Fundamentals," 2nd Edition, McGraw-Hill Publishing Company, New York, 473-476, 1986.

[2] M. L. Free, "Bioleaching of a Sulfide Ore Concentrate-Distinguishing Between the Leaching Mechanisms of Attached and Nonattached Bacteria," M. S. Thesis, University of Utah, 1992.

[3] S. Nagpal, T. Oolman, M. L. Free, B. Palmer, D. A. Dahlstrom, "Biooxidation of a Refractory Pyrite-Arsenopyrite-Gold Ore Concentrate," in Mineral Bioprocessing, Ed. R. W. Smith, M. Misra, TMS, Warrendale, 469, 1991.

[4] R. B. Bird, W. E. Stewart, E. N. Lightfoot, "Transport Phenomena," John Wiley and Sons, Inc., New York, 1960.

[5] M. C. Potter, J. F. Foss, "Fluid Mechanics", Great Lakes Press, Inc., Okemos, 1982.

[6] M. E. Wadsworth, "Principles of Leaching," in Rate Processes of Extractive Metallurgy, ed. H. Y. Sohn and M. E. Wadsworth, Plenum Press, New York, pp. 133-197, 1979.

[7] J. D. Miller, "Cementation," in Rate Processes of Extractive Metallurgy, ed. H. Y. Sohn and M. E. Wadsworth, Plenum Press, New York, pp. 197-244, 1979.

[8] H. S. Fogler, "Elements of Chemical Reaction Engineering," Prentice-Hall, Englewood Cliffs, 1986.

[9] P. W. Atkins, "Physical Chemistry," 3rd Edition, W. H. Freeman and Co., New York, p. 692, 1986.

[10] R. E. Treybal, "Mass Transfer Operations," 3rd ed., McGraw-Hill Publishing Company,

New York, 1980.

[11] O. Levenspiel, Chemical Reaction Engineering, 2nd edition, Wiley, New York, 357-373, 1972.

[12] M. L. Free "Modeling of Heterogeneous Material Processing Performance," Canadian Metallurgical Quarterly, 47 (3), 277-284, 2008.

[13] M. L. Free, "Predicting Leaching Solution Acid Consumption as a Function of pH in Copper Ore Leaching," 7th International Copper 2010-Cobre 2010 Conference, Proceedings of Copper 2010, Volume 7, pp. 2711-2719, 2010.

[14] Sarig, " Fundamentals of Aqueous Solution Growth," Chapter 19 in Handbook of Crystal Growth, ed. D. T. J. Hurle, Elsevier, North-Holland, Amsterdam, pp. 1167-1216, 1994.

[15] L. Pauling, "General Chemistry," Dover Publications, New York, p. 566, 1970.

[16] D. A. Jones, "Principles and Prevention of Corrosion," Macmillan Publishing Company, New York, 1992.

[17] R. W. Bartlett, "Solution Mining," Gordon and Breach, Philadelphia, PA, p. 240, 1992.

思考练习题

4.1 计算直径为 0.1 cm 的球体在相对流速为 15cm/s、运动黏度为 0.01cm^2/s 和扩散系数为 1×10^{-5}的溶液中搅拌时的边界层厚度。

4.2 计算固定传质边界层厚度为 0.005cm 时，溶液中离子的单位面积 [$mol/(s \cdot cm^2)$] 传质速率。其中体积浓度和表面浓度之差为 0.15mol/L，离子扩散系数为 3×10^{-5} cm^2/s。
[答案：$9\times10^{-7}mol/(s \cdot cm^2)$]

4.3 推导浸出时间随矿物固体颗粒 X（按标准动力学浸出模型）分数变化的表达式，且该固体颗粒会被化合物 Y 逐渐完全浸出。假设扩散和反应都可以控制速率。注意：对于大颗粒，可以假设流体边界层厚度近似正比于 $r^{1/2}$。

4.4 直径为 0.3mm 的固体孔雀石 [$CuCO_3 \cdot Cu(OH)_2$] 纯颗粒，在充分搅拌的酸浴中完全溶解，反应为：

$$CuCO_3 \cdot Cu(OH)_2 + 4H^+ \rightleftharpoons 2Cu^{2+} + 3H_2O + CO_2$$

假设消耗的酸可以忽略不计，且反应速率完全受扩散控制，计算：(1) 如果 50%的反应所需时间为 5000s，则颗粒反应 95%所需的时间；(2) 浸出 98%的颗粒所需的时间，颗粒尺寸为原始颗粒尺寸的三倍（假设按照动力学模型的标准，颗粒相对较大）。
（答案：原始颗粒反应 95%的时间为 13252s。）

4.5 使用伴生黄铜矿（粒度为 12μm）浸出数据（如下表所列），确定反应不受扩散控制的黄铜矿反应的活化能（假设浸出剂浓度为 1m）。

温度/℃	时间/min	速率/min^{-1}
60	410	0.000141
75	386	0.000301
90	420	0.000380

4.6 利用柱浸试验的数据（如下表所列[17]），确定反应是否是扩散控制。

时间/d	反应分数	时间/d	反应分数
1.5	0.12	9.8	0.45
3.0	0.21	16.5	0.60
4.0	0.27	27.2	0.71
5.6	0.36	35.6	0.75

4.7 使用习题4.6的数据，且已知浸出剂的浓度为0.5M，有价矿物密度为4.0g/cm^3，岩石颗粒中有价矿物的质量分数为0.019，球形度为0.8，并且所需矿物的相对分子质量为221.1，确定平均直径3cm矿物的扩散系数。

（假设反应为：$CuCO_3 \cdot Cu(OH)_2 + 4H^+ \rightleftharpoons 2Cu^{2+} + 3H_2O + CO_2$）

4.8 如果反应的平衡交换电流密度为1×10^{-7} A/cm^2，混合电位为-0.339V，平衡电位为-0.311V，则$M^{2+}+2e = M$反应的电流密度为多少。假设对称因子是0.5。

4.9 计算由Michaelis-Menten酶动力学控制的反应的细菌氧化速率。细胞浓度为2g/L，最大比生长速率为0.036h^{-1}，产率系数是2，Michaelis常数为0.015g/L，并且被细菌氧化的底物浓度为0.05g/L。

第5章　金 属 提 取

商业金属提取需要化学反应，药剂以及工程原理的实际应用。

本章节主要的学习目标和效果

（1）理解金属提取基本原则和术语；
（2）掌握金属提取相关的特殊化学反应；
（3）理解浸出的不同类型；
（4）理解相应浸出环境中细菌的作用；
（5）理解渗透和流动在堆浸中的重要性；
（6）识别不同矿石浸出环境所需的一般条件。

5.1　一般原则与术语

液相金属提取或者说浸出是一种从物质中提取金属或其他有用组分的方法。如图5.1所示的各种铜矿物，每一种都具有高品位的铜，几乎都是纯矿物样品。很多种方法可以用于提取这些矿物中的铜。金属提取通常处理的是矿石颗粒，其中包含着小块的含金属纯矿物。这些小块纯矿物通常非常细的散布在主岩中，如图5.2所示。图5.2是一块直径为3cm的含有1%黄铜矿的岩石。被放大时，很容易看到黄铜矿是细粒散布的深色颗粒（如图5.3所示）。

图5.1　含铜矿物
（硅孔雀石，蓝铜矿，孔雀石，斑铜矿，辉铜矿和黄铜矿）

在其他情况下，有价矿物的分布包括较大的有价矿物颗粒和少量的随机分

图5.2　一块直径为3cm矿样的照片
（其中细小的深色斑点是主岩中小颗粒有用矿物）

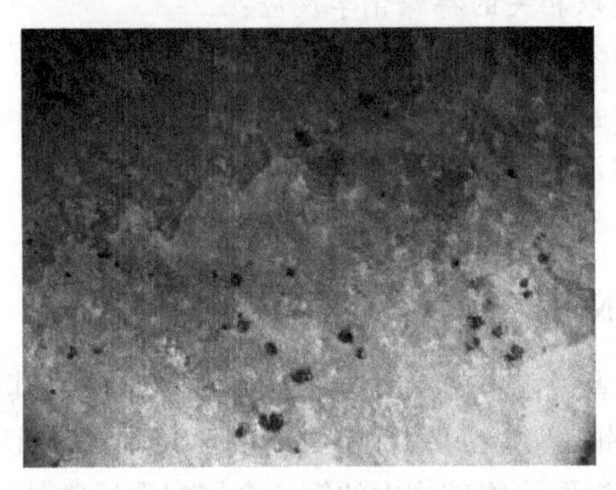

图5.3　一个矿石样品的放大（7倍）视图
（深色的小斑点是散布在主岩中的小细颗粒有用矿物）

布。图5.4是一个部分浸出后的铜矿石颗粒，值得注意的是，岩石外缘铜的去除在一些区域是一致的，但在另一些区域则是不一致的。虽然有些岩石被认为是“坚固的岩石”，但是浸出液仍然可以渗透到这些矿石中。这是因为岩石颗粒有很多的孔洞和裂缝，允许溶液渗入并提取出有用成分。图5.4显示了一个浸出后的带有孔隙结构的案例，这是一个在真空中暴露于蓝色染料里的浸出后矿石颗粒。蓝色染料表示浸出发生的区域。蓝色染料揭示了有价金属被移除后留下的通道和孔洞。非常值得注意的是，浸出过程发生在这块矿石颗粒相对孤立的区域中。因此，很明显这块矿石颗粒有很多微小的孔洞，使得浸出液可以渗透进矿石内部。换句话说，有用矿物即使被主岩重重包围也可以被浸出。

矿石颗粒具有天然的孔洞，以致药剂可以缓慢的渗透通过。

图5.5展现了一个在pH值为1.5的硫酸溶液中浸出了大概48h后的氧化铜矿物颗粒的横截面。靠近外缘的耗酸脉石矿物和更外缘的氧化铜矿物都被溶解了，同样值得注意的是，渗透厚度是相对一致的，除了某个区域由于其多孔性或更大的矿物反应活性导致其渗透厚度显著增加。

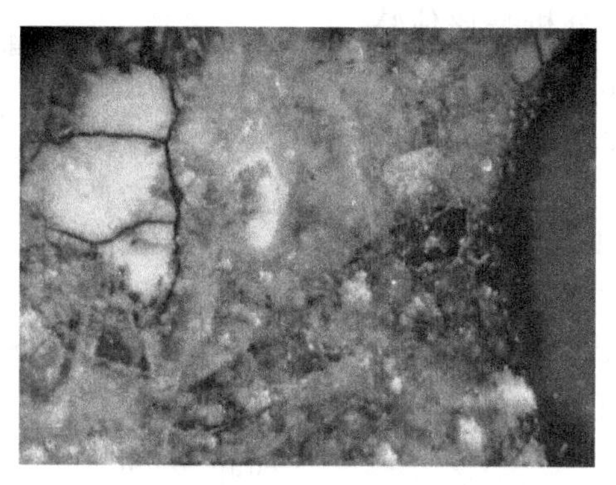

图 5.4　氧化铜矿石颗粒浸出后的横截面

（在真空中浸泡在蓝色染料中从而辨认颗粒的孔洞和浸出后的部分。图像的水平长度约为 1cm）

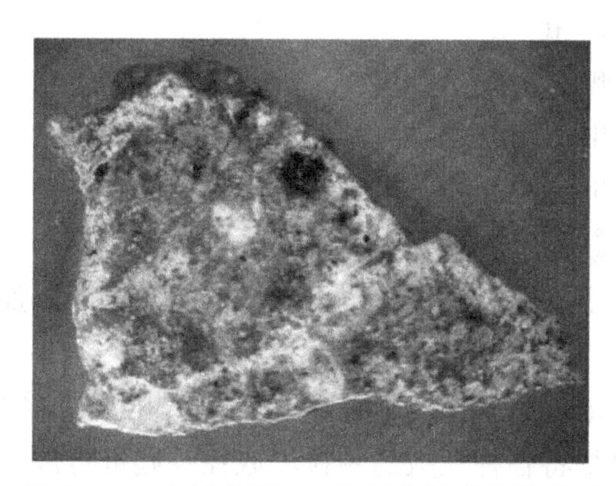

图 5.5　一块浸出了 48h 的氧化铜矿的横截面

（图片的水平长度约为 1cm）

矿物和含金属化合物的浸出在有色金属领域变得愈发重要。一般通过热力学来决定发生浸出反应所需的条件。因此，物相图常被用于确定浸出反应所需的溶液环境。图 5.6 是一个简化了的铜物相图，其中只列举了常见的铜化合物，忽略了其他物相。和很多文献一样[1~37]，本章节将讨论热力学和实际应用的结合。

湿法冶金提取只能发生在合适的溶液环境中。

根据图 5.6，铜的氧化物在高 pH 值、高电位条件下是稳定的。物相图中低 pH 值、高电位的区域为溶解后的铜物相。由于浸出意味着溶解作用，物相图展示了金属提取所需的条件，通过浸出手段提取稳定、可溶区域的物质是可行的。同样，值得注意的是，如果电位超过了水稳定性的上限，水会发生解离生成氧气。如果电位低于水稳定性的上限，水会分解为氢气和氢氧根。因此，对于大部分的液相提取而言，只有很窄的电位区域是合适的。

大部分金属在极低 pH 值、高电位或者极高 pH 值、适中电位的条件下都是可溶的，因此可以被提取。

物相图和热力学分析是评估特定条件下浸出反应能否发生的重要方法。但是，需要合适的评估去区分在什么条件下可以进行浸出和从工业角度看什么是可以实际应用的。化学、电化学和物质转移动力学已经在第 4 章中进行了讨论，其他涉及浸出反应的相关问题和原理也同样需要讨论。

金属提取通常要依靠浸出，浸出类型包括原位浸出、堆浸、常压槽浸出、加压浸出和精矿浸出。

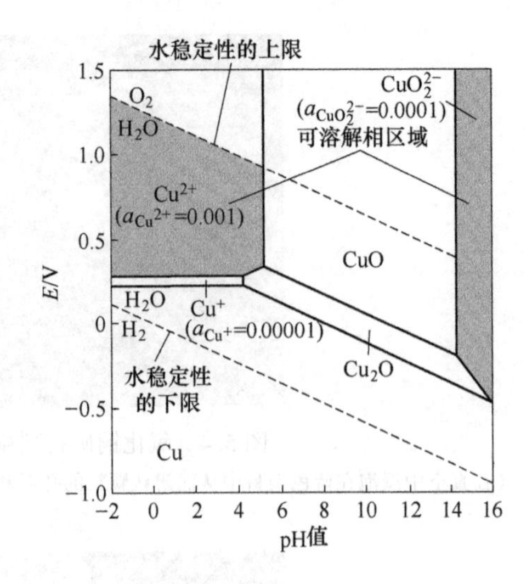

图 5.6　简化的铜物相图

（展示了各物相的稳定区域，浸出反应仅发生在可溶性物相比较稳定的深色区域。并未展示所有的铜物相）

浸出的主要类型有原位浸出、矿堆浸出、堆积浸出、常压浸出、槽浸、精矿浸出和加压浸出等。矿堆浸出和堆积浸出通常依靠周围环境中的细菌来加速浸出，原地和加压浸出通常依靠高压下增加氧气的活性来促进浸出。

通常，浸出反应依靠氧气作为氧化剂。很多浸出反应受制于氧气的供给量。矿堆浸出和堆积浸出是将各种粒级的颗粒堆放在一起进行浸出的，其浸出速率受浸出物质渗透性的影响显著，而其回收率则由药剂性质控制。

5.1.1　颗粒床的渗透性和流体通过

商业金属提取通常需要所浸出的颗粒床具有合适的渗透性使得浸出液可以合理地流动。

渗透性是介质引导流体流动的能力，随着流体通过颗粒床，表面流体的流动会产生巨大阻力。图 5.7 是流体通过颗粒床的示意图，当浸出液应用于颗粒床

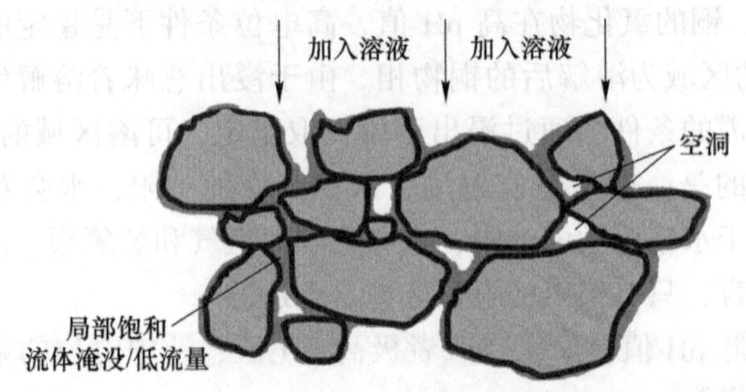

图 5.7　浸出液作用并流过颗粒床示意图

时，一些区域会充满液体，另一些区域会存在空洞。浸出液会更快流过渗透性良好的区域。

理论上，流体通过颗粒之间的毛细孔可以用类似图 5.8 所示的流体通过管道的作用来描述。

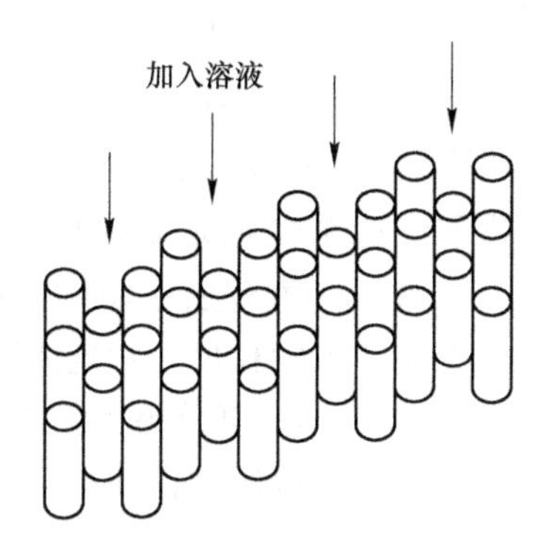

图 5.8　浸出液作用并流过一组模拟颗粒床的管子的示意图

Poiseuille 用方程（5.1）来描述通过单管的层流作用[1]：

$$\frac{\mathrm{d}V}{\mathrm{d}t}=\frac{\Delta P\pi r^4}{8\mu L} \tag{5.1}$$

式中，V 是流体体积；t 是时间；ΔP 是压力损失；r 是管或毛细孔半径；μ 是黏度；L 是颗粒床厚度或者高度。这个方程被称为 Poiseuille 方程，表明流速与半径的 4 次方成正比，因此流速极易受孔隙尺寸影响，而孔隙尺寸是颗粒尺寸和粒度分布的函数。因此，随着颗粒尺寸的减小，流体通过颗粒床的流速会急剧下降。通过 Poiseuille 方程，Kozeny 使用一些特征常量转换了颗粒床的孔隙率（不要与颗粒的孔隙率混淆）、颗粒表面积和流动面积之间的关系[2]，得到了方程（5.2）：

$$\frac{\mathrm{d}V}{A_{\mathrm{bed}}\mathrm{d}t}=\frac{\varepsilon_{\mathrm{bed}}^3\Delta P}{K_{\mathrm{K}}\mu\ (1-\varepsilon_{\mathrm{bed}})^2\ S_{\mathrm{P}}^2L} \tag{5.2}$$

式中，A_{bed}是颗粒床中流体流动的面积；$\varepsilon_{\mathrm{bed}}$是颗粒床的孔隙率或者是颗粒床中孔洞的比例；$K_{\mathrm{K}}$是 Kozeny 常数；$S_{\mathrm{P}}$是颗粒比表面积。方程（5.2）通常被称为 Kozeny 或者是 Kozeny-Carmen 方程，这主要是基于 Carmen 的贡献。这个方程揭示了颗粒床孔隙率的重要性，如果颗粒床被重型设备显著压实，那么它运送浸出液和氧气的能力将被急剧减弱。

例 5.1　当旧的孔隙率为 0.40 时，确定堆浸反应中相对于旧流量的新的最大流体流速，新的孔隙率为 0.38，其他因素不变。

$$Q=\frac{\mathrm{d}V}{\mathrm{d}t}=\frac{A_{\mathrm{bed}}\varepsilon_{\mathrm{bed}}^3\Delta P}{K_{\mathrm{K}}\mu(1-\varepsilon_{\mathrm{bed}})^2\ S_{\mathrm{P}}^2L}=\frac{k\varepsilon_{\mathrm{bed}}^3}{(1-\varepsilon_{\mathrm{bed}})^2}$$

$$\frac{Q_{new}}{Q_{old}} = \frac{(1 - \varepsilon_{bed(old)})^2 \varepsilon_{bed(new)}^3}{(1 - \varepsilon_{bed(new)})^2 \varepsilon_{bed(old)}^3} = \frac{(1 - 0.4)^2 \times 0.38^3}{(1 - 0.38)^2 \times 0.4^3} = 0.803$$

最后，作为一个更经验性和便捷性的方法，Darcy 的方法可以用于描述流体流动［注意其与方程（5.2）的相似性］[3]：

$$\frac{dV}{A_{bed} dt} = \frac{k_i \Delta P}{\mu L} \tag{5.3}$$

式中，k_i是以 Darcy 为单位的固有渗透率（注意，对于水而言，在 20℃时，导水率 $k_{hydraulic}$（m/s），弥漫系数和渗透系数都是 k_i（单位：Darcy）的 9.68×10^{-6} 倍，$1\text{Darcy} = 9.87 \times 10^{-13} m^2$[1]）。Darcy 方程通常应用于过滤和浸出过程，但是，这个方程并没有说明颗粒床孔隙率或者颗粒尺寸对流体流动的影响。

Darcy 方程是一次方程，流速与压力梯度、距离和黏度有关。

通过颗粒床的饱和流体的导水率可以用方程（5.4）精确地描述：

$$k_{hydraulic} = \frac{L}{\dfrac{\mu L^2}{k_i(\rho g L)}} = \frac{k_i \rho g}{\mu} \tag{5.4}$$

如果固有渗透率是 1Darcy，水在 20℃时的导水率为 9.68×10^{-6}m/s。水通过这样的颗粒床的有效流速为 9.68×10^{-6}m/s。注意表面流速与单位面积的体积流速是等效的，即 $9.68 \times 10^{-6}\text{m/s} = 0.00968\text{L/(m}^2 \cdot \text{s)}$。因此，如果矿堆的渗透率小于 3×10^{-6}m/s，那么应用于矿堆的浸出液的流速就不是标准的 $0.003\text{L/(m}^2 \cdot \text{s)}$。此外，如果矿堆以临近其渗透率极限的形式堆积，容易导致结构不稳定并且会限制氧气的渗入。因此，大多数的堆积都会趋向于保证渗透率高于 1Darcy，从而使得导水率高于 9.68×10^{-6}m/s。

作为浸出衬垫的有效黏土衬垫层必须具有较低的导水率。黏土衬垫部分的导水率通常被限制在 1×10^{-9} 到 1×10^{-8}m/s 之间[3]。

另一个去评估流体通过颗粒床的有用指标是停滞时间，停滞时间是流体停滞在颗粒床中的平均时间，饱和流体通过颗粒床的停滞时间被定义为：

$$t_{residence} = \frac{\text{体积}}{\text{流速}} = \frac{AL}{\dfrac{dV}{dt}} = \frac{AL}{\dfrac{Ak_i(\Delta P)}{\mu L}} = \frac{AL}{\dfrac{Ak_i(\rho g L)}{\mu L}} = \frac{\mu L}{k_i \rho g} \tag{5.5}$$

相对于水流而言，通过矿堆的流体大部分都是不饱和的。因此，压力梯度不是从矿堆的顶部到底部的静压头压力。反而，一个很小的压力梯度就可以用来表示有效的静压头。

很多铜工业的矿堆有空气喷射设备，因此，流体可以相对于空气变得饱和。所以，这些方程可以被用于工业中空气的喷射/渗透。它们也可以被谨慎地修改计算溶液流体应用的水头压力。实际上，静压头压力取决于流体类型，水头压力同样与排水系统有关。

这些方程可以被应用于浸出操作的评估。如果使用了过多的流体，颗粒床会充满浸出液，这个情况被称为淹没，也被称之为饱和流体。在饱和条件下，气体的渗透被抑制到最小，通过液相渗透的气体通常都是不足的。因此，浸出液的流速必须足够小，以防止淹没。较低的流速会导致溶液的渗漏和一些气体孔隙空间的形成。颗粒床中的开放空间允许所需的气体进行对流。在很多体系中，迫使气体通过多孔管道对流也是必要的。

另一个会影响浸出效果的因素是毛细作用，当水溶液被局限于狭窄的空间或者是管子中时，毛细管力会有特别重要的作用，它使得流体沿玻璃容器的壁流动并形成半月形液滴。流体的高度可以用方程（5.6）表示。

$$h_{\text{capillary}} = \frac{2\gamma\cos\theta}{\rho_1 gr} \tag{5.6}$$

式中，γ 是表面张力（没有表面活性剂的标准流体为 72mN/m）；θ 是溶液在颗粒或容器表面的接触角（对于标准矿物颗粒，θ 通常接近 0°）；ρ_1 是流体的密度；g 是重力加速度；r 是流体向上流过的管子或者孔隙的半径（$r \approx r_{\text{particle}}$(孔隙率/固体率)$^{1/3}$）。通常，毛细管上升高度要小于 1m。由于细颗粒的堆积，毛细现象只在接近底部的位置有意义。因此，对于很深的颗粒床而言，毛细上升的影响不是很明显。然而，如果堆浸的矿物没有被烧结，毛细作用还是很显著的。极端条件下，毛细上升会在靠近浸出作业底部的位置形成淹没作用，同时还会抑制空气注入，使得整个过程变得复杂。

毛细上升会导致溶液滞留及细颗粒积累在接近矿堆底部时的液体流动问题。

很多浸出作业都允许物质有“停滞”，停滞时间有利于溶液的调节，可以控制流出液中溶出金属的浓度，降低抽水设备的成本。大多数作业都是快速浸出一段时间然后再冲洗一段时间，如此循环进行。在浸出期间，溶液被抽水设备以合适的速度泵入矿堆，很多冲洗系统以一个确定的速度工作。一个适当的停滞时间可以调节平均注入速率。在停滞时间内，没有溶液泵入。通常用冲洗速率来描述浸出液通过颗粒床的平均速率，冲洗速率可用方程（5.7）表示。

$$\text{冲洗速率} = \text{注入速率}\ [\text{浸出时间}/(\text{浸出时间} + \text{停滞时间})] \tag{5.7}$$

5.1.2 原位浸出

原位浸出涉及无物质去除的矿物氧化，图 5.9 是这种技术的示意图。原位提取利用物质的多孔性，这种多孔性可以是自然的也可以是通过炸药等手段诱导产生的。如果水位和地质结构是合适的，原位浸出可以稳定进行，且常被用于可溶性盐的提取。如图 5.9 所示，原位浸出过程中溶液必须被适当的保持和回收。在某些条件下，实际水位可以通过额外的泵调节。适当的抽水可以防止原位浸出区域和地下含水层的渗漏。

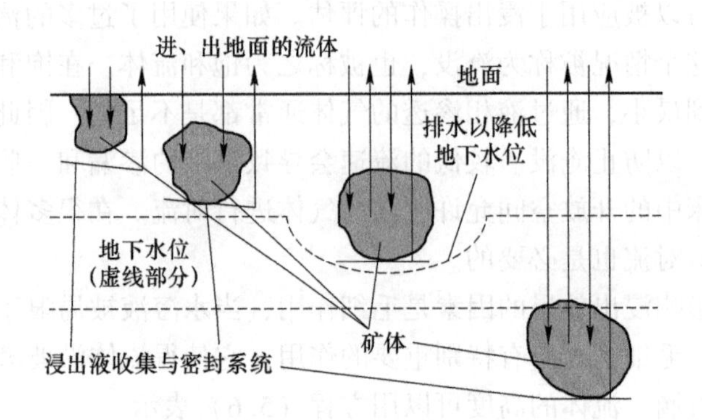

图 5.9　原位浸出场景示意图
(改编自 Milton E. Wadsworth 的课程笔记)

原位浸出避免了昂贵的开挖和回收成本。对于深层矿床而言，原位浸出可能是唯一的提取方法。很多小规模的原位浸出项目已得到应用，但是，由于溶液控制的不确定性，原位浸出并没有在铜矿、金矿等金属矿中大规模应用。

5.1.3　矿堆浸出

矿堆浸出的特征是处理极低品位的矿石，包括没有经过明显破碎或者处理的原矿。矿堆浸出通常将低品位原矿倾倒在采矿区域边缘的衬垫上，有时也会被倾倒在浸出衬垫上。浸出液从矿堆顶部加入并渗透整个矿堆，图 5.10 是一个典型的矿堆浸出示意图。

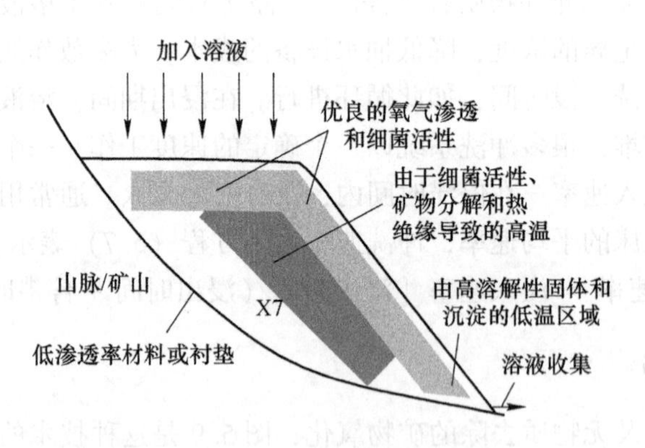

图 5.10　典型矿堆浸出场景示意图

矿堆浸出是非常重要的商业金属提取方法，由于其低成本和改善了的技术，其重要性很可能持续增加。

在处理黄铁矿等硫化矿时细菌活动可以成倍加快浸出速率。自然矿石颗粒中发现的细菌使得浸出过程更加经济。在铜矿的矿堆浸出中，溶液常呈酸性。在金矿的矿堆浸出中，溶液常含氰化物和氢氧化物。浸出液会被分离以富集金属。浸出液会与补充液混合再从矿堆顶部倒入。一些矿堆有几百英尺深，可能要浸出几十年。

最常采用矿堆浸出的是铜矿石，铜矿石通常是各种铜氧化物。在一些地方，硫化矿物也被浸出。在大部分矿堆浸出作业中，氧气的渗透是浸出过程的关键。氧气被细菌用于新陈代谢，细菌的作用在第4章进行了讨论。氧气同时也被用于化学反应。

5.1.4 堆积浸出

堆积浸出主要用于处理中低品位矿石，矿石必须被破碎以得到足够的有价矿物。大多数堆积浸出作业的时间要远低于矿堆浸出，由于一些简单氧化矿矿堆的颗粒较小、渗透率高和深度较浅，其浸出时间只需要45天或更少。但是，对于浸出衬垫上的硫化矿矿堆或较大的矿堆，浸出时间可能接近600天。
实践中堆积浸出的矿堆高度通常为4~10m，并覆盖较大面积。

通常，每个矿堆台阶或者垂直切面高度要小于10m，这些条件使得堆积浸出的氧气渗透率远高于一般的矿堆浸出。较短的矿堆台阶通常较少被压实，降低化学沉淀，提高浸出速度。图5.11是堆积浸出示意图，图5.12和图5.13是实际的堆积浸出作业。作业中需要大量的氧气，空气从矿堆的底部注入。

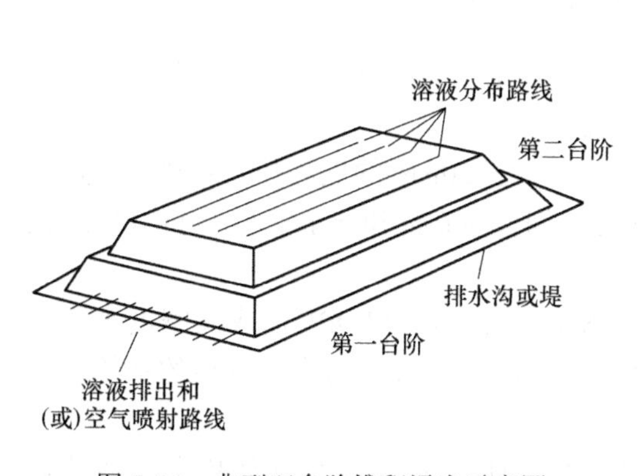

图5.11 典型双台阶堆积浸出示意图

图5.12 堆积浸出作业实例（局部）

堆积浸出中矿堆台阶修建在衬垫上，衬垫通常由地基、底部衬垫、衬垫和上层衬垫组成。图5.14是一些包含附加层的衬垫，附加层包括衬垫和排水层，渗漏检测传感器通常被置于排水层中，对于项目开展而言，渗漏检测监控是必须的。

图 5.13 堆积浸出作业实例

矿石层：d_{80}约为15mm，每层台阶深度为10m，渗透率大于1×10^{-5}m/s
上层衬垫：中等尺寸，d_{80}约为10mm，深度约为30cm，渗透率大于1×10^{-4}m/s，在很多情况下带有多孔的管道
衬垫：线性低密度聚乙烯(LLDPE)或高密度聚乙烯(HDPE)
排水层：中等尺寸，d_{80}约为5mm，包括渗漏检测传感器，深度约为30cm，渗透率大于1×10^{-4}m/s
衬垫：线性低密度聚乙烯(LLDPE)或高密度聚乙烯(HDPE)
底层衬垫：细颗粒，d_{80}小于2mm，渗透率小于1×10^{-8}m/s，深度常大于30cm
地基：波浪状排水道，光滑的

图 5.14 矿堆浸出和堆积浸出衬垫层示意图

衬垫建设首先需要合适的地基，地基必须是光滑、夯实的，并且具有波浪外形以方便排水，通常是直接排放到集水坑中。

地基由各种材料构成。底层衬垫由直径小于 30mm 的破碎颗粒组成，底层衬垫的 d_{80} 值为 2mm。底层衬垫的材料通常较细，使其饱和导水率小于 1×10^{-8}m/s，其厚度通常为 30cm 或更大。

衬垫通常是地质膜材料，由线型低密度聚乙烯（LLDPE）或高密度聚乙烯（HDPE）构成。但是，也有一些是由聚氯乙烯（PVC）构成。衬垫的平均厚度为 2mm 左右。

上层衬垫是由 d_{80} 值为 10mm 的破碎颗粒组成，最大尺寸约为 30mm。通常将管道嵌入上层衬垫以排放溶液或注入气体。上层衬垫可以保护衬垫免受搬运设备的损害，同时有利于溶液收集。上层衬垫厚度通常为 30cm 或更大。

矿堆浸出和堆积浸出在仔细准备好的衬垫上进行，以防止泄漏。

排水层由尺寸介于底层衬垫和上层衬垫之间的破碎颗粒组成，利于泄漏溶液的去除。同时最小化中间衬垫过高的静压头压力，降低的水头压力可以减小泄漏。

矿石直接堆放在上层衬垫上，矿石被破碎至 d_{80} 值为 8~25mm，最常见的尺寸接近 12.5mm。合适的尺寸分布是浸出的关键，太大的颗粒会导致不合适的分布，太细又会造成细泥聚集。此外，颗粒的运动会导致该处结构不稳定。因此，在浸出前，破碎后的矿石会被团聚成块。颗粒的运动会形成孔隙和通道，细颗粒也会堵塞在通道中。通常，黏土含量为 20%以上的矿石很难用堆浸处理，需要与含有较少细颗粒的矿石混匀后再浸出。

堆积矿石的渗透率是实际速率的十倍以上。图 5.15~图 5.17 分别是低、中和高渗透率对点源浸出的影响。注意点源浸出时的过高渗透率会造成通道和溶液的不均匀分布。

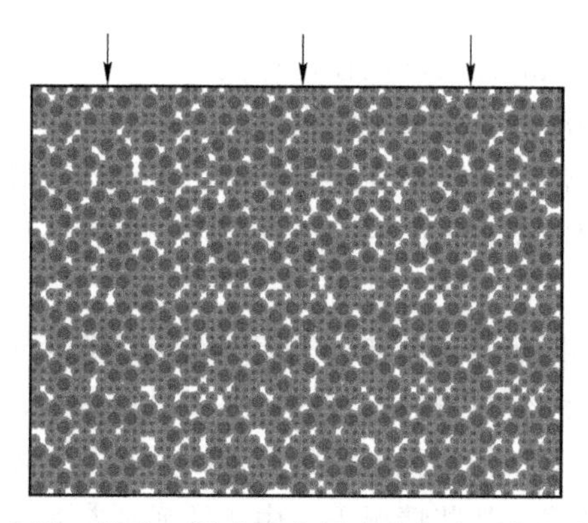

图 5.15 点源（箭头）浸出液在低渗透率矿石中的应用示意图

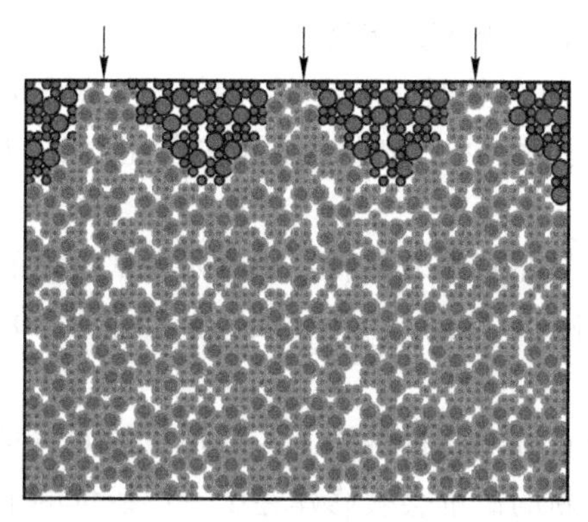

图 5.16 点源（箭头）浸出液在中渗透率矿石中的应用示意图

团聚成块是增加渗透性和分散浸出剂的一种方法，通过将矿石与水和黏合剂在球磨机或是搅拌磨中混合来完成。碱浸过程中，黏合剂通常是水泥；酸浸过程中，酸通常用于促进黏结并且用于在堆浸耗酸矿物时保持低 pH 值环境。在团聚或矿石混合过程中，酸通常和氧化物或次生硫化矿一起使用。团聚的矿石被堆垛

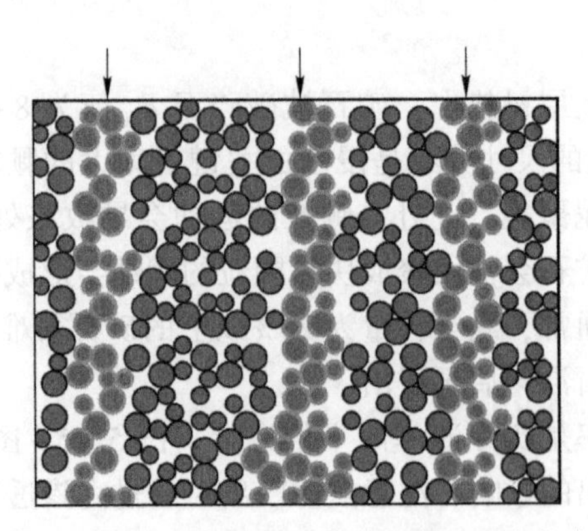

图5.17　点源（箭头）浸出液在高渗透率矿石中的应用示意图

机或运输卡车以后退堆积的方式堆放在衬垫上。

团聚成块通常用于增加渗透率和分散浸出剂。

后退堆积是通过皮带将矿石升高到矿堆的边缘，然后倾泻下来形成新矿堆的过程。堆垛机随着矿物堆积到预期的高度后后退，堆积高度是一层的高度，也称为一程。

最佳的渗透率可以获得预期的液体和气流流量以及溶液分布。

当堆积完成后，溶液分布线路通常通过轻型设备以最轻压实的方式被放置在矿堆的顶部。某些情况下，新堆积区域的溶液线路是通过缆绳系统完成，而不是驱动车辆去布置溶液线路。某些情况下，由于原矿通常是采用运输车将矿石堆积在衬垫上，这些衬垫区域会被压实。通常会使用带尖头叉子的推土机在这些区域推出“撕裂”的表面以促进溶液的渗透。

在聚团成块过程中加入酸时，酸浸透的矿石在溶液加入之前会被“处理”或者浸出几天。在这个过程中，相对较强的酸会在溶液加入矿堆之前浸出有价成分。

当溶液分布线路安放在矿堆之上后，溶液才会从矿堆的顶部加入，速度约为 $0.002\mathrm{dm}^3/(\mathrm{s}\cdot\mathrm{m}^2)$，相当于 $2\times10^{-6}\ \mathrm{m/s}$，或者在 $0.005\sim0.01\mathrm{m}^3/(\mathrm{h}\cdot\mathrm{m}^2)$ 之间。

可以应用的溶液分布方法各种各样，一个常见的方法是采用滴灌。当回收率达到可接受的水平后，新的矿堆会被修建在第一层矿堆的上方，新的溶液添加系统会被重新安装并应用。

当硫化矿数量较多时，细菌活动使酸性堆浸更可行。当硫化矿存在时，氧气通常由安装在矿堆底部的多孔管道提供，空气的加入速率通常在 $0.005\sim0.01\mathrm{m}^3/(\mathrm{min}\cdot\mathrm{m}^2)$ 之间或者是溶液加入速率的60倍。但是，空气的加入量通常是由硫化矿的数量决定。

图 5.18 展示了堆积浸出与金属回收之间的联系。加入矿堆中的溶液会提取出所需的金属进入到富集的浸出液（PLS）（或者产品贵液）中。

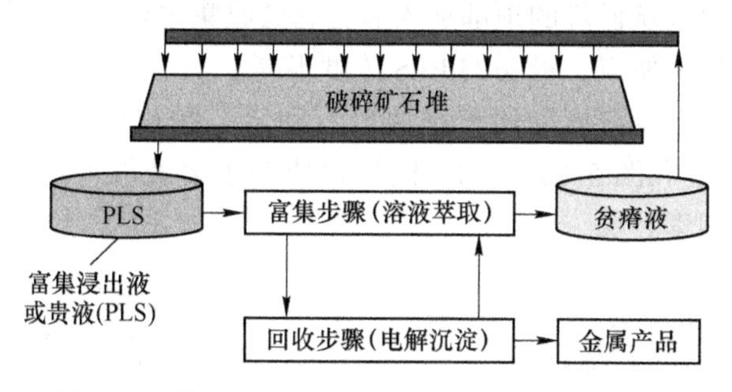

图 5.18 堆积浸出与金属的整个生产简化流程图

PLS 通常依靠溶剂萃取富集，萃取后留下的残留液体被称为萃余液或贫液，萃余液通常会返回到浸出过程。富集后的液体被称为富电解液，通常采用电积法从富集液中回收金属。

电解槽中提取完金属后的贫金属电解液会被重新加入溶剂萃取过程中。溶剂萃取过程将在第 7 章中进行讨论。

浸出作业获得的含金属的溶液通常被称为浸出贵液或 PLS。

5.1.5 堆积浸出和矿堆浸出模拟

堆积浸出和矿堆浸出可以用流体流动和动力学方程来进行模拟，比如经常用到缩核模型。这些模型最早是应用于单个颗粒尺度。对于整体模型涉及的矿石尺寸，相应的方程会被联用。此外，必须考虑局部质量平衡。随着浸出液渗出矿堆，其组分发生了改变，这些改变造成的影响必然成为模型的一部分。这些改变通常是在垂直方向上的。因此，矿堆经常被视作高的平推流反应器进行评估。一系列的单元或立方体通常会被用来协助计算。图 5.19 所示为这种方法的图解。

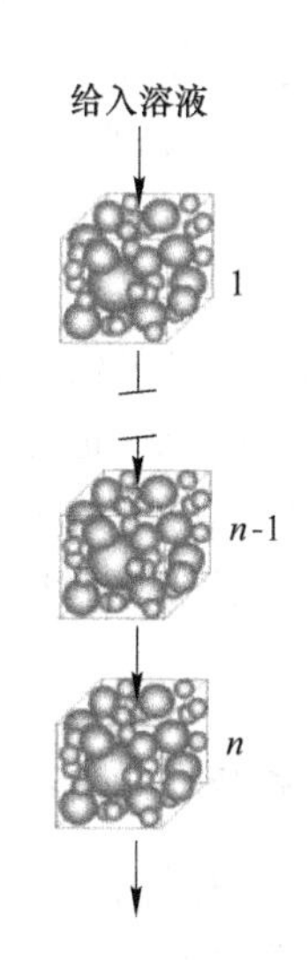

图 5.19 以包含 1 到 n 个颗粒的连续单元或单位集体盒子的堆浸建模方法

利用热力学和质量平衡去分析生成热或者消耗热的影响，利用流体动力学去分析诸如通道作用等对流体流动的影响，矿石的浸出通常基于缩核动力学模型进行模拟。

团聚结块的矿石对模型有两个额外的影响。团聚作用通常用高浓度的溶液进行操作，因此，当物质被团聚时，浸出就已经开始了。团聚结块的矿石在溶液线路安装完成开始加入浸出液之前，经常会在高浓度的溶液中暴露1天或更久，这个暴露在高浓度溶液中的延迟期被称为固化时间。

因此，当浸出液从矿堆的顶部加入后，它会收集之前团聚结块矿石和岩石颗粒中溶解出的物质。所以，最初的PLS浓度很高。

PLS中最初的溶液浓度与团聚结块矿石和岩石颗粒内部空隙的扩散速率有关，分别如图5.20和图5.21所示。同样也依赖于溶液加入速率、矿堆的高度、颗粒尺寸和其他因素有关。

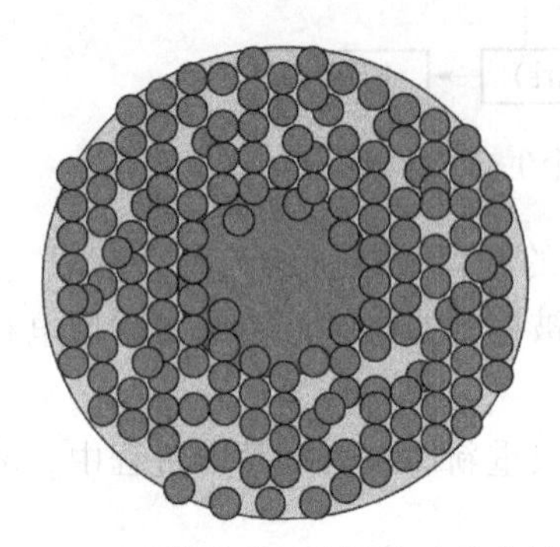

图5.20　团聚结块矿石在团聚过程中暴露于高浓度浸出液中，产生浓缩产品的示意图

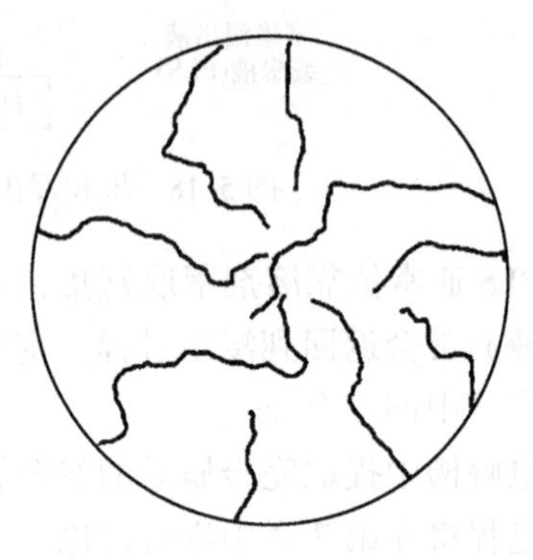

图5.21　固体颗粒中孔隙网络示意图

通常，岩石颗粒的异构性质使浸出变得更加复杂。岩石颗粒常常包含各种各样的矿物，如图5.22所示。一些矿物会快速溶解，另一些矿物会在浸出过程中形成沉淀，还有一些矿物是惰性的。而细菌通常也会参与反应。因此，浸出模型常常相当复杂并且会产生多样的结果。但是，尽管浸出模型十分复杂，其仍然可以被相当成功的应用。由于矿石复杂的性质，浸出模型的应用很具挑战性。

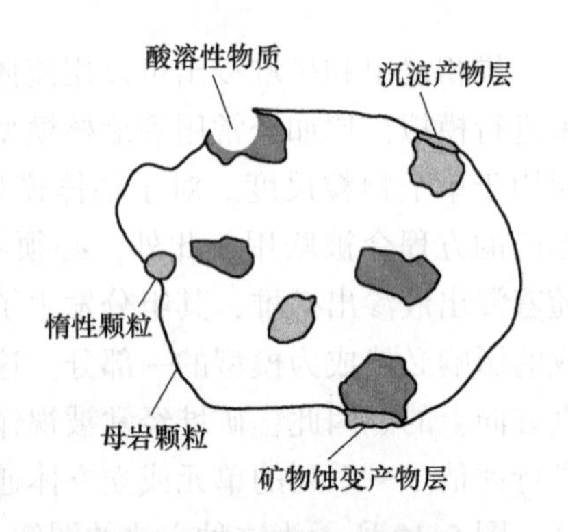

图5.22　矿石颗粒内部和外表面包含不同矿物示意图
（这些矿物成分在浸出溶液中表现为溶解、蚀变、沉淀或惰性）

5.1.6　溶液加入技术

大部分堆积浸出和矿堆浸出的溶液通过喷洒和滴灌装置加入。

在堆积浸出和矿堆浸出作业中，溶液通常以液滴/滴灌和喷洒的形式加入，在较少情况下，也会使用积水法或者注射法。细流或者滴灌经由带孔的管道或管子加入，使得持续不断的液滴通过矿堆，但是其流量很小。通常，滴灌装置放置在直径较小的管子末端，与中心孔相连。滴灌装置变得越来越流行，尤其是缺水的干旱地区。喷洒也是加入溶液的常用方法，常见的喷洒方式会在相对较窄的流速范围内提供相对较高的流量。积水法是通过在矿堆的顶部修建一个简单的储存溶液的水池来实现。积水法由于其通道作用、短路问题和较低的氧气渗透率，是加入溶液效率最低的方法，导致其很少被应用。注射法是另一种加入溶液的方法，通过注射管直接将溶液泵入矿堆，但是注射法也很少被用到。

5.1.7 商业上的堆浸应用

5.1.7.1 铜

图 5.23、图 5.24 和图 5.6 展示了典型的铜氧化物和硫化物的物相图。这些图说明金属提取通常需要酸性氧化环境。

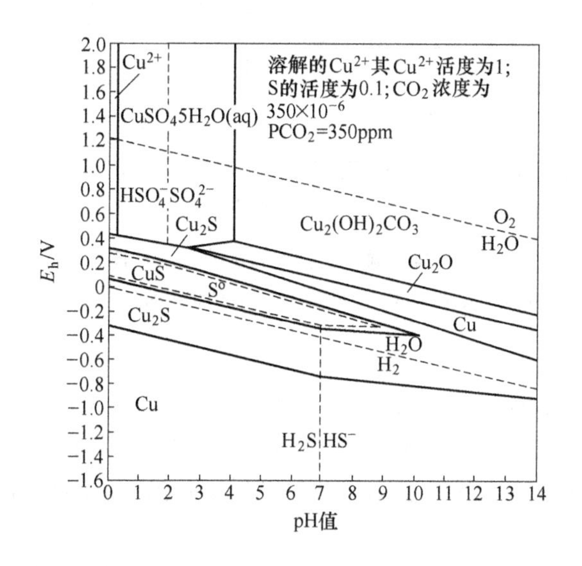

图 5.23 铜的 E_h-pH 图

（基于参考文献［25］的数据和补充的七水硫酸铜数据）

通常采用堆积浸出和矿堆浸出来提取金属铜，这些过程之前已经描述过。在这些过程中各种各样的金属会被浸出，铜是这些过程中最常被浸出的金属。因此，将铜作为典型例子进行分析。虽然铜的硫化矿也会被浸出，但是铜优先从其氧化矿中浸出。

氧化铜矿通常包括孔雀石（$CuCO_3 \cdot Cu(OH)_2$）、蓝铜矿（$2CuCO_3 \cdot Cu(OH)_2$）和硅孔雀石（$CuO \cdot SiO_2 \cdot 2H_2O$）。孔雀石是深蓝色的单斜晶体，蓝铜矿是深蓝紫的单斜晶体，硅孔雀石是含水硅酸盐与 CuO 伴生的晶体。浸出过程中经常会

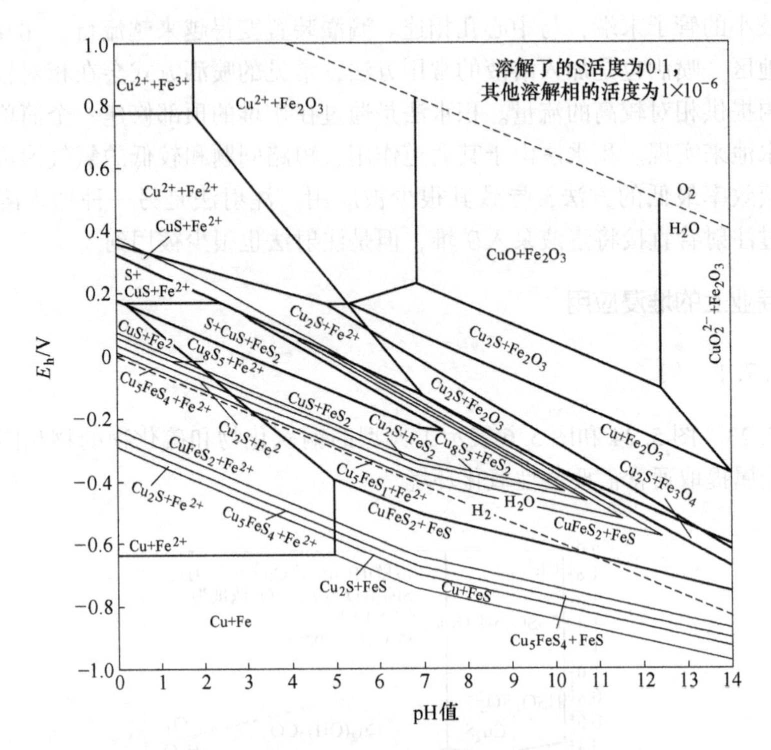

图 5.24　铜、铁、硫和水的 E_h-pH 图

（基于参考文献［25］的数据，水中铁的相图如图 5.25 所示）

发生以下反应：

$$4H^+ + CuCO_3 \cdot Cu(OH)_2 \rightleftharpoons 2Cu^{2+} + CO_2 + 3H_2O \tag{5.8}$$

$$6H^+ + 2CuCO_3 \cdot Cu(OH)_2 \rightleftharpoons 3Cu^{2+} + 2CO_2 + 4H_2O \tag{5.9}$$

$$H^+ + CuO \cdot SiO_2 \cdot 2H_2O \rightleftharpoons Cu^{2+} + SiO_2 \cdot nH_2O + (3-n)H_2O \tag{5.10}$$

在这些反应中，每释放 1mol 铜就会消耗 2mol 氢离子，即每浸出 1mol 铜需要 1mol 硫酸。然而，由于矿石中存在耗酸矿物，酸的消耗通常会更高。方解石就是一种耗酸的脉石矿物，其耗酸反应为：

$$2H^+ + CaCO_3 \rightleftharpoons Ca^{2+} + CO_2 + H_2O \tag{5.11}$$

类似于方解石的耗酸矿物增加了酸的成本。此外，耗酸矿物促进沉淀的形成，对浸出不利。

硫化铜矿物在堆浸中通常发生的反应为[11]：

$$Cu_2S + 2Fe^{3+} \rightleftharpoons Cu^{2+} + 2Fe^{2+} + CuS \tag{5.12}$$

$$CuS + 2Fe^{3+} \rightleftharpoons Cu^{2+} + 2Fe^{2+} + S^0 \tag{5.13}$$

$$Cu_5FeS_4 + 12Fe^{3+} \rightleftharpoons 5Cu^{2+} + 13Fe^{2+} + 4S^0 \tag{5.14}$$

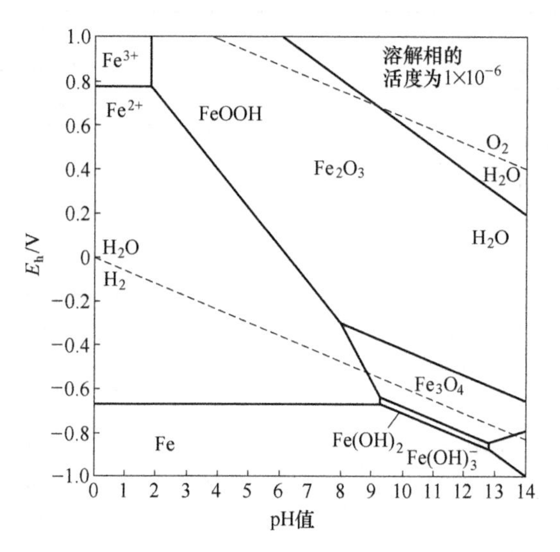

图 5.25 铁和水的 E_h-pH 图

（基于参考文献［35］）

$$CuFeS_2 + 4Fe^{3+} \rightleftharpoons Cu^{2+} + 5Fe^{2+} + 2S^0 \quad (5.15)$$

方程（5.15）的反应速率对于商业上的堆积浸出和矿堆浸出而言过于缓慢。

除了方程（5.15）之外，还存在方程（5.16）、方程（5.17）和方程（5.18）。值得注意的是，在硫化铜矿中还有大量诸如黄铁矿的其他硫化矿。黄铁矿对氧气的整体消耗有很重要的影响。此外，在细菌的作用下，亚铁离子会氧化生成三价铁离子。如方程（5.13）所示的元素硫通常也会被细菌氧化，细菌活性的物相图如图 5.26 所示。铜堆浸的一些基本参数如表 5.1 所示。

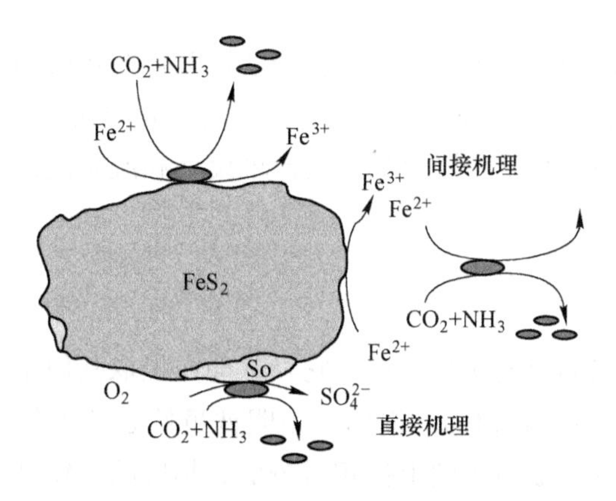

图 5.26 嗜酸氧化亚铁硫杆菌对黄铁矿的潜在生物浸出示意图

表 5.1　典型氧化铜矿和次生硫化铜矿堆积浸出参数

参　数	范围或方法
矿石品位	铜，0.3%～1.5%
大小（面积）	500000～5500000m^2
矿堆整体高度	7～60m
单层高度	3～10m
堆积方法	传送带/卡车倾倒
衬垫	1.5～2mm HDPE
溶液加入	0.005～0.01m^3/(h · m^2)
空气喷射	0～0.01m^3/(min · m^2)
喷水管间距	0.3～1.0m
发射器行间距	0.3～1.0m
矿石大小（破碎后 80%）	10～15mm
矿石大小（原矿 80%）	80～120mm
团聚	常规（60～90s）
团聚时酸用量	5～20kg（每吨矿）
浸出前停滞时间	2～20 天
加入溶液中酸用量	5～15kg/m^3
加入溶液温度	15～25℃
浸出总时间（氧化矿）	50～180 天
浸出总时间（硫化矿）	150～600 天
PLS 铜	1～6kg/m^3
PLS 酸	5～10kg/m^3
PLS 温度	15～30℃

注：PLS 为贵液（pregnant leaching solution）。

5.1.7.2　金

金通常采用罐浸而不是堆浸。因此，金的提取将在随后的章节中与其他贵金属一起讨论。但是，低品位金矿石通常是在含有 50～500ppm 氰化钠，pH 值为 10.5～11.5 的溶液中进行堆积浸出的，其矿堆设计和流体流速与铜矿堆积浸出参数是相似的。

5.1.7.3　铁

虽然铁不是浸出的目的矿物，但是它经常会在提取其他金属的过程中被提取出来。图 5.25 是铁和水的 pH-E_h 简图，表明铁虽然必须被氧化才能从其氧化矿中提取出来，但是其提取所需的电位相对较低。相应的，铁和钢制品较容易在水中被腐蚀。在低和高 pH 值下铁的物种都是可溶的，在较温和的 pH 值下，铁会形成氧化物，从腐蚀钝化的角度而言其结构不稳定。在5.1.7.1小节中讨论了水中硫和铁的相对影响。

5.2 细菌浸出/细菌氧化

细菌浸出通常应用于堆积浸出以及精矿浸出，因此在本章节对其进行介绍。在硫化矿浸出过程中，黄铁矿对细菌氧化、耗氧量、酸的产生和铁的控制都很重要。

5.2.1 细菌浸出的原理

细菌通过再生所需的矿物氧化剂来加强金属的提取。

细菌浸出已被使用了很多世纪，但是直到20世纪40年代，矿堆浸出中的细菌才被鉴定出来[4]。有三类细菌可以参与矿物的氧化或浸出过程，分别是自养型、兼养型和异养型细菌。自养型细菌是最常见的矿物氧化细菌，它们从无机化合物如亚铁离子的氧化中得到能量，从溶解的二氧化碳中得到构成细胞的碳元素[5]。自养型细菌通过产生的无机氧化物间接浸出矿物，或者是它们分泌的酶将矿物氧化。兼养型细菌从无机化合物的氧化中获得能量，它们可以从有机碳源中获得少量构成细胞的碳元素[5]。兼养型细菌的浸出机理与自养型细菌一致。异养型细菌从诸如蔗糖等有机碳源中获得能量和构成细胞的碳元素，在代谢有机碳源的过程中会生成柠檬酸、甲酸、乙酸、草酸、乳酸、丙酮酸和丁二酸等副产品，从而浸出矿物[5]。

微生物的生长繁殖需要适当的营养和条件。

大多数硫化矿是利用自养型细菌进行浸出，最常见的细菌是嗜酸氧化亚铁硫杆菌，原名为氧化亚铁硫杆菌。这些细菌生长缓慢但是不需要有机碳源，它们能够耐受极高浓度的金属离子（20g/L的As，120g/L的Zn，72g/L的Ni，30g/L的Co，55g/L的Cu和12g/L的U_3O_8[4,6]）。诸如嗜酸氧化亚铁硫杆菌等细菌比较喜欢温度范围为20℃到50℃（理想条件是33~37℃）的常温环境。同时它们也表现出嗜酸性，喜欢pH值为1到2.5之间的酸性介质。如果pH或温度不在该范围内，或氧气浓度低于1ppm[7]，细菌就开始休眠。除了这些要求外，细菌还需要其他营养成分如氮元素和硫酸盐。9K溶剂是嗜酸氧化亚铁硫杆菌生长最迅速的传统配方，其中包含3g的$(NH_4)SO_4$/L，0.1g的KCl/L，0.5g的K_2HPO_4/L，0.5g的$MgSO_4 \cdot 7H_2O$/L，0.01g的$Ca(NO_3)_2$/L，约45g的$FeSO_4 \cdot 7H_2O$/L,用硫酸将pH值调整至2.3[4]。然而，在很多商业应用中，由于细菌生长速率不是很理想，通常会在每吨矿石中添加0.5~1.0kg硫酸铵和0.1~0.2kg硫酸钾和足够的空气[7]。

最近发现，在某些情况下，其他诸如氧化亚铁钩端螺旋菌等细菌在菌落中占主要地位[8]。较高的浸出温度（>50℃）对嗜常温菌是有害的。在一些矿堆中，温度会超过70℃，所以，需要依靠嗜常温菌以外的细菌。因此嗜热细菌得到了更多的关注，嗜热意味着喜欢高温。一些报道发现在自然温泉中发现的古细菌和细菌在高温浸出中取得了很好的效果[9,36]。

微生物可以缓慢的适应环境。在某些条件下，微生物可以适应极剧毒环境。

微生物需要没有过多毒素的环境，大多数细菌可以忍受或适应一定水平的毒素。通常，如果毒素水平缓慢上升，细菌可以适应一些相对较高水平的毒素。表5.2是氧化亚铁硫杆菌对特定离子的耐受范围。

表5.2　氧化亚铁硫杆菌对特定离子的耐受范围[6]

金　属	耐受范围/$mg \cdot L^{-1}$
As	>20000
Sb	80~300
Fe	>50000
Zn	3000~80000
Cu	>100
Pb	20
Se	80
Ca	>200
Mg	>200

细菌将亚铁离子氧化成三价铁离子的代谢过程很复杂，同样，细菌将硫单质氧化为硫酸盐的过程也不简单。嗜酸氧化亚铁硫杆菌有能力氧化硫单质和亚铁离子，其他诸如嗜酸氧化硫杆菌等同样有能力氧化硫单质，这两种细菌通常都会出现在矿石中。亚铁离子氧化生成水的最后一步反应为：

$$O_2 + 4H^+ + 4e \rightleftharpoons 2H_2O \tag{5.16}$$

其中，发生反应的pH值约为7，标准电位为0.82V。与之相比，标准条件下，亚铁/铁半电池反应的电位为0.770V。

$$Fe^{3+} + e \rightleftharpoons Fe^{2+} \tag{5.17}$$

在真实浸出环境中，电位会稍微偏高或偏低一些。因此，细菌促使亚铁离子氧化为铁离子的过程中会生成水。总的反应为：

$$O_2 + 4H^+ + 4Fe^{2+} \rightleftharpoons 4Fe^{3+} + 2H_2O \tag{5.18}$$

图5.8是真实浸出环境中细菌氧化过程的示意图。如图5.8所示，细菌大小一般为1μm左右，可以附着在矿物颗粒表面或悬浮在溶液中。大多数细菌趋向于依附在矿物颗粒表面，从而氧化大部分亚铁离子。溶液中即使没有三价铁离子，一些附着的细菌也可以将单质硫氧化成硫酸盐[10]。

对于诸如黄铁矿 FeS_2 等典型硫化矿而言，当细菌存在时，会发生下面的反应：

$$2Fe^{2+} + 0.5O_2 + 2H^+ \rightleftharpoons 2Fe^{3+} + H_2O \quad (生物作用) \tag{5.19}$$

$$FeS_2 + 2Fe^{3+} \rightleftharpoons 3Fe^{2+} + 2S^0 \quad (非生物作用) \tag{5.20}$$

$$2S^0 + 3O_2 + 2H_2O \rightleftharpoons 2SO_4{}^{2-} + 4H^+ \quad (生物作用) \tag{5.21}$$

总反应为：

$$FeS_2 + 3.5O_2 + H_2O \rightleftharpoons Fe^{2+} + 2SO_4{}^{2-} + 2H^+ \quad (总反应) \tag{5.22}$$

与很多其他反应一样，总反应并不能说明反应过程中的相关信息。对于大多数硫化物而言，细菌在其氧化或浸出过程中都起到很关键的作用。事实上，有细菌时，天然硫化矿的浸出速率几乎是没有细菌时浸出速率的数量级倍数。

使得细菌浸出动力学的评估变得复杂的一个重要原因是细菌种群的动态特性和多样性。当生物浸出刚开始时，细菌种群数较低。

商业上细菌氧化是利用不同微生物的联合体或微生物群落进行的。

相应地，最初浸出速率很低。当微生物核心种群建立后，其种群数量和浸出速率呈指数倍增加。当微生物种群数量达到最大数量后，浸出速率会保持不变，除非营养供给减少。细菌种群数也会随着温度、溶解铁浓度、pH 和氧气浓度的变化而变化。此外，如果生物浸出是在连续流反应器中进行，细菌会从矿物颗粒转移到更适合它们生长的地方。这种过多转移的情况被称为冲洗，并最终会去除所有细菌。

在土地被干扰的地方，细菌浸出会出现问题。土地通常会被修路、基础建设和采矿等活动干扰，这些活动常常需要爆破或者使用重型设备。爆破会减小颗粒尺寸从而增加矿物暴露面积，尾矿的暴露问题尤为严重。单位体积的尾矿具有较高的比表面积。矿物表面或接近表面处会暴露在氧气和水中，新暴露的矿物会释放细菌所需的营养。作为暴露的结果，细菌的活性会显著增加。在硫化矿出现的区域，细菌活动可能会产酸。方程（5.21）展示了一种硫化矿产酸的可能反应。反应产生的酸可以浸出其他矿物，释放出各种各样溶解性金属离子，这种情况被称为酸性岩石废水（ARD）。由于这个天然过程与采矿作业有关，有时也会被称为酸性矿山废水。由于增加了硫化矿的暴露，酸性岩石废水通常也会生成在硫化矿尾矿中。

防止酸性岩石废水的生成需要减少矿物的暴露和细菌的活性。减少与空气和水的接触对防止酸性岩石废水的产生也很重要。因此，预防措施常常包括使用低渗透性材料覆盖已暴露的矿物，例如黏土等。还可以通过将矿物与石灰石混合来抑制产酸。通过添加农药杀死细菌的方法也同样可行。

5.2.2　细菌浸出的商业化应用

许多工厂都在使用 BIOX® 流程进行商业生产。

BIOX@流程，最初是由 Gencor（现为 BHP，Billiton Process Research）开发并应用于黄金生产领域，在世界范围内的商业生产中均有应用。地点包括加纳的 Ashanti，南非的 Fairview，巴西的 Sao Bento，中国的锦丰和澳大利亚的 Wiluna 等。BIOX 流程在商业上的应用已经超过 15 年，单个作业流程几乎每天都要处理 1000 吨精矿。位于中国青海的大厂项目正在兴建新的 BIOX 工厂[11]。BIOX 流程使用混合或联合的三种细菌：氧化亚铁硫杆菌、氧化硫硫杆菌和氧化亚铁钩端螺旋菌。这个流程将温度控制在 40~45，pH 值为 1.2~1.6，固体含量为 20%。溶解氧浓度控制在 2ppm 以上，总停留时间为 4~6 天。注入空气以分别提供细菌生长和矿物氧化所需的氧气和二氧化碳。硫化矿氧化产生的热量被移除，某些情况下可以添加额外的营养素和碳酸盐以获得最佳的浸出效果。1994 年建设的一个日处理量为 720 吨的工厂的投资为两千五百万美元，每吨矿石的生产成本大约为 17 美元[12]。对 BIOX 流程进行嗜常温培养并应用于硫化镍精矿处理中的流程被称为 BioNIC[13]。

GEOCOAT 流程是将精矿罩盖在脉石颗粒表面，然后堆积起来浸出[14]。相应的矿堆会被接种硫化矿氧化细菌如温和的嗜热菌等[14]。

BioCOP 流程是基于嗜热菌培养的罐浸，然后用溶剂萃取富集含金属浸出液，随后用电解法提取金属[15]。此流程由 Billiton 开发并在 2000 年由 Billiton 和 Codelco 进行示范生产。最终于 2003 年在 Chuquicamata 地区扩建为年处理量为 20000 吨的工厂[15]。

BACOX 流程基于天然存在的细菌进行浸出，相较于传统细菌浸出，其浸出温度较高（50℃），提升 BACOX 流程的效果同样需要最佳的外界环境[11]。

5.3 贵金属浸出应用

含贵金属矿石的浸出要比不含贵金属矿石的浸出更复杂，其复杂性在于从难冶炼矿石中提取贵金属。难冶炼矿石指的是直接浸出回收率很低或者浸出时间过长的矿石。矿石难冶炼的原因常常是由于内部的金属大多数是硫化矿被原生矿物基质层层包裹。然而，通过预处理矿石，难冶炼矿石的回收率可以被极大提高。预处理方法通常包括焙烧、加压浸出或者细菌浸出以分解其主体基质。因此，对于难冶炼矿石，有两种完全不同的浸出方法，第一种方法是采取预处理，第二种方法是通过浸出提取金属。典型液相贵金属提取的综合流程将在第 10 章中进行说明。

5.3.1 氰化浸出

最常见的贵金属萃取剂是氰化物，它是少数几种可以氧化介质中溶解金的化合物之一。氰化物被认为是先发生吸附然后形成中间体[16]：

$$AuCN_{ads} + e \rightleftharpoons Au + CN^- \quad (反方向发生) \tag{5.23}$$

阳极反应生成了不活泼的 $AuCN_{ads}$ 薄膜，随后又与氰化物发生附加反应形成氰化亚金混合物：

$$AuCN_{ads} + CN^- \rightleftharpoons Au(CN)_2^- \tag{5.24}$$

图 5.27 是金和氰化物的 Pourbaix 图。

由于生成了很强的 $Au(CN)^-$ 混合物，水中添加氰化物后会使金的氧化电位降低大约 1V。

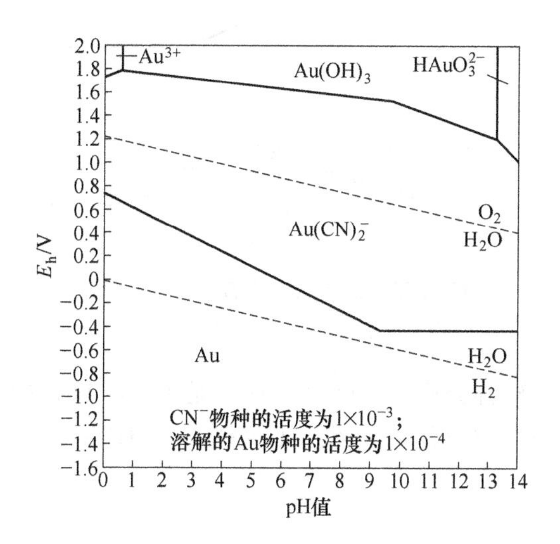

图 5.27 金和氰化物的 Pourbaix 图
（基于参考文献 [17] 的数据）

相应的银和氰化物的原电池半反应为：

$$Ag(CN)_2^- + e \rightleftharpoons Ag + 2CN^- \tag{5.25}$$

图 5.28 是银和氰化物的 Pourbaix 图，如图 5.28 所示，当 pH 值小于 3.5 时，银和氰化物的反应会生成不溶性的氰化银混合物。

方程（5.23）需要一个消耗电子的逆反应，通常是生成水或过氧化氢的反应。过氧化氢被分解成氧气和氢离子或氧气和水。方程 5.26 是金的氰化浸出中最重要的电子消耗反应[18]：

$$O_2 + 2H^+ + 2e \rightleftharpoons H_2O_2 (或\ O_2 + 4H^+ + 4e \rightleftharpoons 2H_2O) \tag{5.26}$$

由于氧气是主要的氧化剂，它对金的浸出至关重要。

因此，氧气在金的提取中发挥了至关重要的作用。过氧化氢形成后，会分解成水，因此，在碱性溶液中氰化浸出金的总反应为：

$$4Au + 8CN^- + O_2 + 2H_2O \rightleftharpoons 4Au(CN)_2^- + 4OH^- \tag{5.27}$$

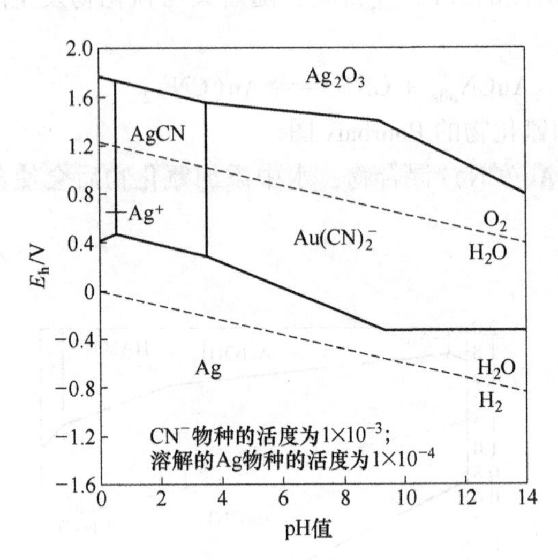

图 5.28　银和氰化物的 Pourbaix 图

（基于参考文献［19］、［20］的数据）

这个反应通常在碱性介质（pH >10，通常是 10.5~11）中进行，在低 pH 值条件下氰化物会反应生成氰化氢气体：$H^+ + CN^- \rightleftharpoons HCN(g)$。图 5.29 是氰化物的 Pourbaix 图。

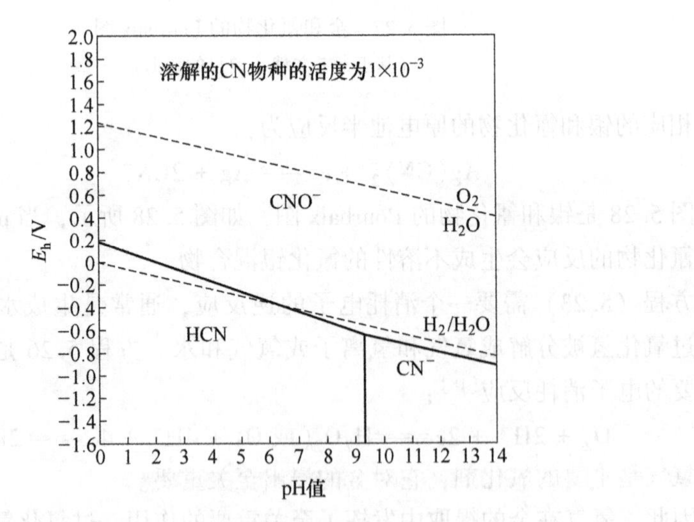

图 5.29　水中氰化物的 E_h-pH 图

（溶解的氰化物物种的活性为 0.001，基于附录 D 的热力学数据）

强碱性条件（pH 值大于 10.5）可以防止氰化氢气体的生成。

氰化氢气体有剧毒，因此，氰化浸出必须在 pH 值大于 10.5 的条件下进行。大多数的氰化浸金中每吨矿石的氰化钠用量为 0.1～1kg，氰化物的浓度一般在 50～1000ppm。堆浸时氰化物的浓度处于这个范围的下限，精矿浸出时的浓度则会较高。如果存在耗氰物质，氰化物的消耗会更大。耗氰物质如铁、铜等和氰化物结合会增加氰化物的消耗。少量的溶解性铅通常有利于浸出。

金矿石中天然含碳材料会吸附溶解金，这些含碳材料不会被溶解，金也很难被释放出来，从而降低了金的回收率。因此，天然含碳材料可以有效地从含贵金属溶液中夺取金，原矿中这些材料对含贵金属溶液的不利吸附影响被称为劫金。通常使用焙烧预处理的方式去除这些含碳材料。

搅拌槽浸或桶浸是最常见的浸金方法，在 2004 年大约有 50%的金是通过这些方法生产的[21]。然而，堆浸也开始变得流行。2004 年全球范围内 10%的金是通过堆浸生产的[21]。

5.3.2 其他贵金属浸出剂

通常，氯、溴、碘等卤化物和硫氰酸盐 SCN^-、硫脲 NH_2CSNH_2、硫代硫酸盐 $S_2O_3^{2-}$ 等的硫化物都可以作为液相中金的浸出剂（萃取剂）。氯化物或其他卤化物（X）的典型反应为：

$$Au(X)_4^- + e \rightleftharpoons Au + 2(X)^- + (X)_2 \tag{5.28}$$

卤化物浸金的速率要远高于氰化物，但是，卤化物浸金的成本要高于氰化浸金。因此，金的提取很少用卤化物。

氰化物的毒性驱使人们研究低毒性金萃取剂如硫代硫酸盐、硫氰酸盐和氯化物等。

硫氰酸盐、硫脲和硫代硫酸盐的典型反应为[22]：

$$Au(SCN)_2^- + e \rightleftharpoons Au + 2SCN^- \tag{5.29}$$

$$Au(NH_2CSNH_2)_2^+ + e \rightleftharpoons Au + 2(NH_2CSNH_2) \tag{5.30}$$

$$4Au + 8S_2O_3^{2-} + O_2 + 2H_2O \rightleftharpoons 4Au(S_2O_3)_2^{3-} + 4OH^- \tag{5.31}$$

图 5.30 和图 5.31 分别是硫氰酸盐和硫代硫酸盐的 Pourbaix 图。采用硫氰酸盐和硫脲的浸出都是在酸性介质中进行的。与之相反，采用硫代硫酸盐的浸出通常是在碱性介质中进行。由于氧气的氧化作用较弱，采用硫氰酸盐的浸出反应还需要添加额外的氧化剂，会优先考虑的氧化剂是铁离子。采用硫代硫酸盐的浸出反应利用氧气参与氧化反应。这些硫化物都有作为贵金属浸出剂的应用潜力。但是，高昂的药剂成本和过程控制问题使它们目前并没有得到广泛的工业应用。

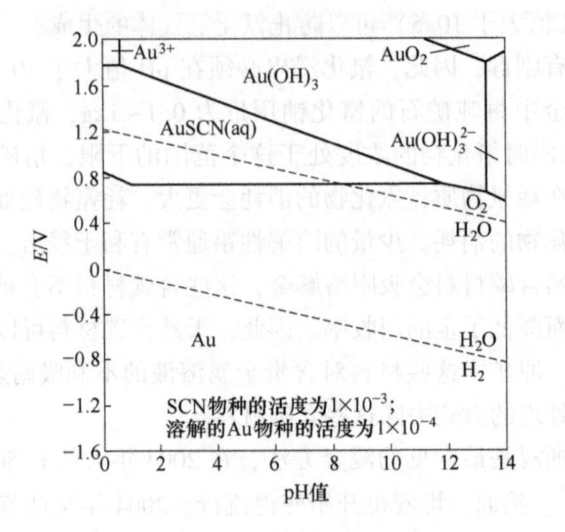

图 5.30　金和硫氰酸盐的 Pourbaix 图

（基于参考文献［19］的数据）

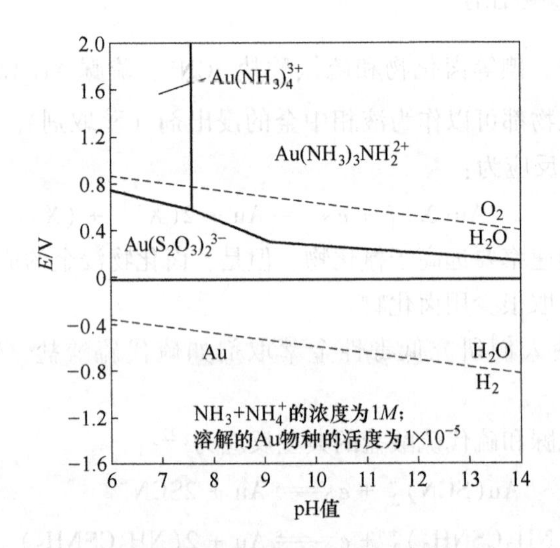

图 5.31　金和硫代硫酸盐在氨/铵溶液中的 Pourbaix 图

（基于参考文献［23］的数据）

5.4　精矿提取

5.4.1　精矿浸出

通过浮选得到的金属硫化矿精矿，会在较高的温度、压力和氧气条件下，在容器中进行浸出。

高品位精矿通常能在浸出容器中经济地浸出，如图 5.32 所示。精矿浸出并不是浸出最常见的方法，它需要磨矿和富集等前期准备工作。然而，每年都有大吨位的焙烧锌精矿被浸出。近年来，细菌浸出处理精矿有所增加，5.2 节中已经提到了一些浸出精矿的细菌浸出厂。很多商业上的作业是利用高压反应釜氧化硫化矿作为从难冶炼矿石提取金的预处理措施。图 5.33 是一个典型的高压酸浸/高压反应釜浸出容器（HPAL）。位于 Freeport 的 Morenci 铜矿采用高压氧浸（POX）的方式浸出黄铜矿精矿。精矿浸出处理的是 d_{80}尺寸小于 10 μm 的超细研磨矿物，更多涉及高压浸出的细节将会在随后的章节中进行讨论。

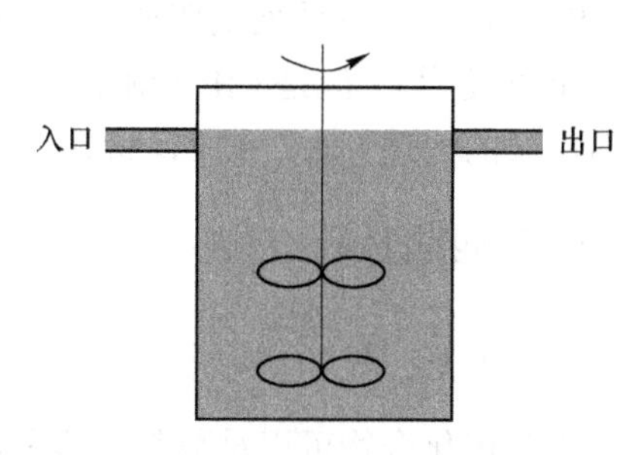

图 5.32 带有搅拌装置的浸出容器示意图

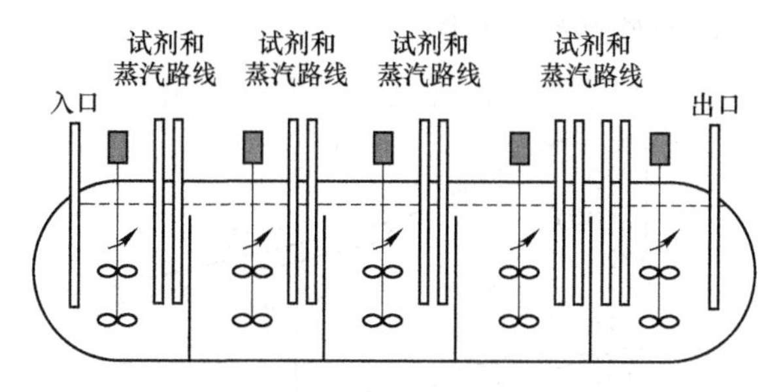

图 5.33 高压反应釜浸出容器（HPAL）示意图

5.4.2 金矿石和精矿的搅拌浸出

金矿石以及某些条件下的金精矿通常是在大型搅拌罐中进行浸出的。之前的章节里已经描述了浸出过程和相应的化学反应。搅拌浸出通常处理的是固体重量占 40%~50%的矿浆。由于金矿浸出的需求，通常会添加空气或氧气。通常会使用活性炭将浸出和富集作业结合起来。富集过程将会在后面进行详细讨论。但是，由于富集是在浸出罐中发生的，在这里也会进行一些讨论。浸出中所使用的活性炭（CIL）颗粒的直径为 1~5mm，对浸出溶液中的低浓度溶解金有促进作用。浸出过程中溶解的金会迅速吸附在活性炭上，当存在含碳劫金物质时，CIL 流程能够实现较高的金回收率。但是，CIL 处理会导致碳的显著损耗和细颗粒载金活性炭进入尾矿导致金损失。一般情况下的浸出会进行 24~48h。

活性炭广泛地应用于金的吸附和富集。

矿浆中加入活性炭（CIP）的处理方法类似于 CIL 方法。在 CIP 中，浸出发生在活性炭加入之前。浸出后，活性炭以矿浆流动的反方向被加进吸附罐中。由于 CIP 流程涉及一系列的吸附罐，因此其成本要高于 CIL 流程。虽然可能需要 6~8 个阶段[24]，但是 CIP 吸附罐的滞留时间很短，只有 1h。另外一种也涉及使用活性炭的处理方法（CIC）将在本书中的富集部分进行讨论。

5.4.3 其他常压浸出方法

5.4.3.1 镍

硫化镍化合物可以被氯气逐步分解：

$$Ni_3S_2 + Cl_2 \rightleftharpoons Ni^{2+} + 2NiS + 2Cl^- \quad (5.32)$$

$$2NiS + Cl_2 \rightleftharpoons Ni^{2+} + NiS_2 + 2Cl^- \quad (5.33)$$

$$NiS_2 + Cl_2 \rightleftharpoons Ni^{2+} + 2S^0 + 2Cl^- \quad (5.34)$$

$$2S^0 + 6Cl_2 + 8H_2O \rightleftharpoons 2SO_4^{2-} + 16H^+ + 12Cl^- \quad (5.35)$$

图 5.34 是镍、硫和水的 E_h-pH 图。

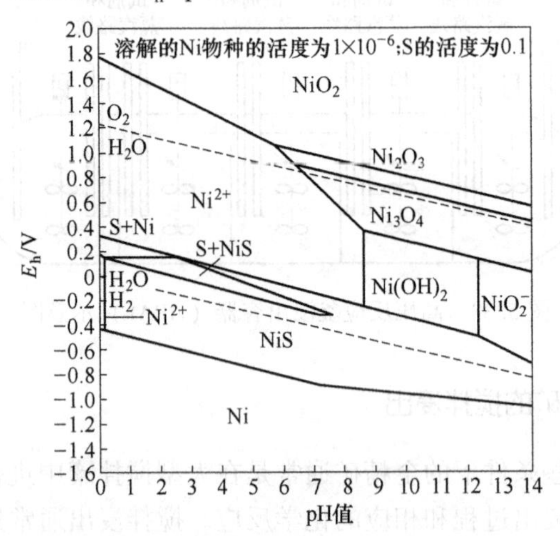

图 5.34 镍、硫在水中的 E_h-pH 图

（镍溶解物种的活度是 0.000001，硫的活度是 0.1。基于参考文献［25］的数据）

其他如方程（5.36）所示的氯化铁或氯化铜等氯化物也会被用到。采用氯气、铁离子和铜离子进行浸出的一个显著优势是氧化剂可以在电解过程中再生，但是在实际生产中很少用到。

$$2FeCl_3 + CuS \rightleftharpoons Cu^{2+} + 2Fe^{2+} + S^0 + 3Cl^- \quad (5.36)$$

5.4.3.2 锌

锌主要通过浸出从焙烧硫化锌矿得到的氧化锌矿获得。相应的 E_h-pH 图（图 5.35）表明在低氧化电位的酸或碱性介质中浸出是可行的。

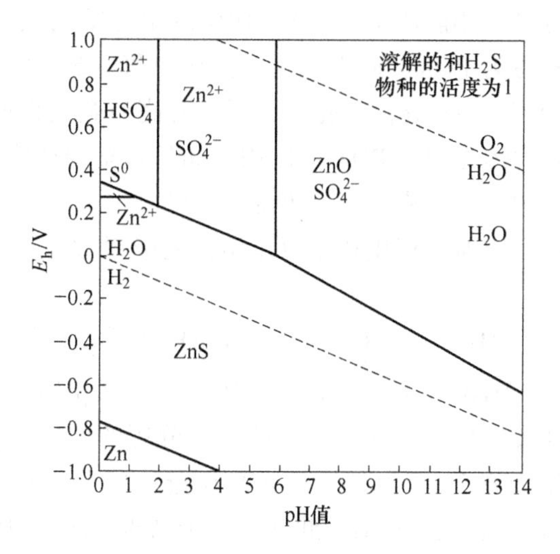

图 5.35 锌和硫在水中的 E_h-pH 图[26]

很多常规压力浸出流程被开发用于硫化铜矿的浸出，包括 Arbiter，BHAS，Bromide，CANMET，CENIM-LINETI，CLEAR，Cuprex，Cymet，Dextec，Ecochem，Electroslurry，Elkem，GALVANOX，Intec，Minemet，Nenatech，Nitric Acid 和 USBM 等。概述相关化学反应的文献中总结了许多这样的流程[27]。但是，这些工艺并没有在世界范围内实现长时间大规模商业化。

很多其他可能的流程在常规压力下用于从矿物中提取金属。如 5.2 节所示，有几个硫化矿精矿浸出成功实现了大规模应用。

5.4.3.3 二氧化钛的处理

钛通常是以 TiO_2 的形式从含 $FeTiO_3$ 的钛铁矿中获得，在硫酸中浸出钛铁矿的通用方法为：

$$FeTiO_3 + 2H_2SO_4 \rightleftharpoons TiOSO_4 + FeSO_4 + 2H_2O \tag{5.37}$$

含有二氧化钛和硫酸亚铁的溶液被冷却后使亚铁离子以七水硫酸亚铁的形式沉淀，然后加热并用水稀释以形成 $TiO(OH)_2$。TiO_2 种晶被加入作为沉淀生成的晶核。还会加入一些硫酸钛以减少残留的铁离子，并且防止铁离子以氢氧化铁的形式和 $TiO(OH)_2$ 共沉淀。随后焙烧 $TiO(OH)_2$ 形成 TiO_2。

包括镧系元素等在内的稀土元素，是在硫酸或氢氧化钠中从氟碳铈镧矿或独居石矿物中浸出得到的。

5.4.4 高品位矿石和精矿的加压浸出

加压浸出是在高压条件下液相提取金属的过程，常在高压釜中进行。加压浸出会在原位自然发生（利用静压头压力）。加压浸出通常是氧化过程。因此，加压氧化作用通常被简写为 POX。通常来说，高压氧气（5~50 个大气压）、高温（接近 200℃）被应用于 POX 流程。温度和压力升高后金属提取非常迅速。POX 流程的平均滞留时间大约为 2h。POX 可以用于如从锌焙烧产物中提取锌等金属，也可作为提取贵金属的预处理流程。加压浸出还可以用于控制各种沉淀反应。

很多矿物的分解反应涉及氧化和还原作用，阴极通常是在低或者高 pH 值条件下会发生氧化反应：

$$4H^+ + 4e + O_2 \rightleftharpoons 2H_2O \quad (低\ pH\ 值) \tag{5.38}$$

$$2H_2O + 4e + O_2 \rightleftharpoons 4OH^- \quad (高\ pH\ 值) \tag{5.39}$$

氧气压力的增加会提高反应速率。因此，氧分压的增大也会加速矿物分解。常规条件下，氧分压为 0.21 个大气压。在高压釜中将分压提高到 10 个大气压后，氧气的氧化能力被提高了 50 倍。此外，由于高压釜的一般温度为 150℃，假设活化能为 25kJ/mol，那么相应的速率是 25℃时的 20 倍。加压浸出的动力学因子可以很容易地达到典型浸出动力学的 1000 倍。此外，高压酸浸或高压反应釜浸出对除铁、稳定砷和减少耗氧量的潜在优势是常规浸出无法实现的。

5.4.5 高压浸出铝矿的商业应用

在 19 世纪晚期，高压浸出通过 Bayer 法被用于铝土矿[28]。在典型的 Bayer 法中，铝土矿中的三水铝矿（$Al(OH)_3$）和水铝石/勃姆石（$AlO(OH)$）都被溶解。图 5.36 是铝和水的 E_h-pH 图。如图 5.36 所示，氧化铝在强酸或强碱性条件下可以被溶解，而且其分解不需要发生氧化或者还原反应。

Bayer 法是在高温高压条件下进行，从而加速溶解过程。在温度大约为 150~200℃，压力为 4~8 个大气压的 3~12M 的 NaOH 中发生的反应为：

$$Al(OH)_3 + OH^- \rightleftharpoons AlO_2^- + 2H_2O \tag{5.40}$$

$$AlO(OH) + OH^- \rightleftharpoons AlO_2^- + H_2O \tag{5.41}$$

相较于勃姆石，三水铝矿在较低的温度和氢氧根浓度下更容易溶解。

下一步是在溶液中加水以形成三水铝石：

$$AlO_2^- + 2H_2O \rightleftharpoons Al(OH)_3 + OH^- \tag{5.42}$$

生成的三水铝石沉淀接着会被焙烧成氧化铝。再在熔盐浴电解池中电解还原氧化铝以生成金属铝。加入石灰（CaO）后，氢氧化钠可再生，草酸会被去除，相应的反应式为：

$$Na_2CO_3 + CaO + H_2O \rightleftharpoons 2NaOH + CaCO_3 \tag{5.43}$$

$$H_2COO + CaO \rightleftharpoons CaCOO + H_2O \tag{5.44}$$

此外，还会生成一些铝酸钙。

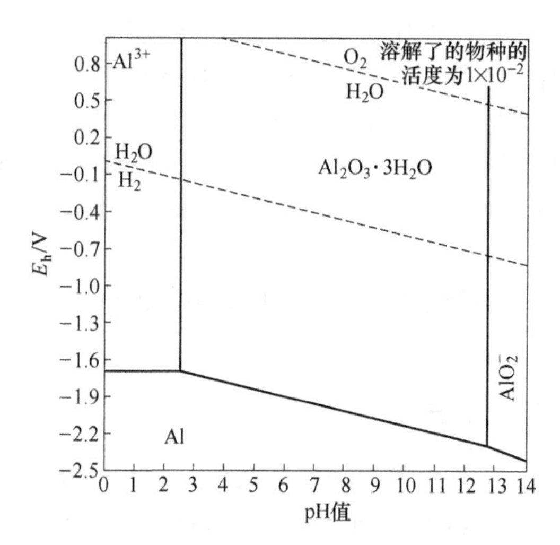

图 5.36 铝在水中的 E_h-pH 图

（被溶解物种的活度为 0.01，基于参考文献［37］的数据）

5.4.6 硫化矿精矿加压浸出

加压浸出已在难冶炼贵金属矿的预处理和一些硫化铜精矿的浸出中有了工业规模的应用[30]。对于难冶炼金矿石 POX 预处理的典型反应为：

$$FeS_2 + H_2O + 3.5O_2 \rightleftharpoons FeSO_4 + H_2SO_4 \quad (5.45)$$

$$FeAsS + 1.5H_2O + 3.25O_2 \rightleftharpoons FeSO_4 + H_3AsO_4 \quad (5.46)$$

高压氧化硫化矿通常被用来提取铜或其他金属，还被用于破坏硫化矿基石以促进随后的氰化浸金反应。

由于硫化矿具有形成酸的倾向，这些反应通常是在酸性介质中进行。产生的浸出矿浆在氰化浸出前会被转化成碱性。

POX 流程被用于提取铜等金属。黄铜矿的化学发应对温度很敏感，适当的调控温度可以控制产物为单质硫或硫酸。当温度在较低的 100～160℃时，常见的反应为：

$$2CuFeS_2 + 2.5O_2 + 5H_2SO_4 \longrightarrow 2CuSO_4 + Fe_2(SO_4)_3 + 4S^0 + 5H_2O \quad (5.47)$$

$$CuFeS_2 + 2Fe_2(SO_4)_3 \longrightarrow CuSO_4 + 5FeSO_4 + 2S^0 \quad (5.48)$$

铁通常会生成针铁矿沉淀[31]：

$$Fe_2(SO_4)_3 + 4H_2O \longrightarrow 2FeOOH + 3H_2SO_4 \quad (5.49)$$

当温度在较高的 180～230℃时，相应的反应为：

$$2CuFeS_2 + 8.5O_2 + H_2SO_4 \longrightarrow 2CuSO_4 + Fe_2(SO_4)_3 + H_2O \quad (5.50)$$

$$2CuFeS_2 + 16Fe_2(SO_4)_3 + 16H_2O \longrightarrow 2CuSO_4 + 34FeSO_4 + 16H_2SO_4 \quad (5.51)$$

$$2FeSO_4 + 0.5O_2 + H_2SO_4 \longrightarrow Fe_2(SO_4)_3 + H_2O \quad (5.52)$$

$$Fe_2(SO_4)_3 + 3H_2O \longrightarrow Fe_2O_3 + 3H_2SO_4 \quad (5.53)$$

因此，当温度较低时，硫产物是单质硫。当温度较高时，硫产物为硫酸。

另一个硫化物氧化的有用化学反应是使用氯化物和酸在220℃、有氧条件下应用于Platsol流程中[32]。氯化物、酸和氧气的添加导致碱金属与贵金属一起溶解，形成复杂氯化物。

其他的如涉及硝酸等的化学反应被成功应用于镍市场[33]，这个流程包括硝酸的再生。

5.4.7 商业规模的镍精矿浸出

加压浸出的另一个重要应用是Sherrit-Gordon流程。在这个流程中，金属镍从镍黄铁矿精矿（Fe,Ni)S中被提取。在70~90℃和7~10个大气压条件下添加氨和氧气来实现这个流程[34]。相关的反应为：

$$NiS + 6NH_3 + 2O_2 \rightleftharpoons Ni(NH_3)_6^{2+} + SO_4^{2-} \quad (5.54)$$

$$4FeS + 9O_2 + 8NH_3 + 4H_2O \rightleftharpoons 2Fe_2O_3 + 8NH_4^+ + 4SO_4^{2-} \quad (5.55)$$

在这个过程中，被溶解的镍会形成镍氨复合物，而铁以氧化铁形式沉淀。

更多镍浸出的详细信息，以及其与镍矿石的加工和相关流程表之间的关系，将在第10章中讲解。

5.4.8 铀矿加压浸出

可以在高压釜中使用硫酸浸出铀矿石，氧化铀矿的加压浸出反应为：

$$UO_2HCO_3 + e \rightleftharpoons UO_2 + HCO_3^- \quad \text{（发生在阳极）} \quad (5.56)$$

$$UO_2CO_3 + H_2O + e \rightleftharpoons UO_2HCO_3 + OH^- \quad \text{（发生在阳极）} \quad (5.57)$$

$$UO_2CO_3 + 2CO_3^{2-} \rightleftharpoons UO_2(CO_3)_3^{4-} \quad (5.58)$$

参考文献

[1] N. De Nevers, "Fluid Mechanics," Addison-Wesley Publishing Co., Reading, 1970.

[2] R. J. Akers, and A. S. Ward, "Liquid Filtration Theory and Filtration Pretreatment," Chapter 2 in Filtration: Principles and Practice, ed. C. Orr, Marcel Dekker, Inc., New York, pp. 169-250, 1977.

[3] R. W. Bartlett, "Solution Mining: Leaching and Fluid Recovery of Materials," Gordon and Breach Science Publishers, 1992.

[4] A. E. Torma, "New Trends in Biohydrometallurgy," in Mineral Bioprocessing, eds. R. W. Smith, and M. Misra, p. 43, TMS, Warrendale 1991.

[5] C. L. Brierly, "Bacterial Leaching," CRC Critical Reviews in Microbiology, 6 (3), 207, CRC Press, Boca Raton, 1978.

[6] J. Marsden, I. House, "The Chemistry of Gold Extraction," Ellis Horwood, New York, p. 199-229, 1993.

[7] J. Marsden, I. House, "The Chemistry of Gold Extraction," Ellis Horwood, New York, p. 230, 1993.

[8] H. L. Ehrlich, "Past, Present and Future of Biohydrometallurgy," Hydrometallurgy, 59, 127, 2001.

[9] D. B. Johnson, "Importance of Microbial Ecology in the Development of New Mineral Technologies," Hydrometallurgy, 59, 147, 2001.

[10] M. L. Free, "Bioleaching of a Sulfide Ore Concentrate—Distinguishing Between the Leaching Mechanisms of Attached and Nonattached Bacteria," M. S. Thesis, University of Utah, 1992.

[11] J. Chadwick, Golden Horizons, International Mining, p. 74-75, May, 2011.

[12] Available at http://www.goldfields.co.za/com_technology.php. Accessed 2013 May 6.

[13] D. M. Miller, D. W. Dew, A. E. Norton, M. W. Johns, P. M. Cole, G. Benetis, M. Dry, "The BioNIC Process: Description of the Process and Presentation of Pilot Plant Results," in Nickel/Cobalt 97, Sudbury, Canada, 1997.

[14] T. J. Harvey, N. Holder, T. Stanek, "Thermophilic Bioheap Leaching of Chalcopyrite Concentrates," The European Journal of Mineral Processing and Environmental Protection, 2 (3), 253-263, 2002.

[15] M. E. Clark, J. D. Batty, C. B. van Buuren, D. W. Dew, M. A. Eamon, "Biotechnology in Minerals Processing: Technological Breakthroughs Creating Value," Hydrometallurgy, 83, 3-9, 2006.

[16] M. E. Wadsworth, "Leaching-Metals Applications," Chapter 9 in Handbook of Separation Process Technology, ed. R. W. Rousseau, John Wiley and Sons Inc., New York, pp. 500-539, 1987.

[17] N. P. Finkelstein, "The Chemistry of the Extraction of Gold from Its Ores," in Gold Metallurgy on the Witwatersrand, ed. R. J. Adamson, Cape and Transvaal Printers, Ltd., Cape Town, South Africa, pp. 284-351, 1972.

[18] J. Marsden, I. House, "The Chemistry of Gold Extraction," Ellis Horwood, New York, pp. 265-266, 1993.

[19] K. Osseo-Asare, T. Xue, V. S. T. Ciminelli, "Solution Chemistry of Cyanide Leaching Systems," in Precious Metals: Mining, Extraction and Processing, eds. V. Kudryk, D. A. Corrigan, W. W. Liang, pp. 173-197, TMS, Warrendale 1984.

[20] J. Marsden, I. House, "The Chemistry of Gold Extraction," Ellis Horwood, New York, p. 253, 1993.

[21] J. Marsden, I. House, "The Chemistry of Gold Extraction," Ellis Horwood, New York, p. 505, 1993.

[22] J. Marsden, I. House, "The Chemistry of Gold Extraction," Ellis Horwood, New York, pp. 299-305, 1993.

[23] W. Stange, The Process Design of Gold Leaching and Carbon-In-Pulp Circuits, Journal of the South African Institute of Mining and Metallurgy, 99, 13-25, 1999.

[24] G. Senayake, W. N. Perera, and M. J. Nicol, "Thermodynamic Studies of the Gold (Ⅲ) / (Ⅰ) /(0) Redox System in Ammonia-Thiosulfate Solutions at 25℃," in Hydrometallurgy 2003: Proceedings 5th International Symposium Honoring Professor I. M. Ritchie. eds. C. A. Young, A. Alfantazi, C. Anderson, A. James, D. Dreisinger, and B. Harris, TMS, Warrendale, PA, pp. 155-168, 2003.

[25] R. M. Garrels, and C. L. Christ, "Solutions, Minerals, and Equilibria," Jones and Bartlett Publishers, Boston, p. 245, 1990.

[26] Peter Hayes, Process Principles in Minerals and Materials Production, 3rd edition, Hayes Publishing Co., Brisbane, Australia, p. 238, 2003.

[27] M. L. Free, "Electrochemical Coupling of Metal Extraction and Electrowinning," in Electrometallurgy 2001, eds. J. A. Gonzales and J. Dutrizac, pp. 235-260, CIM, Montreal, 2001.

[28] E. Jackson, "Hydrometallurgical Extraction and Reclamation," Ellis Horwood Limited, Chichester, pp. 57-58, 1986.

[29] E. Jackson, "Hydrometallurgical Extraction and Reclamation," Ellis Horwood Limited, Chichester, pp. 61-62, 1986.

[30] D. Matthews, Jr., "Getchell Mine Pressure Oxidation Circuit Four Years After Start Up," Mining Engineering, 46 (2), 115, 1994.

[31] R. G. McDonald, D. M. Muir, "Pressure Oxidation Leaching of Chalcopyrite. Part I. Comparison of High and Low Temperature Reaction Kinetics and Products," Hydrometallurgy, 86, pp. 195-205, 2007.

[32] C. J. Ferron, C. A. Fleming, P. T. O' Kane, D. Dreisinger, "Pilot Plant Demonstration of the Platsol Process for the Treatment of the NorthMet Copper-Nickel-PGM Deposit," SME Transactions, Vol 54 (12), 33-39, 2002.

[33] C. G. Anderson and S. M. Nordwick, "The Application of Sunshine Nitrous-Sulfuric Acid Pressure Leaching to Sulfide Materials Containing Platinum Group Metals," Precious Metals 1994, Proceedings of the 18th Annual IPMI Conference, Vancouver, B. C., June 1994, pp. 223-234.

[34] M. E. Wadsworth, "Leaching-Metals Applications," Chapter 9 in Handbook of Separation Process Technolog, ed., R. W. Rousseau, JohnWiley and Sons Inc., New York, pp. 500-539, 1987.

[35] D. C. Silverman, "Presence of Solid Fe(OH) 2 in EMF-pH Diagram for Iron," Corrosion, 38 (8), 453-455, 1982.

[36] D. Mikkelsen, U. Kappler, R. I. Webb, R. Rasch, A. G. McEwan, L. I. Sly, "Visualisation of Pyrite Leaching by Selected Thermophilic Archaea: Nature of Microorganism-Ore Interactions During Bioleaching", Hydrometallurgy, 88 (1-4), 143-153, 2007.

[37] D. A. Jones, "Principles and Prevention of Corrosion," Macmillan Publishing Company, New York, 1992.

思考练习题

5.1 使用 Poiseuille 方程计算颗粒平均直径从 0.5mm 减小到 0.4mm 后，浸出液的新流速以及堆浸中氧气流入的新流速。当前浸出液的最大流速（淹没前）为 0.01L/($m^2 \cdot s$)，氧气的流速为 0.008L/($m^2 \cdot s$)。（注意孔隙半径与颗粒半径成正比。）假设对每一个颗粒，单位面积的有效孔隙数量不变。

5.2 对第 5.1 题中颗粒直径的改变（从 0.5mm 减小到 0.4mm），如果当前的浸出时间是 3 年，根据缩核模型求相应的新的浸出时间（浸出率为 50%）。假设其他因素保持不变，并且反应为扩散反应。
（答案：1.92 年）

5.3 如果堆浸的孔隙率由于搬运设备的过多而压实，从 0.3500 降至 0.3325。若压力梯度不变，根据 Kozeny 方程求减小的流体流速。

5.4 如果颗粒直径是 2mm，计算由于毛细作用产生的停滞在堆浸底部的溶液的高度。假设表面张力、接触角和溶液密度都是标准值，同时假设孔隙率为 0.35，固体率为 0.65。

5.5 使用细菌浸出动力学的标准值计算，如果在一个连续流作业中所有的硫都被铁离子转化为单质硫，估算黄铁矿的氧化速率。如果亚铁离子的浓度减半，铁的溶解速率为多少？（涉及第 4 章动力学知识）

5.6 金矿堆浸作业的 STP 流程中氧气的消耗速率为 6.67×10^{-6}L/($m^2 \cdot s$)，3%的氧气被氰化浸金消耗，如果矿堆高 15m，含金量为每吨矿石 2g，矿石的密度为 1500kg/m^3，估算氰化浸金的速率。在此速率下，浸出所有的金需要多久？如果氰化浸金过程只有 0.45%的氧气被利用，浸出所有的金需要多久？

5.7 如果堆浸冲洗设备的液体流速为 0.007L/($m^2 \cdot min$)，设备工作时间为 60%，计算冲洗速率。

5.8 大型堆浸矿堆的固有渗透率为 1.2Darcys，矿堆高度为 50m，当从矿堆的底部以 0.1 个大气压注入空气时，求空气的平均滞留时间。假设空气的黏度为 0.0000183kg/($m \cdot s$)。

第 6 章　溶解金属的分离

分离金属离子是连接金属提取和回收的桥梁。

本章节主要的学习目标和效果

（1）理解基本的金属浓缩原理和术语；
（2）理解如何进行溶剂萃取；
（3）掌握如何评估溶剂萃取工艺；
（4）理解如何进行离子交换；
（5）掌握如何评估离子交换过程；
（6）理解如何进行炭吸附；
（7）理解如何进行沉淀；
（8）理解如何进行超过滤。

被溶解或浸出的金属需要进行分离从而得到纯金属。如第 2 章和第 3 章所述，金属离子的分离是基于每种金属的热力学性质差异。溶解金属的分离通常要经过溶剂萃取、离子交换、炭吸附、沉淀和超细过滤等过程。本章将讨论这些方法的基本原理和应用。

6.1　液-液或溶剂萃取

液-液萃取或溶剂萃取是金属选择性富集的常用方法。液-液萃取一般是使用溶解在有机相中的有机萃取剂来实现的。有机相能够接触含有溶解金属或金属离子的复合物液相。因此，使用两种液体，术语为液-液萃取。虽然液相和有机相互不相溶，但是，液相中有机相的含量通常小于 15ppm[1]。

有机相包括萃取剂和稀释剂。稀释剂能有效地稀释萃取剂。稀释剂通常由链烷烃、环烷烃和烷基芳香烃组成。由于萃取剂通常具有黏性，在没有稀释剂的情况下难以控制。因此，需要使用稀释剂来促进萃取剂的泵送、加工和沉降。稀释剂也有助于萃取剂在有机相中更有效地分散。稀释剂有效地延长了萃取剂在液滴界面的存在。因此，稀释剂也称为延长剂。

溶剂萃取是在搅拌器中进行的。搅拌器将液相中的有机相分散成小液滴，小液滴提高了萃取动力学。小型和工业规模溶剂萃取系统示意图如图 6.1 和图 6.2 所示。

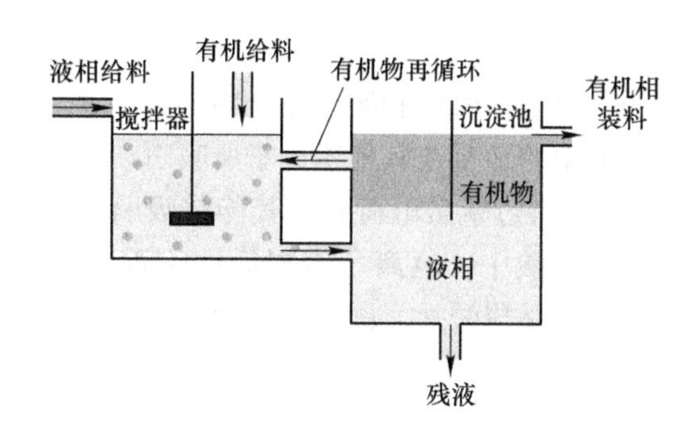

图 6.1 实验室溶剂萃取混合机和沉降器示意图

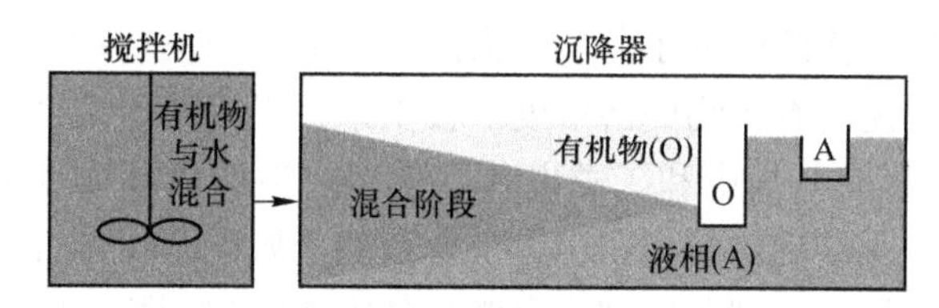

图 6.2 剥离阶段工业溶剂萃取搅拌机和沉降器示意图

如图 6.1 和图 6.2 所示，混合阶段与沉降阶段是相互连接的。沉降阶段使有机相和水相分离。给料后，有机相被清洗以去除多余的金属离子。有机相然后被转移到浓缩的液相中。

溶剂萃取包括有机相和液相的紧密混合，在此期间金属离子被选择性地吸收到有机介质中。

液相通常需要一些调节。调节步骤通常包括净化以去除悬浮颗粒物。必要时，还需要从液相中去除残留溶剂。积垢通常由水、有机物和固体的混合物组成，也必须清除。因此清除积垢成为一个重要的维护问题。

6.1.1 液-液或溶剂萃取剂的类型

液-液金属萃取需要两个主要环节，即脱水和电荷中和。由于萃取剂是有机的，它们对水合离子的耐受性不高。而且大多数有机分子具有非极性，因此不能调节离子上的电荷。由于油和水不能混合，被水分子包围的离子不与油混合。有机相本质上是油，不容易容纳水。因此，脱水是一个重要的液-液萃取环节。

溶剂萃取剂有三种基本类型：离子交换萃取剂、溶剂化萃取剂和配位萃取剂。每种类型都有助于脱水和电荷中和。配位萃取剂通常在整个萃取过程中进行离子交换。溶剂化萃取剂不能控制交换离子。

6.1.1.1　离子交换萃取剂

离子交换萃取剂的种类包括碱性和酸性化合物。碱性萃取剂通常含有过量的氢离子。这些离子被溶液中的羟基或其他阴离子所吸引。其中一些萃取剂用于碱性 pH 值范围。酸性萃取剂有过量负电荷导致其能够吸引阳离子。酸性萃取剂通常用于酸性 pH 值范围，在酸中，氢离子占据活性位置，直到与金属阳离子交换。一些常见的酸性萃取剂是羧酸盐、磺酸盐和磷酸盐。碱性萃取剂几乎总是一级、二级、三级或四级胺。

6.1.1.2　溶剂化萃取剂

溶剂化萃取剂实际上是中性的。因此，它们有时被称为中性萃取剂。首先，溶剂化萃取剂通过取代溶解的水分子来去除金属离子和络合物。用有机溶剂分子代替水分子有利于提高有机物的溶解度。接下来，进行离子结合（通常通过质子化作用）。这些关联有效地中和了总电荷。大多数溶剂化萃取剂都含有接受氢离子的极性氧原子。所接受的氢离子与带负电荷的金属配合物结合许多金属与氯离子形成阴离子配合物。溶剂萃取剂中最常见的官能团包括酮、醚、酯和醇。溶剂化萃取剂的实例包括膦酸三丁酯（TBP）和三辛基氧化膦（TOPO）。

6.1.1.3　配位萃取剂

配位萃取剂通常对特定离子具有很强的选择性，因为萃取剂中的空间效应（分子内原子位置的限制）将萃取限制在一个非常小的尺寸范围内。

配位萃取剂是通过空间上配位金属离子起作用。最常见的配位萃取剂是螯合萃取剂。螯合萃取剂利用离子解离和缔合形成配位络合物。配位萃取剂通常在氮或氧原子上有过量的电子对。这些电子对在杂环有机环的末端被彼此分离。环两端的氮原子和氧原子相互接近有助于络合物的生成。其他有助于萃取的因素包括容易去除的氢原子。氢空穴产生稳定的负电荷。氮气、中性氧和阴离子氧之间的特殊配置是为特殊金属而设计的。由此产生的结构具有很强的选择性。通常，两个萃取剂分子以非常特定的方式与一个二价金属离子配合并结合。用于铜溶剂萃取的配位萃取剂通常是羟肟类。其他一般萃取剂如羧酸盐，也是有效的配位萃取剂，如图 6.3 和图 6.4 所示，这些图说明了结构或空间相互作用的重要性。

6.1.2　溶剂萃取的基本原则

大多数萃取剂都涉及离子交换。湿法冶金萃取一般使用离子交换萃取剂。萃取通常在酸性介质中进行。因此，通常使用酸性萃取剂。典型的萃取反应可表示为：

$$M^{n+} + nRH \rightleftharpoons MR_n + nH^+ \tag{6.1}$$

相应的平衡常数可以表示为：

$$K = \frac{a_{H^+}^n a_{MR_n}}{a_{M^{n+}} a_{RH}^n} \tag{6.2}$$

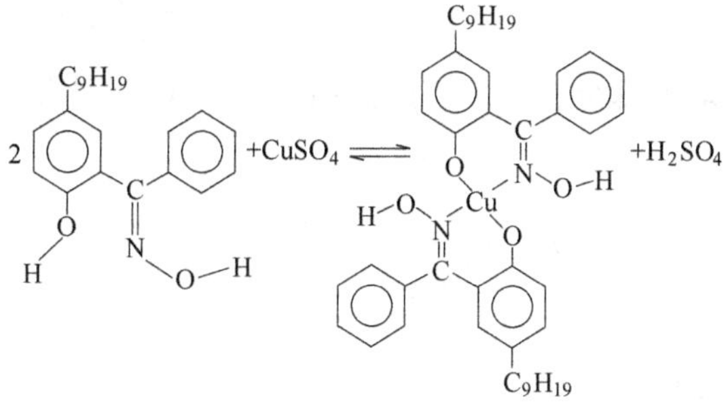

图 6.3 羟基肟 LIX 65N 萃取铜示意图

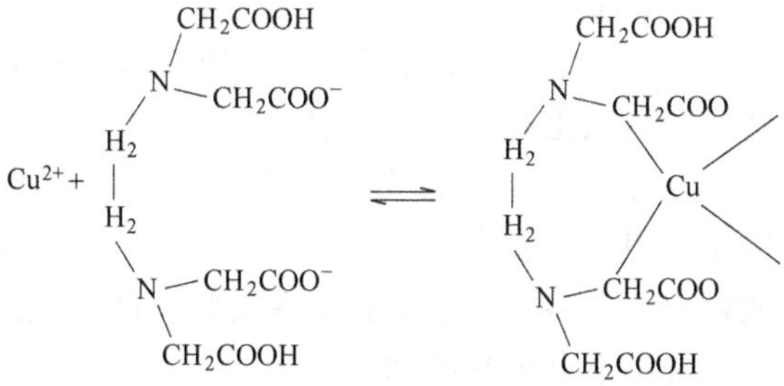

图 6.4 乙二胺四乙酸或 EDTA 萃取铜示意图

（虽然它一般不用于溶剂萃取，但在许多商业产品中很重要）

溶剂萃取是基于液相和有机相之间的化学反应或离子交换。

这种表达通常使用浓度而不是活度。得到的常数不是真正的动力学平衡常数。相反，它是一个基于浓度的平衡常数 K_{conc}。此外，利用提取系数 E_C 也很重要。提取系数也称为分布系数 D_c。E_C 被定义为有机相（C_{MR_n}）中物种 M^{n+} 的浓度除以液相（$C_{M^{n+}}$）中物种 M^{n+} 的浓度。平衡表达式中这些项的替换得到：

$$K_{conc} = \frac{C_{R_n} C_{H^+}^n}{C_{M^+} C_{RH}^n} = E_C \frac{C_{H^+}^n}{C_{RH}^n} \tag{6.3}$$

利用 E_C 重新排列方程式（6.3）可得出：

$$\lg E_C = \lg(K_{conc}) + n(\lg C_{RH} - \lg C_{H^+}) \tag{6.4}$$

通常假设 $-\lg C_{H^+}$ 等于 pH。K_{conc} 有效地补偿了 $-\lg C_{H^+}$ 和 pH 之间的差异。平衡常数可以通过绘制 $\lg E_C$ 与 $n(\lg C_{RH}+pH)$ 来确定。成功的提取取决于浓度和酸碱度，也取决于有机物与水的体积比。通过质量平衡，提取的金属分数可以确定为：

$$F_{\text{extracted}} = \frac{V_{\text{org}} C_{\text{MR}_n}}{V_{\text{org}} C_{\text{MR}_n} + V_{\text{aq}} C_{\text{M}^{n+}}} = \frac{\left(\frac{V_{\text{org}}}{V_{\text{aq}}}\right) E_{\text{C}}}{\left(\frac{V_{\text{org}}}{V_{\text{aq}}}\right) E_{\text{C}} + 1} \tag{6.5}$$

式中，$F_{\text{extracted}}$是提取的部分，V_{org}是有机溶液体积，V_{aq}是水溶液体积。重新排列得到：

$$E_{\text{C}} = \frac{F_{\text{extracted}}}{\frac{V_{\text{org}}}{V_{\text{aq}}}(1 - F_{\text{extracted}})} \tag{6.6}$$

进一步的重新排列得到：

$$\frac{1}{F_{\text{extracted}}} = 1 + \frac{1}{E_{\text{C}}} \frac{V_{\text{aq}}}{V_{\text{org}}} \tag{6.7}$$

方程（6.7）可用做确定提取系数，其中参数通常已知。因此，$1/F_{\text{extracted}}$与水-有机溶液的曲线图应显示 $1/E_{\text{C}}$ 的斜率和截距 1。相应的体积流量 Q_{o}和 Q_{aq}可代替相对体积流量。显然，体积比对萃取效果很重要。

在液-液萃取过程中，装料特性非常重要。典型的液-液分布曲线是基于金属与有机相和液相的相互作用。一般形式是金属在有机相中的浓度等于液相金属浓度的函数。在批量试验中，大多数初始试验是在实验室规模上进行的。通常使用质量平衡，质量平衡最常用于有机萃取剂。

$$C_{\text{Rtot}} = nC_{\text{MR}_n} + C_{\text{RH}} \tag{6.8}$$

萃取剂的平衡允许有用的替代。当 $n=1$ 时将式（6.3）和式（6.8）结合的结果是：

$$C_{\text{RM}} = \frac{C_{\text{Rtot}}}{1 + (C_{\text{H}^+} + /K_{\text{conc}} C_{\text{M}^+})} \tag{6.9}$$

此表达式能够直接比较有机金属和液相金属浓度。

例 6.1　如果 50cm^3 $0.5M$MCl 溶液（在 pH 值为 2 的缓冲溶液中）与 100cm^3 纯有机相（萃取剂+稀释剂）混合，每升含有的反应活性位点为 1mol，计算液相和有机相中金属的平衡浓度。假设活度系数为 1，$K_{\text{conc}}=6$。

质量平衡导致：

$$M_{\text{total}} = 50\text{cm}^3(0.5M)\frac{\text{mol/L}}{M}\frac{1}{1000\text{cm}^3} = 0.025\text{mol} = C_{\text{M}^+} V_{\text{aq}} + C_{\text{RM}} V_{\text{o}}$$

$$C_{\text{M}^+} = \frac{M_{\text{total}} - C_{\text{RM}} V_{\text{o}}}{V_{\text{aq}}} = \frac{0.025 - C_{\text{RM}} V_{\text{o}}}{V_{\text{aq}}}$$

$$C_{RM} = \frac{C_{Rtot}}{1 + \left(\frac{C_{H^+}}{K_{conc} C_{M^+}}\right)}$$

替换可得：

$$C_{RM} = \frac{C_{Rtot}}{1 + \frac{C_{H^+}}{K_{conc} \frac{M_{total} - C_{RM} V_o}{V_{aq}}}} = \frac{0.1}{1 + \frac{0.01}{6 \times \frac{0.025 - C_{RM}(0.1)}{0.05}}}$$

迭代求解以确定 C_{RM}的值，然后使用质量平衡确定 C_{M^+}。

C_{RM}的值为 0.0995。

$$C_{M^+} = \frac{M_{total} - C_{RM} V_o}{V_{aq}} = \frac{0.025 - 0.0995 \times 0.1}{0.05} = 0.301$$

通常提取试验的开始阶段在分离漏斗中进行。萃取剂和水溶液的体积不同。在一段时间内充分搅拌漏斗，然后分析得到的液相。C_{RM}与 C_{M^+}数据可用于创建分布曲线。提取通常在特定温度下进行。因此，分布曲线通常称为分布等温线。当 $n=1$ 和 $n=2$ 的典型分布等温线如图 6.5 及图 6.6 所示。方程式（6.9）可重新排列为

$$\frac{1}{C_{RM}} = \frac{1}{C_{Rtot}} + \frac{C_{H^+}}{K_{conc} C_{M^+} C_{Rtot}} \tag{6.10}$$

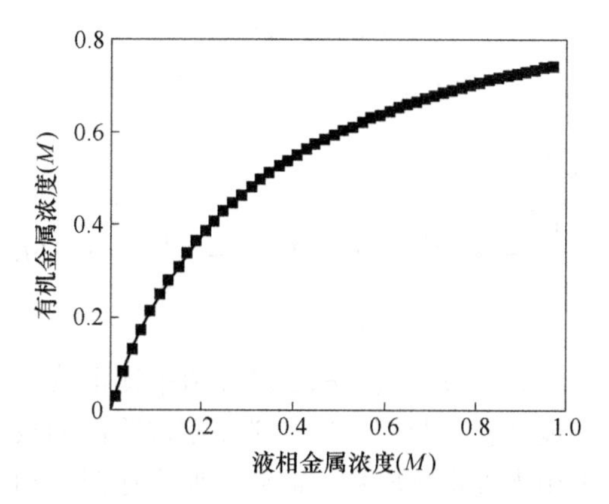

图 6.5 单电荷离子的溶剂萃取分布等温线（$n=1$）

根据适当的数据绘制 $1/C_{RM}$与 $1/C_{M^+}$的对比图将得到数值为（C_{H^+}）/（$C_{Rtot} \cdot K_{conc}$）的斜率。对于 $n=1$，截距为 $1/C_{Rtot}$。图 6.7 所示为典型代表图。这种方法假设 C_{H^+}是常数。如果 n 不等于 1，则可导出适当的方程。

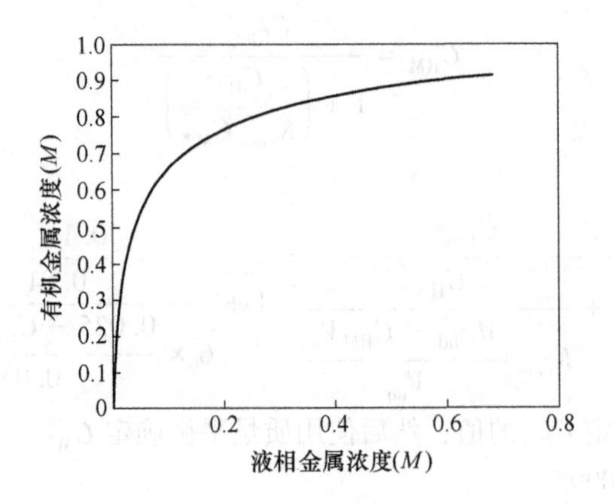

图 6.6　双电荷离子的溶剂萃取分布等温线（$n=2$）

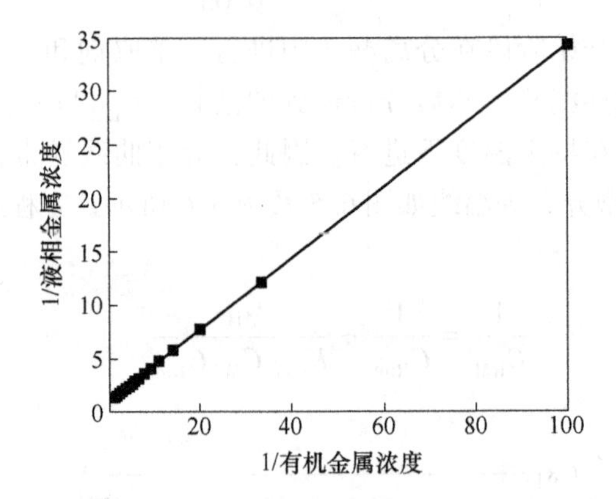

图 6.7　用于确定平衡常数的样品反浓度图

$n=2$ 时的导出方程为：

$$C_{R_2M}=\frac{4C_{Rtot}K_{conc}+\frac{C_{H^+}^2}{C_{M^{2+}}}\pm\sqrt{\left(-4C_{Rtot}K_{conc}-\frac{C_{H^+}^2}{C_{M^{2+}}}\right)^2-16K_{conc}^2C_{Rtot}^2}}{8K_{conc}} \tag{6.11}$$

图 6.5 和图 6.6 所示的分布等温线都要求知道平衡常数。

分布等温线可与其他信息一起用于确定必要萃取阶段的数量。假设为稳态条件，一般的质量平衡可用来确定阶段数。此外，假设逆流流动，即指一种液相与另一种相互作用的液相流动方向相反。在液-液萃取中，液相物料进入最后一个萃取阶段。相比之下，有机物料进入初始阶段。水和有机物流在萃取过程中向相反方向流动。逆流萃取比顺流萃取更有效。图 6.8 所示为一系列“n”提取装置的提取流程图。

商业溶剂萃取受到液体质量平衡和液相及有机相浓度的限制。

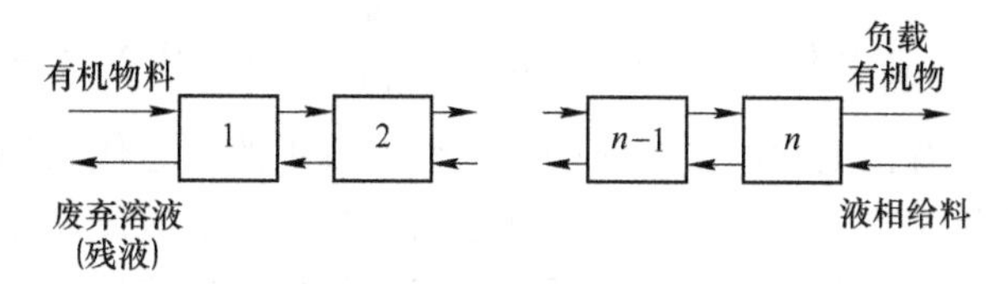

图 6.8 稳态逆流溶剂萃取示意图

质量平衡提供了作业边界，由此产生的作业边界线称为作业线。含有“Y”类物种的整个系统，由有机相流动速率 Q_o 和水溶液流动速率 Q_{aq} 的质量平衡可导出

$$C_{(N)Oy}Q_o + C_{(1)aqy}Q_{aq} = C_{(0)Oy}Q_o + C_{(N+1)aqy}Q_{aq} \tag{6.12}$$

提取阶段在括号中给出。液相物料的提取阶段是前一阶段（$N+1$）。进入有机物料的提取阶段是“0”阶段，因为它先于阶段 1。质量平衡方程的重新排列可得

$$C_{(N)Oy} = \frac{Q_{aq}}{Q_o}[C_{(N+1)aqy} - C_{(1)aqy}] + C_{(0)Oy} \tag{6.13}$$

McCabe-Thiele 图将热力学平衡的约束与流量和浓度的约束结合起来，以评估每个给料或萃取阶段的性能。

方程式（6.13）被称为作业线。它表示可能的操作条件，与设备平衡萃取等温线有关。平衡萃取等温线代表操作的热力学极限。作业线代表操作的稳态质量平衡限值。这两个限值通常绘制在一起，如图 6.9 所示。利用图 6.5 所示的提取分布等温线，即式（6.13）所示的作业线与图 6.9 所示的分布等温线一起呈现。该图还显示了不同阶段，比如进入和离开阶段的浓度，通常称为 McCabe-Thiele 图。

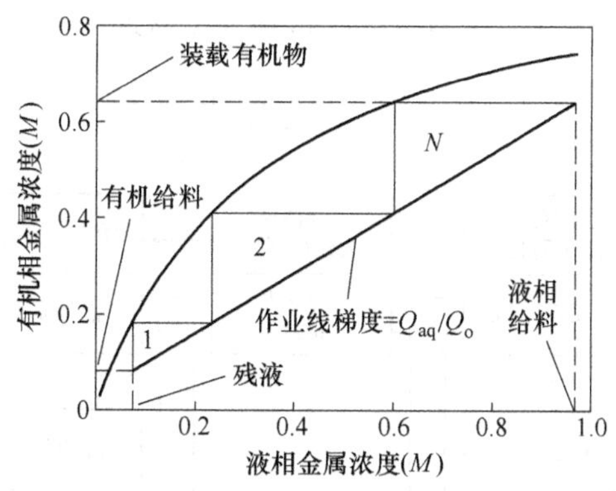

图 6.9 McCabe-Thiele 示例图

例 6.2 计算两套萃取装置第二阶段有机相中金属的浓度。有机相的流动速率为 500L/min，液相物料的流动速率为 1000L/min。物料有机物中的金属浓度为 0.2g/L，酸盐浓度为 0.5g/L，液相物料浓度为 4g/L。

$$C_{(2)Oy} = \frac{Q_{aq}}{Q_o}[C_{(3)aqy} - C_{(1)aqy}] + C_{(0)Oy} = \frac{1000}{500} \times (4 - 0.5) + 0.2 = 7.2\text{g/L}$$

从化学角度来看，上萃取平衡线的重要性是直观的，它代表相关化学的热力学极限。作业线代表工厂操作的质量平衡限值。当有机溶液流速较低而水溶液流速较高时，有机相中萃取溶质的量较低。相反，如果有机流速高而水流速低，则可以提取更多的溶质。因此，作业线说明了由质量平衡所致的重要操作约束。

通常清洗加入的有机相以便去除夹带的液相和不需要的金属离子。清洗过程使用纯净水和放电电解质，以确保充分的酸度和有效的相分离。在杂质含量高的溶液（如氯化物）中，清洗尤为重要，如果溶液中夹带杂质，则可能对电解提取有害。通常使用水、弱酸、弱碱或金属盐进行清洗。清洗后的有机相送去反萃取。相反，含水的萃余渣通常会回到浸出工序中。萃取余渣是由细颗粒、植被、霉菌、有机降解沉淀物和一些有机物质组成的固体状混合物，通常通过选择性泵送来清除[2]。

反萃取是在浓溶液中进行的，浓溶液迫使平衡从负载状态转移到反萃取状态。

负载有机相的反萃取在酸性萃取剂中进行。通常，反萃取过程中的 pH 值接近于零，这使得方程式（6.1）中的平衡左移，有利于金属与有机溶剂的分离。金属离子能够被反萃取液回收。反萃取液的金属含量高于金属负载有机溶液。反萃取溶液就其他溶解金属离子而言很纯，其纯度与负载和洗涤操作中的选择性有关。反萃取过程也用 McCabe-Thiele 图表示，反萃取 McCabe-Thiele 图显示为反向轴。图 6.9 给出了反萃取用 McCabe-Thiele 图的示例，反萃取图与负载图类似。然而，轴是相反的，平衡线是反向的。此外，反萃取图还包括一个很窄的液相浓度范围。图 6.10 展示了一个典型工艺的负载、反萃取、清洗等全过程。

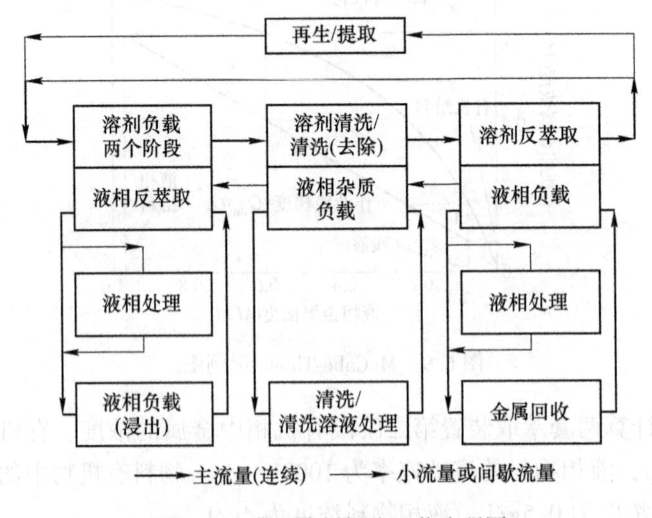

图 6.10　典型溶剂提取工艺流程图

图 6.11 显示了相应的反萃取 McCabe-Thiele 图。萃取剂的类型以及溶液条件决定了选择性。从方程式 6.1 可以看出，大多数萃取都涉及氢离子。因此，液-液萃取取决于酸碱度。在较低的 pH 值下，萃取效果较差。相应地，萃取系数在低 pH 值时较低。萃取系数为 1 时的 pH 被称为 pH_{50} 或 $pH_{1/2}$。图 6.12 说明了萃取系数、pH 和 pH_{50} 之间的关系。当 pH 值低于 pH_{50} 时，最好采用反萃取，而 pH 高于 pH_{50}，负载效果更好。

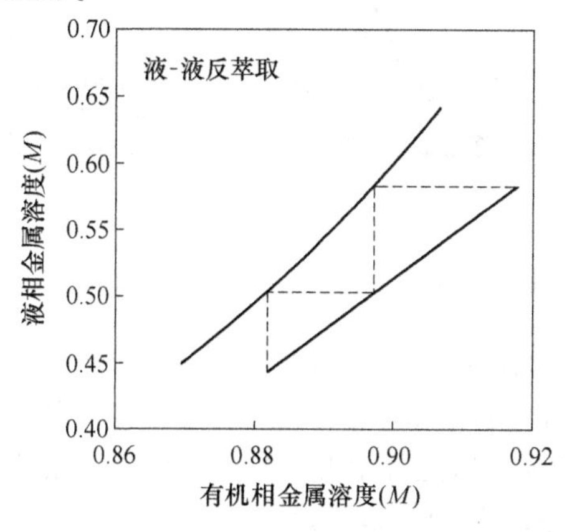

图 6.11 液-液反萃取 McCabe-Thiele 图

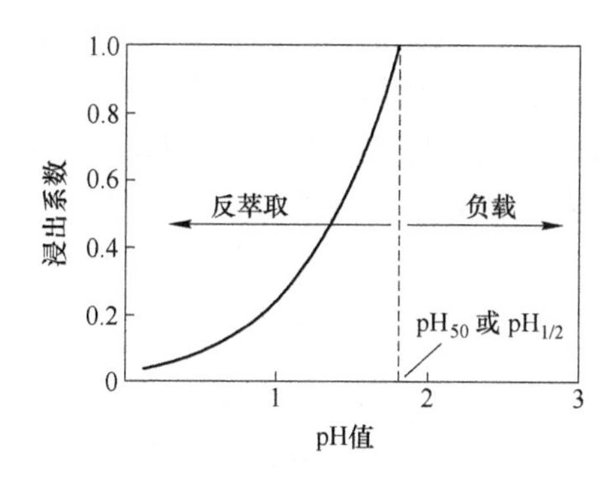

图 6.12 萃取系数与 pH_{50} 或 $pH_{1/2}$ 的 pH 值比较（$n=1$）

注意：只有当水的浓度相同时，pH_{50} 才等于最大负载浓度的一半，但这种情况很少发生

特殊萃取剂中离子的性质差异是其分离作用的主要原因。在双金属体系中，金属离子常常与氢离子在有机相的吸附位置上进行有效竞争。因此，在正确的图中，可以观察到由于 pH 值造成的离子亲和力差异。图 6.13 显示了两种金属的负载随 pH 值的变化。如图 6.13 所示，萃取剂对金属 1 具有更高的亲和力，在高 pH 值下，两种金属都将被萃取。在低 pH 值下，只有金属 1 能被萃取。如果 pH 值保持在 3，杂质金属 2 很少会进入有机相。在 pH=3 时，将负载大量的金属 1。

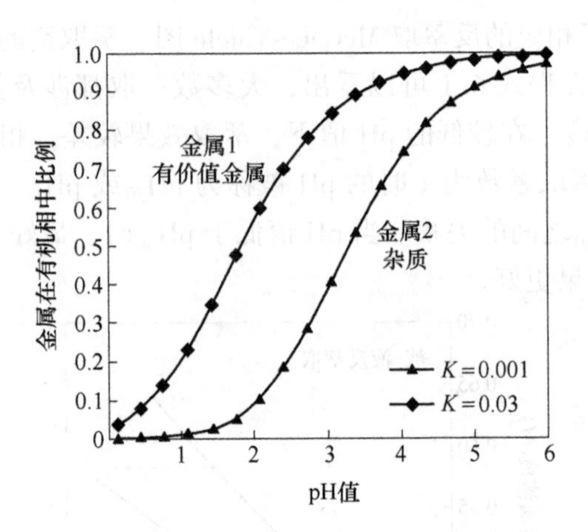

图 6.13　溶剂萃取过程中有机相金属浓度与 pH 值的典型关系图（$n=1$）

在 pH=2 条件下，提取金属 1 的效率不是最佳的。然而，在 pH=2 条件下，金属 1 与金属 2 的分离是有效的。相反，在反萃取过程中，金属可以在 pH 值 3.5~4 下被萃取，但是反萃取过程中的这种分离可能不会非常有效。

当最佳 pH 仅有利于目标金属时，效率最高。

低 pH 水解的金属通常在低 pH 值下提取。换句话说，水解的趋势（例如 $2H_2O + M^{2+} \rightleftharpoons M(OH)_2 + 2H^+$）通常与萃取有关（例如 $2RH + M^{2+} = R_2M + 2H^+$）。常见离子的 pK_a 值列表见表 6.1。例如，铁离子水解强烈，pK_a 值为 2.2，锌离子水解更弱，pK_a 值为 8.8。因此，与锌离子相比，铁离子在较低 pH 值下更容易被提取出来。然而，对于螯合萃取剂，这种水解/萃取趋势并不明显[3]。使用给定的萃取剂，物种 A 的与物种 B 的选择性系数或选择性指数 $S_{A:B}$ 如下：

$$S_{A:B} = \frac{E_A}{E_B} = \frac{\dfrac{K_A(C_{RH_A})^n}{C_{H^+}^{nA}}}{\dfrac{K_B(C_{RH_B})^n}{C_{H^+}^{nB}}} \tag{6.14}$$

表 6.1　所选金属 pK_a 值

离　子	pK_a
Fe^{3+}	2.2
Cr^{3+}	3.8
Al^{3+}	5.1
Cu^{2+}	6.8
Pb^{2+}	7.8
Zn^{2+}	8.8

续表 6.1

离 子	pK_a
Co^{2+}	8.9
Fe^{2+}	9.5
Ni^{2+}	10.6
Mg^{2+}	11.4
Ca^{2+}	12.6

提取系数取决于酸碱度。因此，选择性因子也取决于酸碱度。因此，选择性因子必须用于指定的 pH 值。此外，萃取剂的选择通常是基于工厂操作条件下的选择性因素。因此，萃取条件是由操作参数而不是最佳理论性能参数决定的。图 6.14 显示了作为 pH 函数的选择性示例。

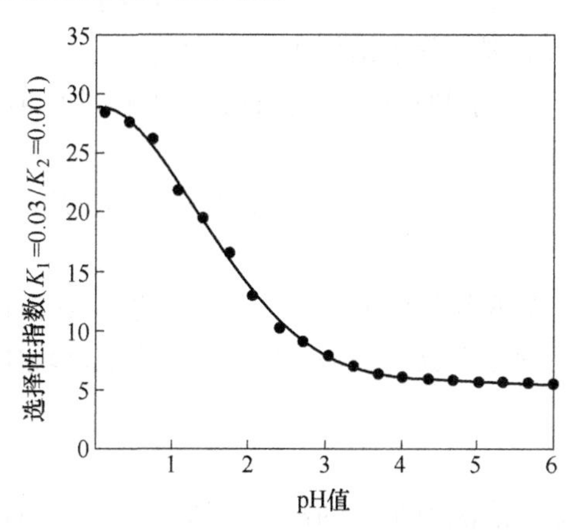

图 6.14 选择性指数与 pH 值的比较示例

阴离子萃取剂的原理与酸性萃取剂相同。阴离子萃取剂和酸性萃取剂的主要区别在于离子交换。阴离子萃取剂将卤化物或氢氧化物的阴离子交换成所需的阴离子。通常，酸性溶剂萃取法是金属萃取的主要方法，因为溶解金属上存在正电荷。然而，一些金属，如金，可以使用阴离子络合物萃取。

例 6.3 如果铜的萃取系数为 36，铁的萃取系数为 4，计算在 pH = 2 溶液体系中铜对铁的选择性系数。

$$S_{\mathrm{Cu:Fe,\ pH2}} = \frac{E_{\mathrm{Cu,pH2}}}{E_{\mathrm{Fe,pH2}}} = \frac{36}{4} = 9$$

6.1.3 商业溶剂萃取

6.1.3.1 铜

铜的溶剂萃取通常使用 LIX 萃取剂进行，该萃取剂与稀释剂的混合比例通常接近一份萃取剂比 7~10 份稀释剂。稀释剂通常是由异烷烃组成的化合物。

铜溶剂萃取流程一般包括两个萃取阶段和一个反萃取阶段[4]。萃取阶段通常是串联的，尽管溶剂萃取流程也常采用串并联配置。

进入的浸出液（PLSs）通常每升含有约 3g 溶解铜，pH 通常在 2 左右，而铁的含量通常与铜相似。经过两个阶段后，PLS 的提取率通常接近 90%。从溶剂萃取负载回路中提取的萃余液通常每升含有 0.1~0.3g 溶解铜，并且 pH 值通常在 1.5~2.0 之间。

反萃取回路通常会将贫电解质中溶解铜的含量从每升 35g 左右增加到富电解质中的 45g 左右，硫酸的含量通常接近每升 180g。

羟肟类物质是铜的主要萃取剂。

最常见的铜溶剂萃取剂是羟肟萃取剂。常见产品的例子包括 LIX64、LIX 65N、SME529 和 P50，这些萃取剂在分子结构中有细微的变化[5]。醛肟，尤其是水杨醛肟，由于其良好的萃取动力学和对铁的选择性，也变得越来越重要[5]。

可以用酮肟和醛肟等不同分子的混合物来获得更好的负载和反萃取性能。与第一代萃取剂相比，对铜溶剂萃取剂混合物的改进使需要更少的萃取和反萃取阶段成为可能。

近年来，氯基介质萃取剂的研究取得了一些进展，其在铜萃取方面受到了广泛的关注。据报道，一种化合物 Acorga CLX 50 在高氯环境中有效[5]。

6.1.3.2　黄金

溶剂萃取法不是金在溶液中主要的富集方法。尽管其用途有限，但在商业实践中得到了有效利用。相对于其他方法，溶剂萃取的高负载是可能的。但是，如果负载过大，金的高密度会导致相反转。反萃取时间长，溶剂损失大。金可以通过沉淀、直接电解或传统的反萃取成富集溶液。

胺、胍、醚、磷酸脂、磷酸盐和酮可用于金溶剂萃取。一级、二级和三级胺，pK_a值分别为 6.5、7.5 和 6.0[6,7]。术语一级、二级和三级是指与胺中氮结合的碳氢链数量。一级胺有一个与氮结合的碳氢化合物，二级胺有两个，三级胺有三个。季胺类比其他胺类对金的选择性更高。伯胺选择性低，容易脱除。负载最好在 pK_a之下，反萃取在 pK_a以上最有效。因此，在碱性介质中，负载可能会有困难。与含磷的溶剂混合可以提高有效的 pK_a[8]。

胍是一种小分子，由三个氮原子与一个中心碳原子键合而成。其中一个氮原子与碳原子形成双键。胍是一种强碱。在碱性介质中易与氰化金形成络合物。它的 pK_a为 13.6[9]。因此，很难反萃取。

多种溶剂萃取剂都能有效地富集金。然而，金通常是通过负载和活性炭反萃取而在溶液中富集的。

二丁基卡必醇（DBC）和类似的醚类化合物已被用来提取黄金。DBC 在涉及强酸的分离中是有效的。可以达到较高的负载水平[10]。使用热草酸 [$2DBCHAuCl_4+3(COOH)_2 = 2DBC+2Au+8HCl+6CO_2$] 可将 DBC 溶解金直接富集成金属金[7]。

金的含磷有机萃取剂包括磷酸盐和磷酸酯，如磷酸三丁酯和磷酸二正丁基丁酯（DBBP）。这些化合物通常与胺一起使用，但它们的用途有限。

酮如甲基异丁基酮（MIBK）和二异丁基酮（DIBK）已被用于黄金提取。这些化合物对金有选择性。它们的使用因其水溶性高和反萃取困难而受到的限制[7]。

6.1.3.3 其他贵金属

贵重金属，如钯、铂和银的提取通常与黄金非常相似。许多对黄金有效的萃取剂也用于提取其他贵金属。在混合铂族金属溶液中，通常使用二正辛基硫醚或羟肟类来提取钯，随后通常使用 TBP 和胺或 N-烷基酰胺来提取铂[5]。通过将铱还原为三价态，抑制了铱的萃取。

6.1.3.4 镍和钴

镍通常含有钴。钴和镍的性质非常相似，难以分离。一般的方法是使用胺萃取剂从氯化物溶液中萃取钴，或使用有机磷酸（如 CYANEX 272）从酸性硫酸盐溶液中萃取钴。在某些情况下，钴被氧化成钴(Ⅲ)，镍是用羟肟和羧酸的混合物萃取出来的。

6.1.3.5 稀土金属

镧系元素，通常被称为稀土元素，以及钪和钇，很难分离。最常用方法通过溶剂萃取从溶液中分离这些元素。二乙基己基磷酸（DEHP）、磷酸酯、叔碳酸、胺和 TBP 等萃取剂常与硝酸盐和硫氰酸盐溶液一起使用[5]。有效的分离通常需要在严格控制的条件下分多个阶段进行。
稀土元素的分离通常采用多级溶剂萃取工艺。

6.1.3.6 铀

常用的铀萃取剂包括 DEHP、TBP 和胺（三辛基和三癸基）。DEHP 和胺的使用通常与硫酸溶液有关，而 TBP 通常与硝酸溶液有关[5]。

6.2 离子交换

6.2.1 一般离子交换信息

除了众所周知的水“软化”过程外，即从烹饪水中去除钙和镁，以减少“硬水”

沉积，离子交换通常用于分离和富集金属。

离子交换是溶液富集和提纯的一种常见形式。人类了解含有铝硅酸盐的土壤具有离子交换能力已经自有近 150 年[11]。如今，特殊黏土，特别是层状硅酸盐矿物，可用于离子交换。沸石也是一种多孔硅酸盐矿物。多孔树脂珠也用于离子交换。离子树脂珠通常由多孔聚合物网络制成。具有特殊离子交换能力的官能团被放置在孔内。图 6.15 为树脂珠的示例，典型树脂珠的横截面图如图 6.16 所示。

图 6.15　典型离子交换树脂珠的放大图（直径约为 1~2mm）

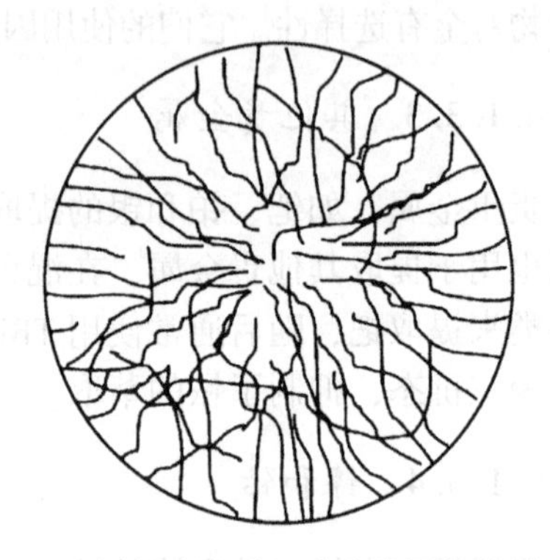

图 6.16　树脂珠及其相关孔隙网络的示意图

离子交换树脂于 1935 年首次发明[12]。由此产生的多孔珠能够负载大量溶解物。吸附发生后，树脂珠负载的物质将在反萃取中分离出来。反萃取是使用高浓度的类似带电物质完成。这个过程与前面讨论的溶剂萃取过程基本相同。离子交换和溶剂萃取的区别在于萃取介质的结构。通常离子交换在提取前不需要溶液澄清或过滤。离子交换树脂将少量有机物释放到液相中。因此，离子交换比液-液萃取更具一定优势。然而，液-液萃取通常速率更快，更容易在商业上应用。

离子交换的术语不同于溶剂萃取。离子被提取后的溶液称为废液。反萃取溶液称为洗提液，离子被反萃取的溶液称为洗出液。

用于离子交换的树脂类型与用于液-液萃取的树脂类型相似。然而，树脂珠含有聚合物骨架，如聚苯乙烯-二乙烯基苯共聚物。主体还包含执行提取作用的官能团。由于萃取剂被聚合物基质固定，树脂不能参与萃取的溶剂化机理。相反，树脂通过离子交换和连接的官能团的配位来提取。树脂离子交换珠中最常见的官能团包括胺、羧酸盐、磷酸盐和磺酸盐。

离子交换树脂常用于填料塔。当溶液进入填料塔时，离子交换从入口开始。入口附近的树脂可以首先接触溶液。因此，入口附近的树脂首先与吸附离子结合。在初始阶段，出口区几乎没有吸附。在后期，入口区域吸附满了，为出口区域留下更多的离子。最终，树脂达到了离子吸附容量。因此，离开树脂柱所需离子的浓度最初较低，然而，随着越来越多的树脂被离子吸附，出口浓度升高。离开柱子的吸附离子浓度随体积变化，如图 6.17 所示。流动（溶液离开柱）金属离子浓度超过阈值浓度极限的点称为突破点。树脂保持流动浓度低于临界值的能力称为处理能力。处理能力通常受每层树脂体积影响。

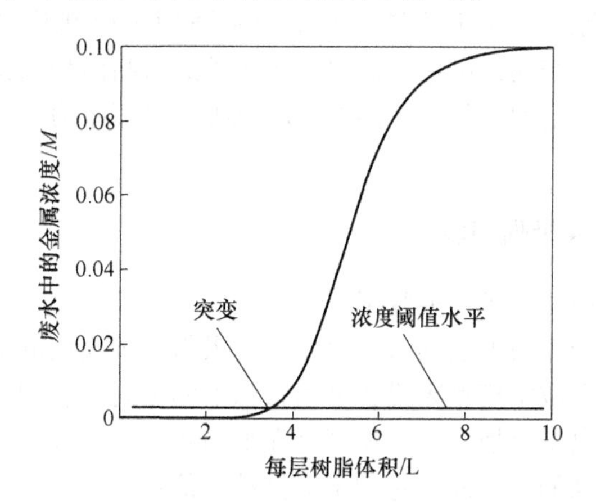

图 6.17 离子交换树脂柱中流动金属浓度与树脂体积的典型关系图

溶液流动速率是一个重要参数，因为它与介质有关。回流浓度高，流速高。在高流速下，离子在离开前往往没有时间吸附。在低流速下，离子扩散到树脂中可以获得更大的吸附力和更低的流动浓度。

离子交换通常使用溶液流动的树脂柱。

反萃取也会出现同样的现象。然而，如图 6.18 所示，随着金属被去除或反萃取，洗出液（离开柱的反萃取溶液）浓度开始增加。随着树脂耗尽，洗出液浓度降低。浓度在较高水平时达到峰值，流速较低。

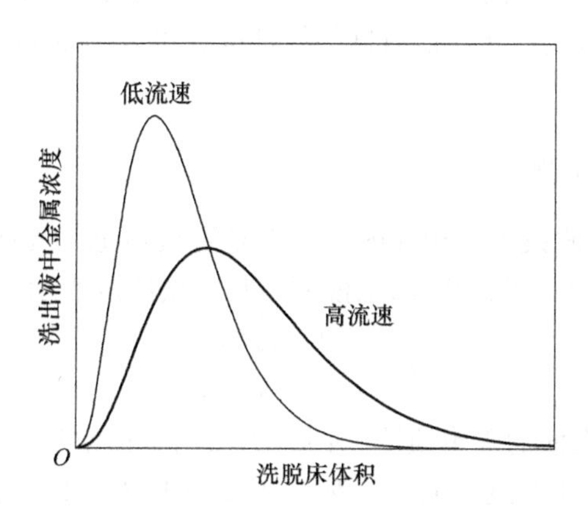

图 6.18 离子交换树脂柱反萃取洗出液金属浓度与总洗脱床体积的关系

在实际应用中，离子交换树脂珠用于柱子或泥浆中。离子交换树脂珠最常应用在柱子中，然而在许多情况下，树脂足够耐用，可以放在泥浆中。将树脂放入泥浆或矿浆（矿浆中的树脂，RIP）可以得到更快的动力学。用于泥浆的树脂随后通过筛分或浮选从泥浆中分离出来。随后将树脂反萃取以去除吸附的离子。

同样的选择性原理，萃取系数和萃取分数适用于溶剂萃取也适用于离子交换。然而，通过离子交换，可用于提取金属离子的树脂面积保持不变，可用孔隙扩散函数来预测萃取过程。相反，溶剂萃取取决于界面张力、黏度、速度以及溶剂滴内的混合。

6.2.2　平衡离子交换吸附模型

各种模型可以用来描述离子交换吸附。

在设计使用离子交换方法的系统时，确定吸附平衡模型的能力非常重要。目前，已经建立了几个数学模型来描述平衡状态下的吸附，它们可以帮助理解金属的浓缩过程，例如离子交换。这些模型是在平衡状态下或接近平衡态下物种间交换的基础上推导出来的。因此，它们不提供动态信息，但动态信息通常对商业应用至关重要。

6.2.2.1　Freundlich 模型

通过假设一个基于不同吸附位置自由能值的位置分布函数，推导了 Freundlich 吸附模型。在低浓度下，$n=1$，高浓度下，$n=\infty$，该模型可简化为朗缪尔方程。利用该模型，吸附浓度可表示为[13]：

$$C_{AS} = KC_{Tot}C_A^{1/n} \tag{6.15}$$

式中，C_{AS} 为吸附在表面的吸附质浓度；K 为常数；C_{Tot} 为有效位点的总浓度；C_A 为有效吸附质浓度；n 为经验参数，通常大于1。通过绘制 $\ln C_{AS}$ 与 $\ln C_A$［$\ln C_{AS} = \ln(KC_{Tot}) + (1/n)\ln C_A$］并评估数据的线性度，可以确定 Freundlich 模型是否适用于给定的数据集。

6.2.2.2　朗缪尔模型

朗缪尔吸附模型假设无论相邻的吸附点是否被占据（$A+S \rightleftharpoons AS$），所有的表面吸附点都是等效的。利用朗缪尔模型，吸附质浓度表示为[14]：

$$C_{AS} = \frac{K_A C_A C_{Tot}}{1 + K_A C_A} \tag{6.16}$$

式中，C_{AS} 为吸附在表面的吸附质浓度；K_A 为吸附平衡常数；C_{Tot} 为有效部位的总浓度；C_A 为有效吸附质浓度。通过绘制 $1/C_{AS}$ 与 $1/C_A$［$1/C_{AS} = 1/(K_A C_A C_{Tot}) + (1/C_{Tot})$］并评估数据的线性程度，可以确定 Langmuir 模型是否适用于给定的数据集。

6.2.2.3 Tempkin 模型

Tempkin 吸附模型是一种考虑非均匀位点分布的经验吸附模型。根据该模型，吸附质浓度表示为[15]：

$$C_{AS} = C_{Tot}K\ln(kC_A) \tag{6.17}$$

式中，C_{AS} 为吸附在表面的吸附质浓度；K 为常数；C_{Tot} 为有效位点的总浓度；C_A 为有效吸附质浓度；k 为经验参数（注：kC_A 必须大于 1）。

6.2.3 离子交换吸附动力学模型

了解吸附动力学显然是一个重要的工程设计工具。以下模型描述了各种情况下的吸附或相关动力学。

假设菲克第一定律适用以下扩散模型。

6.2.3.1 孔隙扩散（仅限于缩核模型）

孔隙扩散的基本速率模型是：

$$\frac{dn}{dt} = -\frac{AD(C_b - C_s)}{r_o - r} \tag{6.18}$$

式中，A 为扩散面积；D 为扩散系数；C_b 为体积浓度；C_s 为表面浓度。对于内部体积和恒定体积浓度时，溶液表示为：

$$\frac{3r_o}{2D}\left[1 - \frac{2}{3}\alpha - (1 - \alpha)^{\frac{2}{3}}\right] = \frac{3C_b}{C_{Tot}r_o}t \tag{6.19}$$

6.2.3.2 薄膜扩散

基于菲克第一定律的基本薄膜扩散动力学模型给出了

$$\frac{dn}{dt} = -\frac{AD(C_b - C_s)}{\delta} \tag{6.20}$$

式中，A 为扩散面积；D 为扩散系数；C_b 为体积浓度；C_s 为表面浓度；δ 为边界层厚度。对于内部体积和恒定体积浓度的情况，溶液表示为：

$$\ln(1 - \alpha) = -\frac{3DC_bt}{r_o\delta C_{tot}} \tag{6.21}$$

对于有限体积的情况，解决方案是：

$$\ln(1 - \alpha) = -\frac{3DC_bt}{r_o\delta}\left(\frac{C_{tot}V_{resin} + C_bV_{soln}}{C_{Tot}V_{soln}}\right) \tag{6.22}$$

6.2.3.3　经验扩散模型

确定吸附速率的一个有用经验模型是：

$$\frac{dn}{dt} = -K(C_{AS} - kC_A) \tag{6.23}$$

式中，K 是与更常用的 $k_{\text{II}A}$ 相关的经验常数；C_{AS} 是吸附质的浓度；C_A 是溶液中吸附质的有效浓度；k 是与吸附质扩散到吸附位置的能力相关的经验常数。这个动力学模型的解可以表示为：

$$\frac{1}{k}\ln\left(1 - \frac{C_{AS}}{kC_A}\right) = Kt \tag{6.24}$$

6.2.3.4　一般经验吸附动力学模型

描述某些系统吸附动力学的一般经验方程如下：

$$\frac{dC_{AS}}{dt} = KC_A t^n \tag{6.25}$$

在 K 是常数的地方，C_A 是溶液中可用吸附物的浓度，t 是吸附时间，n 是经验性常数。一般经验吸附动力学模型的解决方案：

$$C_{AS} - C_{AS_0} = \frac{KC_A t^{n+1}}{n+1} \tag{6.26}$$

6.2.3.5　经验反应和扩散

结合经验反应和扩散方程的另一个有用动力学表达式是：

$$\frac{dC_{AS}}{dt} = -\frac{K''C_A V}{M} = -K'(C_{AS} - KC_A) \tag{6.27}$$

其解可以表示为：

$$\ln\frac{C_{AS}}{C_{AS_0}} = \left(\frac{KM}{K''V} + \frac{1}{K'}\right)t \tag{6.28}$$

6.2.3.6　特殊金属离子交换

金离子交换可用含季胺和叔胺的树脂进行。离子交换树脂对金的吸附性能优于活性炭。然而，离子交换树脂比活性炭更难反萃取和处理。由于活性炭的成功应用，离子交换技术在黄金提取方面还没有大规模应用。

6.3　活性炭吸附

活性炭通常是通过将碳源如椰子壳在水蒸气条件下加热到 700~1000℃来制造的。

炭吸附是一种常见的离子去除方法。炭尤其擅长去除低浓度的溶解离子。活性炭可以由多种有机原料制成。被用作活性炭的原料包括桃核、椰子壳和木头之类的东西。这种材料在低氧环境中加热转化为活性炭。最初，通过将炭源加热到500℃并使用脱水剂去除水分和杂质来炭化[16]。然后用蒸汽、二氧化碳和空气将炭加热到700~1000℃，以挥发残余物，形成孔结构，并形成官能团[16]。不同类型的碳表面也为溶解离子提供了活性吸附位点。图6.19~图6.21所示为椰壳炭样品的三个放大倍数图。颗粒直径约为2mm。活性炭通常用于从溶液中提取氰化物，但确切的机制尚不清楚。有证据表明吸附是一种离子交换过程[17,18]。然而，对于氯化金配合物，人们认为其吸附过程包括在炭表面还原成金属金[19]。用炭吸附萃取通常是扩散控制，应用于离子交换动力学的理论处理同样适用于炭吸附动力学。

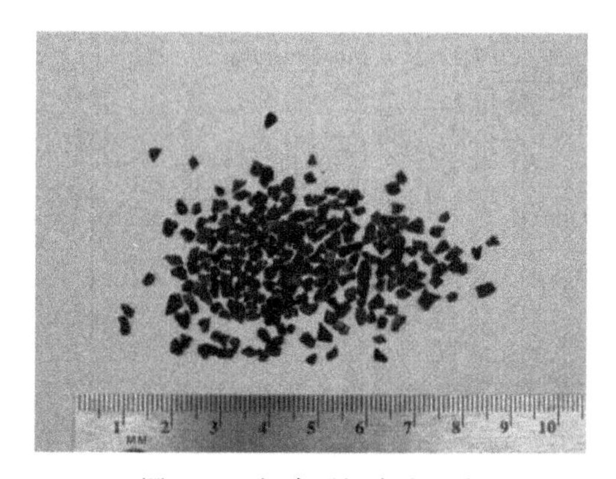

图6.19 椰壳活性炭片照片

图6.20 直径2~3mm椰壳活性炭放大图（6×）

活性炭通常以如图6.22所示的逆流方式使用，以最大限度地实现吸附。逆流处理能够用最少的炭与最多的溶液接触。在接近负载处的炭能够接触的溶液浓

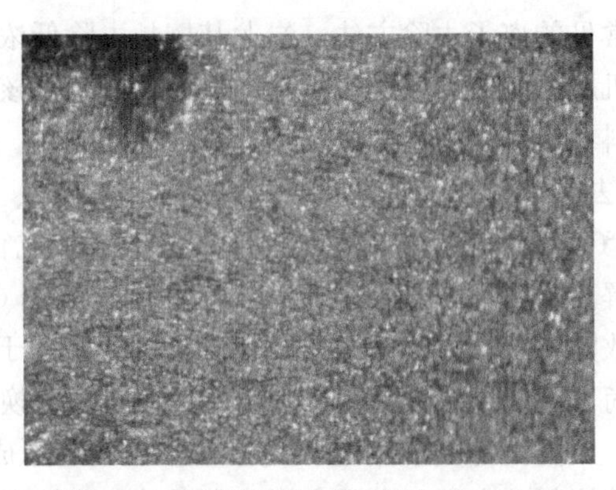

图 6.21　椰壳活性炭表面放大图（30×）

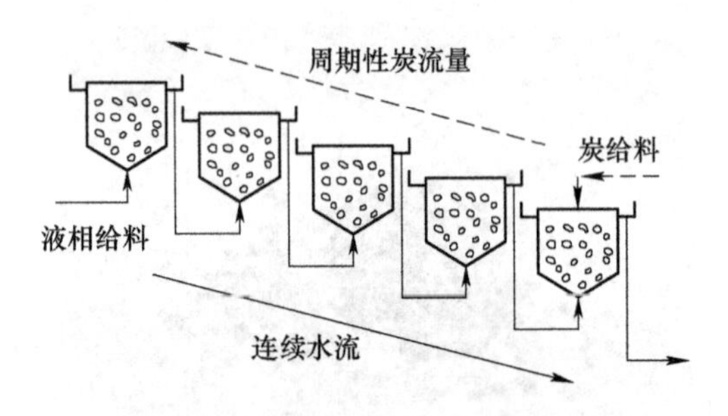

图 6.22　炭吸附逆流流程图

度最高。

活性炭有多种加工方式可供选择。从没有矿石或富集物颗粒的浸出液中装料炭的过程称为柱中炭（CIC）。CIC 柱中的炭通常会由于向上流动的浸出液而部分流动。定位柱中不同高度通常会产生由溶液流动产生的压头压力。CIC 的利用需要在浸取后、装料前进行颗粒/液体分离。

将炭暴露在浸金泥浆或浸金后含有颗粒的矿浆中的过程称为炭浆（CIP）过程。这个过程通常与 CIC 操作类似。然而，这些颗粒必须磨成细颗粒，以便从矿浆中分离吸附后的炭。

另一种吸附金的方法是利用浸出泥浆中的炭，这一过程具有在较低浓度下提取黄金的优势，从而减少了矿石中吸附在天然碳源中黄金的损失。含金的贵液中金的不必要去除被称为"炭劫金"。因此，浸取中的炭（CIL）有时用于从含碳物质的难处理矿石中负载黄金。CIL 工艺可降低含金量，提高炭浓度。

影响金吸附的因素包括酸碱度、温度、金浓度、离子强度和系统杂质。pH 值越低，碳对金的选择性就越高。但是，出于安全原因，pH 值通常必须大于 10。温度是反萃取的关键参数，因为高温有利于解吸。溶液中金浓度越高，吸附速度越快。增加离子强度可以提高负载速率。阳离子杂质有利于萃取，而阴离子杂质不利于吸附。银、汞和铜的存在会降低吸附金的能力。

图 6.23 显示了以吸附浓度的倒数与溶液浓度的倒数绘制的工业黄金吸附数据，以确定朗缪尔吸附等温线所需的常数[20]。相关常数可用于模拟图 6.24 的数据。

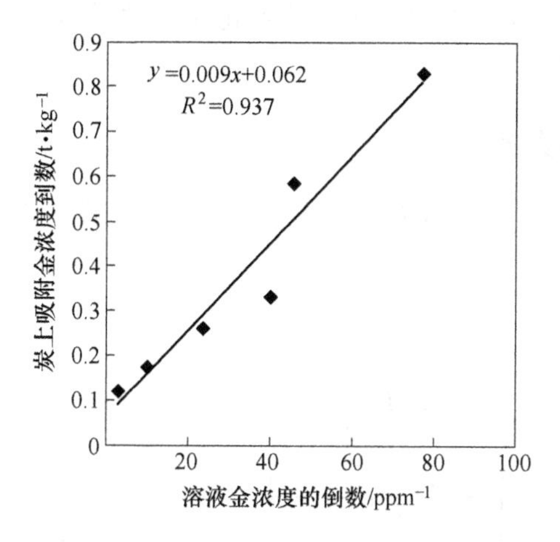

图 6.23 基于炭上金浓度倒数与溶液中金浓度倒数比的金吸附数据图

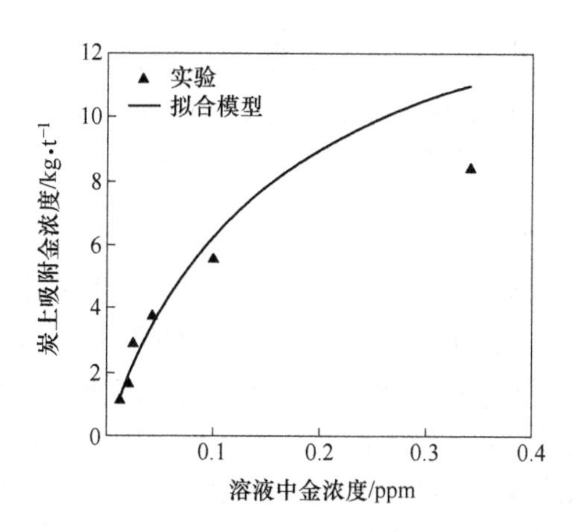

图 6.24 对比图 6.23 中的黄金数据，以说明对朗缪尔吸附模型的吸附效果

这些数据表明，工业上金在炭上的吸附可以拟合朗缪尔吸附模型。

通常是通过加热加压容器中的腐蚀性氰化物溶液来反萃取活性炭上吸附的金。

在腐蚀性氰化物溶液中，金通常在高温（95～150℃）下从碳中反萃取或洗脱。反萃取通常使用 Zadra 或 AARL 工艺进行。反萃取溶液通常含有 1%的 NaOH，可能含有一些氰化钠[21]。洗脱或反萃取过程受到温度的强烈影响。因此，大多数工艺倾向于在 100℃的压力容器反萃取碳。

活性炭通常需要热再生。

活性炭在装料过程中会暴露在各种化学物质中。有机化合物和碳酸钙和碳酸镁通常沉积在碳表面，限制金的吸附。因此，活性炭的性能会随着使用而降低，除非再生。再生通常在 600~900℃（通常在 650℃左右）的回转窑中用蒸汽进行热活化，以去除有机碎屑。热活化通常在盐酸清洗之前或之后进行，以去除无机沉淀物，如碳酸盐[21]。

6.4　超过滤或反渗透

超过滤是在高压下使用膜过滤溶液中溶质的过程。超过滤过程如图 6.25 所示。

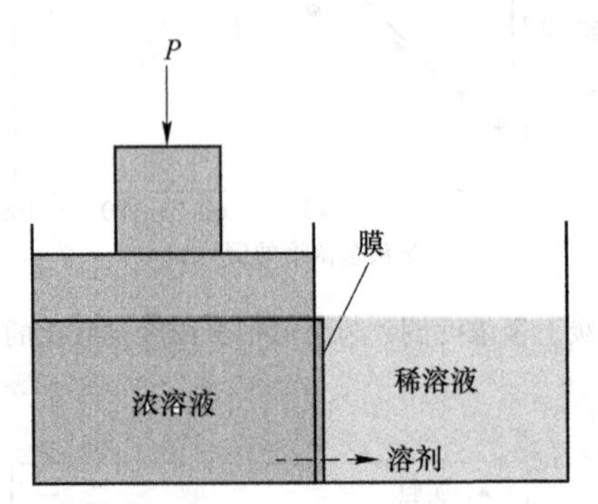

图 6.25　超过滤或反渗透过程示意图
（P 代表活塞上迫使液体通过膜的压力）

超过滤或膜过滤实际上与反渗透相同。离子溶液对于获得额外的溶质分子具有显著的渗透驱动力。溶质分子必须有转移的途径。离子转移的途径可以是膜。膜有小孔，选择性地允许离子通过。具有非常小的孔的膜可能只允许小的离子或分子通过。因此，如果溶液被强制通过这样的膜，溶质分子就会被保留。因此，需要高压来逆转渗透过程并通过膜排出溶剂分子。因此，这个过程通常被称为超过滤，因为溶剂是从溶液中过滤出来的。超过滤所需的压力是渗透压。25℃时海水的渗透压为 25MPa 或 25atm（368psi）[22]。渗透压的计算公式为[23]：

$$P = CRT \tag{6.29}$$

式中，P 是渗透压；C 是摩尔浓度；R 是气体常数；T 是绝对温度。

超过滤和反渗透常用于高盐含量的海水淡化和水处理。

超过滤和膜过滤系统利用具有非常小孔隙的薄膜。这些毛孔允许水分子通过。然而，小孔严重限制了水化离子和大分子的通过。理想情况下，膜相对较薄，由多孔材料支撑。多孔材料及其支架必须能承受高压。膜由醋酸纤维素等材料制成，但它们具有巨大的流动阻力（0.2cm^3/(s · atm · m^2) 是典型的流动速率)。高阻力使得有必要显著增加表面积，以增强流动性[22]。

6.5 沉淀

沉淀法是从溶液中去除或回收特定物质的常用方法。

沉淀法是一种常用的富集金属和净化溶液的方法。铁通常通过沉淀从溶液中除去。铁离子在 pH 值 3 以上的溶液中溶解度较低。许多二价金属离子，如亚铁离子，在酸性和中性 pH 值下是相对可溶的。这种溶解性的差异作为 pH 值的一个功能促进了分离。第 3 章中的图 3.9 显示了金属离子溶解性和 pH 之间的关系。在特定的 pH 值水平下，金属沉淀的差异有助于分离。例如，铁离子通常在 3~4 的 pH 值下通过选择性沉淀与其他二价金属离子分离。铁离子通常以氢氧化铁形式沉淀。锌金属生产中有铁沉淀的工业化应用实例。

沉淀也可以用气体和/或水来完成。例如，亚铁可以通过添加氧气和水以赤铁矿的形式沉淀。

$$2Fe^{2+} + 0.5O_2 + 2H_2O \rightleftharpoons Fe_2O_3 + 4H^+ \tag{6.30}$$

在用硫化锌矿石富集物生产锌金属时，富集物通常首先经过煅烧。煅烧后的富集物在硫酸中浸出以溶解锌。铁在浸出过程中也会溶解。铁通过形成氢氧化物沉淀从锌中分离出来。从含锌溶液中除去生成的铁沉淀（黄铁矾 [$(NH_4,Na)Fe_3(SO_4)_2OH_6$] 或针铁矿 [$FeO \cdot OH$]）。反应如下：

$$3Fe_2(SO_4)_3 + 2(NH_4,Na)OH + 10H_2O \rightleftharpoons 2(NH_4,Na)Fe_3(SO_4)_2(OH)_6 + 5H_2SO_4 \tag{6.31}$$

$$Fe_2(SO_4)_3 + ZnS \rightleftharpoons 2FeSO_4 + ZnSO_4 + S^0 \tag{6.32}$$

$$2FeSO_4 + 0.5O_2 + 3H_2O \rightleftharpoons 2FeO \cdot OH(\text{或 } Fe_2O_3 \cdot H_2O) + 2H_2SO_4 \tag{6.33}$$

另一个通过沉淀去除铁的离子是：

$$2Fe^{3+} + 3Ni(OH)_2 \rightleftharpoons 2Fe(OH)_3 + 3Ni^{2+} \tag{6.34}$$

沉淀也通过接触还原来产生金属。因为这是一个使金属回收的电化学反应，这将在第 7 章进行讨论。

沉淀也用于从处理溶液中回收副产品。碳酸镍沉淀就是一个例子。

第 8 章在环境修复的背景下对沉淀将会进行进一步讨论。

6.6 工艺及废水处理

微生物可以通过沉淀或从溶液中吸附来促进特定物种的去除。

微生物在废水处理中能够发挥很多作用。还原性生物可以减少溶解在溶液中的物质，形成更容易从溶液中去除的化合物。由微生物活性驱动的氧化过程可以使物质更容易被吸收或复合以达到去除的目的。其他微生物能够创造理想的吸附位点来去除有毒物质。在其他情况下，微生物可以将毒性很强的物种转变为毒性较弱的物种。从废水处理的角度来看，微生物的这些能力使它们具有应用前景。微生物在废水处理中的商业应用在各种环境中都很常见，包括采矿相关区域。

在矿山废水的细菌处理方法中，硫酸盐还原法是常见的方法之一。细菌可以将硫酸盐还原为硫化物和元素硫。这个过程需要一个电子供体。常见的供体是氢气。相关反应包括：

$$H_2SO_4 + 4H_2 \rightleftharpoons H_2S + 4H_2O \tag{6.35}$$

产生的硫化氢可以与金属（如铅）反应生成金属硫化物：

$$H_2S + Pb^{2+} \rightleftharpoons PbS + 2H^+ \tag{6.36}$$

金属硫化物很容易从溶液中沉淀出来，由此产生的沉淀物可以通过过滤从溶液中去除。

此外，硫酸盐可以转化为单质硫：

$$H_2SO_4 + 4H_2 + 0.5O_2 \rightleftharpoons S + 5H_2O \tag{6.37}$$

这种类型的反应和硫化物的转化有利于矿井水的处理，因为它们不仅能去除硫酸盐还能去除酸。通过这个过程来去除酸，可以减少其他化合物的使用，如石灰进行中和。石灰等化合物通常会产生金属氢氧化物和硫酸钙沉淀。硫酸盐还原只产生一种沉淀物和水。这种技术尽管在合理规模上被证明是可行的，但仍没有大规模商业使用的报道[24]。

参考文献

[1] G. M. Ritcey and A. W. Ashbrook, "Solvent Extraction - Principles and Applications to Process Metallurgy Part II," Elsevier Scientific Publishing Company, New York, 1979.

[2] K. Biswas, W. G. Davenport, "Extractive Metallurgy of Copper," 2nd edition, Pergamon Press, Elmsford, 1980, p. 322.

[3] G. M. Ritcey, A. W. Ashbrook, "Solvent Extraction in Process Metallurgy," AIME, 1978, p. 25.

[4] K. Biswas, W. G. Davenport, "Extractive Metallurgy of Copper," 2nd edition, Pergamon Press, Elmsford, 1980, p. 317.

[5] M. Cox, "Solvent Extraction Principles and Practice," 2nd edition, CRC Press, London, Chapter 11, 2004.

[6] M. J. Nicol, C. A. Fleming, R. L. Paul, The Chemistry of Gold Extraction, in The Extractive Metallurgy of Gold, ed. G. G. Stanley, South African Institute of Mining and Metallurgy, Johannesburg, pp. 831-905, 1987.

[7] J. Marsden, I. House, "The Chemistry of Gold Extraction," 2nd edition, SME, Littleton, pp.

355-358, 2006.

[8] P. L. Sibrell and J. D. Miller, "Soluble Losses in the Extraction of Gold from Alkaline Cyanide Solutions by Modified Amines," in Proceedings of ISEC 86', Munich, International Solvent Extraction Conference, vol. 2, 187-194, 1986.

[9] Available at http://en.wikipedia.org/wiki/Guanidine. Accessed 2012 Apr 7.

[10] J. A. Thomas, W. A. Phillips, and A. Farais, "The Refining of Gold by aLeach-Solvent Extraction Process," Paper presented at 1st International Symposium on Precious Metals Recovery, Reno, NV, June 10-14, 1984.

[11] E. Jackson, "Hydrometallurgical Extraction and Reclamation," Ellis Horwood Limited, Chichester, 1986, p. 78.

[12] B. A. Jackson, E. L. Holmes, "Adsorptive Properties of Synthetic Resins," Journal of the Society of Chemical Industry, 54, 1 (T), 1935.

[13] P. C. Hiemenz, R. Rajagopalan, "Principles of Colloid and Surface Chemistry," 3rd edition, Marcel Dekker, Inc., New York, 1997, p. 337.

[14] H. S. Fogler, "Elements of Chemical Reaction Engineering," Prentice-Hall, Englewood Cliffs, 1986, p. 241.

[15] P. W. Atkins, Physical Chemistry, 3rd edition, W. H. Freeman and Co., New York, 1986, p. 781.

[16] J. Marsden, I. House, "The Chemistry of Gold Extraction," Ellis Horwood, New York, p. 298, 1993.

[17] E. Jackson, "Hydrometallurgical Extraction and Reclamation," Ellis Horwood Limited, Chichester, 1986, p. 101.

[18] P. L. Sibrell, J. D. Miller, "Significance of Graphitic Structural Features in Gold Adsorption by Carbon," Minerals and Metallurgical Processing, p. 189, 1992.

[19] J. B. Hiskey, X. H. Jiang, G. Ramodorai, "Fundamental Studies on the Loading of Gold on Carbon in Chloride Solutions," in Gold ' 90, Salt Lake City, ed. D. Hausen, 1990, p. 83.

[20] J. A. Herbst, S. W. Asihene, "Modeling and Simulation of Hydrometallurgical Processes," in Proceedings of Hydrometallurgy, eds. V. G. Papangelakis and G. P Demopoulos, 1993.

[21] E. Jackson, "Hydrometallurgical Extraction and Reclamation," Ellis Horwood Limited, Chichester, 1986, p. 102-103.

[22] P. C. Hiemenz, R. Rajagopalan, "Principles of Colloid and Surface Chemistry," 3rd edition, Marcel Dekker, Inc., New York, p. 140.

[23] P. W. Atkins, "Physical Chemistry," 3rd edition, W. H. Freeman and Co., New York, 1986, p. 175. 24. Available at http://www.gardguide.com/index.php/Chapter_7. Accessed 2013 May 6.

思考练习题

6.1 测定平衡状态下有机物体积流量为 350L/min，水体积流量为 450L/min，提取分数为 0.4

的萃取系数。

6.2 对于一个含有四个阶段的溶剂萃取过程，假设水溶液的流速为 1000L/min，有机相流速为 500L/min，水进料浓度为 6g/L，液相萃余液浓度为 0.1g/L，有机物料溶液中金属的初始浓度为 0.5g/L，计算第四阶段中有机相中金属的浓度。

6.3 有机溶剂和液相溶液的一对一混合物导致液相中平衡金属离子（M^{2+}）浓度为 0.03m，负载萃取剂（R_2M）浓度为 0.15m，酸络合萃取剂 RH 浓度为 0.05m。金属络合反应中平衡常数为 0.0005，计算 p_{50} 值。(假设单位活度系数值)

6.4 利用附图中的信息以及假设两种金属都有一个电荷，并且水和有机体积相等，计算 pH 在 1.75 下金属 1 对金属 2 的选择性指数（见图 6.13）。

6.5 根据以下一组溶剂萃取数据（$n=1$，pH=2 或 $C_{H+}=0.01$）计算 K_{conc}，保持 H^+ 浓度单位无量纲。

$C_{RM}/g \cdot L^{-1}$	0.029	0.040	0.081	0.164	0.50
$C_{M+}/g \cdot L^{-1}$	0.010	0.013	0.030	0.071	0.30

6.6 以下平衡数据最好用 Frendlich、Langmuir 或 Tempkin 中的哪种平衡模型来描述？

C_{AS}	C_{Abulk}
0.001	0.002
0.0025	0.005
0.0045	0.009
0.007	0.015
0.011	0.027
0.013	0.038
0.016	0.052
0.018	0.068
0.019	0.083
0.0195	0.10

第7章　金属回收工艺

金属通过电化学还原从湿法冶金溶液中以金属形式进行回收。

本章节主要的学习目标和效果

(1) 掌握溶液介质中电解沉积的原理和实践；
(2) 能够计算基本的电解沉积参数；
(3) 掌握电解提纯的原理和实践；
(4) 理解如何进行胶结；
(5) 理解如何在溶液中回收金属。

7.1　电解沉积

电解沉积是利用外加电位“获得”或回收溶解金属的电解过程。图7.1所示为电解铜板的示例。这一工艺在金属工业中得到了广泛的应用。铜、锌、金以及其他金属都是通过这种工艺生产的。

图7.1　由电解沉积法生产的阴极铜板照片

电解沉积是从金属溶液中回收金属的最常用方法。

电解沉积利用外加电位驱动电化学反应向所需方向进行。外部电源提供电位和电流。使用惰性阳极完成电路，并作为金属回收的必要逆反应。金属在阴极处被回收。离子或分子在阴极被还原，在阳极被氧化。阴极和阳极之间必须有电解液或导电介质。含有溶解离子的水溶液是一种常见的电解液。在工业电解沉积的溶液中通常会用到酸。酸中的氢离子以及抗衡离子（通常是硫酸根）提供溶液中绝大部分的导电性。电解沉积速率取决于第4章已讨论的电化学动力学。图7.2描述了电解沉积过程。

电解的主要参数是电位和电流。电流通常通过电流密度来追踪。在工业环境中，电流密度是一个更实际的术语。电位和电流密度与热力学和应用参数有关。电位和电流密度受溶液和其他电阻以及沉积区域的影响。电流密度是反应动力学的直接度量。

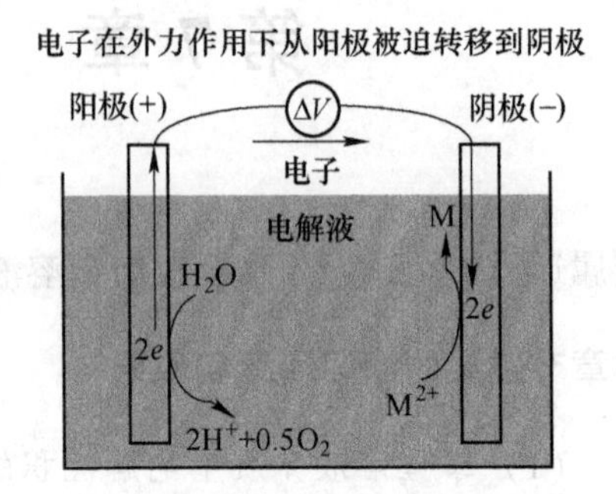

图7.2　典型湿法电解沉积工艺示意图

在电化学反应中，通过施加适当的电压，反应速率可以提高几个数量级[1]。因此，在电解沉积反应中，电压在决定总反应速率方面起着重要作用。但是，溶液介质会有限制作用，如第4章中讨论的质量传输，通常会妨碍高电压的实际应用。电解沉积由施加在阳极和阴极之间的电位或电压以及伴生的电流组成。

电位对铜电解沉积的影响如图7.3所示。注意，阳极反应发生在平衡电位最高的半电池反应中。阳极反应通常是水分解成氢离子和氧气。阴极反应一般是把金属还原成金属态。如果施加的电位大于两个半电池反应之间的差值，金属将发生电解沉积。电解沉积速率取决于外加电位的大小和相应的电化学反应动力学。需要一个显著的过电压，η，使水以合理的速率发生分解。金属沉积的过电位一般不大。

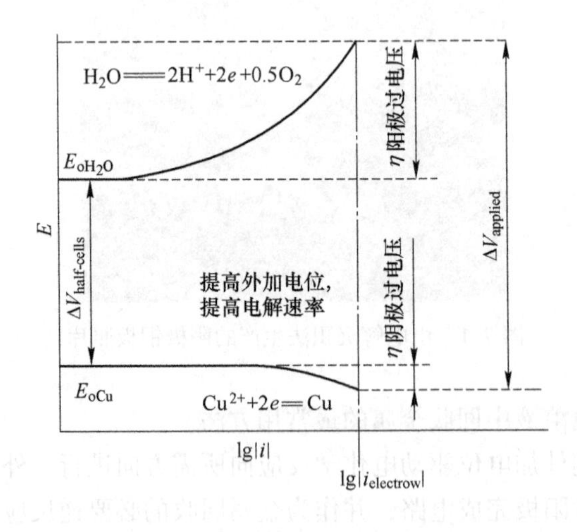

图7.3　电解沉积原理图（E与$\lg|i|$）

如图7.3所示，外加电位与电解沉积速率有关。如果电压不大于反应过电压、溶液和接触电阻电压降之间的差值加上半电池电压，则不会发生电解沉积。外加电位数学表达式为：

$$V_{外加} = \Delta V_{半电池} + V_{阴极过电位} + \Delta V_{阳极过电位} + \Delta V_{溶液+接触+混合} \tag{7.1}$$

更常用的表达式为：

$$V_{外加} = E_{阳极} - E_{阴极} + \eta_{阳极} + \eta_{阴极} + IR_{溶液} + IR_{其他} \tag{7.2}$$

式中，E 是规定的半电池电位；I 是总电流；η 是过电压；R 是规定介质的电阻（$V=IR$，即欧姆定律）。

溶液电阻为：

$$R = \frac{d}{\sigma A} \tag{7.3}$$

式中，R 为溶液电阻；σ 为电解质（1/(Ω·cm) 或 S/cm）的比导电率；A 是电极面积。电解质的导电性取决于可用离子及其相关电荷的总和以及这些离子在溶液中的迁移率。一般来说，可使用公式估算比导电率[2]。

$$\sigma = F\sum_i z_i C_i u_i \tag{7.4}$$

式中，u_i 是物种“i”的离子迁移率。需要注意的是，方程式中的浓度是自由离子浓度。在方程的其他形式中，用电离分数乘以盐浓度来代替离子浓度，离子迁移率与扩散率的关系如下：

$$u = \frac{zFD}{RT} \tag{7.5}$$

例 7.1 计算扩散率为 $9.31\times10^{-5}\text{cm}^2/\text{s}$ 的溶液中氢离子的迁移率。

$$u_j = \frac{zFD}{RT} = \frac{1 \times 96485\text{C/mol} \times 9.31 \times 10^{-5}\text{cm}^2/\text{s}}{8.314\text{J/(mol}\cdot\text{K)} \times 298\text{K(V}\cdot\text{C/J)}} = 3.63 \times 10^{-3}\ \text{cm}^2/(\text{V}\cdot\text{s})$$

使用这个方程需要离子扩散率或迁移率数据。表 7.1 提供了常见离子的离子迁移率、摩尔电导率（λ）、扩散率和电荷信息。

表 7.1 298K 条件下溶液介质中稀释离子数据表

离子	$\lvert z\rvert$	$\lvert u\rvert$/cm^2·(s·V)$^{-1}$	λ/(S·cm^2)·mol^{-1}	D/cm^2·s^{-1}
H^+	1	3.625×10^{-3}	349.82	9.31×10^{-5}
Na^+	1	0.519×10^{-3}	50.11	1.33×10^{-5}
K^+	1	0.762×10^{-3}	73.52	1.96×10^{-5}
Li^+	1	0.401×10^{-3}	38.69	1.03×10^{-5}
NH_4^+	1	0.761×10^{-3}	73.4	1.95×10^{-5}
Cu^{2+}	2	0.560×10^{-3}	54	0.72×10^{-5}
OH^-	1	2.050×10^{-3}	197.6	5.26×10^{-5}

续表 7.1

离子	|z|	$\|u\|/cm^2 \cdot (s \cdot V)^{-1}$	$\lambda/(S \cdot cm^2) \cdot mol^{-1}$	$D/cm^2 \cdot s^{-1}$
Cl^+	1	0.791×10^{-3}	76.34	2.03×10^{-5}
$CH_3O_2^-$	1	0.424×10^{-3}	40.9	1.09×10^{-5}
NO_3^-	1	0.740×10^{-3}	71.44	1.90×10^{-5}
SO_4^{2-}	2	0.827×10^{-3}	79.8	1.07×10^{-5}
HSO_4^-	1	0.520×10^{-3}	50	1.33×10^{-5}

注：数据来自文献［3］和［4］。

扩散率和迁移率是黏度和温度的函数。扩散率与黏度和温度之间的一个常见关系式是 Stokes-Einstein 关系式[2]：

$$D = \frac{kT}{6\pi r\mu} \tag{7.6}$$

黏度是温度的强函数。相应地，离子扩散率或迁移率随温度的变化而显著变化[5]：

$$\mu(\mathrm{Pa \cdot s}) = 2.414 \times 10^{-5} \times 10^{247.8\mathrm{K}/(T-140\mathrm{K})} \tag{7.7}$$

电解槽的电阻基于电解质的导电性。

电解槽的电阻与导电性成反比。因此，为了有较低的电阻，溶液的电导率必须很高。因此，需要高电离度和高迁移率的盐类和酸。硫酸是电解质溶液中的一种常见酸。尽管硫酸很容易只电离成 HSO_4^- 和 H^+，但这些离子具有良好的摩尔电导率。其他酸如 HCl 和 HNO_3 很容易电离，具有很好的离子摩尔电导率。形成强中性配合物（如乙酸）的离子，其摩尔电导率较低。从迁移率角度来看，强酸是可行的，因为 H^+离子比大多数离子的迁移率高很多。正如在离子质量传输中所讨论的，单个离子负载的电流比例与迁移数有关，见方程式（4.52）。迁移数与离子迁移率直接相关。

影响电解槽电阻的另一个因素是阳极和阴极之间的距离，这个距离通常只有几厘米。增加镀层厚度，绝缘边，短路和机械收割的综合要求通常导致距离大于 2cm。然而，较长的距离会降低溶液电阻。

其他电阻可与电极接触形成。这些电阻可由接触面腐蚀、污垢、盐等形成。

在铜电解沉积中，阴极（$E^{\ominus}=0.34V$）和阳极（$E^{\ominus}=1.23V$）电位之间的差值约为 0.9V。阳极过电位通常为 0.2~1.0V，阴极过电位通常约为 0.1V，溶液电压降约为 0.1V，连接器和电线上的其他电压降约为 0.05V。因此，铜电解沉积的外加电位通常在 1.5~2.5V 之间[6]。由于锌的反应电位（$E^{\ominus}=-0.76V$）较低且电流密度较高，因此，锌电解沉积的外加电位通常在 3.0~3.7V 之间，这会导致更高的过电位。

阴极产品的纯度取决于溶液组分的浓度，也取决于外加电位。电位高于所需金属（惰性更强）的杂质金属优先沉积。杂质金属沉积速率取决于外加电位和杂质的电化学动力学参数。图 7.4 说明了外加电位与杂质沉积之间的关系。图 7.4 显示了三种外加电位方法。第一个外加电位选项是低电压，低电压仅能沉积惰性较强的金属。最佳外加电位将产生所需的金属以及一些惰性较强的金属。高的外加电位将导致所需金属以及一些惰性较弱金属和一些惰性较强金属的快速沉积。为避免惰性较强金属杂质的沉积，需要在电解沉积前去除它们。

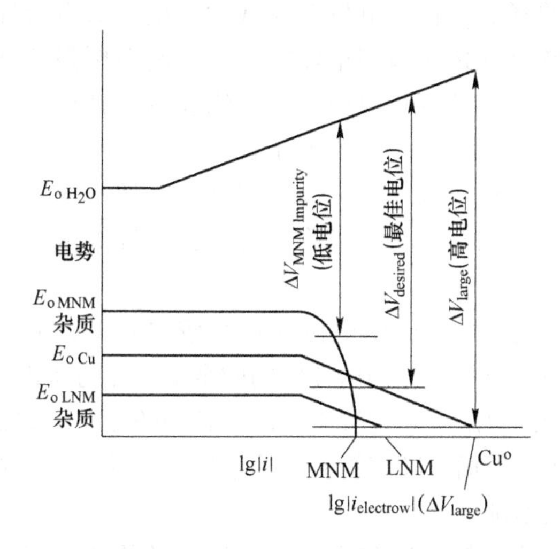

图 7.4 惰性较弱金属（LNM）和惰性较强金属（MNM）杂质对铜电解沉积电流可能的影响

根据 Butler-Volmer 和质量运输动力学，会有惰性较强金属杂质的沉积。杂质沉积通常发生在低浓度的极限电流密度下。锌电解沉积过程中铅在锌中沉积就是一个很好的例子。在这种情况下，杂质部分可以用极限电流密度来计算。以下方程式适用于锌中的铅，也适用于其他金属（相关方程式见第 4 章）。

$$C_{\mathrm{PbinZn}} = \frac{i_{1,\mathrm{Pb}} n_{\mathrm{Pb}} A_{\mathrm{w,Pb}}}{i_{\mathrm{total}} \dfrac{\beta}{100} n_{\mathrm{Zn}} A_{\mathrm{w,Zn}}} \tag{7.8}$$

在电解沉积锌的情况下，惰性较强杂质（如铅）的存在能够测定边界层厚度。相应地，边界层厚度可由下式计算：

$$\delta = \frac{n_{\mathrm{PbPb}}^{2} F D_{\mathrm{Pb}} C_{\mathrm{b,\ Pb}} A_{\mathrm{w,Pb}}}{C_{\mathrm{PbinZn}} i_{\mathrm{total}} \dfrac{\beta}{100} n_{\mathrm{Zn}} A_{\mathrm{w,Zn}}} \tag{7.9}$$

例 7.2 如果在 395A/m^2 和 89%效率下的电解槽中锌阴极中的铅浓度为

10ppm，且 Pb^{2+} 离子的相关扩散系数为 $1\times10^{-5}cm^2/s$，溶液中 Pb^{2+} 离子的浓度为 0.133mg/L 或 $6.4\times10^{-7}mol/L$，计算边界层厚度。

$$\delta = \frac{2^2 \times \frac{96485C}{mol} \times \frac{1\times10^{-5}cm^2}{s} \times \frac{6.4\times10^{-7}mol}{1000\ cm^3} \times \frac{207.2g}{mol}}{10\times10^{-6}\times395\times\frac{A}{m^2}\times\frac{C/s}{A}\times\frac{1m^2}{10000cm^2}\times\frac{89}{100}\times2\frac{65.4g}{mol}} = 0.0111cm$$

如果没有适当地控制电位和电解质组分，杂质就会发生电沉积。

随着杂质浓度的降低，相关电位会降低。浓度降低也会导致极限电流密度降低。沉积速率通常是在传质极限电流密度下。惰性更强的杂质尤其会对锌电解沉积造成不利影响。锌的沉积电位比铁、铅和镉等其他常见杂质金属要低得多。如边界层示例所示，即使是浓度低于百万分之一的污染物（如铅）也可能在阴极中产生明显的污染。因此，在锌电解液中，通常使用锌粉去除惰性更强的金属杂质。惰性更强的金属杂质黏附在锌上，使锌溶解。胶结作用将在下一节中讨论。

相对于所需的金属，具有较低电位（惰性较弱）的杂质金属造成的问题较小。然而，如果外加电压很高，则惰性较弱的金属可能与所需的金属共沉积，从而降低其纯度。在铜的电解沉积过程中，惰性较弱的金属，如铁，由于其电位过低，一般不会共沉积。然而，随着惰性较弱金属浓度的增加，相关电位增加，共沉积的可能性也随之增加。

在铜的电解沉积中，铋、砷和锑等离子是常见的杂质离子，其电位接近铜［标准电位（活度=1）：$BiO^+ + 2H^+ + 3e = Bi + H_2O$，$E_0 = 0.32V$；$HAsO_2 + 3H^+ + 3e = As + 2H_2O$，$E_0 = 0.25V$；$SbO^+ + 2H^+ + 3e = Sb + H_2O$，$E_0 = 0.21V$[7]］。因此，如果它们的浓度或外加电位过高，就会出现杂质问题。其他惰性较弱的金属，如镍和铁，通常储量丰富。然而，铁和镍由于其低电位（分别为 −0.25V 和 −0.44V），不会沉积在阴极上。通常情况下，铜电解沉积过程中常见物种的浓度为 H_2SO_4 = 140～220g/L；Cu = 35～50g/L；As = 0.3～5g/L；Sb = 0.1～0.4g/L；Bi = 0.1～0.4g/L；Ni = 2～20g/L；Fe = 0.5～10g/L[6,8]。

铁是一个复杂的电子受体/供体。三价铁可以接受阴极提供的电子，用来还原铁离子的电子被浪费了，用于非预期反应的电流会降低电流效率。铁也可能是一种令人讨厌的腐蚀性物质，它的存在经常受到控制。然而，高纯度的铁由于没有明显的副作用通常是可以接受的。一些铁的存在能够有利于生产光滑的阴极铜片。

其他常见杂质的浓度通常要高于合格标准。因此，需要去除这些杂质。除贵金属作业外，在其他过程中很少发现较高浓度的金，铂和银等惰性较强金属。

大多数的铜电解沉积使用不溶性铅-锑或铅-钙阳极进行[8]。用贵金属涂层制成的阳极在商业上是很有前途的替代品[9]。含有贵金属涂层的尺寸稳定的阳极（DSA）可降低过电压并消除铅。

阴极起始板通常由不锈钢制成。金属沉积在起始板上，并在电镀4~10天后进行机械剥离。

诸如氢离子铁离子还原之类的不良反应会消耗电流，并降低电解沉积效率。

锌电解沉积中阴极质量的控制比铜电解沉积中更为困难。标准锌电位(-0.763V)低于锌电解质溶液中的许多杂质金属。尽管困难重重，仍有80%的初级锌产品是由电解沉积获得的[10]。典型的条件为：H_2SO_4 = 125~175g/L；Zn = 50~90g/L；阳极为铅（99.25%）银（0.75%）；温度30~38℃；电流密度320A/m^2；外加电压3.2V；能耗损耗3400kWh/t[10]。锌电解沉积的一个重要挑战是氢的析出。锌电解沉积的低电位迫使一些水分解析氢。因此，出于安全考虑，脱除氢气非常重要。最大程度减少氢的析出对提高电流效率很重要。锌电解沉积中电流效率的大部分损失与阴极的水分解有关。微量杂质如镍、钴、铜、锗和锡会对锌电解沉积造成更多问题，因为它们与锌共沉积并促进氢的生成。

在阴极上获得高纯度金属的关键是适当控制外加电位和杂质浓度。外加电位需要足够高以达到最佳的沉积速率。然而，必须避免较惰性较弱金属的沉积。此外，还需要避免诸如析氢之类的反应。因此，如图7.4所示，必须相应地调整电位。

当杂质水平达到上限时，电解液杂质通常通过“渗出”或除去一些电解液来去除。渗出的电解质被更纯的电解质所取代。

杂质水平通常由“渗出”控制。渗出是除去一小部分溶液以去除杂质的过程。通常，在铜电解沉积中，“渗出”溶液被送到一个释放槽中。大部分的剩余铜在释放槽中被电解去除。在通过第一个释放槽后，渗出溶液通常被送到第二个释放槽。在这个步骤中，多余的铜和一些杂质一起被除去。在许多应用实例中，金属从渗出溶液中沉淀而来。在其他去除杂质步骤，如离子交换或溶剂萃取中也被使用。然后，这种溶液可以被回收。参考文献［11］和［12］中提出了杂质控制的两种合理演示。应该注意的是，许多操作采用不同的杂质去除方法。运行良好的铜电解沉积可生产纯度为99.99%的阴极铜。

电解沉积中使用了多种添加剂，瓜尔胶或改性淀粉等匀染剂可控制阴极表面质量。锑用于锌电解沉积中以抵消黏合剂等添加剂的极化效应。加入溶解钴（100~200ppm）可延长铅阳极寿命，并降低过电压。其他添加剂通常用来抑制与表面氧气泡破裂有关的酸雾。塑料球也用来抑制酸雾。高斯计和红外摄像机可用来检测电极间的电气短路。通过破坏引起短路的结节或重新调整电极可手动纠正短路。

电解沉积需要消耗巨大的能量。能量表达式为：

$$能量 = tP = EIt \tag{7.10}$$

式中，P 是功率；E 是外加电位；t 是时间；I 是电流。根据法拉第定律，能量除以沉积的质量得出：

$$\frac{能量}{质量} = \frac{EIt}{\frac{ItA_w}{nF}} = \frac{nFE}{A_w} \tag{7.11}$$

然而，该方程假设效率为100%。换句话说，它假设所有的电子都用来沉积金属。在实际的电沉积中，有些电子被用于其他反应。因此，沉积金属的质量与电流效率有关。电流效率 β 是用于金属沉积的电流百分比。因此，电解金属所需的能量(kWh/t) 的表达式为：

$$能量(\mathrm{kWh/t}) = \frac{E(n)26800}{A_w\left(\frac{\beta(\%)}{100}\right)} \tag{7.12}$$

注意：t 代表公吨（1000kg）。对于典型的外加电位值（1.5~2.4V）和效率值（85%~98%），电解沉积铜通常消耗1300~2600kW · h/t 的能量。电解沉积中的能耗主要取决于槽电压、金属特性和电流效率。

电解沉积操作的其他重要参数包括沉积速率和电流效率。沉积质量速率的计算公式如下：

$$R_{dep} = \frac{I\beta A_w}{100nF} = \frac{i\beta A_w}{100nF} \tag{7.13}$$

就沉积质量而言，方程式为：

$$m_{dep} = \frac{iAt\beta A_w}{100nF} \tag{7.14}$$

电流效率 β 为：

$$\beta(100\%) = \frac{m_{dep}nF}{ItA_w}(100\%) \tag{7.15}$$

式中，m_{dep} 是沉积在阴极上的质量。

某些系统中的寄生反应会显著影响电流效率。寄生反应是消耗电流的有害反应。在锌的电解沉积中，氢的析出是主要的寄生反应。由于平衡交换电流密度很低，纯锌上的析氢速度很慢。然而，共沉积杂质如镍、钴、铜、锗和锡可显著增加锌中氢的析出。在铜电解沉积中，铁离子还原和氧化是一个难题。可以计算出寄生反应对电流效率的影响。基于寄生反应电流密度的电流效率的另一个公式是：

$$\beta(\%) = 100\frac{i_{总} - i_{寄生}}{i_{总}} \tag{7.16}$$

例 7.3　以 $300\mathrm{A/m^2}$ 的铜电解沉积为例，如果在电解沉积条件下，铁还原的寄生反应发生在其极限电流密度处。因此，假设铁离子的扩散率为 $6\times10^{-6}\text{cm}^2/\text{s}$，边界层厚度为 0.013cm，浓度为每升 2g 铁离子（0.0358mol/L），则估计的极限电流密度（忽略电迁移率）为：

$$i_l = \frac{nFDC_b}{\delta} = \frac{1\times96485\ \frac{\text{C}}{\text{mol}}\times6\times10^{-6}\ \frac{\text{cm}^2}{\text{s}}\times\frac{0.0358\text{mol}}{1000\text{cm}^3}}{0.013\text{cm}}$$

$$i_l = 0.001594\ \frac{\text{C}}{\text{cm}^2\cdot\text{s}}\ \frac{\text{A}}{\frac{\text{C}}{\text{s}}}\ \frac{10000\text{cm}^2}{\text{m}^2} = 15.94\ \frac{\text{A}}{\text{m}^2}$$

用寄生电流密度代替极限电流密度：

$$\beta(\%) = 100\ \frac{i_{总} - i_{吸附}}{i_{总}} = 100\times\frac{300-15.94}{300} = 94.7\%$$

传统的金属电解沉积是使用平面金属板进行的，电解沉积通常在低于极限电流密度的情况下进行。电流密度超过极限电流密度的一半，通常会导致沉积表面粗糙。表面粗糙的沉积物通常会不规则生长，不规则生长通常以结节的形式出现。而结节通常是半球形的生长，其大小足以接触到相邻的阳极，造成短路。商用电解车间的电流密度通常为 200~600A/m²。电解车间是用来描述大型电解沉积设备的术语，通常包含数百个单独的电解罐或电解槽。

商用电解沉积槽通常由聚合物/混凝土复合材料制成，通常含有 45~50 个阴极和 46~51 个阳极，这些电极至少高 1m，宽 1m。

每个电解槽通常包含 45~50 个阴极和 46~51 个阳极。阴极通常由 316L 不锈钢片组成，连接到导电支撑杆上，在操作过程中，金属板悬挂在支撑杆上。不锈钢阴极也含有聚合物边带。

这些条带阻止了边缘的生长，从而促进剥离。一些不锈钢阴极含有聚合物或蜡制底部带，以便于双片收割。阴极和阳极通常长 1~1.5m，宽 1m。每个电极的总表面积为 2~3m²。两个电极之间通常有 2~4cm 的间隙。电极以交替的方式放置，图 7.5 显示了阴极片和电解槽中的一组电极。

其他电解沉积法也用于金属生产。在某些情况下，金属在高电流密度下被电解以产生金属颗粒。在其他情况下，采用喷淋床型电化学电解槽。金属也可作为连续箔用于某些用途。其他金属回收电路使用高比表面积电极，这些高比表面积电极是从稀溶液中回收金属的理想电极。金属也可以通过被称为“瑞士卷”的螺旋电极片来回收。其他利用多样化的质量运输和高比表面积的电解槽也会被使用。

金的电解沉积通常使用钢丝绒阴极和冲压不锈钢板阳极。一般条件包括 2~4V；100~400g(Au)/L 输入；1~10g(Au)/L 输出、0.5%~2%NaCN；0.5%~2% NaOH 和 50~90℃，效率非常低[13]。电解槽可以用来生产比镀贵金属钢丝绒更

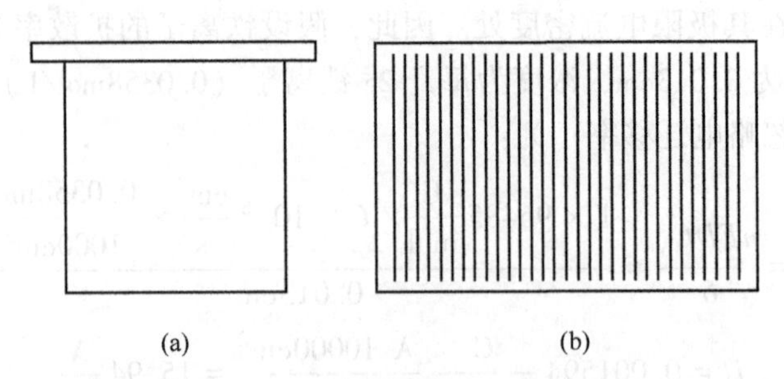

图7.5 永久阴极（通常为316L型不锈钢）的侧视图（a）和带有交替阳极和阴极片的电化学电解槽的俯视图（b）（粗线代表阴极）

容易提炼的贵金属污泥。氰化物在阳极处被分解（更多细节和反应见第9章），除金属还原外，阴极还可产生氢氧化物和氢气。

7.2 电解精炼

金属的电解精炼与电解沉积相似。然而，电解精炼利用中等纯度（95%~99.5%）的期望金属作为阳极。

电解精炼用于提纯金属，如提炼铜以达到所需的高纯度水平。

电解精炼包括从阳极电解溶解所需金属。如图7.6所示，溶解的金属被电沉积在阴极上，电解精炼可产生比阳极纯度更高的沉积金属。世界上大部分高纯度铜都是通过电解精炼生产的，而电解精炼阳极由铜溶解过程制成。

与电解沉积相比，电解精炼能耗更低。这两种半电池反应的电位差在电解精炼时为零。因此，不需要消耗能量来克服半电池电位的差值（图7.7）。此外，通常较大的水解过电位被消除。金属溶解和电镀的过电位通常很小。这些因素在铜电解精炼过程中的结果是能量需求减少了5到10倍。外加电压通常为0.2~0.35V。电流效率通常高于98%。

由于电解槽电压相对较低，电解精炼只消耗电解沉积所需能量的一小部分。

电解精炼所用的阳极由粗铜和固有的镍、铅、铋、锑和砷杂质组成，这些杂质通常通过阳极废料再循环。被特意添加的锑和砷可在生产更优质阴极中起有益作用[14]。杂质的存在导致铜基体内形成包裹体，如图7.8所示。当阳极溶解时，这些以铜氧化物为主的包裹体也会溶解。然而，一些包裹体并不会溶解，反而是形成如图7.9所示的阳极细泥。细泥是一个用来描述极细颗粒的术语，细泥往往沉淀到电池槽的底部，但是悬浮的细泥会并入阴极。一些细泥由金和银组成，具有很高的电位，从而阻止了它们的溶解。阳极细泥通常含有铅这类不需要的低溶解性杂质，然而，阳极细泥同时还含有金和银。因此，阳极细泥需要被回收和处理，以回收有用物质和处理不需要的物质。

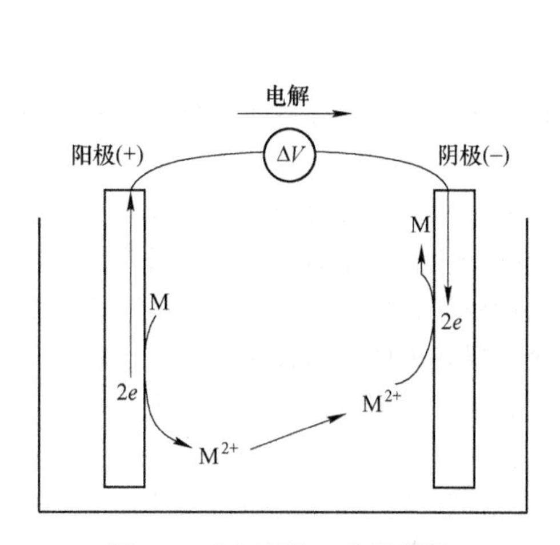

图 7.6 电解精炼工艺原理图

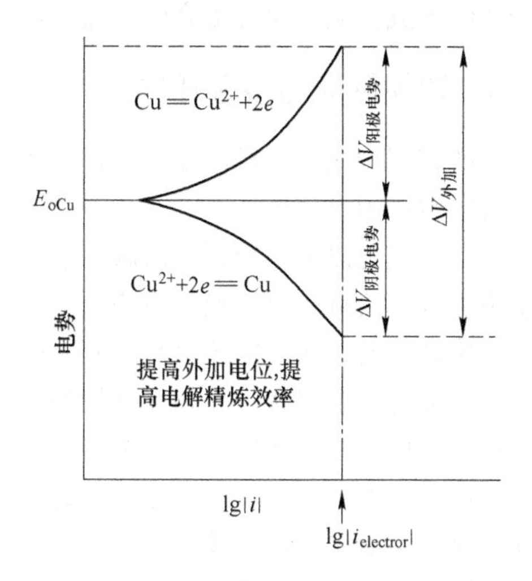

图 7.7 电流密度或单位面积电解精炼速率对数的绝对值与电解精炼电势关系示意图

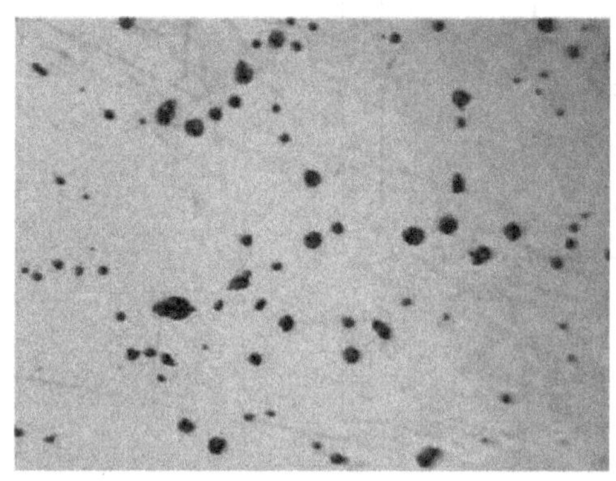

图 7.8 电解精炼铜阳极显微照片（400×）（水平长度为 200μm）

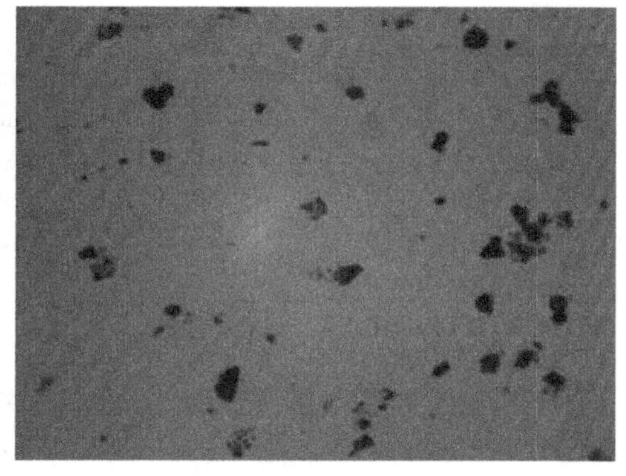

图 7.9 电解精炼铜的细泥显微照片（400×）（水平长度为 200μm）

金的电解精炼通常在 60℃ 的盐酸溶液（80～100g/L）中进行，每 $800A/m^2$ 中有 80～100g/L 的溶解金[13]。通常使用纯度为 99.6% 的金作为阳极。沉积 $AuCl_4^-$ 是目标。由于 $AuCl_2^-$ 会歧化形成 $AuCl_4^-$ 和金属金，从而形成不需要的污泥颗粒[13]。

大多数精炼厂使用像硫脲和黏结剂等的试剂创造更好的阴极表面。根据文献［15］和［16］中的信息，黏结剂优先吸附到从主表面延伸出来的枝晶上，从而阻碍其生长。黏结剂还会增加成核，从而降低粗糙度[17]。延伸出来的铜枝晶生长的减少可以生成更光滑、更致密的阴极表面。硫脲被认为可以增强阴极表面原子核的形成，从而允许更高的电流密度和更低的过电位[16]。

7.3　置换沉淀与接触还原

与电解精炼相比，置换沉淀法规模较小，可用于回收金等金属或净化电解液，如锌的电解沉积电解液。

几个世纪以来，金属的渗碳一直用于从液相中回收溶解的金属。置换沉淀的基本原理是接触还原。换句话说，当惰性较强金属离子接触到惰性较弱金属表面时，惰性较弱金属的电子会转移到溶解的惰性较强金属离子上，导致溶解的金属离子还原为其金属状态。相互作用的另一个结果是惰性较弱金属的溶解。这一工艺在小规模上经济适用于利用废弃铁金属回收铜。使用锌粉回收贵金属的方法更为普遍。在 Merrill-Crowe 工艺中，锌在商业上用于回收黄金。Merrill-Crowe 工艺在氰化物溶液中进行。图 7.10 显示了氰化物溶液中锌和金的相关电位与 pH 值的关系图。锌粉还在工业上被用于净化锌电解沉积的电解液。

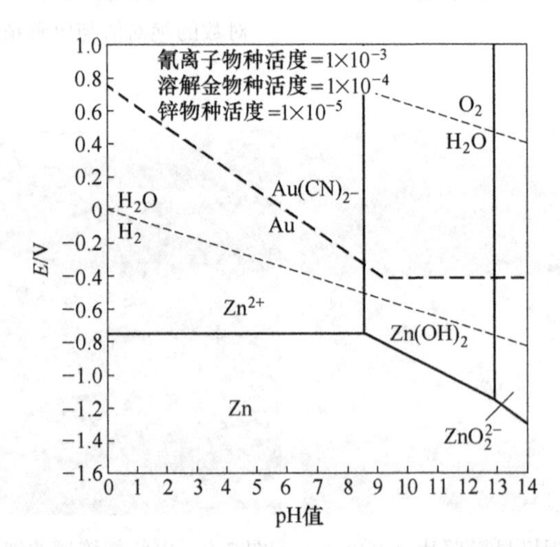

图 7.10　根据参考文献［18］中的数据，25℃时锌、氰化物和金的 Pourbaix 图

Merrill-Crowe 工艺回收黄金通常在常压条件下进行。Merrill-Crowe 工艺溶液中的黄金含量通常在 0.5～10ppm 之间[13]。该工艺通常需要脱气后的澄清溶液。脱气减少锌损失和不必要的反应。锌粉的添加量是金和银的化学计量要求的 5～30 倍[13]。金在锌上的沉淀通常在几分钟内完成，去除效率大于 99%[13]。

接触还原需要电子传递和质量传递。质量传递通常是接触还原的速率限制步骤。如第 4 章所述，限于质量传递的流量可以用数学表示为：

$$J = -k_1 C_b \tag{7.17}$$

这个方程可以重新排列为：

$$\frac{\mathrm{d}n}{\mathrm{d}t}\frac{I}{A}=-k_1C_{\mathrm{b}} \tag{7.18}$$

假设 1L 体积基准允许从摩尔到浓度的转变：

$$\frac{\mathrm{d}C_{\mathrm{b}}}{C_0}=-A_{每升}k_1\mathrm{d}t \tag{7.19}$$

积分后，这个方程变成：

$$\ln\left(\frac{C_{\mathrm{b}}}{C_0}\right)=-A_{每升}k_1t \tag{7.20}$$

因此，通过绘制 $\ln(C_{\mathrm{b}}/C_0)$ 与时间的关系图，铜-铁置换沉淀系统的关系应该是线性的，如图 7.11 所示。假设在反应过程中面积不变，可以根据图 7.11 所示的图确定传质系数。注意 C_{b} 是 t 时刻的体积浓度。C_0 是 0 时刻的体积浓度。然而，这种关系往往不是线性的。非线性可能是由于金属离子对反应界面的传质限制所致。非线性也可用于描述由于树状区域增强产生的枝晶产品结构中。

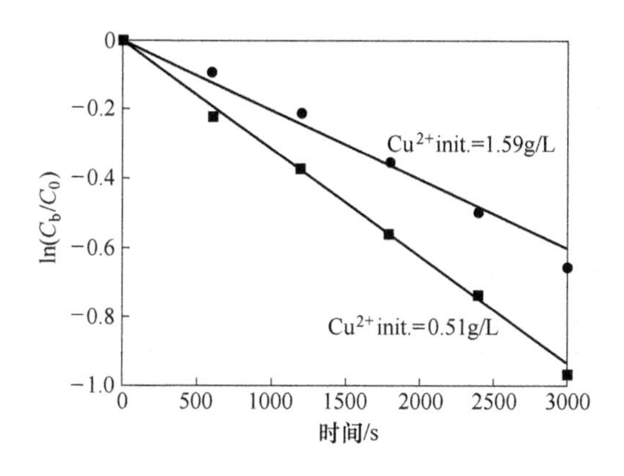

图 7.11 使用参考文献［19］中的数据获得的铜/铁渗碳系统的 $\ln(C_{\mathrm{b}}/C_0)$ 与时间的关系图

7.4 使用溶解的还原剂回收金属

金属可以用各种还原化合物从溶液中回收。还原化合物包括氢气、次磷酸盐，甚至甲醛等。理想情况下，还原剂不应该将大量的水还原成氢气。氢气的生成会造成安全隐患，并额外消耗能源。避免氢的析出限制了还原剂对惰性较强金属的有效使用。金、银、铜和镍等金属通常用还原剂进行电镀。

金属可用还原剂从溶液中回收粉末或涂层。

氢气是金属工业中一种有效的还原剂。氢气用于回收高压釜中的某些金属，高压釜中可以得到较高的氢气分压，从而加快回收过程。产生的金属由相对纯净的颗粒组成。

其他的还原应用包括微电子工业中的电沉积以及涂料的制造，稍后将详细讨论。一般的电化学反应见附录 G。表 7.2 给出了一些根据溶液种类和相关反应而还原的金属示例。高电位反应可以由低电位反应驱动向还原方向进行。表 7.2 中的值基于标准电位，标准电位通常与应用中的电位不同。表中的数据表明，使用 BO_3^{3-} 可以将大多数金属从离子态还原为金属态。使用草酸（COOH）$_2$ 等简单化合物可以从溶液中还原金离子。

表 7.2 选择的电化学反应和电位

反 应	E_{rxn}/V
$AuCl_4^- + 2e \rightleftharpoons AuCl_2^- + 2Cl^-$	0.93
$Fe^{3+} + e \rightleftharpoons Fe^{2+}$	0.77
$Cu^{2+} + 2e \rightleftharpoons Cu$	0.34
$Ni^{2+} + 2e \rightleftharpoons Ni$	−0.250
$Co^{2+} + 2e \rightleftharpoons Co$	−0.277
$2H_2CO_3 + 2H^+ \rightleftharpoons (COOH)_2$	−0.39
$Cd^{2+} + 2e \rightleftharpoons Cd$	−0.403
$Fe^{2+} + 2e \rightleftharpoons Fe$	−0.410
$Au(CN)_2^- + e \rightleftharpoons Au + 2CN^-$	−0.57
$BO_3^{3-} + 7H_2O + 7e \rightleftharpoons BH_4 + 10OH^-$	−0.75

参考文献

[1] J. O. M. Bockris, A. K. N. Reddy, "Modern Electrochemistry," vol. 2, Plenum Press, New York, p. 1143, 1970.

[2] J. O. M. Bockris, A. K. N. Reddy, "Modern Electrochemistry," vol. 1, Plenum Press, New York, pp. 373-382, 1970.

[3] J. Newman and K. E. Thomas-Alyea, Electrochemical Systems, 3rd edition, Hoboken, NJ: John Wiley and Sons Inc., p. 284, 2004.

[4] A. J. Bard, L. R. Faulkner, "Electrochemical Methods: Fundamentals and Applications," New York, John Wiley and Sons, p. 67, 2001.

[5] G. Elert. "Viscosity. The Physics Hypertextbook," Hypertextbook.com. Available at http://hypertextbook.com/physics/matter/viscosity/. Accessed 2013 May 6.

[6] A. K. Biswas, W. G. Davenport, "Extractive Metallurgy of Copper," 2nd edition, Pergamon

Press, Elmsford, pp. 326-328, 1980.

[7] A. K. Biswas, W. G. Davenport, "Extractive Metallurgy of Copper," 2nd edition, Pergamon Press, Elmsford, p. 299, 1980.

[8] P. M. Tyroler, T. S. Sanmiya, D. W. Krueger, S. Stupavsky, "Copper electrowinning at INCO' s Copper Refinery," in The Electrorefining and Winning of Copper, eds. J. E. Hoffmann, R. G. Bautista, V. A. Ettel, V. Kudryk, and R. J. Wesely, TMS, Warrendale, PA, pp. 421-435, 1987.

[9] M. Moats, K. Hardee, and C. Brown, "Mesh-on-Lead Anodes for Copper Electrowinning," Journal of the Minerals, Metals & Materials Society, 55 (7), 46-48, 2003.

[10] E. Jackson, "Hydrometallurgical Extraction and Reclamation," Ellis Horwood Limited, England, 1986, pp. 217-221.

[11] T. Shibata, M. Hashiuchi, T. Kato, "Tamano Refinery' s New Processes for Removing Impurities from Electrolyte," in The Electrorefining and Winning of Copper, eds. J. E. Hoffmann, R. G. Bautista, V. A. Ettel, V. Kudryk, and R. J. Wesely, TMS, Warrendale, PA, p. 99-116, 1987.

[12] K. Toyabe, C. Segawa, H. Sato, "Impurity Control of Electrolyte at Sumitomo Niihama Copper Refinery," in The Electrorefining and Winning of Copper, eds. J. E. Hoffmann, R. G. Bautista, V. A. Ettel, V. Kudryk, and R. J. Wesely, TMS, Warrendale, PA, pp. 117-128, 1987.

[13] J. Marsden, I. House, "The Chemistry of Gold Extraction," 2nd edition, SME, Littleton, CO, pp. 367-461, 2006.

[14] V. Baltazar, P. L. Claessens, and J. Thiriar, "Effect of Arsenic and Antimony in Copper Electrorefining," in The Electrorefining and Winning of Copper, eds. J. E. Hoffmann, R. G. Bautista, V. A. Ettel, V. Kudryk, and R. J. Wesely, TMS, Warrendale, PA, pp. 211-222, 1987.

[15] A. K. Biswas, W. G. Davenport, " Extractive Metallurgy of Copper," 2nd edition, Pergamon Press, Elmsford, NY, pp. 312-313, 1980.

[16] K. Knuutila, O. Forsen, and A. Pehkonen, "The Effect of Organic Additives on the Electrocrystallization of Copper," in The Electrorefining and Winning of Copper, eds. J. E. Hoffmann, R. G. Bautista, V. A. Ettel, V. Kudryk, and R. J. Wesely, TMS, Warrendale, PA, pp. 129-143, 1987.

[17] M. L. Free, R. Bhide, A. Rodchanarowan, N. Phadke, "Evaluation of the Effects of Additives, Pulsing, and Temperature on Morphology of Copper Electrodeposited from Halide Media," ECS Transactions, 2 (3), 335-343, 2006.

[18] N. P. Finkelstein, "The chemistry of the extraction of gold from its ores," in Gold Metallurgy on the Witwatersrand, ed. R. J. Adamson, Cape Town, South Africa, Cape and Transvaal Printers, Ltd. , pp. 284-351, 1972; Marsden and House, p. 367.

[19] J. D. Miller, "Cementation," in Rate Processes of Extractive Metallurgy, ed. H. Y. Sohn and M. E. Wadsworth, Plenum Press, New York, pp. 197-244, 1979.

思考练习题

7.1 假设效率为96%，50000 个阴极（每侧各 $1m^2$）在电流密度为 $300A/m^2$ 的条件下进行电解沉积时，铜的小时产量是多少？

（答案：$n=2$）

7.2 在电流密度为 $250A/m^2$ 的电解沉积中，假设效率为95%，n=2，电池电压降为 3.0V，电解沉积每千克锌的能耗是多少？

[答案：2.589 kWh/kg(Zn)]

7.3 如果工业用电每千瓦时成本为 5 美分，那么在电压降为 250mV、效率为 98% 的铜精炼厂生产 1kg 铜的成本是多少？

7.4 在铜渗碳试验中获得以下数据：

浓度梯度/g(Cu) · L^{-1}	时间/min
0.72	20
0.52	40
0.38	60

假设一个 $1cm^2$ 的区域用于渗碳，初始铜浓度为 1.00g/L，测定传质系数。

7.5 使用 8500000A（$n=2$）的电流确定每天沉积 200t 镍的操作的电流效率。

（答案：89.5%）

7.6 $300A/m^2$ 条件下，计算溶液电阻（单位为欧姆）和与间隔 3cm 的 $1m^2$ 电极相关的电压降，该电极的工作溶液的电导率为 $0.8\Omega^{-1} \cdot cm^{-1}$（记住 $E=IR$）。

第 8 章　金属的应用

金属被用作溶液介质，例如管道，容器，以及电池和燃料电池。金属在这些应用中的行为非常重要。

本章节主要的学习目标和效果

(1) 理解金属在溶液中的用途；
(2) 理解电池和燃料电池工作的湿法冶金原理；
(3) 理解湿法冶金在电铸和电加工中的应用；
(4) 知道腐蚀的基本类型。

8.1　简介

金属可以被制造，并经常用于溶液介质中。可充电电池和不可充电电池中都用到金属。金属是几种溶液基燃料电池的主要成分，这些电池与燃烧单元相比，能够更有效地发电。金属零件在溶液介质中可以通过多种工艺制造。金属在液相介质中会被腐蚀。普遍认为，涉及金属生产和使用溶液处理过程是非常重要的。

8.2　电池

电池利用两个或两个以上的自发电化学反应的耦合。电池的工作方向与电解沉积的方向相反。在电解沉积中，电化学反应被迫逆着自然的热力学趋势进行，该过程需要能量输入。在电池中，电能是通过单独的导电电极引出的。相关的反应是基于系统中的自由能而进行的。电池将化学自由能转化为电能。

8.2.1　原电池（不可充电）

不能充电的电池是原电池，常见的类型包括锌锰氧化物电池和锌银氧化物电池。大多数商业原电池都含有碱性电解质。但是，在锂电池里，电解质是无水的，这是为了避免在低电位的情况下与锂有关的水的水解。本文不对无水电池进行讨论，但其原理是一样的。

由于不可逆反应或水解作用，原电池无法充电。一些原电池反应是无法反复逆转的。因此，他们不能作为可充电电池使用。其他原电池的反应电位或高或低，接近于水的水解电位。在接近水解电位的条件下给这些溶液电池充电，会产生氧气和（或）氢气，造成安全隐患。此外，氢气和氧气的产生降低了充电的能源效率。

8.2.1.1　锌-锰碱性电池

最普通的原电池是传统的碱性电池和干电池，基于阴极的二氧化锰和阳极的锌金属板的反应。半电池的反应如下：

阴极反应：

$$2MnO_2 + 2H_2O + 2e \rightleftharpoons 2MnO(OH) + 2OH^- \qquad E_0 = 0.132V \quad (8.1)$$

阳极反应：

$$Zn(NH_3)_2^{2+} + 2H_2O + 2e \rightleftharpoons Zn + 2OH^- + 2NH_4^+ \qquad E_0 = -1.17V \quad (8.2)$$

总反应：

$$Zn + 2MnO_2 + 2NH_4^+ \rightleftharpoons 2MnOOH + Zn(NH_3)_2^{2+} \quad E_{0cell} = 1.30V \quad (8.3)$$

“干电池”这个词有误导性，干电池电极放置于湿的糊状物中。和溶液电解质一样，这种糊状物也由像面粉一样的颗粒组成。电解液由约 28%的氯化铵、16%的氯化锌组成，其余为水[1]。这些颗粒使电解质固定，因此这些颗粒可以保持水分，防止泄露。所以，从处理的角度来说，电池就像一个“干”电池。阴极由碳（乙炔黑）和二氧化锰的微粒组成。阳极由金属箔或细颗粒形式的锌组成[1]。正常的整体电池电压通常在 1.6V 左右。但是，这种电压会随着电解质组成的变化而变化。

8.2.1.2　氧化锌银电池

氧化锌银电池利用如下的半电池反应：

阴极反应：

$$Ag_2O + H_2O + 2e \rightleftharpoons 2Ag + 2OH^- \qquad E_0 = 0.346V \quad (8.4)$$

$$2AgO + H_2O + 2e \rightleftharpoons Ag_2O + 2OH^- \qquad E_0 = 0.571V \quad (8.5)$$

阳极反应：

$$Zn(OH)_2 + 2e \rightleftharpoons Zn + 2OH^- \qquad E_0 = -1.239V \quad (8.6)$$

值得注意的是，由于存在两种可能的阴极反应，所以有两种可能的总体反应：

$$Zn + Ag_2O + H_2O \rightleftharpoons Zn(OH)_2 + 2Ag \qquad E_{0cell} = 1.585V \quad (8.7)$$

$$Zn + 2AgO + H_2O \rightleftharpoons Zn(OH)_2 + Ag_2O \qquad E_{0cell} = 1.810V \quad (8.8)$$

氧化锌银电池使用碱性电解质，在适当的条件下，可以作为二次电池充电使用。

8.2.2 二次电池（充电电池）

容易充电的电池被称为二次电池。最常见的二次电池是铅酸电池，铅酸蓄电池主要用于汽车。其他的二次电池包括镍镉电池、金属氢化物和锂离子电池等。

8.2.2.1 铅酸电池

多年来，铅酸蓄电池在汽车行业得到了广泛的应用。铅酸蓄电池具有高储电量、可充性强、成本低、维护费用低等优点。铅酸电池由高表面积的铅板组成，这些板部分地涂有多孔的二氧化铅（阳极）或硫酸铅（阴极）层。相关的化学反应如下：

阴极反应：

$$PbO_2 + H_2SO_4 + 2H^+ + 2e \rightleftharpoons PbSO_4 + 2H_2O \qquad E_0 = 1.636V \qquad (8.9)$$

阳极反应：

$$PbSO_4 + 2H^+ + 2e \rightleftharpoons Pb + H_2SO_4 \qquad E_0 = -0.295V \qquad (8.10)$$

总体反应：

$$PbO_2 + 2H_2SO_4 + Pb \rightleftharpoons 2PbSO_4 + 2H_2O \qquad E_{0cell} = 1.931V \qquad (8.11)$$

铅酸电池是电池工业的重要组成部分，因为铅酸电池具有高可靠性和低成本的优点。

这些反应都发生在硫酸电解液中。从反应中可以看出，较低的电势反应在放电过程中发生了逆转。阴极和阳极的反应都消耗酸。因此，可以根据酸度分析电池的电荷状态。酸度与溶液的比重有关。因此，许多铅酸蓄电池的测试装置都是基于比重的。

8.2.2.2 镍镉电池

镍镉充电电池可以在无线电动工具中找到。这些电池需要低维修并提供足够的电力输出。这些电池中的镉会造成环境问题。因此，这些电池的处理是一个重要问题。但是，该电池的低维护、合理的功率密度（密封电池为 10~35Wh/kg[2]）、电压稳定、耐过充性高、自然放电速率低、寿命长等特点使其成为最常见的可充电电池类型之一[2,3]。镍镉电池的一个缺点是充电记忆。这些电池在充电前需要完全放电，否则，它就会失去充电能力。相关的反应方程式如下[2]：

阴极反应[3]：

$$NiO(OH) + H_2O + e \rightleftharpoons Ni(OH)_2 + OH^- \qquad E_0 = 0.490V \qquad (8.12)$$

阳极反应：

$$Cd(OH)_2 + 2e \rightleftharpoons Cd + 2OH^- \qquad E_0 = -0.809V \qquad (8.13)$$

总体反应：

$$Cd + 2NiO(OH) + 2H_2O \rightleftharpoons Cd(OH)_2 + 2Ni(OH)_2 \quad E_{0cell} = 1.30V \quad (8.14)$$

镍镉电池有密封和非密封两种，密封版无须维护。但是，密封版的性能不如非密封版的性能好。电解液通常由氢氧化钾水溶液（质量分数 20%~28%）和一些氢氧化锂（质量分数 1%~2%[2]）组成。大多数的密封镍镉电池可充电几百次[2]。

8.2.2.3　金属氢化物电池

金属氢化物电池与镍镉电池非常相似，不同的是，金属氢化物的阴极涉及金属和水的反应，从而形成金属氢化物。

金属氢化物电池是广泛应用于电子设备和电动车辆的可充电电池。

阴极反应[4]：

$$NiO(OH) + H_2O + e \rightleftharpoons Ni(OH)_2 + OH^- \quad E_0 = 0.490V \quad (8.15)$$

阳极反应[4]：

$$M + H_2O + e \rightleftharpoons MH + OH^- \quad E_0 = -0.828V \quad (8.16)$$

总体反应[4]：

$$MH + NiO(OH) \rightleftharpoons M + Ni(OH)_2 \quad E_0 = 1.318V \quad (8.17)$$

在 20 世纪 60 年代，人们发现一些 AB_2 和 AB_5 类的金属合金（A 是稀土元素，如镧，B 是过渡金属，如镍）可以吸收超过自身体积 1000 倍的氢。这一发现促进了金属氢化物电池的发展。正极的阳极反应与镍镉电池相同。氢氧化镍被设计成限制性试剂。因此，过度充电会产生氧气而不是氢气。过量的氧气可与金属氢化物反应形成水和纯金属。该反应可防止压力增加。金属氢化物电池能够提供比镍镉电池略高的功率输出。在适当的保养下，金属氢化物电池可以充电 1000 次以上，功率密度接近 70Wh/kg[5]。然而，金属氢化物电池有严重的自然放电。金属氢化物电池使用类似于镍镉电池的电解液。

8.2.3　一般电池信息

电池中使用的许多现代电极都是通过各种制造技术制造的。在某些情况下，电极板是铸造和轧制的。一些电极是通过将所需粉末与可除去的稀释剂粉末如 NH_4CO_3 混合而制成的。将混合物压成型并烧结，烧结过程使稀释剂粉末蒸发，最终产品是多孔结构。通过在纤维网络上沉积所需的金属或合金来制造其他电极。沉积通过非电镀，化学蒸汽或电镀沉积技术进行。

电池施加电压通常需要电池堆叠。应用电位通常为 6V、9V 或 12V。这些电压对于普通电化学电池来说太大了。因此，单个电池堆叠在交替的层中，每层由多孔聚合物片或网孔分开。电极连接到相邻叠层的相对电极，产生更大的电位输出。9V 电池需要六个经典的 1.5V 电池的交替堆叠。

电池性能取决于电荷存储密度、放电电流密度、放电持续时间、循环寿命和自然放电率等方面。如图 8.1 所示，放电和充电的速率取决于电位。随着放电速率的增加，放电电位降低，它在自然腐蚀或反应速率下接近于零时，代表了短路状况。类似地，如果电池的充电电位升高，则充电速率也会增加。如果电池充电电位过高，则会发生有害反应。在含水体系中，过高的电位导致氧气和氢气的析出。可以使用催化剂除去氧和氢。因此，催化剂可以防止充电期间的爆炸。然而，通过以最佳电位充电来避免产生气体更有效。如图 8.1 所示，充电以与放电相似或更慢的速率进行，以最大限度地减少有害反应。

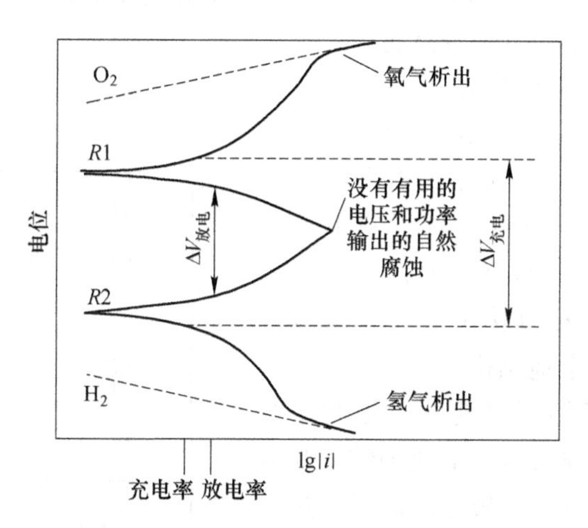

图 8.1　电位、电流密度和各种反应之间的相互之间的关系

图中，$R1$ 和 $R2$ 分别代表阳极和阴极电池反应，O_2 和 H_2 分别代表水解反应中氧和氢的反应。注意，曲线代表净电化学输出，而与氧和氢反应相关的虚线代表这些反应的理论输出，这些反应通常由电池半电池反应掩盖，除非在如图所示的末端电位。

8.3　燃料电池

燃料电池是利用燃料发电的电化学电池。燃料电池有效工作的前提是要不断地提供燃料。一般原理很简单。

利用来自甲烷、甲醇和氢气之类的简单燃料的能量来保障电池工作。燃料中的氢与空气中的氧结合产生水，也会形成其他产物。水基燃料电池的一些常见反应如下：

阴极反应：

$$O_2 + 4H^+ + 4e \rightleftharpoons 2H_2O \qquad E_0 = 1.23\text{V}(\text{pH} = 0) \qquad (8.18)$$

$$2H_2O + O_2 + 4e \rightleftharpoons 4OH^- \quad E_0 = 1.23V(pH = 0) \quad (8.19)$$

阳极反应：

$$4H^+ + 4e \rightleftharpoons 2H_2 \quad E_0 = 0.000V(pH = 0) \quad (8.20)$$

$$CO_2 + 6H^+ + 6e \rightleftharpoons CH_3OH + H_2O \quad E_0 = 0.031V(pH = 0) \quad (8.21)$$

有 5 种基本类型的水基燃料电池，它们是酸性，碱性，直接甲醇，聚合物电解质和氧化还原燃料电池。碱性燃料电池使用非常浓的氢氧化钾溶液作为电解液，酸性燃料电池常在水相中加入高浓度的磷酸作为电解液。

燃料电池像连续供电电池一样运行。

直接甲醇燃料电池使用甲醇和水蒸气的混合物，其产物是二氧化碳和水。氧化还原燃料电池使用诸如钛和钒络合物的系统作为氧化还原对。氧化还原燃料电池使用氧气和氢气在分开的容器中再生消耗的离子。碱性，酸性和直接甲醇燃料电池利用如图 8.2 所示的电池结构。

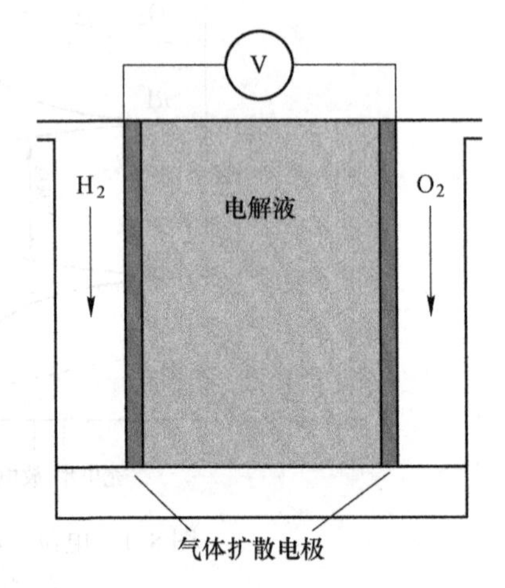

图 8.2　水基燃料电池原理图

气体扩散电极用于电池的阴极和阳极侧。气体扩散电极通常含有催化剂纳米颗粒（通常为 Pt-Ru 合金）。电极之间的膜促进催化剂之间的质子交换。膜通常由全氟磺酸制成。碳纤维通常用于收集催化剂颗粒的电流。气体扩散电极的基本设计如图 8.3 所示。

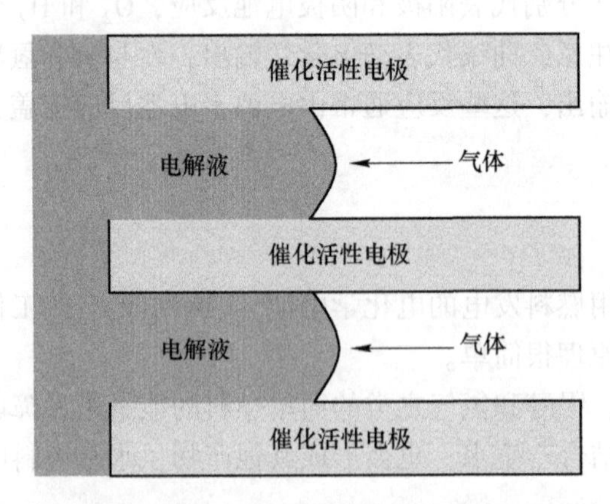

图 8.3　许多水基燃料电池的气体扩散电极部分示意图

（注意：催化剂颗粒、电流收集系统和电极的结构背衬，

它们通常由石墨基材料组成，未被显示）

在氧化还原燃料电池里，气体接触可以在单独的容器中进行。因此，氧化还原燃料电池的设计比碱性和酸性系统的设计简单。氧化还原反应通常包括[6]：

$$Ti(OH)^{3+} + H^{+} + e \rightleftharpoons Ti^{3+} + H_2O \qquad E_0 = 0.06V \tag{8.22}$$

$$VO_2^{+} + 2H^{+} + e \rightleftharpoons VO^{2+} + H_2O \qquad E_0 = 1.00V \tag{8.23}$$

在不同容器中的相应再生反应是[6]：

$$2Ti(OH)^{3+} + H_2 \rightleftharpoons 2Ti^{3+} + 2H_2O \quad (在\ Pt\text{-}Al_2O_3，60℃) \tag{8.24}$$

$$2VO^{2+} + 0.5O_2 + H_2O \rightleftharpoons 2VO_2^{+} + 2H^{+} \quad (在硝酸中，75℃) \tag{8.25}$$

燃料电池有许多优点和缺点。碱性燃料电池具有很高的功率密度（0.3A/cm^2）。燃料电池在适当的温度（25～200℃）下运行，可以达到合理的效率（36%@ 0.15A/cm^2）[6]。但是，它们极易受到一氧化碳和二氧化碳的影响。因此，去除这些多余的气体是先决条件[6]。

酸性燃料电池（通常是浓缩的95%磷酸溶液）可以实现较高的功率密度（0.3A/cm^2）。酸性燃料电池比碱性燃料电池具有更好的效率（如果使用废气热，则为40% @0.15A/cm^2）[6]。酸性燃料电池对二氧化碳和一氧化碳的耐受性也更强。但是，酸性燃料电池在中低温度（200℃）下运行时，还需要加压容器设备[6]。

直接甲醇燃料电池具有合理的功率密度（0.2A/cm^2）。它们在适当的温度（80℃）下运行，利用甲醇而不是氢气作为燃料来源。但是，氢气可以通过蒸汽重整过程从甲烷或甲醇中产生。直接甲醇燃料电池速度慢，效率低（30%）[7]，也容易将甲醇泄漏到隔膜的阳极室[7]。

氧化还原燃料电池与其他电池一样具有可用性。这些电池具有简化的电极设计。但是，氧化还原燃料电池具有两个单独的再生步骤。聚合物电解质膜（PEM）或质子交换膜燃料电池是最合适的汽车燃料电池。随着聚合物电解质介质的耐用性提高，其普及程度也会提高。可以用电池放电的方程式和图表来模拟电池的性能。电池电压通常约为0.4～0.9V，取决于电池的电流密度。

8.4 化学镀

化学镀是在不使用外加电位的情况下将金属涂层覆盖到目标物表面的常用且有效的方法。这种类型的电镀具有固有的优点和缺点。优点包括，能够涂覆复杂的零件、涂覆层表面质量高、可以利用基材的多功能性。缺点是试剂消耗量大，金属和合金选择有限，效率低。

化学镀是一种没有外加电压和对电极的金属电镀。它由在基板上的金属沉淀组成，这种金属沉淀是使用溶解的还原剂形成的。

化学镀在所有暴露的表面上同时发生，包括内表面在内，沉积以大致相同的速率发生，因此，与传统的电镀工艺相比，化学镀的涂层在不规则部分中的分布通常更均匀。

适当的溶液控制与适当的添加剂相结合，可以获得优良的涂层质量。实际上，化学镀层控制足以允许其在微电子工业中的使用，其中沉积标准是严格的，涂覆的特征是复杂的。

化学镀可用于涂覆许多材料，例如塑料、陶瓷物体以及金属表面。为了发生沉积，必须存在导电表面。天然绝缘材料如陶瓷和塑料必须用导电添加剂预处理。

为了发生化学镀，必须进行还原和氧化过程。还原过程涉及从溶解状态到金属状态的金属还原。相反，氧化过程涉及物质在溶液中的氧化。因此，金属离子和还原剂物质在反应过程中被消耗，使得药剂补充花费高昂。

许多金属不能有效或经济地使用化学镀。大多数常见的还原剂不能有效地还原具有低电位的金属。此外，一些低电位金属的电位低于水解反应所需的电位。因此，水解与金属沉积同时发生。这使得该过程对于某些金属来说效率低。

化学镀需要存在金属离子，这些金属离子还会被还原。化学镀还需要合适的还原剂。此外，还原剂必须比溶液中的金属离子具有更低的电化学电位。常见金属包括银、铜、镍和铁。大多数还原反应是使用甲醛、次磷酸钠、肼、甲酸或二甲胺硼烷（DMAB）进行的[8]。一些重要的反应及其相关的电位是[8]：

$$Cu^{2+} + 2e \rightleftharpoons Cu \qquad E_0 = 0.337V \tag{8.26}$$

$$Ni^{2+} + 2e \rightleftharpoons Ni \qquad E_0 = -0.250V \tag{8.27}$$

$$HCOOH + 2H^+ + 2e \rightleftharpoons HCHO + H_2O \qquad E_0 = -0.0283V(pH = 0) \tag{8.28}$$

$$HCOO^- + 2H^+ + 2e \rightleftharpoons HCHO + 3OH^- \qquad E_0 = -1.070V(pH = 14) \tag{8.29}$$

$$HPO_3^{2-} + 2H_2O + 2e \rightleftharpoons H_2PO_3^- + 3OH^- \qquad E_0 = -1.650V(pH = 14) \tag{8.30}$$

有效的化学镀通常需要一种或多种添加剂来克服内在的困难。通常加入络合剂如钠、酒石酸钾或乙二胺四乙酸（EDTA），这些添加剂在中性和碱性 pH 值条件下保持恒定的低金属离子活性。这些添加剂的存在可以防止在中性 pH 水平下的沉淀。也可以使用含有磷酸盐或羟酸盐（乙酸盐或柠檬酸盐）的溶液作为 pH 缓冲液。这些缓冲剂增强了化学镀期间的 pH 稳定性。通常加入的稳定剂有硫脲、氧气或2-巯基苯并噻唑。这些添加剂可改变沉积物以满足特定的沉积需求。通常加入氰化物等催渗剂以提高阳极反应速率。阳极反应通常会限制总沉积速率。通常添加增白剂诸如胶水、明胶或硫代硫酸铵以减小沉积物的粒度并使异常生长最小化。

在一些化学沉积系统中，例如在微电子制造业中铜的化学沉积，必须添加活化剂以及额外的处理步骤以确保得到可接受的沉积[8~10]。

8.5 电镀涂层

可以通过电镀将各种金属合金和金属基质复合涂层涂覆到导电基底上。该方法基本上与电解沉积或电解精炼相同。外加电压的作用是迫使金属离子还原并沉积在导电阴极表面。涂层可以电镀在小的、大的、复杂的和简单的部件上。图8.4显示了微电子工业中使用的铜涂层表面。

电沉积涂层通常应用于金属表面处理和电子工业。

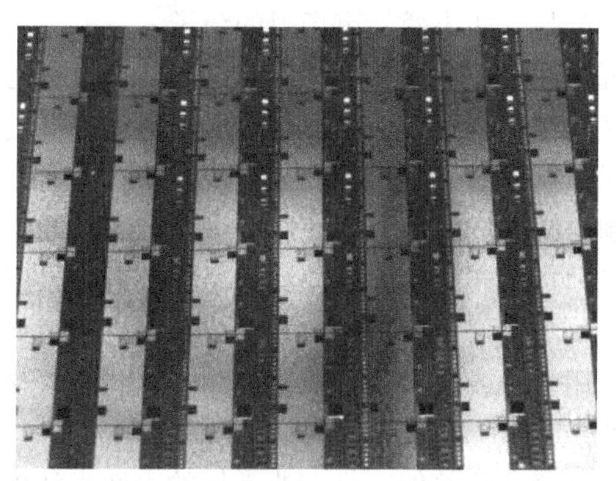

图8.4 磁性随机存取存储器（MRAM）芯片，在硅晶片上具有薄的电镀铜

电镀过程可以通过连接作为阴极的所需部分和作为阳极的惰性对电极来进行。在许多小部件的涂覆作业中，导电的有孔筒或者篮在电解质溶液中旋转，同时，其与内部的小零件和电源都有电接触。内部的小零件成为阴极，零件和容器都涂有金属。通常使用类似组成的阳极补充被去除的金属离子。或者，通过化学添加剂来补充溶液中的金属。必须定期除去阳极表面产生的反应物。

电镀涂层通常具有优异的性质，如果适当进行电镀，则所得涂层具有优异的黏附性、良好的硬度、低空隙率和美观等特征。常见的涂层包括铬、锌、镍、铜、银和金。当使用适当的溶液时，可以在适当的电位下轻易地产生合金涂层，例如锌-镍和铁-镍涂层。具有导电和（或）非导电颗粒的金属基复合涂层也可以通过电镀方法产生，如图8.5所示[8~10]。

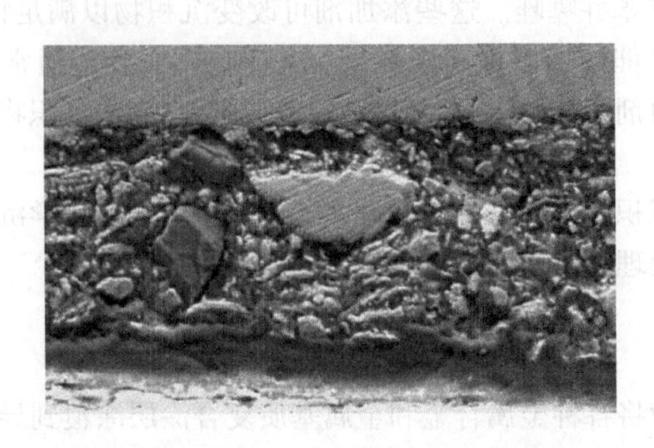

图 8.5　含有氧化铝颗粒的电镀锌-镍合金复合涂层横截面的扫描电子显微镜图像

8.6　电铸

电铸用于制造高精度产品，如小商品市场上的镜子。

电铸是通过电沉积制造或形成金属部件的过程，该过程与产生电镀涂层的过程非常相似。主要区别在于制造部件而不是涂层。电铸部件是通过在导电芯轴或模具上电镀所需金属而制成的。电铸部件通常厚度超过 1mm。电镀涂层通常只有几微米厚。为了控制电解液成分，通常使用与沉积金属相同组成的阳极来完成电铸。由于电铸部件必须在生产后从原始模具或芯棒上取走，因此芯棒通常由低熔点合金制成，其可以从电铸部件中熔化出来。或者，它们由如铝等可以化学除去的金属制成，通常使用强碱或强酸进行化学去除。这些溶解化学品是为了避免电铸部件损坏而配制的。

电铸可以产生非常复杂的部件，具有非常好的表面光洁度。在零件上生产高质量抛光面的能力是电铸的主要优势。因此，它被用于关键的光学元件，如反光镜和反射器等的制造。其他值得注意的电铸零件的应用包括精密筛、燃料电池电极、印刷电路板箔、喷墨打印机的孔、全息图、数字记录掩模、注塑设备、工具、全息压模、导弹锥的散热片、探照灯、珠宝、直升机叶片的侵蚀防护罩、核能研究的组件、牙科植入物和微机械装置[11,12]。

电铸工艺具有其固有的优点和缺点。电铸在控制沉积物硬度方面具有相当大的灵活性。然而，金属的选择通常限于 Cu、Ni、Fe、Cr、Pb、Ag 和 Au[11]。电铸零件易于大规模生产。与其他方法相比，该过程缓慢且相关生产成本较高（是所含金属成本的 30 倍）[11]。

8.7　电化学加工

金属零件的设计通常很复杂。金属铸造可用于获得许多形状复杂的部件。然而，难以在复杂铸件的所有部分都保证性能均一。此外，铸造的零件表面不够光滑。铸造产品的精度通常不高。因此，加工是保证所需最终零件精度，形状和质量的重要步骤。机械加工是最常见的加工形式。然而，机械加工会导致一些不希望的表面缺陷和较低的表面光洁度。机械加工极难处理零件的内部或形状复杂的零件。相比之下，电化学加工可以快速生产形状复杂的零件。电化学加工的零件表面光洁度高，没有明显的表面缺陷。因此，电化学加工是非常重要的金属零件制造技术。

电化学加工的基本概念是金属可控地、快速地溶解。该过程使用外加电位来溶解金属。根据金属和溶液环境的不同，外加电位通常在 2~40V 之间。电流密度可接近 1000000A/m^2。电解质由高水平的溶解盐（约 10%）组成，以促进电荷转移。氯化钠是最常见的盐添加剂。电解液的酸碱性取决于金属及其溶解行为。碱性 pH 值会使溶解的金属以胶体颗粒形式沉淀。溶解金属的沉淀降低了阴极上的金属沉积。还可以添加络合化合物降低金属沉积。

电阻加热可导致电化学加工过程中电解液的沸腾。尽量减小工具和工件之间的距离，可以使电阻保持在低水平，该距离通常仅为 1mm 的百分之几。然而，即使是在相隔距离短且盐含量高的情况下，也必须控制电阻加热。因此，必须提供高流速的电解液。高流体流速提供冷却和金属运输。因此，新的电解液通过中空的阴极偏心加工工具注入，压力在 30~500psi 之间[13]。工具和工件的示意图如图 8.6 所示。

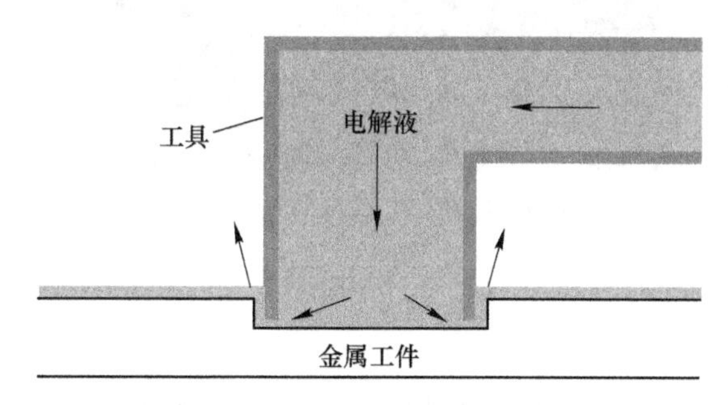

图 8.6　电化学加工装置示意图

电加工通过外加电压快速溶解特定区域中的金属，电加工不会造成机械表面损伤。

在电化学加工中通过快速流体流动、高电位、严格精度和适当的溶液化学组合，可提高部件精度（±15μm）和表面光滑度（低至 0.1μm）[13]。

8.8 腐蚀

腐蚀与金属回收相反。腐蚀损坏代价高昂并且减轻腐蚀损坏难以实现。腐蚀是湿法冶金过程，影响到每一个人。

金属腐蚀几乎总是电化学过程。因此，腐蚀反应同样遵循先前讨论的原理。例如，使用混合电位分析确定腐蚀电位和速率。通常使用极化电阻数据测量腐蚀速率。由于之前讨论过腐蚀的基本原理，本节的大部分内容将集中于对特定腐蚀类型进行简要介绍。这些类型包括一般腐蚀、点腐蚀、裂隙腐蚀、电化学腐蚀、晶间腐蚀、环境诱导破裂、腐蚀辅助磨损、微生物影响腐蚀（MIC）和脱合金。

8.8.1 均匀腐蚀

当有水时，通常会发生均匀而全面的腐蚀。例如暴露在大气中的钢板或管子上的锈。图 8.7 显示了一块经历均匀腐蚀的铸铁样品。可以根据前面章节中讨论的原理和技术，评估均匀腐蚀的速率和发生的可能性。通过适当的合金选择、适当的涂层应用、抑制剂的使用和阴极保护，可以最大限度地减少均匀腐蚀。阴极保护基于前面讨论的电化学基础。

图 8.7　铸铁均匀腐蚀（镍硬铸铁）

8.8.2 点腐蚀

点腐蚀是局部腐蚀的过程，导致凹坑的形成。点腐蚀的一个例子如图 8.8 所示。

铝和不锈钢等金属形成稳定的反应产物膜，这些薄膜钝化了金属。然而，如果环境使膜不稳定，则这些膜容易出现点腐蚀。钝化膜在高氧化电位下不稳定，它们还会被氯离子和其他离子破坏。这些离子与钝化层反应形成不太稳定且通常微溶的取代络合物。当暴露于高电位或不稳定离子中时，会形成钝化膜中的薄弱点。薄弱区域可以扩展和加深以穿透下面的金属。这些反应发生在局部区域。由于溶解离子的积累，局部腐蚀区域会加速腐蚀。水解反应增加局部酸度并降低溶液电阻。一般不锈钢合金点腐蚀过程中的一些主要反应如下：

$$FeOOH + Cl^- \rightleftharpoons FeOCl + OH^- \tag{8.31}$$

$$FeCl_2 + 2H_2O \rightleftharpoons Fe(OH)_2 + 2HCl \tag{8.32}$$

$$O_2 + 4H^+ + 4e \rightleftharpoons 2H_2O \tag{8.33}$$

$$Fe \rightleftharpoons Fe^{2+} + 2e \tag{8.34}$$

通过尽量减少与氯离子的接触、降低温度、降低溶液中的氧化电位，以及通过选择不易被点腐蚀的合金，可以减少点腐蚀。

图 8.8　不锈钢板（316L）放大（10 倍）的表面，在氯化物基水性介质中经历点腐蚀

8.8.3　裂隙腐蚀

裂隙腐蚀包括裂隙中的腐蚀。金属件或金属和涂层之间的裂隙会加速腐蚀。裂隙内的环境导致腐蚀加速。裂隙的入口比其内部有更多的氧气。裂隙内部捕获水并浓缩离子。裂隙内的环境类似于凹陷内的环境。因此，点腐蚀和裂隙腐蚀具有相似的机理。离子的积累加速了点腐蚀和裂隙腐蚀。金属在局部环境内的水解反应也很重要。图 8.9 显示了铝合金裂隙腐蚀的一个例子。通过设计消除不必要的裂隙可以减少裂隙腐蚀。可以通过避免水的积累来最小化裂隙腐蚀。涂层和金属基材之间更好的黏合也可以降低裂隙腐蚀。

8.8.4　电化学腐蚀

当两种不同的金属电耦合并暴露于相同的腐蚀性溶液时，会发生电化学腐蚀。电化学腐蚀导致惰性较弱金属的优先腐蚀。图 8.10 说明了电化学腐蚀的影响。惰性较弱金属的腐蚀速率取决于环境。影响速率的其他因素是阴极逆反应、惰性较强金属与惰性较弱金属的面积比。增加惰性较强金属与惰性较弱金属的比例会加速惰性较弱金属的腐蚀。

电化学腐蚀也用于保护金属。例如，锌金属涂层用于保护钢材。用锌涂覆钢通常称为镀锌。不同金属的耦合降低了惰性较强金属的腐蚀速率。相反，这种耦

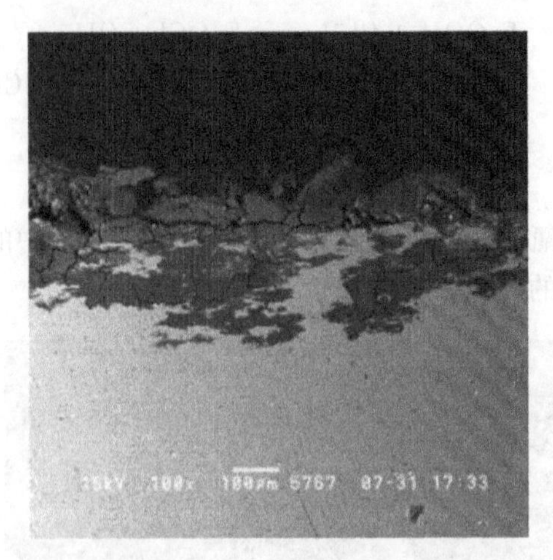

图 8.9　铝合金（2024-T6）在氯化物水性介质中经历裂隙腐蚀横截面的扫描电子显微镜图像

（注意：图像中的黑色是环氧树脂，深灰色是腐蚀反应产物，浅灰色是铝板）

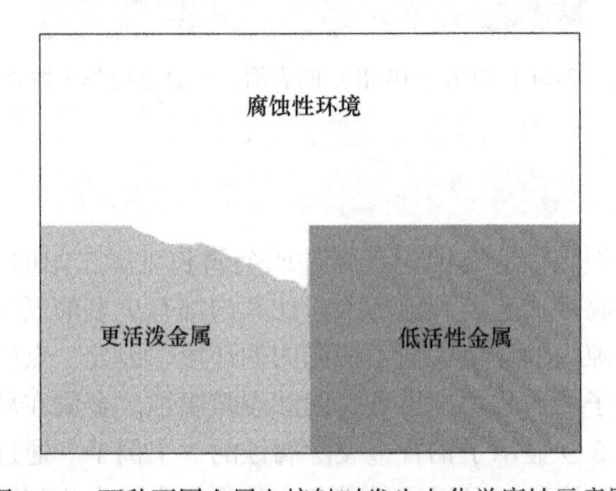

图 8.10　两种不同金属电接触时发生电化学腐蚀示意图

合加速了惰性较弱金属的腐蚀。避免不同金属的电耦合可以减少电化学腐蚀。只有当不同金属在相同腐蚀介质中时才会发生电化学腐蚀。

8.8.5　晶间腐蚀

当具有易受晶界区域影响的金属暴露于腐蚀性环境时，会产生晶间腐蚀。通过特定的热处理，晶界可能变得易受腐蚀。形成导致晶界沉淀物的热处理通常使金属对晶间腐蚀敏感。晶界沉淀物的形成耗尽了相邻区域的重要元素。许多金属易受晶间腐蚀的影响。以不锈钢为例说明大多数金属所涉及的问题。

在一些不锈钢中，铬在中等温度（400～800℃）和短时间（5～100s）下沿晶界反应形成铁-铬碳化物。晶界析出消耗了晶界附近的铬。晶界损耗的过程通常被称为敏化。铬具有耐腐蚀性，因此，贫铬的区域更容易受到腐蚀。通常添加钛或铌作为添加剂以稳定一些不锈钢（合金 321、347 和 348）。这些稳定剂可除碳并最大限度地减少焊接过程中容易发生的敏化。此外，基底金属、晶界析出物和晶界附近的贫化区具有不同的电位，使得局部电化学腐蚀成为可能加速腐蚀的潜在问题。因此，晶间腐蚀导致沿晶界的深度穿透，如图 8.11 所示。不锈钢的晶间腐蚀可以通过添加稳定剂和降低碳含量来降低，适当的热处理可以防止敏化，降低环境的腐蚀性也可以减轻晶间腐蚀。

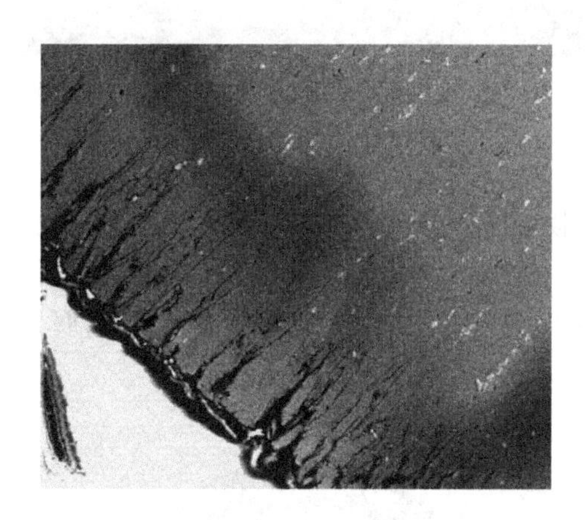

图 8.11　铝合金（5083-H131）晶间腐蚀的放大截面

8.8.6　环境诱导破裂

腐蚀通常会加剧其他形式的金属降解，例如破裂。与腐蚀相关或加速腐蚀的主要有 3 种类型的破裂，即应力腐蚀破裂，腐蚀疲劳破裂（CFC）和氢脆。

8.8.6.1　应力腐蚀破裂

应力导致金属原子变得更容易腐蚀。应力也会使钝化膜破裂。应力往往在裂缝的尖端更明显。应力、裂缝和腐蚀性环境共同影响会加速裂纹扩展和局部失效。应力腐蚀破裂（SCC）主要沿晶界发生，如图 8.12 所示。通过适当的合金选择、最小化应力、降低环境的腐蚀性以及利用具有较大颗粒的金属，可以减少应力腐蚀破裂。

8.8.6.2　腐蚀疲劳破裂

当腐蚀与金属疲劳相结合以加速部件失效时，就会发生腐蚀疲劳破裂（CFC）。CFC 的一个例子如图 8.13 所示。只有循环加载的零件才会出现疲劳。

图 8.12　由于应力腐蚀破裂而失效的低碳钢片的放大图像（100×）
（图像水平方向长度为 1mm）

高负荷部件的循环加载往往会导致现有裂纹以显著速率增长。裂纹拓展速率是负荷水平和频率的函数。腐蚀可以大大提高裂纹扩展速率。通过降低应力载荷、将载荷频率提高到最小阈值水平以上以及最小化环境的腐蚀性，可以降低腐蚀疲劳。

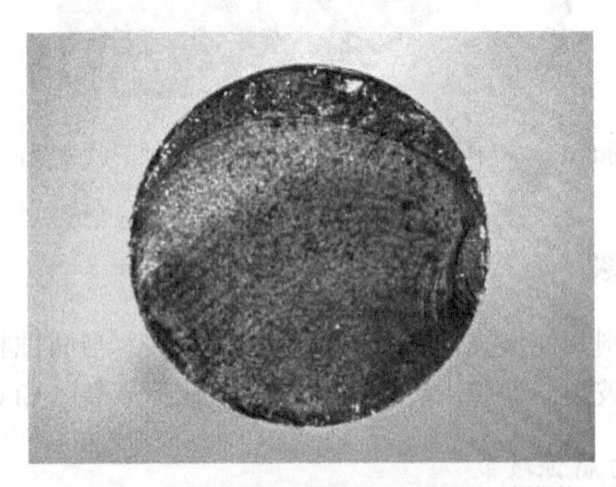

图 8.13　直径为 4cm 的钢轴由于腐蚀疲劳失效横截面照片

8.8.6.3　氢脆

金属易受氢脆的影响。氢诱导破裂的一种常见方式如图 8.14 所示，它开始于（1）金属表面的氢还原反应；（2）氢原子扩散到金属中，尤其沿着晶界更容易发生扩散；（3）氢原子的组合形成氢气分子，氢气分子太大而不能像进入金属那样容易地扩散出去；（4）氢气分子的积聚形成高压气泡，导致金属破裂和失效。通过加热部件以使氢扩散、减少暴露于氢离子中、以及通过选择具有较大晶粒并降低合金元素浓度，可以减少氢脆。

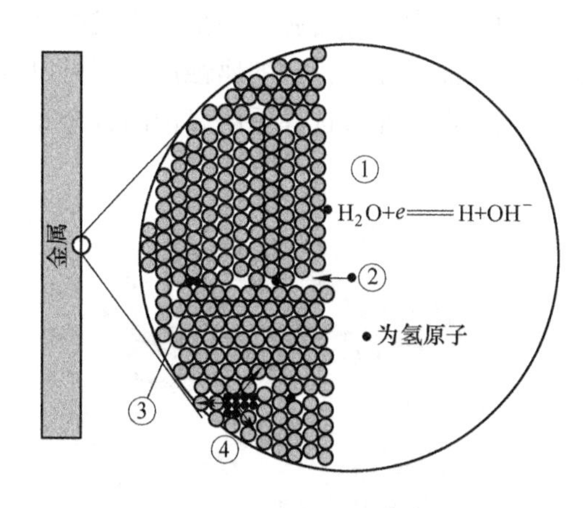

图 8.14 氢致开裂过程示意图
（数字代表与氢致破裂或氢脆相关的步骤：①氢还原；②氢原子扩散；
③氢气分子形成；④氢气积聚和破裂导致气泡形成）

8.8.7 腐蚀辅助磨损

8.8.7.1 侵蚀腐蚀

侵蚀腐蚀是由腐蚀性流体的快速流动引起的腐蚀。流体可能仅具有轻度腐蚀性，例如水。图 8.15 显示了经历侵蚀腐蚀的泵叶轮。较软的金属通常比硬质金属更容易受到侵蚀腐蚀。与惰性较强金属相比，惰性较弱金属通常更容易受到侵蚀腐蚀。流体在表面上的快速流动降低了钝化膜稳定性并加速了腐蚀。当高流速导致的压力足够低从而导致局部形成水蒸气泡并随后塌陷时，该过程加剧。这些气泡的破裂产生了高的局部流速。在这些条件下，气泡的形成和破裂称为空化。通过减少流动和选择更坚固、更耐腐蚀的合金，可以减少腐蚀。

图 8.15 被严重侵蚀腐蚀的离心泵叶轮

8.8.7.2 微动磨损

微动磨损是腐蚀产物层的腐蚀和物理磨损相结合的结果。图 8.16 中上面螺栓的腐蚀没有磨损辅助的现象，下面螺栓的腐蚀是腐蚀和磨损共同作用的结果，腐蚀加速了磨损。在微动磨损中，经受腐蚀的部分形成腐蚀产物层，这种腐蚀产物层可以通过物理方式从表面去除。得到的腐蚀产物层可以分解为颗粒，所得到的腐蚀性颗粒进一步促进磨损。通过选择更耐腐蚀的合金和使用适当的润滑剂可以减少微动磨损。

图 8.16　上面螺栓为均匀腐蚀，下面螺栓为微动腐蚀
（注意：下部螺栓中间部分由于微动腐蚀引起直径减小）

8.8.8　微生物影响腐蚀

细菌可以通过多种方式影响腐蚀。通过将物质氧化成更高的氧化态（如亚铁离子氧化成铁离子），细菌可以产生更具氧化性的环境。它们可以降低腐蚀抑制离子（如亚铁离子）的浓度（较低的亚铁离子浓度使铁更快地腐蚀）。有些细菌可以将硫酸盐还原为硫化物。硫化物是一种腐蚀性离子，也会引起更快速的氢致破裂。其他细菌可以形成有助于形成氧浓差曝气池的多聚糖和其他生物膜。氧浓差曝气池是具有不同氧气浓度的区域，导致局部电势差异。细菌也可以促成氧化铁和氢氧化铁的形成，这些化合物通常形成被称为结节的鳞片结构。结节创造一个类似于裂隙腐蚀和点腐蚀的微环境。通过控制环境、使用杀死微生物的药剂和选择更耐腐蚀的合金，可以降低微生物影响腐蚀。

8.8.9　脱合金

脱合金是从合金中选择性除去金属成分的过程。在室温下，通过合金的溶解发生超过几个表面层的脱合金。溶解后，是惰性更强金属的再沉积。脱合金的另一种形式是从表面上除去连续的惰性较弱金属相。第一种脱合金的一种常见形式是高锌黄铜合金的脱锌。第二种形式也称为石墨化。石墨铸铁易于石墨化。这种脱合金形式在表面附近仅留下石墨。图 8.17 给出了脱合金的示意图。通过选择低锌黄铜或非石墨铸铁等耐腐蚀合金，可以最大限度地降低脱合金。通过改变溶液环境以降低氧化电位也可以使其最小化。

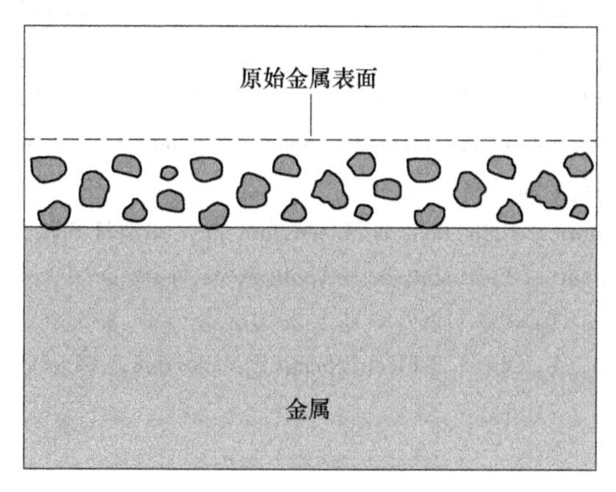

图 8.17　经历脱合金的金属横截面的示意图

参 考 文 献

[1] C. A. Vincent and B. Scrosati, "Modern Batteries: An Introduction to Electrochemical Power Sources," 2nd edition, John Wiley and Sons, New York, 2001.

[2] C. A. Vincent and B. Scrosati, "Modern Batteries: An Introduction to Electrochemical Power Sources," 2nd edition, John Wiley and Sons, New York, 2001, pp. 164-166.

[3] Technical Marketing Staff of Gates Energy Products, Inc., "Rechargeable Batteries: Application Handbook," Butterworth-Heinemann, Boston, 1992, p. 15.

[4] Technical Marketing Staff of Gates Energy Products, Inc., "Rechargeable Batteries: Application Handbook", Butterworth-Heinemann, Boston, 1992, p. 21.

[5] C. A. Vincent and B. Scrosati, "Modern Batteries: An Introduction to Electrochemical Power Sources," 2nd edition, John Wiley and Sons, New York, 2001, pp. 175-180.

[6] Embrecht Barendrecht, "Electrochemistry of Fuel Cells," Chapter 3 in Fuel Cell Systems, ed. L. J. M. J. Blomen and M. N. Mugerwa, Plenum Press, New York, pp. 73-119, 1993.

[7] K. Scott, W. Taama, J. Cruickshank, "Performance of a Direct Methanol Fuel Cell," Journal of Applied Electrochemistry, 28, pp. 289-297, 1998.

[8] P. Bindra, J. R. White, "Fundamental Aspects of Electroless Copper Plating," Chapter 12 in Electroless Plating: Fundamentals and Applications, ed. G. O. Mallory and J. B. Hajdu, American Electroplaters and Surface Finishers Society, Orlando, pp. 289-395, 1990.

[9] C. J. Weber, H. W. Pickering, and K. G. Weil, "Surface Development During Electroless Copper Deposition," in Proceedings of the Third Symposium on Electrochemically Deposited Thin Films, Proceedings Vol. 96-19, ed. M. Paunovic, D. A. Scherson, pp. 91-102, 1997.

[10] S. Lopatin, Y. Shacham-Diamond, V. M. Dubin, P. K. Vasudev, B. Zhao, and J. Pellerin, "Conformal Electroless Copper Deposition for Sub-0. 5 μm Interconnect Wiring of Very High Aspect Ratio," in Proceedings of the Third Symposium on Electrochemically Deposited Thin Films, Proceedings Vol. 96-19, ed. M. Paunovic, D. A. Scherson, pp. 91-102, 1997.

[11] M. J. Sole, "Electroforming: Methods, Materials, and Merchandise," Journal of Metals (JOM), pp. 29-35, June 1994.

[12] S. G. Bart, "Historical Reflections on Electroforming," ASTM Special Technical publication No. 318, Symposium on Electroforming—Applications, Uses, and Properties of Electroformed Metals, ASTM, pp. 172-183, 1962.

[13] A. E. De Barr, D. A. Oliver, "Electrochemical Machining," MacDonald, London, pp. 51-67, 1968.

思考练习题

8.1 使用电势与 $\lg|i|$ 的假设图表，展示电池充电和放电电压如何随电流密度变化。为什么充电电压总是高于放电电压?

8.2 使用可能的和 $\lg|i|$ 的假设图，展示典型燃料电池电压如何与输出速率相关。当输出电流增加时，电池电压会发生什么变化，这种变化会对功率输出产生什么影响?

8.3 作为一家生产燃料电池的公司工程师，要求您确定磷酸氢/氧燃料电池系统。其理论功率输出为 $100mA/cm^2$，该系统设计为在室温下分别通入标准大气压的氧气和氢气到阴极和阳极室中，阴极和阳极含有 0.5μm 的 H_3PO_4 电解质。假设阴极和阳极反应的交换电流密度均为 $0.0001mA/cm^2$，并且两个反应的对称因子均为 0.5。假设电流效率为 100%，并且溶解和接触电阻可忽略不计。

8.4 描述第8章讨论的每种主要腐蚀类型。

第9章　环境问题

在确定项目可行性时，环境问题和技术与经济可行性一样重要。

本章节主要的学习目标和效果

(1) 理解环境问题在湿法冶金中的重要性；
(2) 理解环境法规的历史背景；
(3) 理解怎样用环保的方式来进行湿法冶金；
(4) 理解处理环境问题的基本技术。

9.1　简介

在过去的几十年中，公众环境意识的觉醒在制定环境法律中发挥了巨大的作用。如表9.1所示，美国环境法实行已经超过一百年。自1970年，美国环境法的数量有所增加。环境法的出发点是好的，也给大众带来了清洁的生活环境。在大部分情况下，规定通常能够在合理的期限内实施，允许各行业能够在没有过度经济负担的情况下达到规定的要求。

表9.1　美国主要的环境法律

年份	法　律	参考文献
1899	河流和港口法案	[1]
1924	油污法	[2]
1948	清洁水法（水污染控制法）	[2]
1949	联邦杀虫剂、杀真菌剂和杀鼠剂法案	[3]
1954	原子能法案	[1]
1955	空气污染控制法	[1]
1963	清洁空气法案	[1]
1967	清洁空气法（修订）	[1]
1970	清洁空气法（修订）	[1]
1970	国家环境政策法案（NEPA）	[1]
1970	创建环境保护局（EPA）	[1]
1970	职业安全与健康法案（OSHA）	[2]
1972	清洁空气法（修正案）	[4]

续表 9.1

年份	法 律	参考文献
1972	清洁水法案	[4]
1972	联邦杀虫剂、杀真菌剂和灭鼠剂法（修正案）	[4]
1974	安全饮用水法案	[2]
1975	危险品运输法	[4]
1976	有毒物质控制法案（TSCA）	[4]
1976	资源保护和恢复法案（RCRA）	[4]
1977	清洁空气法（修正案）	[4]
1977	清洁水法案（修正案）	[4]
1978	联邦杀虫剂、杀真菌剂和灭鼠剂法（修正案）	[4]
1980	低级别辐射废物政策法	[2]
1980	资源保护和恢复法案（修订）	[4]
1980	综合环境响应、赔偿和责任法案	[4]
1984	资源保护和恢复法案（修正案）	[4]
1986	超级基金修订和再授权法案（SARA）	[4]
1986	安全饮用水法（修正案）	[2]
1986	国家环境政策法（修订）	[2]
1986	全面的环境响应、补偿和责任法案（修正案）	[2]
1987	清洁水法案（修正案）	[4]
1987	职业安全及健康法（修订）	[2]
1990	清洁空气法（修正案）	[4]
1990	危险废物操作和应急响应	[4]
1990	油污法（修正案）	[2]
1990	有害物质运输法（修正案）	[2]
1990	污染预防法	[4]

9.2 美国环境政策问题

9.2.1 美国环境政策法（NEPA）

《美国环境政策法》的建立是为了实施环境法规和确定指导方针，来改善环境。这项政策被认为是美国环境法律中的宪法。这一法律的本质是确保在联邦政策决策中考虑环境问题，并将这些考虑告知公众。

9.2.2 清洁空气法（CAA）

环境规则在降低工业污染中发挥了重要作用。

《清洁空气法》最重要的推动力是授权环境保护署（EPA）对一些特殊污染物（小于 10 微米的悬浮颗粒或 PM10、硫氧化物、二氧化氮、铅、一氧化碳、碳氢化合物和臭氧）建立《国家环境空气质量标准》（NAAQS）。当然，清洁空气法也允许 EPA 对所有国家有害空气污染物排放标准（NESHAPS）中未提及的新污染源建立新污染源执行标准（NSPS）。空气污染物包括石棉、苯、铍、无机砷、汞、放射性核素和氯乙烯。从 1970 年开始，一些重要的修正案被补充。这些修正案对更多的污染物更加严格。加大对违规行为的处罚力度。

9.2.3 清洁水法（CWA）

《清洁水法》规定了向河流和小溪排放含有污染物废水的标准。潜在的新污染源在排入水体之前必须获得许可证，并有严格的规定。违反清洁水法案会导致巨额罚款和监禁。

9.2.4 资源保护与回收法（RCRA）

资源保护与回收法是最主要的环境规则之一，影响了包括化学品的现代工业加工。

《资源保护与回收法》一开始是《固体废物处理法》的修正案。这一法律的目的在于避免危险废物从源头到最终处置中的管理不当。危险废物管理的这种“从摇篮到坟墓”的理念包含以下 3 点[5]：

（1）废弃物的描述和责任人的鉴定；

（2）建立有效系统来追踪危险废弃物从产生到最终处置的整个过程；

（3）提高废弃物的妥善管理能力，保护人类健康和环境。

《资源保护与回收法》（RCRA）规定了固体有害物质从产生到处置的全过程。它包含固体废物的储存、运输、处置等中间过程（请注意，固体废物的定义是任何达到了使用寿命并被被丢弃的物品[6]）。作为管理过程的一部分，RCRA 设立了一系列的指南来确定一种物质是否有害。如果某种物质具有易燃性、腐蚀性、反应活性或有毒性，那么这种物质就是有害的。RCRA 的准则就是用来确定这些性质的。另外，放射性物质由（美国）核管理委员会和（美国）能源部监管。

物质通常是基于其对人类和环境造成危害的类型来分类的。

《资源保护与回收法》中列出了特定的有毒物质。P 表列出了需要被严格管控的剧毒物质，U 表中列出了有毒但不是剧毒的化学品。RCRA 中还列出了特定和非特定两类有害废物来源。第一个表K表中描述的是某些特定行业，其产生的废弃物是有害的；另一个表F表定义了在常规行业而不是特定行业中产生的几类危险废物。即使某种物质没有在上述表中出现，如果经过毒性特征浸出程序（TCLP）测试[7]后，其溶液中的毒性超过了D表的规定值（见表9.2），这种物质也会被认为是有毒物质。通常，D表中的金属浓度从钡的100ppm到汞的0.2ppm不等[8]。最后，有一些特例被排除在RCRA规则之外，如下水道、空容器、农民在其土地上弃置的农药、一些矿物废料等[9]。此外，值得注意的是，这些规定经常发生变化，相关的行业在环保评估前需要检查本州和联邦环境机构的现行法律法规。

表9.2 D表中的无机物种类及浓度[8] (ppm)

无机物种	浓　度
砷	5.0
钡	100
镉	1.0
铬	5.0
铅	5.0
汞	0.2
硒	1.0
银	5.0

9.2.5 有毒物质管理法（TSCA）

《有毒物质管理法》管制新化学物质的分销（不在最初66000种有机物质表中的），同时那些希望分销新化学品的公司必须向环保署提交一份生产前通知。作为《有毒物质管理法》的一部分，对于有害物质的指控如果涉及人类，必须保留记录30年；如果涉及环境，必须保留记录5年。

9.2.6 综合环境反应、赔偿与责任法（CERCLA）

《综合环境反应、赔偿与责任法》又名“超级基金”，是在发生了许多备受关注的环境灾难后建立的。《综合环境反应、赔偿与责任法》规定了有害物质要在危险废物场进行处置，也为环境修复建立了相应的法律责任并提供财政政策。该法案的目的是实现污染物清除和环境修复，修复工作的资金由直接责任方和可以确定的潜在责任方提供。因为环境修复的花费非常高，处理污染物的责任也大，所以最明智的做法是了解并遵守这些法律法规。

9.2.7 一般排水规则

湿法冶金工艺通常会产生废水，废水只有经过处理达标后才可以排入当地的溪流、湖泊和海洋，在排入水体前企业需要获得相应的许可证。排放许可证通常由州政府和许可人之间根据环保署和本州法律进行协商。大多数情况下，排入当地水体时，必须达到表9.3中给出的饮用水水质标准（美国）。当然也会根据个别公司和当地的水资源情况，定期进行特殊处理。这些特殊处理是针对排放量激增和总排放量。排放的污水需要对小鱼和（或）水蚤进行湿式实验，这些小鱼和（或）水蚤必须在这个溶液环境中存活一段时间，通常是48小时。

表9.3 国家饮用水一级标准

污 染 物	最大浓度/mg · L^{-1}
锑	0.006
砷	0.01
钡	2
铍	0.004
镉	0.005
铬（总）	0.1
铜	1.3
氰化物（CN）	0.2
氟化	4
铅	0.015
无机汞	0.002
硝酸（N）	10
硒	0.05
铊	0.0005

9.3 金属去除与环境修复问题

工厂排放水通常需要被调节以满足饮用水标准。

环境法规的改变促使了许多减量化、重复使用和循环使用材料新技术的发展，同时也发展了许多新技术来去除、稳定和转化有害物质。从溶液中去除有毒金属的基本方法与前面第6、7章中提到的金属去除和溶液净化的方法一样。常用的方法包括离子交换法、沉淀法、炭吸附法、超滤法、生物吸附法。金属的固化是通过形成稳定的沉淀物来实现的。另外，更容易溶解的沉淀物被包裹在玻璃状的矿渣内，这种玻璃状的封装过程叫作玻璃化。降低毒性物质的毒性通常是将它转化为毒性较低的形态。溶液中的电化学氧化、沉淀、高温热氧化等可以用来降低某些化合物的毒性。

9.3.1 金属去除技术

离子交换是运用最广泛的去除溶液中有毒物质的方法之一。通常，离子交换是用浸渍有能吸引特定离子官能团的树脂进行的。吸附完成后，树脂被置于更高浓度的单独溶液中脱附。如第6章所说的，脱附后的树脂可以继续用于吸附过程。溶出溶液中含有浓度高得多的有毒离子，且体积小得多，必须在处理前解除毒素或稳定在安全的形式中。

金属的去除一般通过沉淀来完成。离子交换和吸附等方法也被使用。

生物吸附虽然在某些方面和离子交换有些区别，但其本质上是另一种形式上的离子交换。许多死亡的生物都可以吸收大量的有毒离子，如表9.4所示。虽然表9.4中列出了许多可以高效吸附的物种，但很明显生物质是一种重要的去除材料。生物质的一个应用是将其固定在聚合珠上，这就是美国矿务局发明的Biofix®珠，这些聚合珠含有固定的生物质，可以作为离子交换介质[11]。然而，一旦有毒物质被吸附，生物质或解离液必须进行处理。

表9.4 死亡生物的生物吸附能力[10]

金属	吸收量/$mg \cdot g^{-1}$	生物质类型
Ag	86~94	淡水藻类
Cd	215	结节性泡叶藻
Co	100	结节性泡叶藻
Cr	118	芽孢杆菌生物质能
Cu	152	枯草芽孢杆菌
Hg	54	少根根霉菌
Ni	40	岩藻
Pb	601	枯草芽孢杆菌
Pd	436	淡水藻类
U	440	链霉菌属

黏土、沸石、活性炭和活性氧化铝等物质可用于去除溶液中溶解的有毒物质。此外，除非在不寻常的条件下，这些方法去除有毒物质的机理都是有效的离子交换。与其他去除方法一样，在处理前必须对这些物质进行解毒或稳定处理。

沉淀是从溶液中去除有毒金属离子的另一种有效方法。然而，与其他方法相比，沉淀法不仅可以去除有毒物质，还可以将它稳定下来。第9.3.2小节将讨论如何利用沉淀稳定有毒物质。

9.3.2 稳定和毒性降低技术

玻璃化和沉淀法都是稳定有毒物质的方法。这里只讨论沉淀，因为玻璃化涉及非水介质中的高温。沉淀通常为阳离子和阴离子相互吸引形成几乎不溶的中性化合物。不溶性沉淀物颗粒可以通过重力作用或过滤从溶液中分离出来。库仑定律指出，两个点电荷之间的吸引力与各自电荷的乘积成正比。因此，在相等的分离距离情况下，具有双电荷的阳离子和阴离子（例如 Ca^{2+} 和 SO_4^{2-}）将产生比单电荷的阴离子/阳离子对（例如 Na^+ 和 Cl^-）大四倍的吸引力。该原理表明，双电荷对化合物（$CaSO_4$）相对于单电荷对化合物（NaCl）而言，其可溶性有降低的趋势。正如库仑定律所预期的那样，NaCl 的溶解度很高，而 $CaSO_4$ 的溶解度很低。通常，物质与其平衡离子的电荷越高，沉淀物越稳定。然而，由于水合作用、与离子尺寸有关的空间因素、离子特性和溶液条件等因素的影响，该规则存在许多非常重要的特例。表 9.5 中的数据说明了电荷越少溶解度越高的趋势。数据还表明，随着电荷的增加，溶解度降低，但仍然有一些例外，例如硫酸盐。

表 9.5 选定金属配合物溶解度积的对数（lg*K* 表示与中性沉淀物完全分离的值）[12~16]

离子	CO_3^{2-}	Cl^-	OH^-	NO_3^-	PO_4^{3-}	SO_4^{2-}	S^{2-}
Ag^+	-11.09	-9.76	-2.065	0.227		-4.91	-50.1
K^+	4.15	0.898	11.41	-0.05			12.01
Na^+	0.732	1.58	7.4	1.15		-0.19	12.19
Cd^{2+}	-11.29	-0.440	-14.35				-25.8
Co^{2+}	-9.98		-14.9	7.75		7.36	-21.3
Cr^{3+}			-29.8				
Cu^{2+}	-9.63	3.79	-19.32			2.65	-36.1
Fe^{2+}	-10.68		-15.1			-0.48	-18.1
Fe^{3+}			-38.8		-17.9		
Hg^+	-11.68	-17.60				-5.96	
Hg^{2+}		-15.46	-21.92			-8.19	-52.7
Ni^{2+}	-6.78		-15.83			2.91	-19.4
Pb^{2+}	-13.13	-4.79	-14.38		-54.2	-7.88	-27.5

一些金属离子如 As、Se、Cr、W 和 Mo 具有天然的 3、5 和 7 的价态。这些化合价可使它们形成非常稳定的沉淀物。它们易与氧结合形成含氧阴离子，这些离子通常是 MO^+、MO_2^- 或 HMO_4^{2-}、H_2MO^{4-}。当氧化态最高时，络合物上的电荷

量也最高。当砷处于其最高氧化态（+5）时，离子络合物上的电荷量最高(−3)。然而，阴离子需要阳离子（比如金属阳离子）来沉淀。如表9.6所示，砷酸铁是砷最稳定的沉淀物之一。在砷酸铁中，两种离子的电荷量均为3。该络合物的稳定性一定程度上是由于这些高电荷量的离子之间较大的静电吸引力。阴离子和阳离子具有相同的电荷量，这提高了稳定性和沉淀形成的速率。

表9.6 砷配合物与金属离子的溶度积（lg*K*表示完全解离）[12~17]

离子	Ag^+	Ba^{2+}	Ca^{2+}	Cu^{2+}	Mg^{2+}	Zn^{2+}	Fe^{3+}
AsO_4^{3-}	−22.0	−17.2	−18.3	−34.8	−19.3	−29.1	−19.2
$HAsO_4^{2-}$		−5.1	−3.5	−7.0	−2.9	−6.5	
AsO^{2-}		−4.3	−6.8	−11.6		−12.5	

当金属处于其最高氧化态时，易于形成稳定的沉淀物。因此，在沉淀之前将金属阴离子络合物和金属阳离子络合物氧化至其最高氧化态可以提高沉淀效果。氧化过程常用的氧化剂有过氧化氢、次氯酸钠、次氯酸钙或者用细菌氧化和臭氧等。这种方法通常适用于所有具有大于3的稳定价数的金属。它也适用于大多数具有多种氧化态的金属。

通常，使用溶度积表示溶解度。溶度积需要额外的定义才能获得更有意义的数字。沉淀反应式为：

$$yM^{n+} + nX^{y-} \rightleftharpoons M_yX_n \tag{9.1}$$

其中，M^{n+}是金属离子，X^{y-}是阴离子。得到的平衡常数可写为：

$$K = \frac{a_{M_yX_n}}{a_{M^{n+}}^{y} a_{X^{y-}}^{n}} \tag{9.2}$$

溶度积是从沉淀物溶解或解离的物质的浓度的乘积，可知：

$$K_{sp} = a_{M^{n+}}^{y} a_{X^{y-}}^{n} \tag{9.3}$$

溶度积定义为假定沉淀 M_yX_n 存在于活度为1的溶液中。如果物质活度（或在稀溶液中的浓度）的乘积小于溶度积，则不会生成沉淀，且式（9.1）不再适用。

通常使用氢氧化物和硫化物来沉淀金属。

如果将沉淀物置于纯水中，则 X^{y-} 和 M^{n+} 的存在取决于沉淀物的化学计量数。此外，可以使用浓度单位和化学计量将 X^{y-} 以 M^{n+} 的形式进行取代。当活度系数等于1时，这种替换 $C_X^{y-} = (nC_{M^{n+}})/y$ 导入公式（9.3）可得：

$$K_{sp} = C_{M^{n+}}^{y}\left[\left(\frac{n}{y}\right)C_{M^{n+}}\right]^{n} \tag{9.4}$$

求解方程式（9.4）得到溶液中残留金属浓度，表达式如下：

$$C_{M^{n+}} = \left[K_{sp}\left(\frac{n}{y}\right)^{-n}\right]^{\frac{1}{n+y}} \tag{9.5}$$

然而，应该注意的是，这种沉淀物所放入的近似假定水中除了 OH^- 和 H^+ 之外不能存在其他离子，并且 M^{n+} 和 X^{y-} 都对 pH 变化不敏感。后一假设适用条件不普遍，因此公式（9.5）仅用作确定饱和浓度的近似值。公式（9.5）体现了物质的电荷量与热力学溶度积的强依赖性。

金属的去除和稳定化也可以在有空气存在的高温条件下进行，以形成相对稳定的金属氧化物。通常，金属在放入有空气存在的高温焚烧炉之前会被吸附在载体介质上。此外，可以使用高压釜在高压中温的水性介质条件下除去金属化合物并使其稳定。

金属的解除毒性比稳定化更难实现，因为大多数有毒金属无论是什么形式的氧化态都是有毒的。因此，当暴露于恶劣的化学环境时，有毒金属总是潜在的毒素。许多具有多种价态的有毒金属，不同的价态具有不同的毒性水平。

与有毒金属相比，有毒有机化合物如氰化物通常可以通过各种氧化的方法来解除毒性。氰化物解除毒性的方法如下，首先将其氧化成氰酸盐，其毒性远低于氰化物，然后通过暴露于低 H^+ 离子浓度的水性介质中分解为氨气和二氧化碳，如式（9.6）~式（9.9）所示。可以使用紫外线、细菌、臭氧、过氧化氢 H_2O_2、次氯酸钠 NaOCl 或其他氧化剂将氰化物氧化成氰酸盐。相关的反应如下：

$$CN^- + OCl^- \rightleftharpoons CNO^- + Cl \tag{9.6}$$

$$CN^- + H_2O_2 \rightleftharpoons CNO^- + H_2O \tag{9.7}$$

$$H^+ + OCN^- \rightleftharpoons HCNO \tag{9.8}$$

$$HCNO + H_2O \rightleftharpoons NH_3(g) + CO_2 \tag{9.9}$$

另外，可以通过电解转化氰化物（见图 9.1）。根据反应可知，在贵金属做电极进行电解沉积时，阳极可以发生氰化物的分解反应。反应如下：

$$CN^- + 2OH^- = CNO^- + H_2O + 2e \quad (E^{\ominus} = 0.79V) \tag{9.10}$$

$$CNO^- + 2H_2O = NH_3 + CO_2 + OH^- \tag{9.11}$$

$$CN^- + H_2O + OH^- = NH_3 + CO_2 + 2e \quad (E^{\ominus} = 0.75V) \tag{9.12}$$

9.3.3 有毒物质的回收

减量化、再利用和再循环是减少废弃物的通用办法。

另一种环保的方式是最大限度地提高物质的利用率和回收率，来减少有毒有害物质的使用。金属电镀和精加工行业通常在相关废物中回收有价值的物质，或

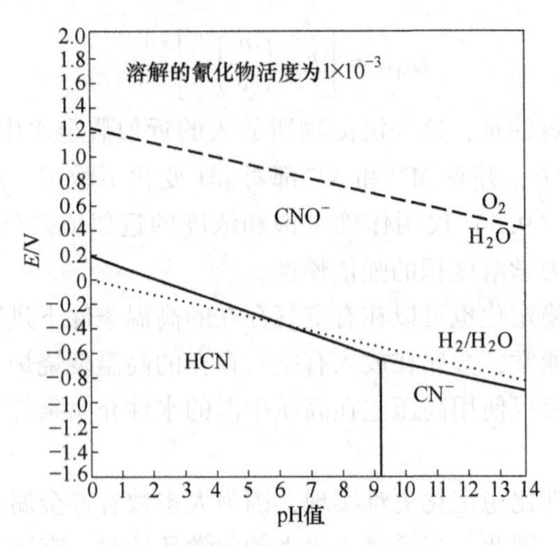

图9.1　水中氰化物的 E_h-pH 或 Pourbaix 图
（资料来源：根据附录数据）

者他们与其他公司签订合同，使用前面讨论的各种溶液浓缩和回收技术从废物中回收有价值的物质。可以使用离子交换树脂从废液中回收酸，还可以从中回收氰化物等有毒离子，将其转化为气态形式的氰化氢，然后在碱性溶液中以游离态氰化物回收。因此，重要的是要记住与溶液金属加工、生产和利用相关的三个常用环境学术语：减量化、再利用和再循环。此外，还应记住并应用“稀释不能解决污染问题”这句格言。

参考文献

[1] J. W. Vincoli, “Basic Guide to Environmental Compliance,” Van Nostrand Reinhold, New York, p. 11, 1993.

[2] J. G. Speight, “Environmental Technology Handbook,” Taylor and Francis, Bristol, p. 262, 1996.

[3] J. W. Vincoli, “Basic Guide to Environmental Compliance,” Van Nostrand Reinhold, New York, p. 19, 1993.

[4] J. W. Vincoli, “Basic Guide to Environmental Compliance,” Van Nostrand Reinhold, New York, p. 20, 1993.

[5] J. W. Vincoli, “Basic Guide to Environmental Compliance,” Van Nostrand Reinhold, New York, p. 110, 1993.

[6] J. W. Vincoli, “Basic Guide to Environmental Compliance,” Van Nostrand Reinhold, New York, p. 115, 1993.

[7] D. C. Seidel, "Laboratory Procedures of Hydrometallurgical-Processing and Waste-Management Experiments," Information Circular 9431, United States Department of the Interior, Bureau of Mines, Pittsburgh, PA, pp. 63-65, 1995.

[8] United States Government, "Resource Conservation and Recovery Act (RCRA) of 1976," Code of Federal Regulations, Title 40, Section 261, as amended-55 Federal Regulation 11862, March 1990 (see main government EPA web site for updates).

[9] J. W. Vincoli, "Basic Guide to Environmental Compliance," Van Nostrand Reinhold, New York, pp. 119-121, 1993.

[10] B. Volesky, Z. R. Holan, "Biosorption of Heavy Metals," Biotechnology Progress, 11, pp. 235-250, 1995.

[11] T. H. Jeffers, C. R. Ferguson, P. G. Bennett, "Biosorption of Metal Contaminants from Acidic Mine Waters," in Mineral Bioprocessing, eds. R. W. Smith, M. Misra, TMS, Warrendale, PA, pp. 289-298, 1991.

[12] R. M. Garrels, and C. L. Christ, "Solutions, Minerals, and Equilibria," Jones and Bartlett Publishers, Boston, 1990.

[13] E. Jackson, "Hydrometallurgical Extraction and Reclamation," Ellis Horwood Limited, Chichester, p. 151, 1986.

[14] E. Jackson, "Hydrometallurgical Extraction and Reclamation," Ellis Horwood Limited, Chichester, p. 157, 1986.

[15] E. Jackson, "Hydrometallurgical Extraction and Reclamation," Ellis Horwood Limited, Chichester, p. 162, 1986.

[16] D. D. Wagman, W. H. Evans, V. B. Parker, R. H. Schumm, I. Halow, S. M. Bailey, K. L. Churney, and R. L. Nuttall, "The NBS Tables of Chemical Thermodynamic Properties," Journal of Physical and Chemical Reference Data, 11 (suppl 2), National Bureau of Standards, Washington, DC, 1982.

[17] R. G. Robins, "Arsenic Hydrometallurgy," in Arsenic Metallurgy Fundamentals and Applications, eds. R. G. Reddy, J. L. Hendrix, P. B. Queneau, TMS, Warrendale, PA, pp. 215-247, 1988.

思考练习题

9.1 有一种溶液含有 500ppm 的 Pb^{2+}，从溶液中沉淀出铅有 3 种选择：（1）加入碳酸钠；（2）加入石灰（CaO），水合形成 $Ca(OH)_2$；（3）加入硫酸钠。使用这三种化合物中的每一种在 298K 下以 10g/L 的水平确定溶解铅（Pb^{2+}）的平衡浓度（忽略由于碳酸盐引起的 pH 效应；假设单位活度系数；并假设盐完全解离）。

9.2 对于 9.1 题涉及的每种所得铅沉淀物，确定其在热力学上是否保持稳定，足以被 EPA 标准认为在 298K 下使用 TCLP 试验无毒（假设 TCLP 测试可以通过简单地计算 pH 依赖性平衡来建模，其中所得到的 pH 将是 2.5 或 10.5，取决于材料酸度或碱度——不考虑乙酸根离子浓度或钠浓度)。

9.3 (a) 确定在298K时存在5g/L硫酸钠和300ppm汞离子时的溶解汞的浓度。(答案:300ppm)

(b) 如果在加入硫酸盐之前汞被氧化成汞的氧化态,这会如何变化?(假设活度为1)

9.4 当大量的$Cd(OH)_2$被放置在一个平衡pH值为(a)2.5和(b)11.5的小容器中(假设活度系数为1)时,其平衡浓度Cd^{2+}是否超过EPA限制(5ppm)的毒性?

第 10 章　流程设计原则

商业规模过程必须根据正确的基础原理和实践约束。

本章节主要的学习目标和效果

(1) 理解用于设计过程的原则;
(2) 了解湿法冶金过程中的基本流程;
(3) 了解各种金属湿法冶金流程的基本类型。

好的设计始于对整体目标的清晰理解。

在设计工业流程之前，需要仔细考虑各种因素。如果流程设计中没有适当考虑小的细节，则会产生重大影响。因此，以有组织、有步骤的方式设计流程对避免忽略重要细节是很重要的。有效的设计步骤包括建立明确地总体目标、确定基本流程要素或环节、确定每个环节的特定选项、确定设计每个环节所需的信息、获取必要信息、设计整个过程、使用计算机模型和实验数据评估并验证整体设计。

10.1　确定总体目标

如果要使设计有效，必须建立明确的总体目标。需要确定的一些重要细节是数量和质量方面的生产目标。其他细节包括项目的预期寿命以及可能为项目融资的投资者的必要回报。项目的预期寿命将主要取决于预计的市场和产品价格以及生产产品可用资源的规模。许多总体目标将由经理和公司高管设定。其他目标来自监管限制。然而，无论是谁来决定目标，在开始流程设计之前，设计者必须清楚地理解这些目标。本章的重点是介绍金属提取和回收的设计流程，而非金属使用或零件制造。

10.2　基本流程环节的确定

大多数总体流程可以细分为较小的流程环节。

在金属的溶液处理环境下，对于大多数工艺流程而言，需要考虑三个直接和两个间接的流程环节。三个直接环节是提取、浓缩和回收。间接环节是粉碎和选矿。本章的重点是湿法冶金过程，但也对间接环节进行一些讨论，因为它们通常对湿法冶金过程至关重要。

作为基本流程环节确定的示例，需要考虑主要过程目标 A、B、C、D 和 E 五个示例，以及实现表 10.1 中的目标所必需的相应流程环节。

表 10.1　主要工艺目标（假设矿石已被正确地预先富集和预先筛分）

A	B	C	D	E
ZnO	去除 As	铝土矿	铜阳极	金矿
50%Zn 提高到 99.99%	从 3g/L 降低到 50ppb	40%Al 提高到 99.9% Al_2O_3	99.4%Cu 提高到 99.995% Cu	2ppmAu 提高到 99.99%Au

因为可用的选项很少，需要使用的基本流程环节的建立也很简单。然而，应该注意的是，将各个基本环节内的各个处理步骤组合起来要复杂得多。而且，各个环节可能涉及重复的步骤。例如，金属生产环节和尾矿环节这两个单独的环节都会涉及包括去除有毒物种的浓缩环节。

10.3　具体环节选择的调查

对于每个提取，浓缩和回收环节，可以使用多种方法实现总体工艺目标。通常，最合适的特定环节选项将取决于所涉及的矿物、金属和溶液的性质。以下各节介绍了一些可能性。

10.3.1　基本湿法冶金流程图

与表 10.1 对应的基本湿法冶金流程如图 10.1 所示。

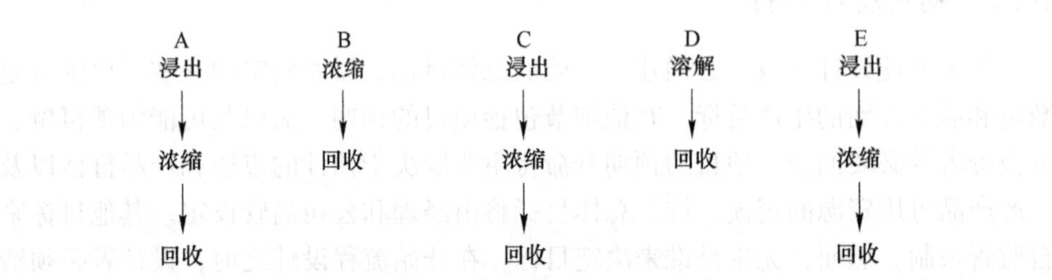

图 10.1　基本湿法冶金流程图

10.3.2　提取

湿法冶金从矿物中提取金属是通过浸出实现的。目标是以快速、技术合理且经济可行的方式完成浸出。当细菌的能力足够时，细菌通常是最便宜的方法。对于普通金属矿物，酸浸往往是最可行的提取方法。氨也可以用来提取镍和铜矿石。氰化物是一种高效且廉价的提取金和银的介质。

需要考虑的重要参数是矿物性质、温度、压力、粒度和添加的试剂。矿物学或矿物化学将最终决定提取所需的方法和条件。其他参数对于优化性能至关重要。提高温度会加速反应，也会产生额外的费用，而且可能需要含金属的矿物。增加压力可以提高操作温度，并且允许更高浓度的氧气等气体，能够为氧化反应提供动力。减小颗粒尺寸可提高提取速率并允许更小的反应器，但额外的尺寸减小也会增加处理成本。在金属提取过程中，添加剂通常是有用的甚至是必需的。有关设计参数的更多详细信息，请参见第 4 章和第 5 章。

设计通常基于已经被证实的成功案例。

工艺设计的一个重要因素是检查现有流程。现有流程显示工业规模上执行的处理步骤。表 10.2 总结了现有常用金属的提取处理步骤，本章末尾介绍了有关选别金属更具体的信息。但是，在研究现有的处理技术时，重要的是要认识到许多已发布的流程并没有为设计提供足够的细节。此外，完全依赖现有的流程减少了本应该被考虑的创新性和适应性。现有的流程很少有对未来的流程至关重要的最新技术，现有的技术可能在未来的流程中是无法使用的。因此，明智的工程师利用现有的流程来辅助设计，而不是完全依赖它们。

表 10.2 部分已选定金属的湿法冶金加工步骤

金属	传统的湿法冶金提取步骤
铝	通过使用氢氧化钠溶液的压力浸出从大多数铝矿石中提取铝
铍	铍可以使用硫酸从硅铍石矿石中浸出
镉	镉通常使用硫酸从烟道灰中浸出，通常作为锌，镍和铜生产的烟道灰尘副产品回收
钴	通过与镍相同的方法提取，碱性压力浸出在钴提取中也可行
铜	使用硫酸和细菌进行倾倒和堆浸。用硫酸原位浸出。氨溶液压力浸出
金	耐火硫化物矿石通常通过生物氧化或焙烧进行预处理，使用氰化物浓缩浸出
铁	钢铁生产不依赖于湿法冶金提取
铅	几乎所有的铅都通过火法冶金提取
镁	熔融盐高温下电解提取之前，用湿法冶金处理去除杂质
钼	尽管在某些情况下使用压力浸出，但通常不通过湿法冶金方法提取钼
镍	镍通过氯化物，硫酸和氨浸提取。在某些情况下，初始熔炼的镍锍会被浸出
铂	铂可以使用多种技术提取，包括氯化物，硫酸，王水和氰化物浸出
银	通过氰化物从银矿石中提取银，来自电解泥的副产物银通常通过在氧化酸溶液中浸出来回收。来自铅生产的副产物银通常通过火法冶金方法提取
锡	几乎所有的锡都通过火法冶金提取。湿法冶金处理已被用作去除杂质的中间步骤
钨	可以在升高温度时通过压力浸出，使用碳酸盐和氢氧化钠溶液提取黑钨矿和白钨矿
铀	当存在碳酸盐时，通常使用碳酸盐溶液从矿石中浸出铀，或者当不存在酸性碳酸盐等矿物质时使用硫酸
锌	几乎所有锌都是从经过焙烧的硫化锌中提取出来，然后在硫酸中浸出的

表 10.2 中的提取处理步骤通常非常简单。如图 10.2 所示，虽然矿物分离和矿物尺寸减小这些必要的前提很重要，但是在大多数情况下，提取只需要一个浸出步骤。然而，某些工业的浸出过程更为复杂，例如黄金行业中通常对硫化物矿石进行酸浸预处理，然后进行中和，再在氰化物溶液中浸出，如图 10.3 所示。中和步骤将酸性介质转变为碱性介质对于氰化物浸出而言是必要的（氰化物在酸性溶液中转化为剧毒的氰化氢气体）。

如图 10.2 和图 10.3 所示，大多数湿法冶金工艺的另一个重要部分是从所得的浸出溶液中分离出所需的物质。这通常可以通过在一个简单的一步过滤过程完成。但是，在浸出过程完成时，所得的固体往往要彻底冲洗以除去残留的浸出溶液后再进行处理，这从环境角度来看通常是不安全的。提供清洁固体的一种常见方法是逆流沉降，如图 10.4 所示。

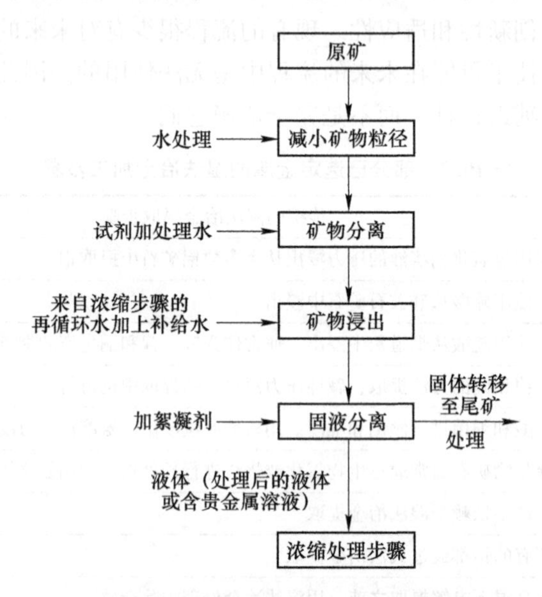

图 10.2 金属提取流程图中的常见步骤

10.3.3 富集

金属的湿法冶金富集通常通过炭吸附、离子交换和溶剂萃取来实现的，之后是反萃取步骤。另一种重要的富集方法是沉淀。需要评估的最重要的参数是化学环境、温度、流速、萃取/反萃动力学，产物衰变，产物损失，与提取和回收步骤的兼容性、选择性和对工艺条件变化的敏感性。确定和评估这些参数的有关详细信息，请参见第 6 章和第 9 章。但是，这里也有一些有关这些参数的讨论。

炭吸附和离子交换过程的损失通常与材料的降解有关，这些可能重要也可能

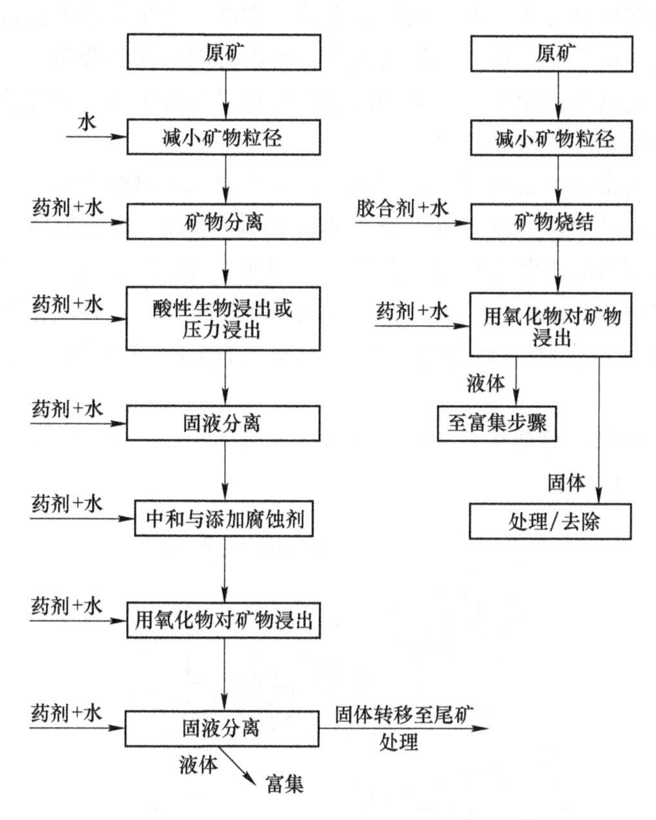

图 10.3　从硫化（左侧）和非硫化（右侧）非耐热矿石中提取金的典型流程

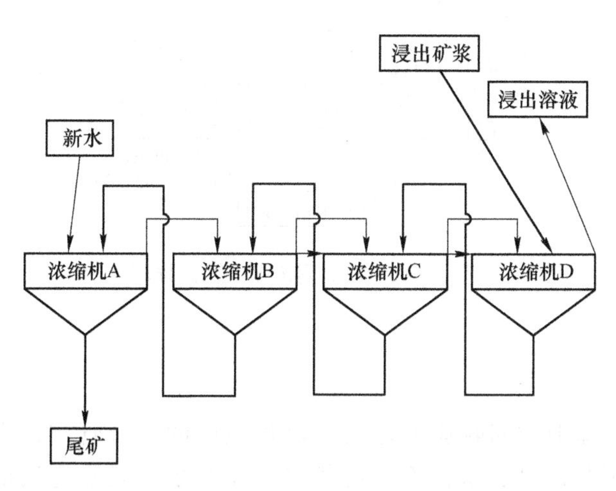

图 10.4　逆流沉降流程图

（粗线代表矿浆，细线代表溶液）

不重要的损失需要被考虑。对于炭吸附系统，碳磨损产生的细颗粒经常与一些吸附产品一起进入尾矿。在离子交换系统中，磨损可能是材料降解的一个原因，但是由于环境的突然变化引起的渗透冲击通常是材料降解更重要的原因，这些树脂细颗粒会随废水和洗脱溶液流失。

如前所述，金属富集通常通过溶剂萃取、离子交换和炭吸附实现。

除了一般的技术可行性之外，富集步骤必须与提取和/或回收步骤兼容，并且这些步骤必须适应不断变化的工艺条件，例如，考虑环保地去除低浓度的金属时，由于溶剂的轻微溶解性，可能会释放出一些有机介质，使用溶剂萃取也可能适得其反。因此，在环境修复过程中，通常不使用溶剂萃取来除去低浓度的金属。

典型的炭吸附和溶剂萃取流程环节的例子如图 10.5 和图 10.6 所示。沉淀的流程环节如图 10.7 所示。

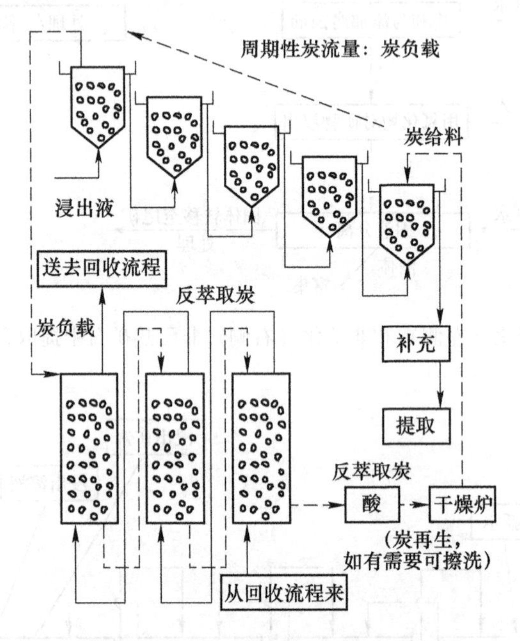

图 10.5 典型炭吸附浓缩工艺流程图

10.3.4 回收

湿法冶金处理中的回收通常是通过电积完成的，尽管在许多情况下，除了金和铜渗碳工艺以外，沉淀产生的最终产品几乎总是非金属的。第 7 章讨论了电积和渗碳作用的主要问题。图 10.8 给出了涉及电积回收的案例流程图。

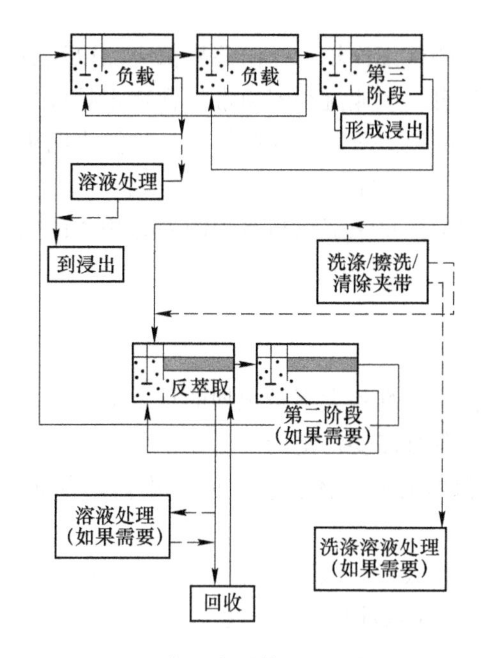

图 10.6 典型溶剂萃取浓缩流程图

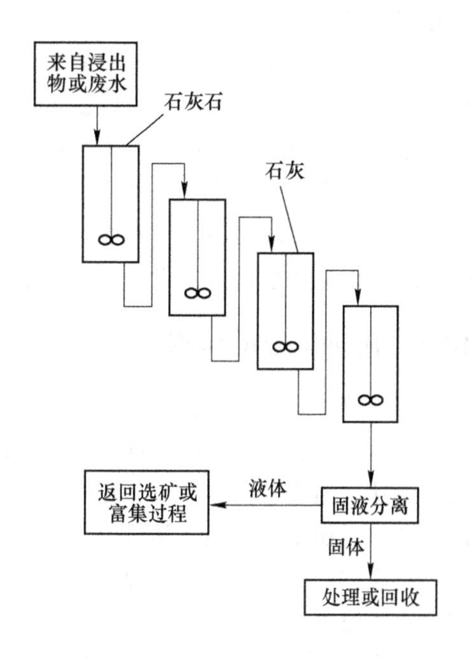

图 10.7 典型沉淀浓缩流程图

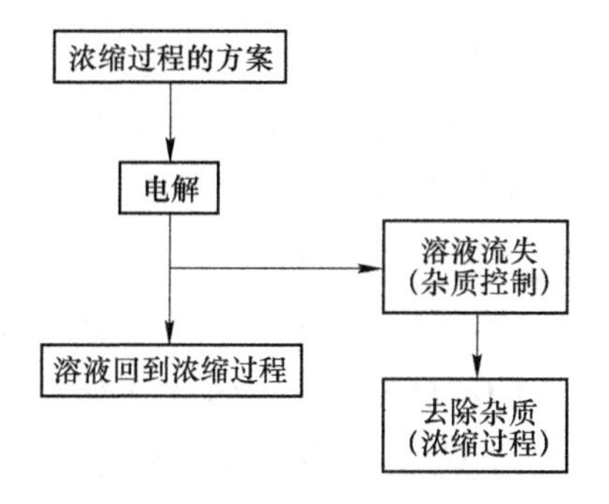

图 10.8 典型电解沉积回收流程图

10.4 整体流程图

在为各种提取、浓缩和回收工艺建立详细的单独流程图之后，必须绘制整体流程图。一旦完成各个部分，整体流程图就很容易绘制，因为整体流程图由各个部分连接组成。由于典型的整体流程图由若干环节组成，并且各个环节的细节已经被展示了，因此这里不打算展示完整的流程图。注意，图 10.2～图 10.8 中各环节的流程图显示了与其他环节连接的位置，使得完整流程图的组合相对简单。

完整的流程图应与其他现有的工业流程图仔细比较。任何差异都应加以注意和探讨。通过批判性的比较可以获得大量信息。工业流程图通常包含特定处理条件的小环节。可能存在额外的浓密机或额外的浸出阶段。这些类型的差异表明更简单的设计不适合给定的作业，但更简单的设计可能适合于另一种作业。因此，在进行这样的比较之后，显然需要更多的附加信息来解决与流程图差异相关的问题，附加信息还包括有关设备选择的信息。

10.5　附加信息的获得

组合整体流程图后，有必要获得更多信息。准备大纲是规划的重要部分，有助于更有组织和更成功的设计。每个处理步骤都需要特定的信息。这些信息可能包括流速、温度、固体含量、化学性质、保留时间、体积、管道尺寸、泵容量、试剂和水添加率、利用率预测等。

所需详细信息的重要来源是供应商和设计公司。供应商特别有帮助，因为他们对销售设备有兴趣。但是，应根据行业经验验证供应商信息，尽可能获得最新、最准确的信息对于成功的设计至关重要。

10.5.1　物料平衡

工艺设计和作业需要物料平衡。一般的方程是（如果系统处于稳定状态）：

$$\text{质量输入} - \text{质量输出} = 0$$

以前面所示的反流倾注流程为例。每个电解槽的物料平衡是：

单元 A：$$C_B Q_{B_{under}} + 0 - C_A(Q_{A_{over}} + Q_{A_{under}}) = 0$$

单元 B：$$C_C Q_{C_{under}} + C_A Q_{A_{over}} - C_B(Q_{B_{over}} + Q_{B_{under}}) = 0$$

单元 C：$$C_D Q_{D_{under}} + C_B Q_{B_{over}} - C_C(Q_{C_{over}} + Q_{C_{under}}) = 0$$

单元 D：$$C_L Q_L + C_C Q_{C_{over}} - C_D(Q_{D_{over}} + Q_{D_{under}}) = 0$$

重新排列这些方程：

单元 A：$$C_A[-(Q_{A_{over}} + Q_{A_{under}})] + C_B[Q_{B_{under}}] + C_C[0] + C_D[0] = 0 \quad (10.1)$$

单元 B：$$C_A[Q_{A_{over}}] + C_B[(-Q_{B_{over}} + Q_{B_{under}})] + C_C[Q_{C_{under}}] + C_D[0] = 0 \quad (10.2)$$

单元 C：$$C_A[0] + C_B[Q_{B_{over}}] + C_C[-(Q_{C_{over}} + Q_{C_{under}})] + C_D[Q_{D_{under}}] = 0 \quad (10.3)$$

单元 D：$$C_A[0] + C_B[0] + C_C[Q_{C_{over}}] + C_D[-(Q_{D_{over}} + Q_{D_{under}})] = -C_L Q_L \quad (10.4)$$

以矩阵表的形式表示，这些方程变为：

$-(Q_{A_{over}}+Q_{A_{under}})$	$Q_{B_{under}}$	0	0	C_A	0
$Q_{A_{over}}$	$-(Q_{B_{over}}+Q_{B_{under}})$	$Q_{C_{under}}$	0	C_B	0
0	Q_{B_0}	$-(Q_{C_{over}}+Q_{C_{under}})$	$Q_{D_{under}}$	C_C	0
0	0	QC_0	$-(Q_{D_{over}}+Q_{D_{under}})$	C_D	$-C_L Q_L$

在矩阵格式中，这些可以表示为：

$$[Q][C]=[B] \tag{10.5}$$

用逆矩阵求解：

$$[Q]^{-1}[Q][C]=[Q]^{-1}[B] \tag{10.6}$$

可得：

$$[C]=[Q]^{-1}[B] \tag{10.7}$$

这可以用矩阵轻松求解。

10.5.2 经济评估

正如工程师意识到的那样，经济往往会推动工业发展。公司的主要目的是盈利而不是从事公共服务。经济学对于流程设计至关重要，编写第 11 章的目的是说明其与工程的相关性。

10.6 工艺流程图示例

10.6.1 铝

铝主要从铝土矿得到，铝土矿由一水硬铝石 AlO(OH)、三水铝石 $Al(OH)_3$ 和勃姆石 AlO(OH) 组成，整个流程图如图 10.9 所示。

在球磨机中将矿石研磨至合适的尺寸后，将矿石在 150~220℃ 的高压釜内的热溶解液中进行溶解。在铝矿物溶解过程中，氧化铁、二氧化钛和石英不溶解。因此，可以通过过滤将这些脉石矿物与溶解的铝分离。其他的物质如一些硅酸盐基黏土可溶解形成微溶的硅酸钠（Na_2SiO_3）。腐殖质、木质素、纤维素和蛋白质等有机物倾向于分解形成草酸。溶解的二氧化硅通常与铝（硅酸铝钠）形成沉淀物，能够除去溶解的二氧化硅但会降低铝产率[1]。草酸可与溶解的金属反应形成金属草酸盐，如草酸钙。

消化后的溶液被送至沉淀系统，其中的水合氧化铝以相对纯的形式沉淀。然后将水合氧化铝煅烧生成无水氧化铝（Al_2O_3），再在电积槽中转化为铝金属。铝电解沉积在高温下进行，并且通常利用石墨阳极来降低能耗。

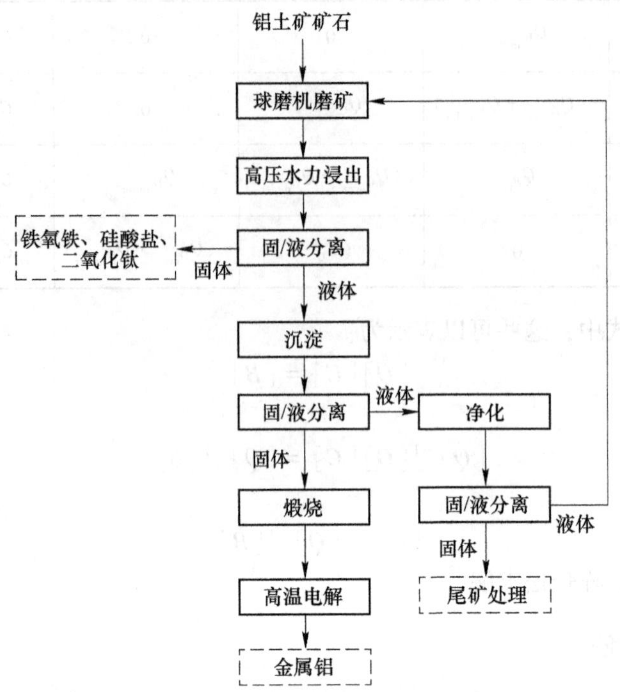

图 10.9　铝土矿生产铝的基本流程要素[2]

10.6.2　铜

铜矿石最常见的是硫化铜，最常见的硫化铜是黄铜矿。黄铜矿一般经用粉碎、浮选、熔炼、转化和电解沉积来生产金属铜。因此，以黄铜矿为主的矿石的一般处理流程图如图 10.10（a）所示。

然而，有许多氧化铜沉积物可以在堆浸中浸出，然后进行溶剂萃取和电解沉积以生产金属铜。在许多情况下，辉铜矿等次生硫化物与铜氧化物的混合物也可以在堆浸中浸出。图 10.10（b）展示了氧化铜/次生硫化物浸出和金属回收的常见通用流程图。

由于一般的铜矿加工已在第 5 章中讨论过，因此这里不再详细讨论。但是，应该注意，还有其他的各种处理方法。大多数方法与图 10.10 中所展示的流程类似。但是，在铜与用其他金属一起回收的情况下，可以使用更有趣的流程图。图 10.11 是一个常见的铜加工流程图示例。

10.6.3　金

根据矿石矿物学和品位，金矿石的处理方式有多种，见第 5 章。金矿石加工概述见图 10.12。高品位矿石通常被加工成细颗粒并用氰化物浸出。难熔的高品

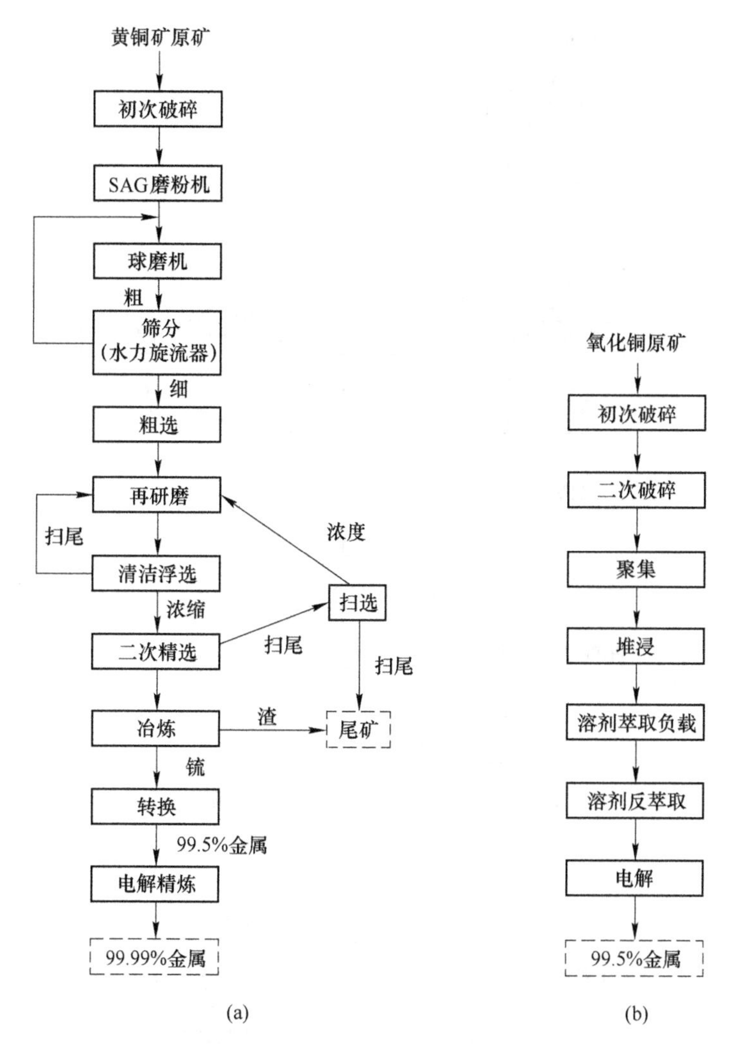

图 10.10 硫化铜(黄铜矿)(a)和氧化铜矿石(b)加工常用流程简化示例

位硫化矿通常经过焙烧、加压氧化或生物氧化进行预处理，以使金易于提取。低品位的矿石经常被堆浸，尽管它们有时会在浸出槽中浸出。处理流程图的变化是非常显著的，如图 10.13~图 10.17 所示。

10.6.4 镍和钴

镍和钴通常一起被发现，并通过相同的方法处理。镍比钴更常见，主流加工方法以镍为主，因此本章主要讨论镍，但钴的方法和结果基本相同。

大多数镍（60%）用于生产优质不锈钢，尽管大量的镍被用于制造镍基合金、其他合金和电沉积涂层[9]。

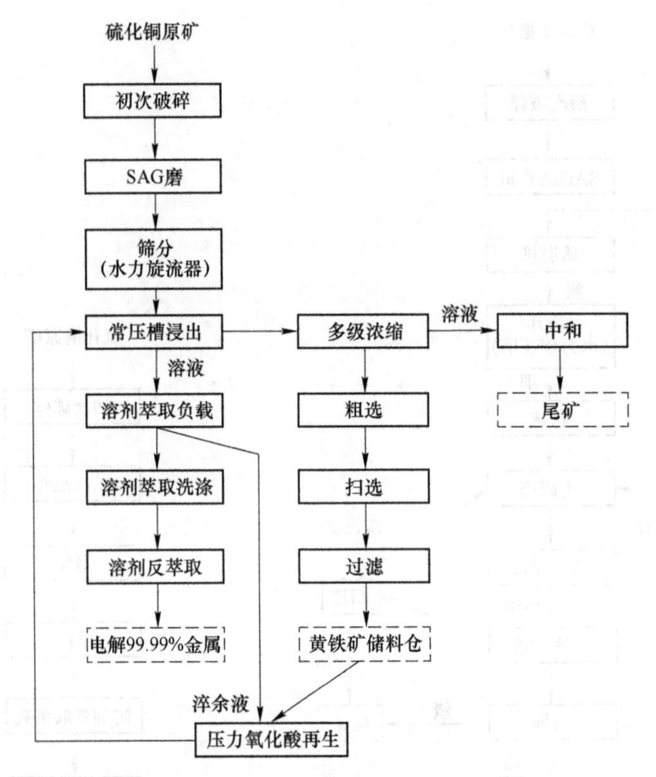

图 10.11　一个常见的铜加工流程图[3]

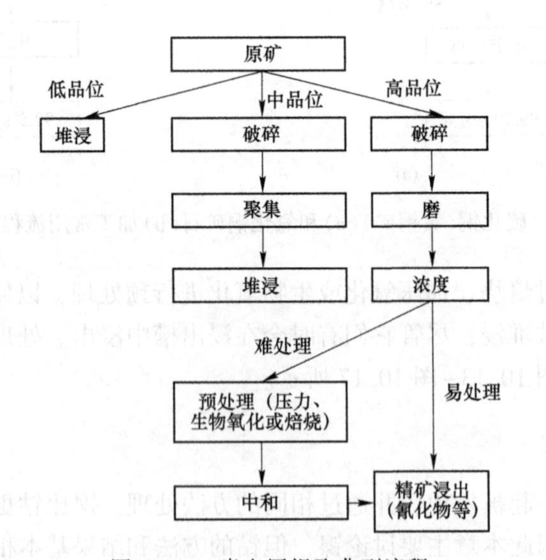

图 10.12　贵金属提取典型流程
（注意：在某些情况下，低品位和中等品位矿石的预处理可以在堆浸或堆浸
装置中进行生物浸出，然后进行中和和传统的氰化物浸金）

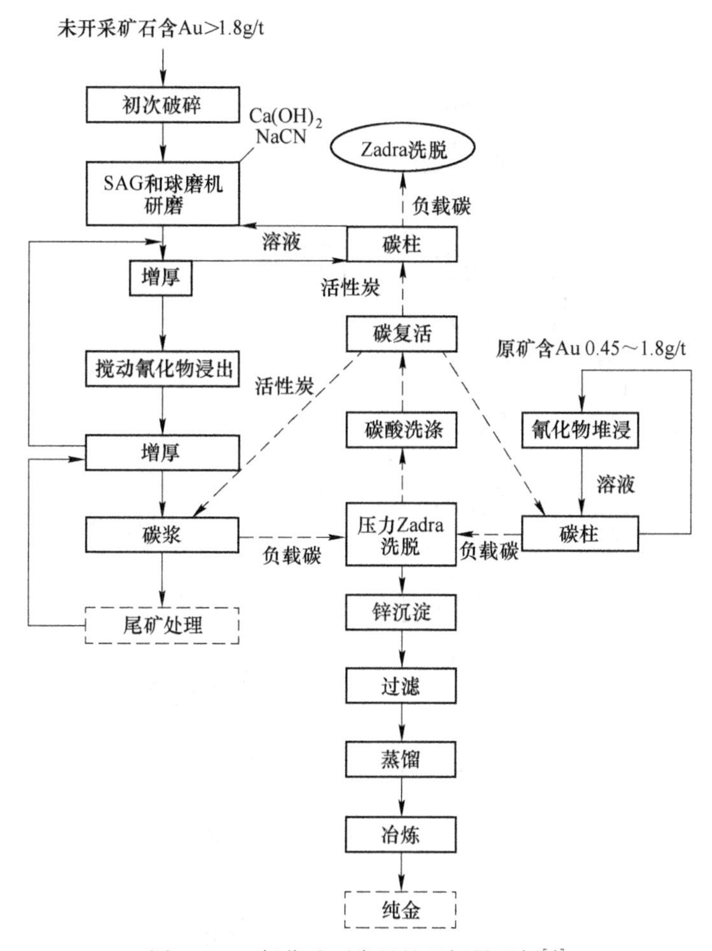

图 10.13 氧化矿石常见处理场景示例[4]

镍通常通过浮选和随后的冶炼从硫化物矿中获得，然后通常进行湿法冶金精炼。直接通过湿法冶金提取和加工的镍只占其总产量的一小部分（约 7%）[10]。大多数镍资源都存在于镍红土矿中。镍红土矿的表层一般为褐铁矿、中层为腐泥岩，下层为斜长石，每层通常只有几米厚。富含腐泥岩的低含铁红土矿石通常采用基于火法冶金的方法加工生产镍铁（30% Ni，70%Fe），可直接用于铁合金生产，如不锈钢[10]。与含铁量高的褐铁矿或蒙脱石矿物伴生的镍矿石通常采用湿法冶金方法处理[10]。

基于褐铁矿和蒙脱石的镍矿石大多在 50bars 和 250℃下使用硫酸进行湿法冶金中的高压酸浸（HPAL）。一般流程图如图 10.18 所示。杂质通常通过 pH 值调节和相关沉淀来分离。镍和钴可以用 5~7bar 的 H_2S 沉淀，生成硫化物产品后送至冶炼厂[11]。

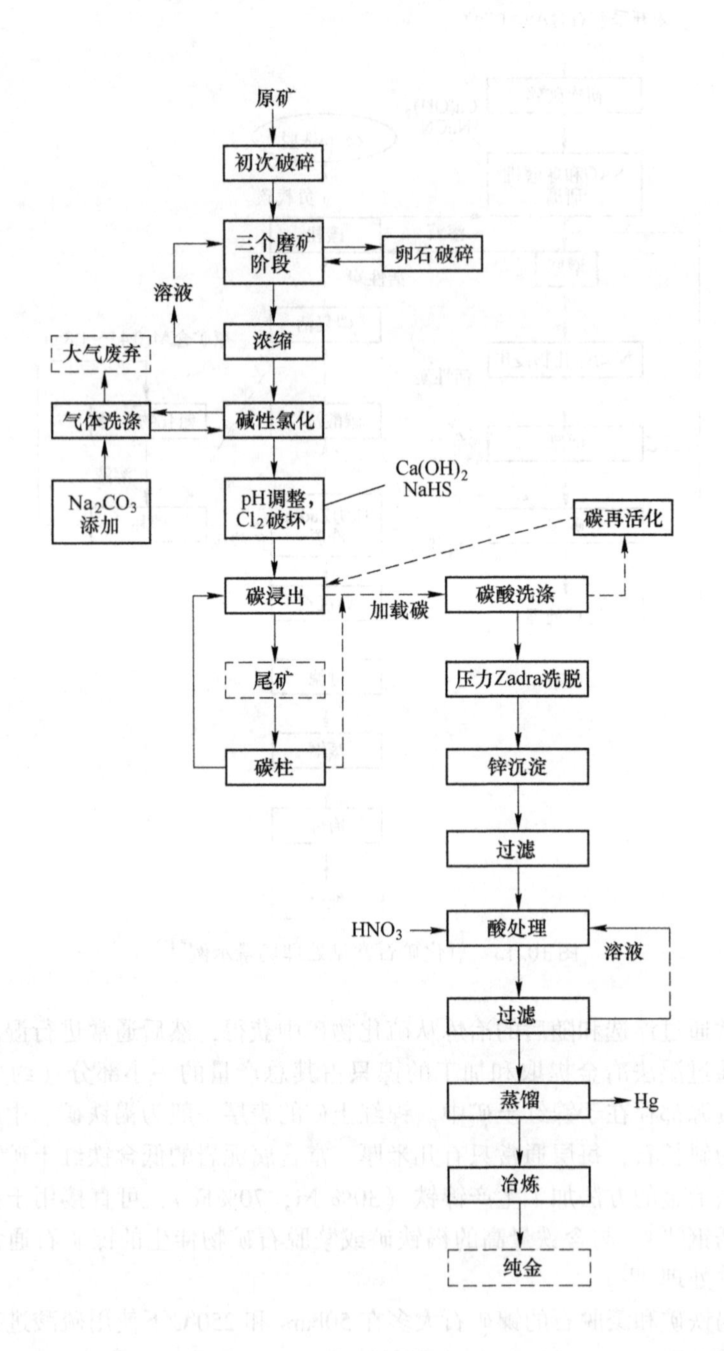

图 10.14　难处理金矿氯化工艺实例[5]

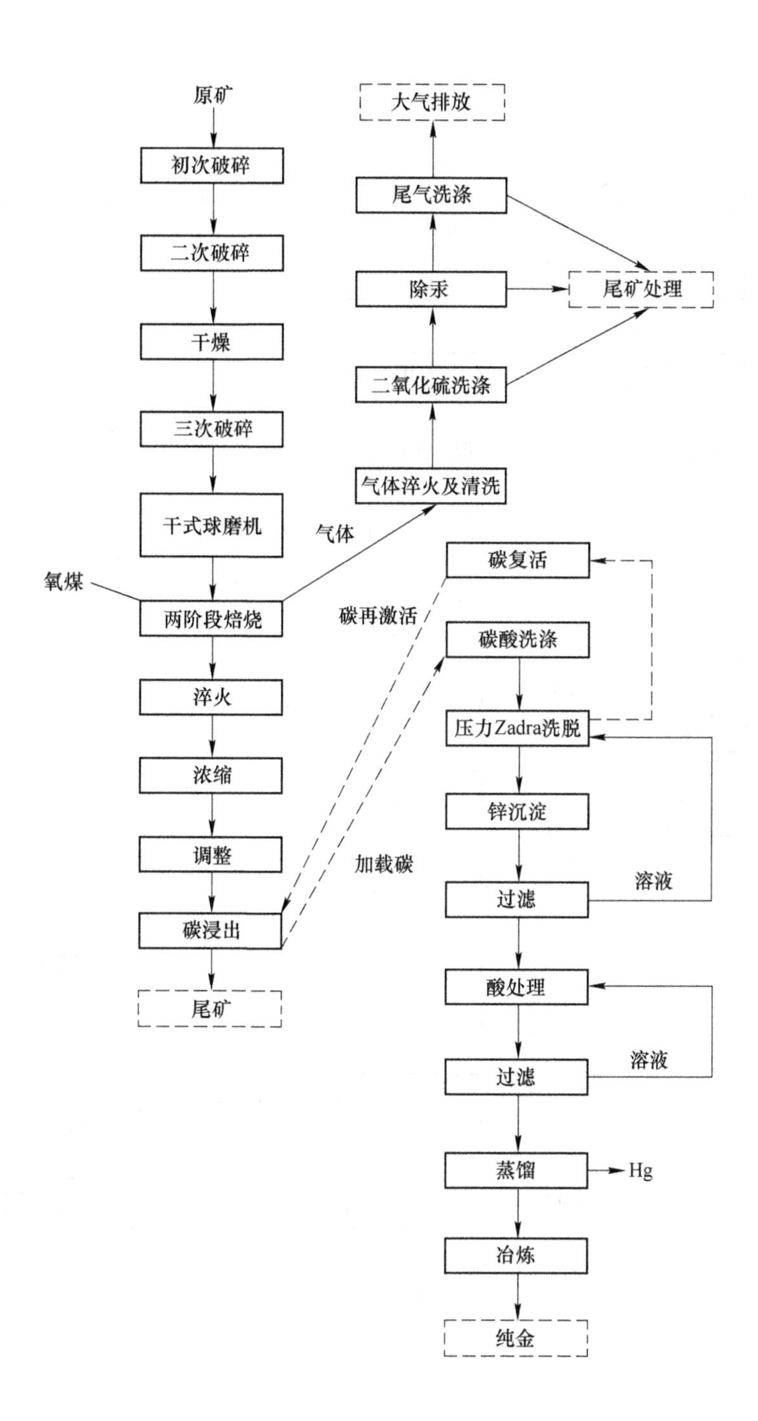

图 10.15　难熔硫化物金矿焙烧工艺实例[6]

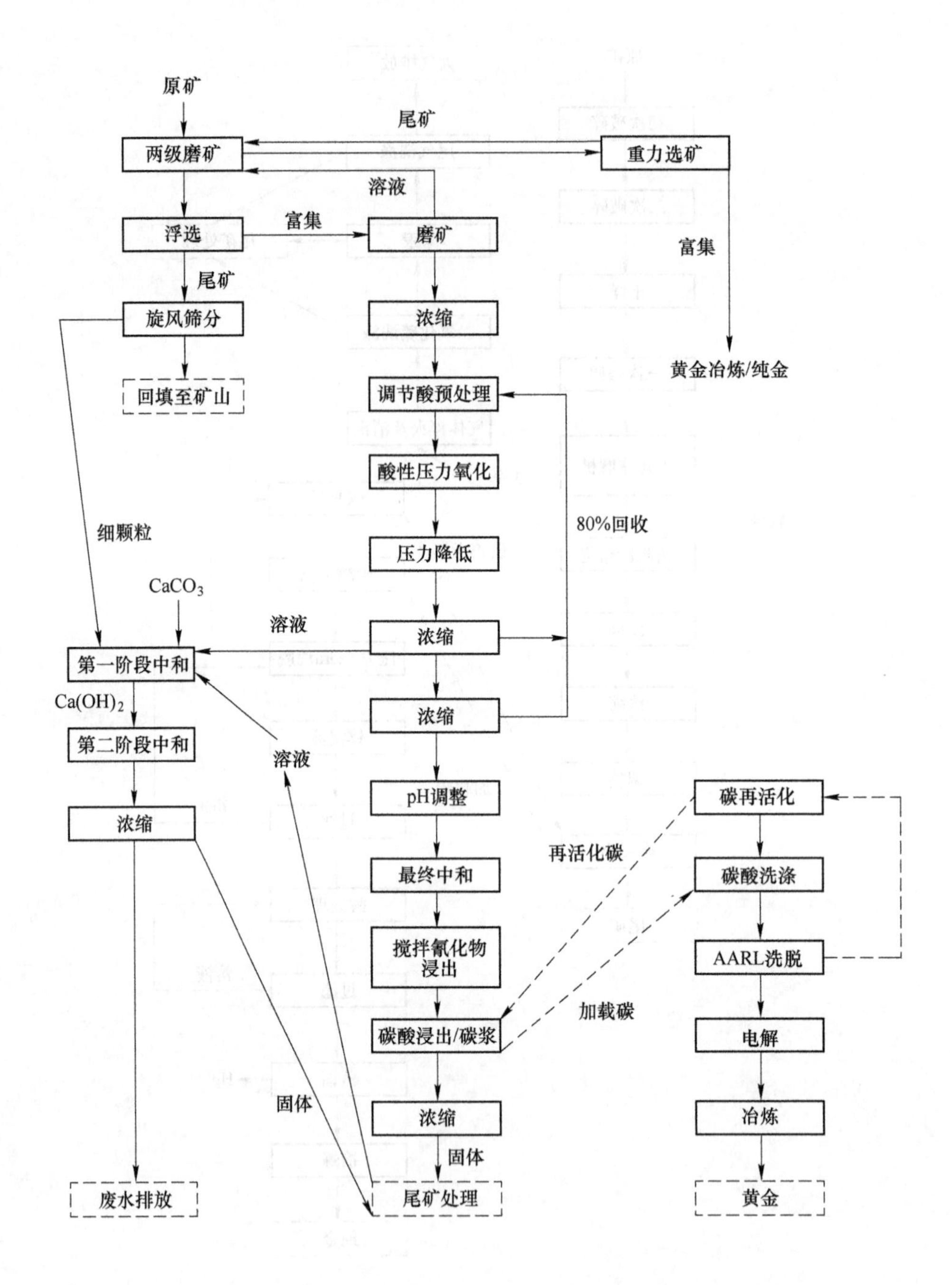

图 10.16　难熔硫化物金矿石压力氧化过程实例[7]

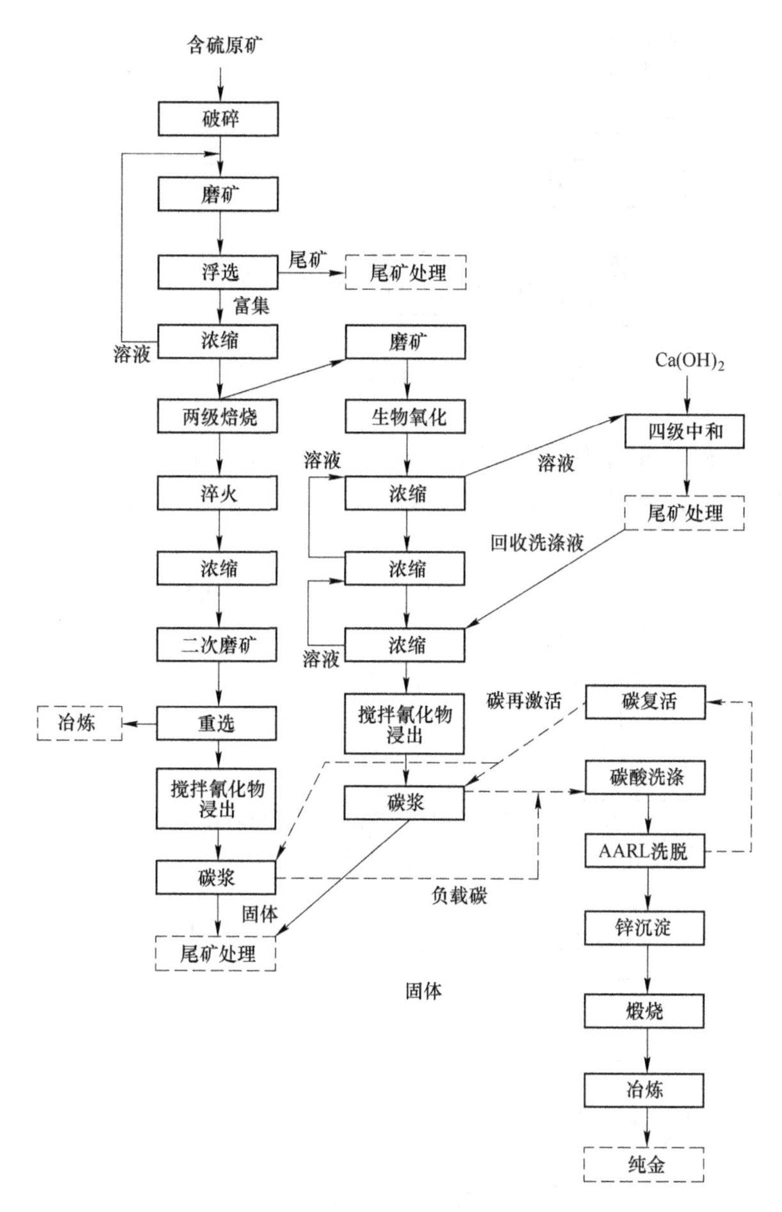

图 10.17　难熔硫化物金矿生物氧化过程[8]

从铂族金属（PGM）加工设备中可以回收少量镍。这些设施通常使用浮选和冶炼来生产锍。通常将锍浸出产生的富含 PGM 的残渣研磨，然后将其在 140℃ 和 4～6bar 的浸出初始阶段下溶解在含氧气的废铜电解沉积溶液中[12]。镍首先溶解，然后提纯含镍溶液。镍粉通常被用来除铜。然后浸出过程进一步溶解铜。通常使用二氧化硫从富含铜的溶液中除去硒和碲。然后可以通过电解沉积回收铜。

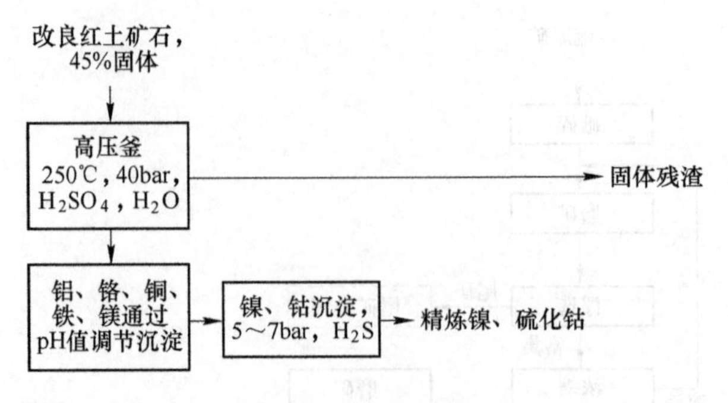

图 10.18　镍红土矿石加工的一般流程[11]

然后在 150℃ 和 6bar 条件下处理富镍溶液以除去铁。通过加入氢气（190℃，28bar）从该溶液中回收镍。最终通过氢还原从残余溶液中回收钴。

反应方程式为：

$$Ni(OH)_2 + H_2SO_4 = NiSO_4 + 2H_2O \tag{10.8}$$

钴遵循相同的基本反应

$$Co(OH)_2 + H_2SO_4 = CoSO_4 + 2H_2O \tag{10.9}$$

具体流程图如图 10.19 和图 10.20 所示。

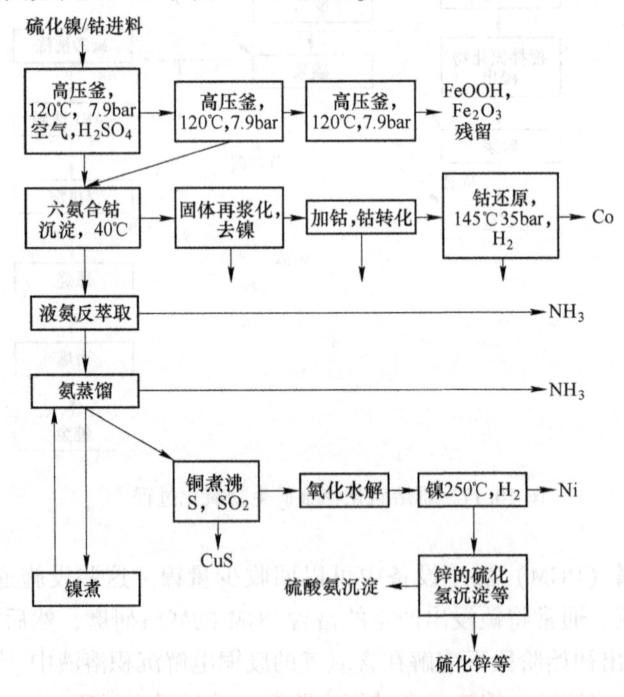

图 10.19　Sherrit（Corefco）炼油厂流程[13]

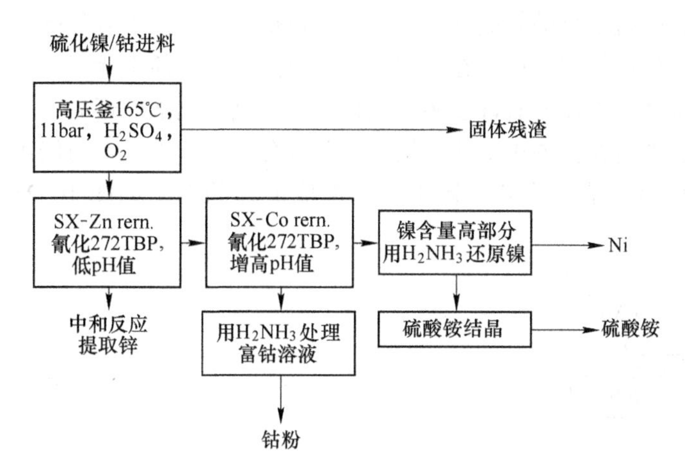

图 10.20 Murrin-Murrin 炼油厂的基本加工要素[13]

10.6.5 铂族金属（PGM）

铂族金属最常见于含有镍和铜的硫化物矿床中。通常，铂通过浮选富集，然后熔炼成锍，再进行浸出除去大部分贱金属，产生的富含 PGM 的残余物可以提取出纯金属产品。

在一些工厂中，贵金属在贱金属被提取后在阳极被捕获。通过处理阳极泥以回收和分离铂族金属。

来自锍浸出的铂族金属残余物通常溶解在含有氯气的盐酸或王水中。然后，通过接触还原铂族金属残渣或与肼沉淀除去金。将金沉淀物再溶解于王水中并用蔗糖沉淀。贱金属接着用氢氧化钠沉淀，其他金属如 Ru、Os、Ir 和 Rh 有时通过添加试剂如氯酸钠或溴酸钠，并调节 pH 除去。使用氯化铵将铂以六氯铂酸铵的形式从铂族金属溶液中沉淀出来。然后加热铂盐以形成铂海绵，随后对其提纯。使用氢氧化铵（pH 值为 4～5）和氯化铵的组合从剩余的铂族金属溶液中除去钯[14]。钯盐在 HCl（pH 值为 1）中再溶解，再以二氯化二氨基钯沉淀[14]。在某些情况下，溶剂萃取或离子交换被用来选择性地从浸出后富含铂族金属的溶液中去除铂族金属。其他铂族金属可通过多种方法回收。具体流程图见图 10.21～图 10.24。

10.6.6 稀土元素

稀土元素一般是在酸性或碱性介质条件下，从独居石或氟碳铈镧矿中提取的。

独居石是一种磷酸盐矿物，可以通过酸性或腐蚀性溶液处理。

作为氟碳酸盐矿物的氟碳铈镧矿通常通过焙烧以除去二氧化碳并使铈氧化成其三价形式。然后将煅烧产物在盐酸中消化以溶解非铈稀土元素，残留物富含氧化铈。氧化铈残余物还含有许多稀土氟化物，经氢氧化钠处理后，将氟化物转化为氢氧化物，然后在盐酸中消化，用溶剂萃取分离。稀土元素与浸出溶液的分离通常涉及多个溶剂萃取步骤。稀土元素萃取流程的例子如图 10.25 和图 10.26 所示。

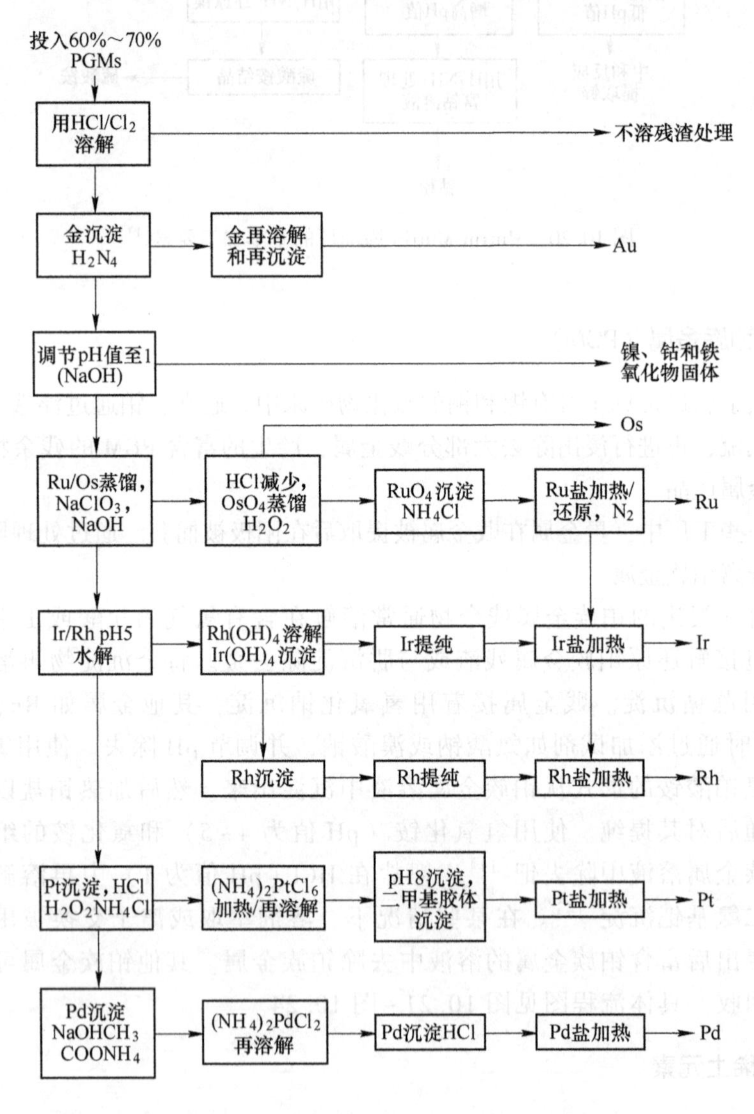

图 10.21　位于南非布拉克潘的隆明西部铂冶炼厂使用的 PGMs 精炼流程[15]

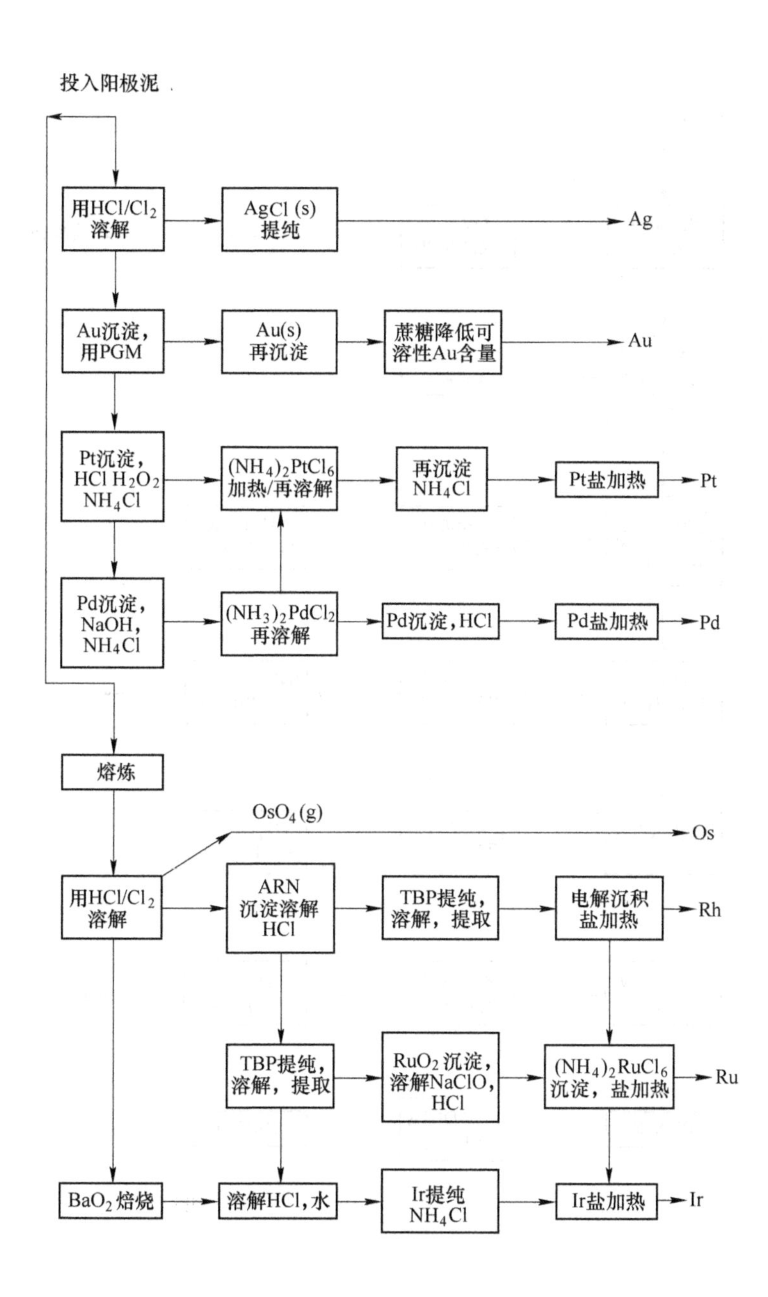

图 10.22 克拉斯维特默（Krasnoyarsk，俄罗斯）炼油厂流程图

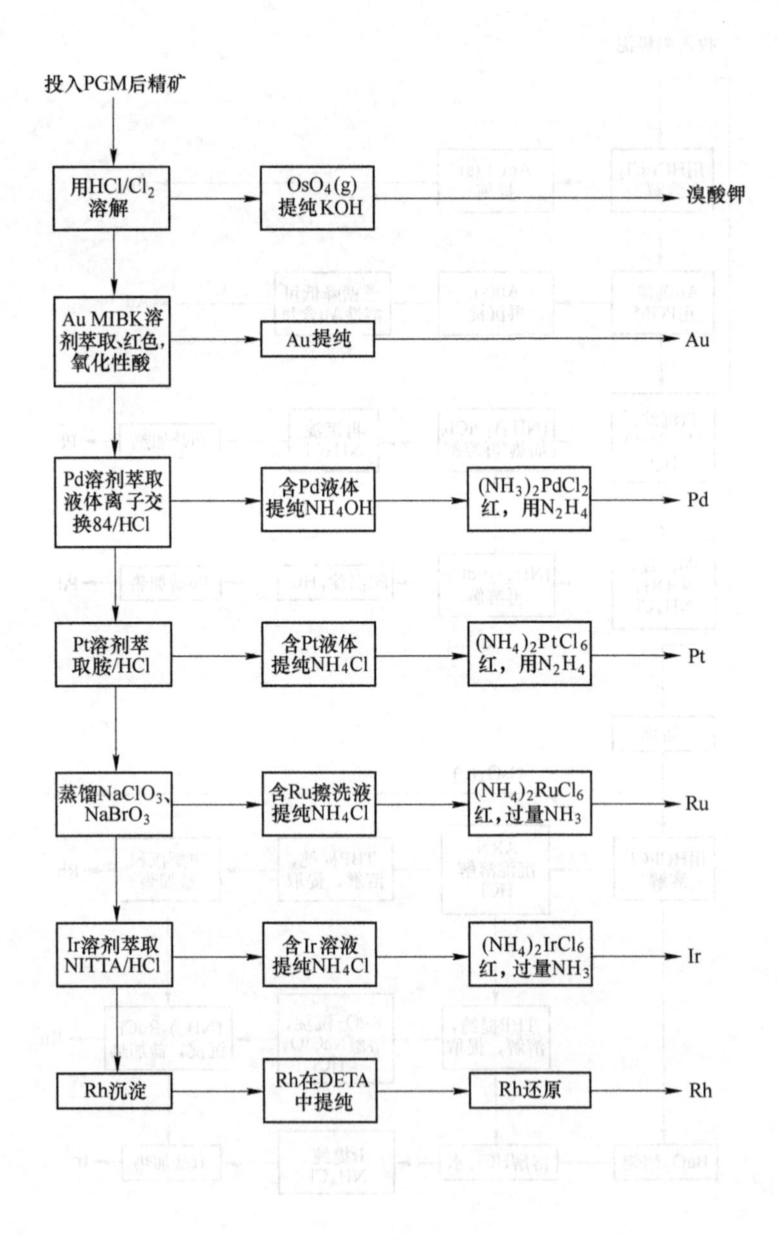

图 10.23　在南非勒斯滕堡的英美铂精炼厂加工流程[17]

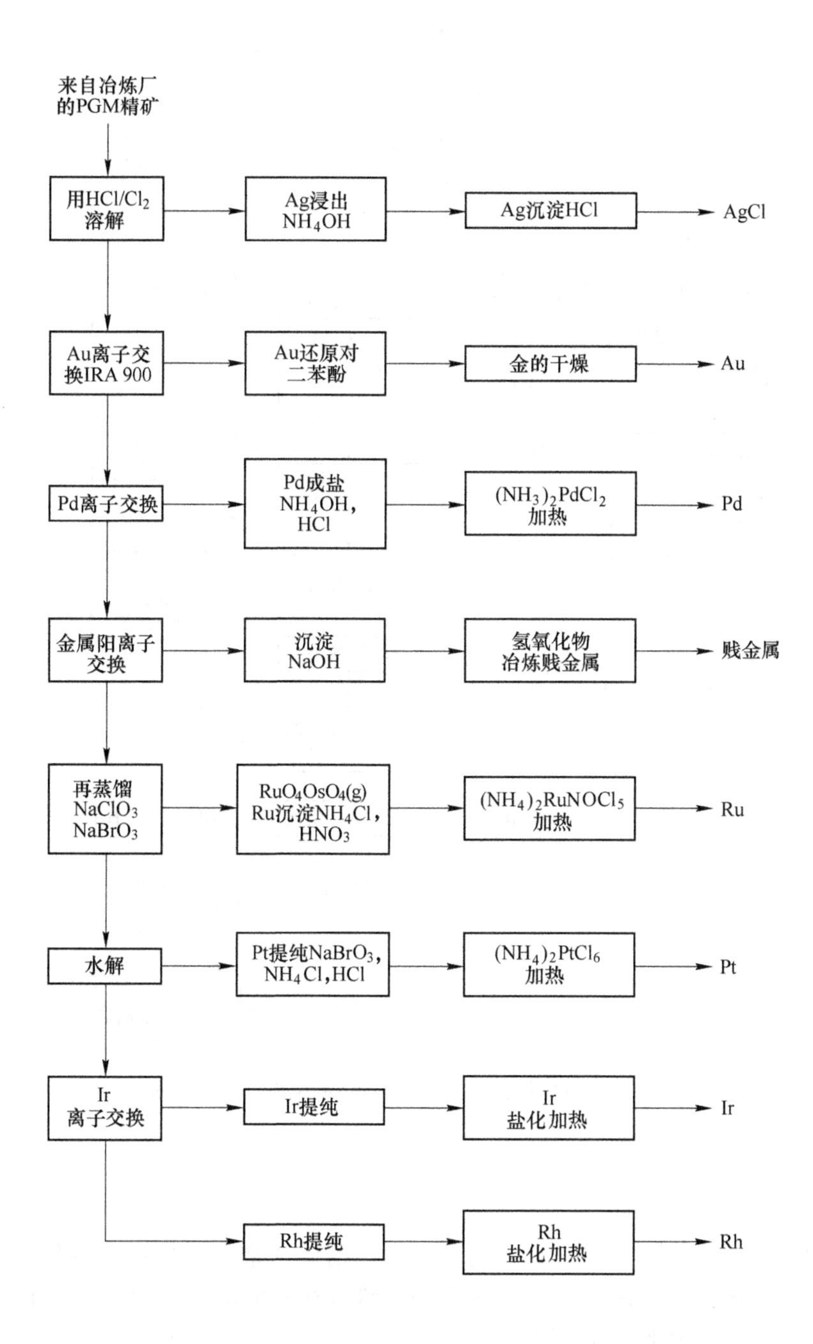

图 10.24 英帕拉斯普林斯，南非贵金属精炼厂加工流程[18]

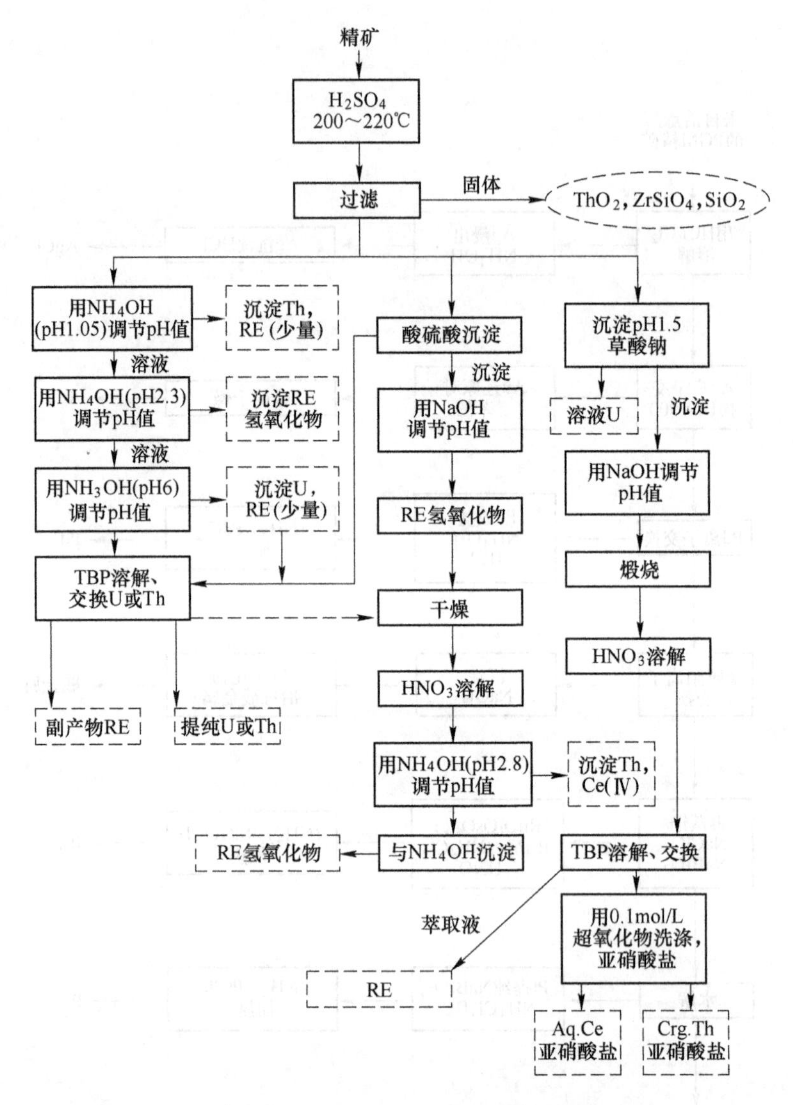

图 10.25　在酸性介质中从独居石精矿中提取稀土元素[19]

10.6.7　锌

锌通常由硫化锌（闪锌矿）精矿产生。精矿通常在焙烧炉中氧化，或者在高压釜中氧化，使硫化物转变为氧化物。然后在硫酸溶液中浸出氧化物以溶解锌，再将悬浮液浓密和/或过滤。尾矿可进一步处理，以回收额外的锌和其他元素。以硫酸为基础的溶液通过空气或氧气进行部分中和。通过浓密和/或过滤除去额外的沉淀物。然后在一个或多个阶段中将富锌溶液与锌粉浆液混合来净化富

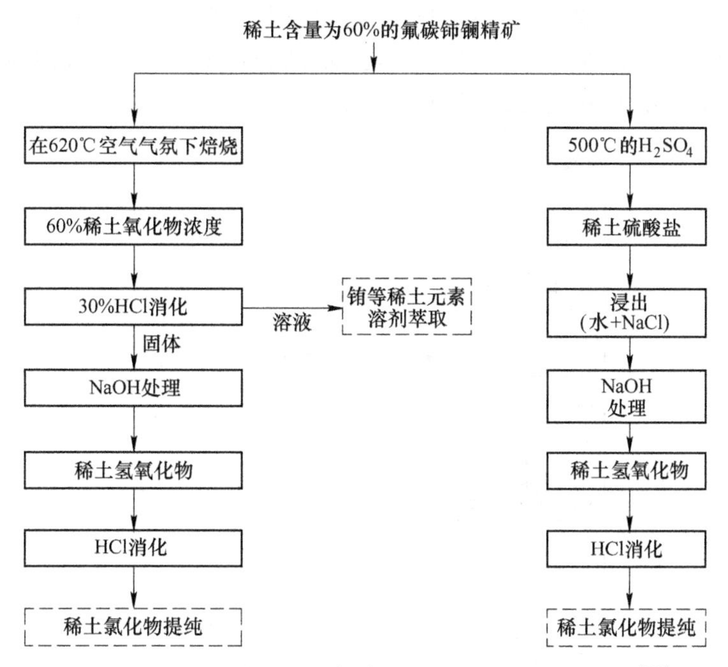

图 10.26　在酸性介质中从氟碳铈镧精矿中提取稀土元素[20]

锌溶液。锌粉成为诸如镉和钴等杂质的牺牲阳极，这些杂质以金属形式沉淀，以置换溶解的锌。然后将净化后的富锌溶液送到电解沉积槽中作为阴极锌回收。阴极锌在出售之前通常被熔化成锭。图 10.27 中给出了这个过程的流程图。

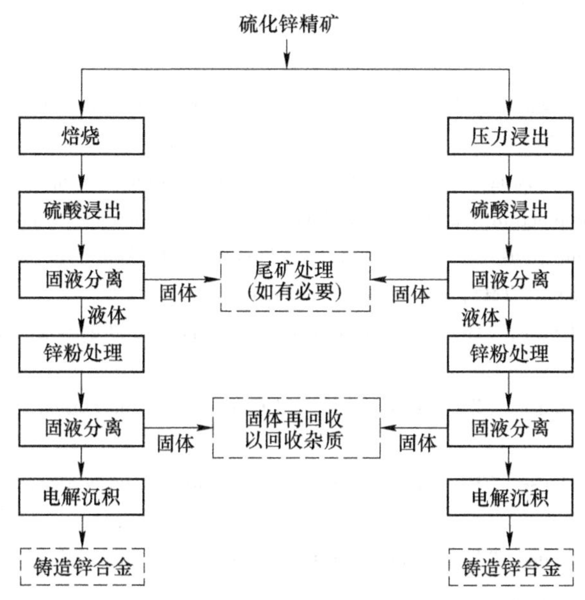

图 10.27　硫化锌精矿典型锌加工流程简化图[21]

另外，硅酸锌/氧化锌矿石可以使用硫酸浸出，然后进行中和、溶剂萃取和电解沉积以生产出高质量的锌，例如 Namibia 的 Skorpion 工厂所采用的锌生产方法。图 10.28 给出了 Skorpion 工厂的简化流程图。

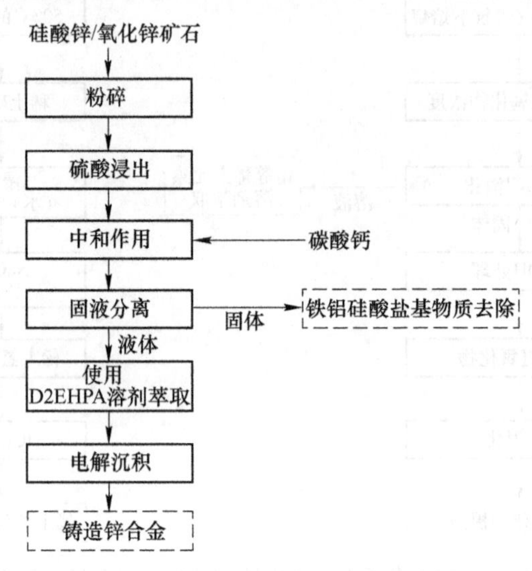

图 10.28　基于 Namibia Skorpion 工厂的简化流程图[22]

参考文献

[1] D. M. Muir and E. J. Grimsey, Murdoch University M131 course unit guide, p. 326, 1996.

[2] Available http：//www. flsmidth. com/en-us/Products/Light+Metals/Alumina and Bauxite. Accessed 2013 June 28.

[3] K. Baxter, D. Dreisinger, and G. Pratt, "The Sepon Copper Project：Developing a Flow Sheet," in Hydrometallurgy 2003, Proceeding of the 5th International Symposium Honoring Professor I. M. Ritchie, eds. C. A. Young, A. M. Alfantazi, C. G. Anderson, D. B. Dreisinger, B. Harris and A. James, TMS, Warrendale, p. 1494, 2003.

[4] J. Marsden, I. House, "The Chemistry of Gold Extraction," 2nd edition, SME, Little- ton, p. 523, 2006.

[5] J. Marsden, I. House, "The Chemistry of Gold Extraction," 2nd edition, SME, Little- ton, p. 601, 2006.

[6] J. Marsden, I. House, "The Chemistry of Gold Extraction," 2nd edition, SME, Little- ton, p. 603, 2006.

[7] J. Marsden, I. House, "The Chemistry of Gold Extraction," 2nd edition, SME, Little- ton, p. 575, 2006.

[8] J. Marsden, I. House, "The Chemistry of Gold Extraction," 2nd edition, SME, Little- ton, p. 577, 2006.

[9] F. K. Crundwell, M. S. Moats, V. Ramachandran, T. G. Robinson, W. G. Daven- port, "Extractive Metallurgy of Nickel, Cobalt, and Platinum-Group Metals," Elsevier, Amsterdam, p. 22, 2011.

[10] F. K. Crundwell, M. S. Moats, V. Ramachandran, T. G. Robinson, W. G. Daven- port, "Extractive Metallurgy of Nickel, Cobalt, and Platinum-Group Metals," Elsevier, Amsterdam, p. 2, 2011.

[11] F. K. Crundwell, M. S. Moats, V. Ramachandran, T. G. Robinson, W. G. Daven- port, "Extractive Metallurgy of Nickel, Cobalt, and Platinum-Group Metals," Elsevier, Amsterdam, pp. 118 - 120, 2011.

[12] F. K. Crundwell, M. S. Moats, V. Ramachandran, T. G. Robinson, W. G. Daven- port, "Extractive Metallurgy of Nickel, Cobalt, and Platinum-Group Metals," Elsevier, Amsterdam, pp. 471 - 472, 2011.

[13] F. K. Crundwell, M. S. Moats, V. Ramachandran, T. G. Robinson, W. G. Daven- port, "Extractive Metallurgy of Nickel, Cobalt, and Platinum-Group Metals," Elsevier, Amsterdam, p. 284, 2011.

[14] F. K. Crundwell, M. S. Moats, V. Ramachandran, T. G. Robinson, W. G. Daven- port, "Extractive Metallurgy of Nickel, Cobalt, and Platinum-Group Metals," Elsevier, Amsterdam, p. 509, 2011.

[15] F. K. Crundwell, M. S. Moats, V. Ramachandran, T. G. Robinson, W. G. Daven- port, "Extractive Metallurgy of Nickel, Cobalt, and Platinum-Group Metals," Elsevier, Amsterdam, p. 502, 2011.

[16] F. K. Crundwell, M. S. Moats, V. Ramachandran, T. G. Robinson, W. G. Daven- port, "Extractive Metallurgy of Nickel, Cobalt, and Platinum-Group Metals," Elsevier, Amsterdam, p. 508, 2011.

[17] F. K. Crundwell, M. S. Moats, V. Ramachandran, T. G. Robinson, W. G. Davenport, "Extractive Metallurgy of Nickel, Cobalt, and Platinum–Group Metals," Elsevier, Amsterdam, p. 513, 2011.

[18] F. K. Crundwell, M. S. Moats, V. Ramachandran, T. G. Robinson, W. G. Davenport, "Extractive Metallurgy of Nickel, Cobalt, and Platinum–Group Metals," Elsevier, Amsterdam, p. 520, 2011.

[19] C. K. Gupta, N. Krishnamurthy, "Extractive Metallurgy of Rare Earths", CRC Press, Boca Raton, p. 143, 2005.

[20] C. K. Gupta, N. Krishnamurthy, "Extractive Metallurgy of Rare Earths," CRC Press, Boca Raton, pp. 147-148, 2005.

[21] Available at http: //www. metsoc. org/virtualtour/processes/zinc-lead/zincflow. asp. Accessed 2013 Apr 26.

[22] Available at www. mintek. co. za/Mintek75/Proceedings/B04-Sole. pdf. Accessed 2013Apr 26.

思考练习题

10.1 对于伴随氰化物的浸出逆流测量回路（见图 10.29），确定尾矿中的氰化物浓度以及总氰化物损失。其中：浸出槽中的氰化物 NaCN 浓度为 0.7kg/t 溶液（不是浆液），并假设浓密机中没有氰化物损失，浓密机排出物中没有 50%固体，另假设浸出容器中含有 33%的固体，补充水中不含氰化物。

（最终氰化物浓度为 0.2291kg/t 的 NaCN，问氰化物损失多少？）

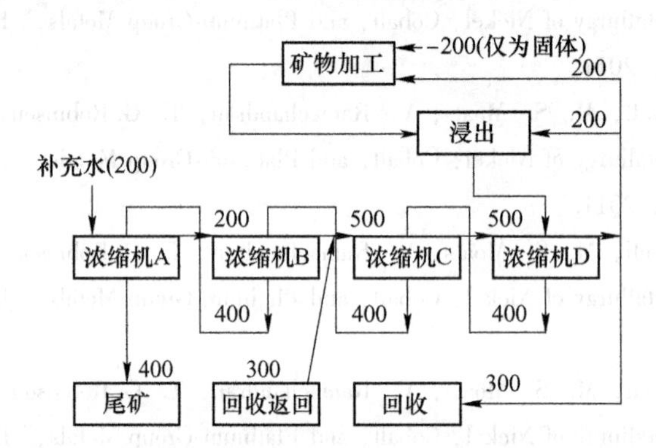

图 10.29　10.1 题中逆流测量回路

（数值所示为以 t/h 计的流量）

第 11 章　一般工程经济学

工程师需要评估他们所设计的工艺流程的经济价值或成本。公司提供商品或服务等商业行为以获得收入。

本章节主要的学习目标和效果

(1) 理解时间与利息对于货币价值的影响;
(2) 知道如何计算各种现金流类型的影响;
(3) 理解如何估算成本;
(4) 理解如何计算投资回报率;
(5) 懂得运用现金流量折现法进行经济分析;
(6) 能够量化风险对价值的影响。

11.1　时间与利息的影响

货币是现代社会一种重要的商品，是对价值的一种评估。商店所出售的产品需要依靠劳动和资源来进行生产。基于员工所创造的价值，他们将以货币的形式获得所付出时间和劳动相应地报酬。他们创造的价值与他们的工作时间和拥有的技能有关。

货币的价值与时间有关。如果货币被适当的使用，那么随着时间的推移可以产生更多的货币。例如，个人或实体可以利用货币去购买公司，根据时间和生产率去赚取更多的货币。随着时间的推移，使用货币去产生更多货币的能力会巩固时间与货币之间的关系。因此，那些具有这种资源的人通常会直接利用它去获得更多的货币，或者会将当前的货币借贷给他人以在未来获得额外的货币。

利息是货币随着时间的价值增长速率，是衡量货币随着时间推移的价值变化的工具。利息提供了货币随时间推移产生更多货币的机会，使其成为一种衡量货币随着时间推移的价值的方法。拥有货币的人会获得赚取利息的机会，借债的人必须偿还利息。对于投资者而言，利息与回报率（ROR）是同义的。

11.1.1　单利

在一个计息周期里，利息和时间的效应被称为单利，数学上表达为:

$$F = P + P(i) = P(1 + i) \tag{11.1}$$

式中，F 是货币的未来价值或终值；P 是货币的初始价值或现值；i 是计息周期内的利率（小数形式）。因此，如果将 1 美元以 8%（$i = 0.08$）的年息投资一年，那么一年后的总价值为 1.08 美元。但是，应该注意的是，这种方法假定每个周期的利息在计息周期结束时支付，本章节中的所有其他衍生问题都采用同样的假设，这被称为期末支付。

当在适当的时间尺度内进行评估时，工程投资必须提供合理的投资回报率 ROI。

11.1.2　正常（离散）复利

在几个计息周期影响下，利息会成倍增加。如果一项投资是在一个多重计息周期的计息账户中，那么除了初期投资产生的利息外，之前的应计利息也会产生利息，从而增加了整体的利息。所以，复利是指不止一个计息周期产生的利息的复合。因此，每一个计息周期结束时的投资总价值为：

$$F_1 = P(1 + i) \tag{11.2}$$

$$F_2 = [P(1 + i)](1 + i) \tag{11.3}$$

$$F_3 = [P(1 + i)(1 + i)](1 + i) \tag{11.4}$$

$$F_n = P(1 + i)^n \tag{11.5}$$

导致 n 个计息周期后的终值的一般基础复利公式为[1~9]：

$$F = P(1 + i)^n \tag{11.6}$$

如图 11.1 所示，复利的效应很明显。其中，初期投资为 7000 美元，10 年内的累积利率为 7%。

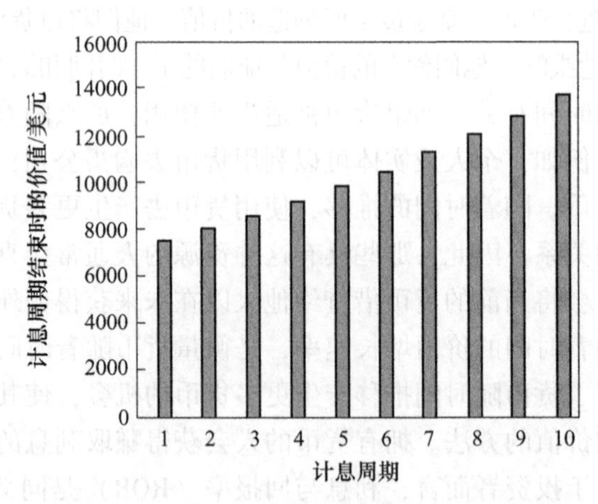

图 11.1　7000 美元的初期投资按 7%的复利投资 10 年内的价值和计息周期对照图

例 11.1　计算 1000 美元以每年 10%的利率投资 30 年后的终值。

$$F = 1000(1 + 0.1)^{30}\text{美元} = 17499\text{ 美元}$$

11.1.3　连续复利

虽然几乎所有的利息都是在每个离散周期（如月或年）结束时基于离散利息支付确定的，但是利息也可以基于一个简单的公式进行连续复利计算。投资的增长率可以表达如下：

$$\frac{\mathrm{d}P}{\mathrm{d}t} = Pi \tag{11.7}$$

式中，P 是现值；t 是时间；i 是计息周期内的利率（小数形式）。将这个表达式重新排列为积分形式：

$$\int_P^F \frac{\mathrm{d}P}{P} = i\int_0^t \mathrm{d}t \tag{11.8}$$

解方程式得：

$$\ln\frac{F}{P} = i(t) \tag{11.9}$$

方程式两边以指数形式重新排列得：

$$F = P\exp[i(t)] \tag{11.10}$$

货币投资的终值包括时间和利息的效应。

这个方程式给出现值经过了以连续复利利率 i 投资了 t 个计息周期后的终值。利用例 11.1 中的数据按连续复利公式计算后的终值为 20086 美元，比例 11.1 中按离散复利公式计算得到的终值高了 15.1%。因此，需要清楚的是，连续复利会比期末和离散复利增长更快。

11.1.4　离散均匀增加（或年金）的终值

在很多场合下，资金以统一的金额定期流入或流出。这种类型的资金流量来源于指定的定期存款需求、购买产品的分期付款、税收等。这种均匀增加的终值可以通过对在每个计息周期内的每个增加值所产生的利息进行求和来计算。这种增加值可以称为之为年金，通常被用于描述在一系列均等时间间隔内的均等支付。这种增加值产生的原因是为了避免其与更常见的年金和退休账户之间的混淆，而不是与均匀付款或税收之间的混淆。第一次增加之后的终值（A_1），出现在第一个计息周期（1）的结束时：

$$F_1 = A_1 \tag{11.11}$$

第二个计息周期结束时的终值包括第一个增加值 A_1、A_1 产生的利息和 A_2。A_2 只出现在第二个计息周期结束时。因此，F_2 可以表示为：

$$F_2 = A_1(1 + i) + A_2 \tag{11.12}$$

第三、四个计息周期的终值为：

$$F_3 = A_1(1+i)(1+i) + A_2(1+i) + A_3 \tag{11.13}$$

$$F_4 = A_1(1+i)(1+i)(1+i) + A_2(1+i)(1+i) + A_3(1+i) + A_4 \tag{11.14}$$

假设每个增加值都是相等的（$A_1 = A_2 = A_3 = \cdots = A_n$），那么一系列均匀增加值的终值可以表示为：

$$F = A[(1+i)^{n-1} + (1+i)^{n-2} + (1+i)^{n-3} + \cdots + 1] \tag{11.15}$$

方程式两边乘以（1 + i）得：

$$(1+i)F = A[(1+i)^n + (1+i)^{n-1} + (1+i)^{n-2} + \cdots + (1+i)] \tag{11.16}$$

方程式（11.16）减式（11.15）得：

$$(1+i)F - F = A[(1+i)^n - 1] \tag{11.17}$$

重新排列得：

$$F = A\frac{(1+i)^n - 1}{i} \tag{11.18}$$

这是一个有用的终值计算公式，A 是每个计息周期结束时的均匀增加值。这个公式还可以用于计算指定计息周期内累加的存款及相关的利息。图 11.2 的案例是一个七个计息周期内的均匀增加值为 200 美元，每个计息周期的利率为 12%的终值。

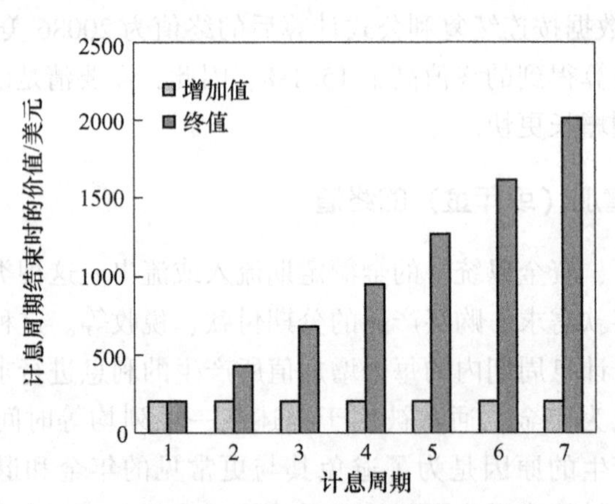

图 11.2　七个计息周期内每个周期结束时现金流增加值为 200 美元，每个计息周期的利率为 12%的价值和计息周期的关联图

例 11.2　如果 25 年内每年的销售额为 1000000 美元，并且这个收益在每年结束时以 12%的年息存入投资整卷组合中，试求收益的总值。在这个例子中，增加值 A 等于 1000000 美元，i 是 0.12，n 是 25，使用离散增加的终值计算公式得：

$$F = A\frac{(1+i)^n - 1}{i} = 1000000\frac{(1+0.12)^{25} - 1}{0.12}\text{美元} = 133333870\text{美元}$$

因此，增加值和利息累加得到的最终终值为133333870美元。

11.1.5　以算术梯度增加的终值

许多类型的增加值会随时间增加，甚至是以算术梯度增加。例如，假设第一年的增加值为400美元，每年增加100美元。图11.3所示是从基值（400美元）起分别累加增量（每年100美元）的基本图示。

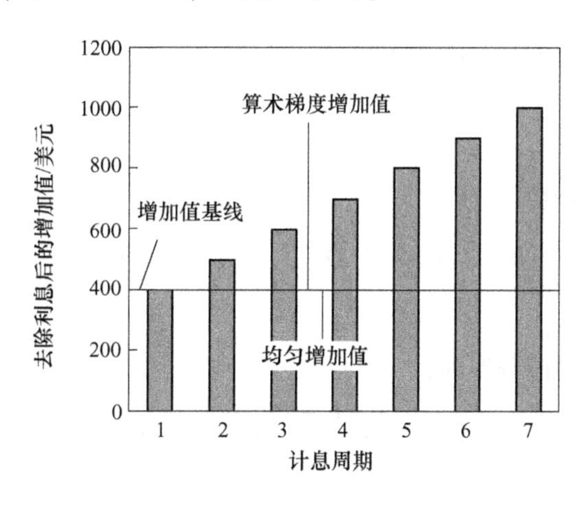

图11.3　算术梯度增加的基础增加值为400美元，每个计息周期递增100美元的去除利息后的增加值和计息周期的比较图

这个基值可以用之前的均匀增加的终值表达式表示，因此，本节中只需要处理这一系列的增量。从一系列仅包括递增的增量或梯度值G的终值开始推导，由于第一个计息周期的增加值为基础值，因此直到第二个计息周期结束时才添加G。这些假定的结果是：

$$F_{1ag} = 0 \tag{11.19}$$

式中，F_{1ag}是只包括算术梯度增加的梯度部分的终值。第二个计息周期结束时的终值包括第一个梯度值G，G在第二个计息周期结束时被添加，得：

$$F_{2ag} = G \tag{11.20}$$

第三个计息周期结束时的终值包括第一个梯度值G，以及G产生的利息。此外，还包括第二个增量值$2G$，$2G$仅在第三个计息周期结束时被添加。因此，F_{3ag}为：

$$F_{3ag} = G(1+i) + 2G \tag{11.21}$$

第四、五个计息周期后的终值为：

$$F_{4ag} = G(1+i)(1+i) + 2G(1+i) + 3G \tag{11.22}$$

$$F_{5ag} = G(1+i)(1+i)(1+i) + 2G(1+i)(1+i) + 3G(1+i) + 4G \tag{11.23}$$

因此，与算术梯度增加的梯度部分相关的终值的通式为：

$$F_{ag} = G[(1+i)^{n-2} + 2(1+i)^{n-3} + 3(1+i)^{n-4} + \cdots + (n-1)] \tag{11.24}$$

方程式两边乘以 $(1+i)$ 得：

$$F_{ag}(1+i) = G[(1+i)^{n-1} + 2(1+i)^{n-2} + 3(1+i)^{n-3} + \cdots + (n-1)(1+i)] \tag{11.25}$$

用式（11.25）减式（11.24）得：

$$F_{ag}i = G[(1+i)^{n-1} + (1+i)^{n-2} + (1+i)^{n-3} + \cdots + (1+i) + 1] - nG \tag{11.26}$$

之前 F 的方程式包括：

$$[(1+i)^{n-1} + (1+i)^{n-2} + (1+i)^{n-3} + \cdots + (1+i) + 1] = \frac{(1+i)^n - 1}{i} \tag{11.27}$$

使式（11.26）可以被替换为：

$$F_{ag}i = G\frac{(1+i)^n - 1}{i} - nG \tag{11.28}$$

重新排列成一般形式后得：

$$F_{ag} = \frac{G}{i}\left[\frac{(1+i)^n - 1}{i} - n\right] \tag{11.29}$$

因此，这个表达式可以用于计算算术梯度增加的终值。换句话说，增加的终值是在第一个计息周期后的每一个计息周期（从第二个计息周期开始）以一组增量 G 进行增长。图 11.4 是一个等差级数梯度增加的终值的案例，其中每个计息周期结束时的基础增加值为 400 美元，每个计息周期的梯度为 100 美元，以 13%的利率计息 7 年。

例 11.3　求等差级数梯度增加的终值，第一年为 700 美元，每年的增量为 150 美元，以 13%的利率计息 10 年。

这个问题需要拆分成两个部分。第一部分是基础增量部分（每年 700 美元），需要用增加值的均匀级数终值公式进行计算。第二部分是梯度部分（第一年后每一年的增量为 100 美元），需要用算术梯度系列的终值公式进行计算。

$$F_{base} = A\frac{(1+i)^n - 1}{i} = 700\frac{(1+0.13)^{10} - 1}{0.13} \text{ 美元} = 12894 \text{ 美元}$$

$$F_{gradient} = \frac{G}{i}\left[\frac{(1+i)^n - 1}{i} - n\right] = \frac{150}{0.13}\left[\frac{(1+0.13)^{10} - 1}{0.13} - 10\right] \text{ 美元} = 9715 \text{ 美元}$$

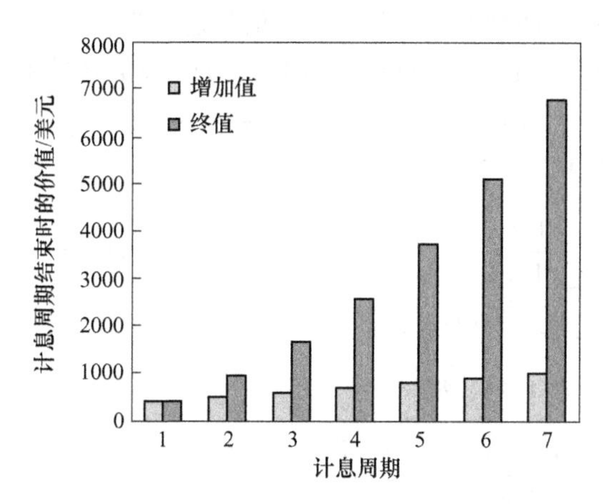

图 11.4 每个计息周期结束时的基础增加值为 400 美元，每个计息周期的梯度为 100 美元，以 13%的利率计息 7 年内的价值和计息周期的比较图

$$F_{\text{total}} = F_{\text{base}} + F_{\text{gradient}} = 12894 \text{ 美元} + 9715 \text{ 美元} = 22609 \text{ 美元}$$

11.1.6 以几何梯度离散增加的终值

增加值的一个共同特征是其趋势都是随着时间以给定量增加。例如，出租屋的税收增量可能是每年 4%，或者卫生保健相关的成本每年可能增加 7%。因此，终值计算公式适当考虑到这些几何梯度的增加值是十分有用的。这个表达式可以从第一年的终值表达式开始推导：

$$F_{1gg} = A \tag{11.30}$$

式中，F_{1gg}是第一个几何梯度增加值的终值。第二个计息周期结束时的终值包括第一个增加值 A，以及其产生的利息，还包括第二个增加值，即 $A(1+g)$，得：

$$F_{2gg} = A(1+i) + A(1+g) \tag{11.31}$$

式中，g 是梯度因子。第三计息周期结束时的终值包括第一个增加值及其两个计息周期的利息，同时包括第二个增加值，即乘以 $(1+g)$。最后，还包括两个梯度倍数 $(1+g)(1+g)$ 的第三个增加值：

$$F_{3gg} = A(1+i)(1+i) + A(1+g)(1+i) + A(1+g)(1+g) \tag{11.32}$$

第四、五个计息周期后的终值为：

$$F_{4gg} = A(1+i)^3 + A(1+g)(1+i)^2 + A(1+g)^2(1+i) + A(1+g)^3 \tag{11.33}$$

$$F_{5gg} = A(1+i)^4 + A(1+g)(1+i)^3 + A(1+g)^2(1+i)^2 + A(1+g)^3(1+i) + A(1+g)^4 \tag{11.34}$$

因此，与算术梯度增加的梯度部分相关的终值的通式为：

$$F_{gg} = A[(1+i)^{n-1} + (1+g)(1+i)^{n-2} + (1+g)^2(1+i)^{n-3} + \cdots + (1+g)^{n-1}] \tag{11.35}$$

方程式两边乘以 $(1+i)/(1+g)$ 得：

$$F_{gg}\left(\frac{1+i}{1+g}\right) = A\left[\frac{(1+i)^n}{1+g} + (1+i)^{n-1} + (1+g)(1+i)^{n-2}\right] + \cdots + (1+g)^{n-2}(1+i) \tag{11.36}$$

用式（11.36）减式（11.35）得：

$$F_{gg}\left(\frac{1+i}{1+g}\right) - F_{gg} = A\left[\frac{(1+i)^n}{1+g} - (1+g)^{n-1}\right] \tag{11.37}$$

重新排列得：

$$F_{gg} = A\frac{\dfrac{(1+i)^n}{1+g} - (1+g)^{n-1}}{\dfrac{1+i}{1+g} - 1} \tag{11.38}$$

添加额外项之后得：

$$F_{gg} = A\frac{\dfrac{(1+i)^n}{1+g} - (1+g)^{n-1}}{\dfrac{1+i}{1+g} - \dfrac{1+g}{1+g}} = A\frac{\dfrac{(1+i)^n}{1+g} - (1+g)^{n-1}\dfrac{1+g}{1+g}}{\dfrac{1-g}{1+g}} \tag{11.39}$$

简化后得：

$$F_{gg} = A\frac{(1+i)^n - (1+g)^n}{i-g} \quad (\text{其中 } i \neq g) \tag{11.40}$$

因此，这个方程式可以被用于计算几何增加梯度的终值。换句话说，终值的增加值是以几何梯度因子 g 来增加的。图 11.5 是一个卫生保健保险费用（负值）以几何梯度增加的案例。

例 11.4 计算初始销售额为每年 400000 美元，增长速率为 7%的终值。假设年利率为 12%，销售额及相关的利息累积 15 年。

这是一个用基于几何梯度的终值计算公式（11.40）的简单问题，其中 $g = 0.07$，$i = 0.12$，$n = 15$，$A = 400000$ 美元。

$$F_{gg} = A\frac{(1+i)^n - (1+g)^n}{i-g} = 400000\frac{(1+0.12)^{15} - (1+0.07)^{15}}{0.12-0.07} \text{ 美元}$$

$$= 21716274 \text{ 美元}$$

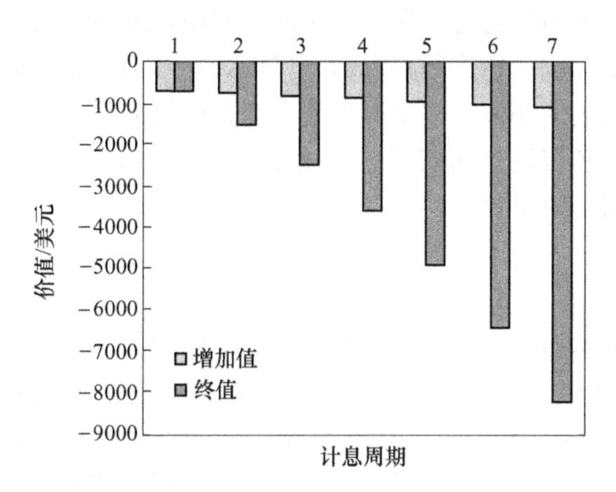

图 11.5 以等比级数增加的卫生保健保险费的价值和计息周期的对比图

(第一个计息周期结束时的价值为-700 美元，增量的梯度率为 8%，以 10%的利率计息 7 个周期)

11.2 投资收益 ROR

投资收益 ROR 是投资所获得的实际利率。

大多数投资者表示投资的成功是基于其收益，这个收益是他们接收到的除了投资资本之外的额外收入，通常被称为收益率 ROR。虽然，在某些特定情况下，也称为投资收益率 ROI，相当于投资的实际利率。ROR 可以通过重新排列基础复利的终值公式来进行计算，其表达式为：

$$ROR = \left(\frac{F}{P}\right)^{\frac{1}{n}} - 1 \tag{11.41}$$

其结果通常会乘以 100 以获得百分数形式，最精确的 ROR 值是税后的价值。很多 ROR 都是基于纳税前的价值评估的，因此，需要详细说明测定 ROR 的依据(税前或税后)。

例 11.5 计算普通股的年度 ROR，1990 年末每股的购买价为 27.86 美元，1999 年末每股税后的卖出价为 88.50 美元。

投资的税后终值为 88.50 美元，现值为 27.86 美元。假设投资是从今天开始的条件下进行对比，年息的计息周期为 9 年，得：

$$ROR = \left(\frac{88.50}{27.86}\right)^{\frac{1}{9}} - 1 = 0.137$$

因此计算得到的 ROR 为 0.137 或 13.7%。

11.3 成本估算

成本估算通常是基于过去相同或相似项目的成本进行的估算。

工程项目的成本通常是通过最近的相似工程项目来估算的，精确、详细的工厂设计是成功、实际成本估算所必需的。当设计资料不足时，成本估算的精确度会受到影响。从最近的相似工程中得到的实际费用是最精确的工程成本，相关资料可以通过供应商和咨询公司获得。当这个资料无法使用时，其他的资料来源，还可以使用如手册、附录等资料。

11.3.1 成本指数

通常来说，成本指数需要考虑到通货膨胀的影响，最常见的成本指数是消费者物价指数 CPI。但是，对于工业设备评估而言，最常见的指数是 Marshall & Swift 指数（通常简写为 M & S），其他特定工业的指数也很成熟。这些指数是由年度指数值的基线组成。指数基线可以设置成任意的参考值基线，如 100。指数的变化值与基准值有关，基于成本指数值的计算值的数学公式为：

$$C_{new} = C_{past} \frac{\text{Index}_{new}}{\text{Index}_{past}} \tag{11.42}$$

式中，C_{new}是项目的新成本；C_{past}是过去项目的成本；Index_{new} 是新的指数值；Index_{past} 是过去成本在计息周期内的指数值。

例 11.6 根据 Marshall & Swift 指数计算 2002 年单项设备的估计成本，其在 1980 年的成本为 790000 美元。

可以使用期刊 Chemical Engineering 中 Marshall & Swift 指数的价值来解决这个问题，其中 1980 年的指数为 675，在 2002 年的指数为 1104.2，成本指数方程式为：

$$C_{new} = C_{past} \frac{\text{Index}_{new}}{\text{Index}_{past}} = 790000 \frac{1104.2}{675} \text{美元} = 1292323 \text{美元}$$

11.3.2 一般通货膨胀估计

由于必要项目的成本指数数据不是现成的，所以用一般的方法估算通胀的影响是有效的。通货膨胀修正可以通过将较早时间的成本估计乘以通货膨胀调整系数来实现，通货膨胀调整系数可以在假定平均通货膨胀率的情况下计算出来，假设平均通货膨胀率后，可以对其进行计算：

$$I_{AF} = (1 + i)^n \tag{11.43}$$

式中，I_{AF}是调整系数；i 是每个计息周期（通常是年）的通货膨胀率；n 是现在与产生成本信息之间的计息周期（通常是年）的数量。

11.3.3 设备规格成本调整

一个生产项目的固定设备成本随着生产项目数量的增加而减少，这通常被称为规模经济。

当设计一个新的项目时，通常可以找到类似生产设备的成本信息。如之前的探讨，现有相似设备的成本信息可以很容易根据通货膨胀影响进行调整。通常，其他设备的成本资料是基于不同生产水平或设备规格。因此，需要频繁地去调整规格差异，通用的一般公式为：

$$C_{\text{new}} = C_{\text{existing}} \left(\frac{X_{\text{new}}}{X_{\text{existing}}} \right)^{y} \tag{11.44}$$

式中，C_{new}是新的设备成本；C_{existing}是现有的设备成本；X_{new}是新的设备生产能力；X_{existing}是现有的设备生产能力；y是成本比率指数，在0.4与0.8之前，对于大多数设备而言常常接近0.6。

11.3.4　运行资本

所有的新项目都需要一些运营资本形式的金融资源来进行经营。运营资本从本质上来说是收入损失周期内进行运转所必需的金额，它是项目的临时开支，如供应成本、工资支出、水电费用和维护费用等。尽管项目最终会以产品销售收入去补充这些开支的现金支出，但是账面上一直都需要有足够的现金去维持相当期限内的经营。由于这个货币的缓冲不能用于投资，它被计入一次性营运资本成本，通常占据总投资资本的20%[11]。

11.3.5　启动成本

任何新流程都有与启动项目相关的成本。为了达到预期的生产水平，启动项目包括培训新员工和调整设备设置。这些项目中的每一项都会产生启动新流程所特有的成本。这些成本通常是很小却意义重大的一次性成本。启动成本通常是年度运营成本的3%~5%[12]。

11.3.6　间接成本（管理成本）

所有项目都需要间接支出。这种间接支出可以是财产和责任保险、工厂安全等形式。对这些成本的合理估计是每年固定资本投资成本的4%。

11.4　现金流量折现经济分析

经济分析的现金流量折现法将时间和利息的影响折现，以便比较投资周期中不同时期的成本。

在大多数设定情况下，对几个技术上可行的方案进行经济可行性评估。根据可接受的最小ROR，将项目的预计净收入（和挣得的利息）与项目投资的潜在价值进行比较。换句话说，财务评估师确定一个可能的项目是否比一个具有可接受 ROR、包含收益的项目的同等投资的总体预期净收入大。通常会对假设或比较参考投资进行比较。由于存在企业项目相关的风险，会基于相对较高的参考利率，即 10%~15%。如果在一段确定时间内，预计净收入（或净现金流加上利息）的价值在最低可接受的参考利率（或最低可接受 ROR）的条件下，超过可比较或假设参考投资的价值，项目在经济上是可接受的。在这些条件下，该项目是可以接受的。在这些条件下，投资者从项目中获得的收益将超过比较参考投资。

更传统的经济评估方法是确定项目是否会产生净收入。这一分析是基于现金流入和流出。利息按指定的最小可接受 ROR 增加。如果钱花了，投资加上利息是负的。因此，项目的投资资金代表了初始机会成本。对投资者来说，最初的投资是一种损失，因为钱已经花了。这笔钱有可能无法追回。相比之下，项目带来的收益是积极的。因此，投资者希望适当地比较预期收益价值与初始投资成本。经济比较需要在可接受的 ROR 中适当考虑利息。然而，这种比较不能不考虑时间和利息的影响。必须将每个值适当地转换为常见的参考比较基础。最常见的比较根据是现值。

11.5　等价转换

可以使用适当的公式将终值转换为等价的现值。

诸如终值，现值和增值可以等价转换。等价转换需要对时间和利息的影响进行折现。等价性是通过对已经展示的方程式进行处理而产生的。用这个方程式可以把终值转换成现值：

$$P = \frac{F}{(1+i)^n} \tag{11.45}$$

这只是使用复利重新整理终值的初始表达式。终值也可以通过乘以系数（P/F）转换现值：

$$P = F\frac{P}{F} \tag{11.46}$$

P/F 称为一次支付复利系数。它是由之前方程的简单重排得到的

$$\frac{P}{F} = \frac{1}{(1+i)^n} = (1+i)^{-n} \tag{11.47}$$

当使用这些转换因子时，它们通常包含在一组括号中。它们的引用包括合适的利率和时间段。下面的示例演示了使用引用格式的转换。

例 11.7　一家公司打算以 500 美元的价格把一辆开了 20 年的车卖给垃圾场。确定预期未来汽车销售的等效现值。适用的年利率为 7%。

在这个例子中，这辆车的终值是 500 美元。利率是 7%。时间周期数是 20。

使用一次支付复利系数：

$$P = F\left(\frac{P}{F}, 7\%, 20\right) = F\frac{1}{(1+i)^n} = 500\frac{1}{(1+0.07)^{20}}\text{美元} = 129.21\text{美元}$$

因此，该车在 20 年内的残值等于的现值为 129.21 美元。

同样，不变的增值可以通过将其终值乘以（P/F）转换为现值：

$$P = F\frac{P}{F} = A\frac{(1+i)^n - 1}{i} \cdot \frac{1}{(1+i)^n} \tag{11.48}$$

或者，它们可以通过乘以因子 P/A 转换为现值。这个因子可以通过重新排列前面的方程得到：

$$\frac{P}{F} = \frac{(1+i)^n - 1}{i(1+i)^n} \tag{11.49}$$

下面的示例演示了将始终如一的增值转换为现值的过程。

例 11.8 在利率为 12%的 15 年期间，确定预期每年 5000 美元维修费用的等值投资成本。

这个问题可以通过将给定的维护成本（一个统一的附加成本）乘以统一的 P/A 因子来解决：

$$P = F\left(\frac{P}{F}, 12\%, 15\right) = -5000\frac{(1+0.12)^{15} - 1}{0.12(1+0.12)^{15}}\text{美元} = -24054\text{美元}$$

净现值是所有转换为等价现值之和

同样的方法可以用来确定表 11.1 中给出的其他必要的转换因子。换句话说，将现值与等价的不变增值或终值进行比较是可行的。也可以将所有值转换为终值的等效参考。类似地，可以根据增值进行比较。最常见的参考是现值。

表 11.1 正常复利利率的经济换算系数

因素名称	公式
一次支付现值因子	$\frac{P}{F} = \frac{1}{(1+i)^n} = (1+i)^{-n}$
一次支付因子	$\frac{F}{P} = (1+i)^n$
等额支付现值因子	$\frac{P}{A} = \frac{(1+i)^n - 1}{i(1+i)^n}$
资本回收因子	$\frac{A}{P} = \frac{i(1+i)^n}{(1+i)^n - 1}$
等额支付因子	$\frac{F}{A} = \frac{(1+i)^n - 1}{i}$
等额分付订金因子	$\frac{A}{F} = \frac{i}{(1+i)^n - 1}$

续表 11.1

因素名称	公式
等差级数的 F/G 因子	$\frac{F}{G}=\frac{1}{i}\left[\frac{(1+i)^n-1}{i}-n\right]$
几何级数的 F/A_g 因子	$\frac{F}{A_g}=\frac{(1+i)^n-(1+g)^n}{i-g}$，其中 $i\neq g$
等差级数的 P/G 因子	$\frac{P}{G}=\frac{(1+i)^n-i^n-1}{i^2(1+i)^n}$
几何级数的 P/A_g 因子	$\frac{P}{A_g}=\frac{(1+i)^n-(1+g)^n}{(i-g)(1+i)^n}$，其中 $i\neq g$

注：P 是现值；F 是终值；A 是增值；G 是增值的算术梯度部分；g 是几何梯度（每周期的分数率）；i 是利息（每段期间的分数率）；n 是利息增长的周期数。

11.6　净现值分析

项目的财务可行性通常基于净现值 NPV。所有的增值和终值都通过将它们转换为等价的现值来折现时间和利息。等价现值之和为 NPV。

图 11.6 显示了项目的值随时间的变化。项目的净值以初始投资的负值开始。一段时间后，预计项目收益将补偿投资。渐渐地，NPV 将变得不那么负。最终，NPV 将变为正值，如图 11.6 所示。从图 11.6 中可以明显看出，项目需要完成第六个时间段才能变得正向。这一次在图中显示为 b。这个时间是项目产生零净现值为 0 所需要的。这一点等于一个“盈亏平衡”值。它也被称为回收期。

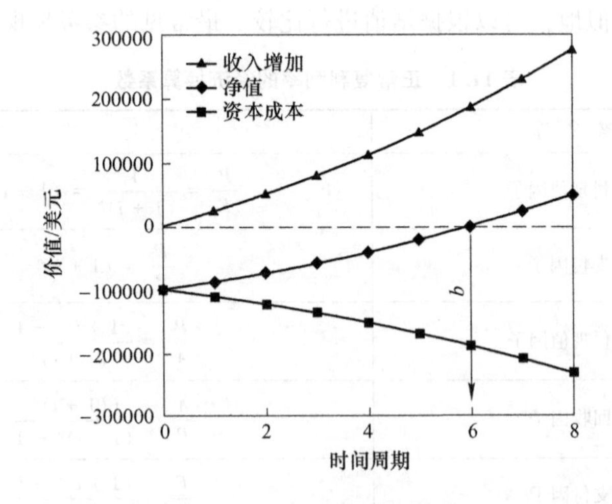

图 11.6　净值和投资成本以及现金流量随着时间的增加情况
（11%的利息，增加 23500 美元，初始投资为-100000 美元；b 为回收期）

一个正的净现值表明，这个投资将比同等的投资在指定的 ROI 下提供更多的收益。

NPV 可以用数学表示为所有相关值的和，乘以适当的等价转换因子

$$\mathrm{NPV} = \sum P + \frac{P}{A}\sum A + \frac{P}{F}\sum F \tag{11.50}$$

式中，P 表示如投资成本等的现值；P/A 是现值换算因子的一系列等值；A 表示以等额支付为基础的增值或收入（必须适当转换梯度）；P/F 是终值对现值的换算系数或一次支付复利系数；F 表示终值。

例 11.9 计算一个项目投资的净现值，该项目投资需要 170 万美元的资本支出来购买设备，预计将产生年净收入 45 万美元，使用年限为 7 年，届时该设备预计以 50 万美元的价格作为二手设备出售。适用的 ROR 为 10%。确定投资在经济上是否可行。

这是一个简单的 NPV 问题，其中现值之和为-1700000 美元（加上负号，因为这是成本），增值之和为 450000 美元，n 为 7，F 为 500000 美元，并且 i 为 0.10。使用 NPV 方程得到

$$\mathrm{NPV} = \sum P + \left(\frac{P}{A}, 10\%, 7\right)\sum A + \left(\frac{P}{F}, 10\%, 7\right)\sum F\left(\frac{P}{A}, 10\%, 7\right)$$

$$= \frac{(1+i)^n - 1}{i(1+i)^n} = \frac{(1+0.1)^7 - 1}{0.1(1+0.1)^7} = 4.868$$

$$\left(\frac{P}{F}, 10\%, 7\right) = (1+0.1)^{-7} = 0.5132$$

NPV =- 1700000 美元 + (4.868 × 450000) 美元 + (0.5132 × 500000) 美元
= 747200 美元

747200 美元的净现值为正值，表明在该项目的 7 年期间，该项目的价值将比最初投资多，相当于目前金额为 747200 美元。换句话说，这个项目将产生比最小的 ROR 更多。这个项目产生的 ROR 可以通过使 NPV 等于零计算利率来确定。或者，可以使用将来的值和 ROR 公式（11.41）来计算。

正现金流和负现金流来源广泛。来源可以包括销售、维护、运营、税收、减税、供应、管理费用等。任何来源的终值是：

$$F = \sum_{k=1}^{n} A_k (1+i)^{n-k} \tag{11.51}$$

式中，k 为从 1 到 n 的特定时间周期；A_k 为 k 期间的现金增加。换句话说，给定现金流的终值是每一时期发生的与利息相关的独立增加的固定资产之和。该值基于它们在最后一个周期 n 中增加的时间。

改变增加固定资产的一个经典例子是减少税收。由于大多数物品在使用初期

的价值损失比在使用末期的价值损失更大，所以它们经常以非线性的方式贬值。因此，折旧值减少每年都在变化。确定一个商品终值降低的一种常用方法是双递减余额法。该方法给出一个商品未来的折旧值为：

$$F = P\left(1 - \frac{2}{N}\right)^n \tag{11.52}$$

式中，N 为使用寿命周期数；P 为现值（也是商品的初始购买价格）；n 为权责发生期数。

确定折旧商品终值的方法取决于现行税法。美国现代税法允许采用双递减余额法。这种方法被称为加速折旧法（MACRS）。MACRS 只允许第一年的 6 个月发生折旧。折旧在折旧年限的中间延伸到指定的年份。折旧寿命中期后下降是线性化的[14]。

由此产生的折旧扣除额按每个时期确定。计算方法是将未来账面价值在该时间段的减少额乘以适用的公司税率。数学上，它表示为：

$$T_{\mathrm{D},\,k} = (F_{k-1} - F_k)^t \tag{11.53}$$

式中，$T_{\mathrm{D},k}$是期间 k 的税收扣除；F_{k-1}为商品在 k 之前的未来账面价值；F_k为商品在 k 之未来账面价值。

由于设备折旧而扣除的折旧费很少，通常会做一些简化，包括假设折旧是线性的。另一个用于简化折旧扣除分析的有用量是残值。残值是指以废料形式出售的物品可能的最低转售价值。对于简单的折旧递减，简化的周期税收扣除为：

$$T_{\mathrm{D(lin.\ depr)}} = \frac{1}{N}(C - S)t \tag{11.54}$$

式中，N 为该商品折旧年限；C 为项目的资本成本（在本文中为正值），其现值为负值；S 为该物品的残值；t 是公司税率。

例 11.10　确定与折旧率相关的减税的增值，该值是对线性折旧的计算，如果适用的 ROR 为 12%，而相关的公司税（联邦税、州税和地方税之和）为 48%，15 年的使用寿命后管道从最初的 30000 美元线性折旧到残值 5000 美元。

$$T_{\mathrm{D(lin.\ depr)}} = \frac{1}{N}(C - S)t = \frac{1}{15}(30000\text{ 美元} - 5000\text{ 美元}) \times 0.48 = 800\text{ 美元}$$

确定折旧税额扣除终值的一般形式为：

$$F = \sum_{k=1}^{n} T_{\mathrm{D},\,k}(1 + i)^{n-k} \tag{11.55}$$

这与式（11.51）基本相同，其中，增值或年值 A，在本例中是每个时期 k 的减税。现值的扣除为正，对于一个典型的线性扣除，可以表示为：

$$P = \frac{\frac{1}{N}(C - S)t[(1 + i)^n - 1]}{i(1 + i)^n} \tag{11.56}$$

由于公司税是以利润而不是收入为基础的，所以在扣除所有费用和税收减免后，只按净利润纳税。然而，税收是从税前利润中减去的额外成本。税收的净效应是将所有不可折旧价值的总和乘以（$1-t$），即1减去企业税率的比例。维修（可折旧）资本支出的现值不需要乘以（$1-t$），固定资本折旧值每年作为等价的增值（成本）分配。对于所有应计折旧的商品的折旧均为线性的典型简化分析，可以用下式表示：

$$\mathrm{NPV} = \sum P_{\mathrm{fixed}} + \sum \frac{P_N}{A} t\left(\frac{1}{N}\right)(|P_{\mathrm{fixed}}| - S) + (1-t)\left[\sum P_{\mathrm{others}} + \frac{P}{A}\sum A\right] + \frac{P}{F}\sum S \tag{11.57}$$

式中，$\sum P_{\mathrm{fixed}}$ 是所有固定或可折旧资本成本的总和；$\sum P_{\mathrm{others}}$ 是所有其他或不可折旧资本成本的总和；P_N/A 是将按整个项目固定资本折旧年限现值与增值的转换系数。P/A 是整个项目的现值到增值的转换系数。P_{fixed} 是固定资本投资的现值（可折旧的物品，如设备）；$\sum A$ 是增值的总和(不包括折旧的减税）；t 是税率；N 是折旧周期数；S 为残值；P/F 是整个项目生命周期的现值到终值的转换因子。

例 11.11　计算具有以下财务数据的新项目的税后和税前净现值：

固定资本投资（土地、设备、建筑等）	15000000 美元
营运成本	3000000 美元
每年的维护费用	1050000 美元
每年间接费用	600000 美元
年销售收入	7500000 美元
其他年度营运成本（物料/原材料）	1300000 美元
残值（项目结束时）	1500000 美元
最低年收益率	12%
税率	45%(联邦 35%，地方 10%)
折旧（直线或线性平均年限为 15 年）项目寿命	15 年

这个问题的解决方法涉及包含线性折旧的 NPV 的表达式：

$$\mathrm{NPV} = \sum P_{\mathrm{fixed}} + \sum \frac{P_N}{A} t\left(\frac{1}{N}\right)(|P_{\mathrm{fixed}}| - S) + (1-t)\left[\sum P_{\mathrm{others}} + \frac{P}{A}\sum A\right] + \frac{P}{F}\sum S$$

$$\frac{P_N}{A} = \left(\frac{P}{A}, 12\%, 15\right) = \frac{(1+i)^n - 1}{i(1+i)^n} = \frac{(1+0.12)^{15} - 1}{0.12(1+0.12)^{0.12}} = 6.811$$

$$\left(\frac{P}{F},\ 12\%,\ 15\right) = (1+0.12)^{-15} = 0.1827$$

增值的总和（不包括用于税务目的的折旧要求）为：

$$\sum A = 7500000\text{ 美元} - 1050000\text{ 美元} - 600000\text{ 美元} - 1300000\text{ 美元} = 4550000\text{ 美元}$$

$$\sum P_{\mathrm{fixed}} = -15000000\text{ 美元}$$

$$\sum P_{\text{other}} = -3000000 \text{ 美元}$$

$$\text{NPV} = -15000000 + 6.811 \times 0.45 \times \frac{1}{15} \times (15000000 - 1500000) + 0.55 \times (-3000000 + 6.811 \times 4550000) + 1500000 \times 0.1827$$

税后 NPV = 3427032.5 美元。

税前公式是：

$$\text{NPV} = \sum P_{\text{fixed}} + \left[\sum P_{\text{others}} + \frac{P}{A} \sum A + \frac{P}{F} \sum S \right]$$

$$\text{NPV} = -18000000 + 6.811 \times 4550000 + 1500000 \times 0.1827 = 13264100 \text{ 美元}$$

这个例子说明了在任何分析中包含税收的重要性。例中导致 NPV = 0 的 ROR 值分别为 14.1%（税后）和 24.4%（税前）。在这种类型的分析中，迭代求解 NPV 方程，找到导致 NPV 为零的 ROR、i 和值。但是，也应该指出，用于比较的其他投资，例如股票，也有相关的税收，必须适当考虑，以便进行公平的比较。因此，在许多分析中，当与其他投资比较，税前净现值的比较可能是适当的。

前面的所有示例都基于常规时间元素。所有值都根据一般项目生命周期转换为等价值。在许多情况下，可用的数据集将包含与不同时间元素相关的部分。例如，在高磨损的情况下，在项目的生命周期中，可能需要更换罐或管道两到三次。因此，这些物质的时间元素将不同于整个项目的时间元素。使用前一种方法可以很容易地适应这种时间上的差异表达式，如下例所示。

例 11.12 计算具有以下财务数据的新项目的税后净现值：

固定资本投资（折旧设备）	15000000 美元
设备更换成本（10 年一次）（视同非资本维护费）	1500000 美元
营运/其他成本	3000000 美元
每年的维护费用	1050000 美元
每年间接费用	600000 美元
年销售收入	7500000 美元
其他年度营运成本（物料/原材料）	1500000 美元
残值（资本成本的 10%；不更换）	1500000 美元
最低年收益率	12%
税率	45%（联邦 35%，地方 10%）
折旧（直线或线性平均年限为 15 年）项目寿命	25 年

为了适应项目每 10 年被替换成本，在项目结束时将这些值转换为终值，即在将它们合并到整体表达式之前，将它们转换回整个项目生命周期的等效增值，这是非常有用的（除非对税收的适当考虑，否则不能将它们用作等价的未来价

值。由于税收是按年确定的，所以数字需要按年或增值计算，以便考虑适用的基于增值的税收）。

替代 1，即在第 10 年年底进行了替换。该成本导致项目最终结束时有 15 年，即从第 10 年到第 25 年的终值 $F = P(F/P)$ 为：

$$\left(\frac{F}{P},12\%,15\right) = (1+i)^n = (1+0.12)^{15} = 5.474$$

$$F_{\text{repl1}} = P\left(\frac{F}{P},12\%,15\right) = -1500000\text{美元} \times 5.474 = -8211000\text{美元}$$

通过类似的分析发现，税收扣除部分是一个增值：

$$\left(\frac{F}{A},12\%,15\right) = \frac{(1+i)^n-1}{i} = \frac{(1-0.12)^{15}-1}{0.12} = 37.28$$

$$F_{\text{TD, repl1}} = t\frac{1}{N}(|P_{\text{fixed}}|-S)$$

$$\frac{F}{A} = 0.45 \times \frac{1}{15} \times (1500000-150000) \times 37.28 = 1509840\text{美元}$$

将整个项目的 A/F 乘以整个项目的生命周期，将整个项目转换为等价的增值：

$$\left(\frac{A}{F},12\%,25\right) = \frac{i}{(1+i)^n-1} = 0.0075$$

$$A_{\text{repl1equiv}} = F\left(\frac{F}{A},12\%,25\right) = (-8211000+1509840) \times 0.0075 = -50259\text{美元}$$

替代 2，即在第 20 年年底的替换方案。该成本导致项目最终结束时有 5 年，即从第 20 年到第 25 年的终值 $F = P(F/P)$：

$$\left(\frac{F}{P},12\%,5\right) = (1+i)^n = (1+0.12)^5 = 1.7623$$

$$F_{\text{repl2}} = P\left(\frac{F}{P},12\%,5\right) = -1500000\text{美元} \times 1.7623 = -2644000\text{美元}$$

由此产生的税收减免为：

$$\left(\frac{F}{A},12\%,5\right) = \frac{(1+i)^n-1}{i} = \frac{(1+0.12)^5-1}{0.12} = 6.353$$

$$F_{\text{TD, repl2}} = t\frac{1}{N}(|P_{\text{fixed}}|-S)$$

$$\frac{F}{A} = 0.45 \times \frac{1}{15} \times (1500000-150000) \times 6.353 = 257290\text{美元}$$

将整个项目转换为等效的增值需要乘以 A/F：

$$\left(\frac{A}{F},12\%,25\right)=\frac{i}{(1+i)^n-1}=0.0075$$

$$A_{\text{repl2equiv}}=F\left(\frac{F}{A},12\%,25\right)=(-2644000+257290)\times 0.0075=-17900\text{ 美元}$$

这个问题的剩余解决方案涉及包含线性折旧的 NPV 的表达式：

$$\left(\frac{P}{A},12\%,25\right)=\frac{(1+i)^n-1}{i(1+i)^n}=\frac{(1+0.12)^{25}-1}{0.12(1+0.12)^{25}}=7.843$$

$$\left(\frac{P_N}{A},12\%,25\right)=\frac{(1+i)^n-1}{i(1+i)^n}=\frac{(1+0.12)^{15}-1}{0.12(1+0.12)^{15}}=6.811$$

$$\left(\frac{P}{F},12\%,25\right)=(1+i)^{-n}=(1+0.12)^{-25}=0.05882$$

增值的总和（不包括用于税务目的的折旧要求）为：

$$\sum A=7900000-1050000-600000-1300000-50259-17900=4881841\text{ 美元}$$

$$\sum F=1500000\text{ 美元}$$

$$\sum P=-15000000-3000000=-18000000\text{ 美元}$$

$$\text{NPV}=-15000000+6.811\times 0.45\times\frac{1}{15}\times 13500000+(1-0.45)\times(-3000000+$$

$$7.843\times 4881841)+1500000\times 0.05882=5974000)\text{ 美元}$$

税后 NPV = 5974000 美元，即基于指定 ROR 比在另一地点投资所能实现的税后净现值的收益多 5974000 美元。

11.7　评估风险的财务影响

风险的经济效益应基于合理的假设来进行量化

经济评价的另一个重要因素是风险。所有项目都有风险，因此，必须以适当的方式评估风险对项目经济的影响，风险通常是根据概率和相关的预期来看待的。

11.7.1　期望值

11.7.1.1　简单概率评估

基于概率的估计原理可以通过赌博场景来描述。假设一个人去了一家赌场，赌徒把一枚 25 美分的硬币投入老虎机。当随机选择出现三个相同的物品时，老虎机的支出为 100 美元，事件大约每 729 次发生一次。用 25 美分使用一次这样机器的预期价值可以表示为：

$$E = \sum \rho P \tag{11.58}$$

$$E = \frac{1}{729} \times 100 + 1 \times (-0.25) = -0.1128 \text{ 美元} \tag{11.59}$$

式中，E 是期望值；ρ 为出现概率；P 是结果的现值。因此，使用这种老虎机的预期价值是大约每使用一次成本为 11 美分。的确，一次尝试就可能获得成功。然而，现实是，长期平均使用老虎机将导致 11 美分的损失。这位顾客损失的 11 美分仍然属于赌场。因此，赌场就有了长期收入的保障。如果这样的机器被使用足够多的次数，则用户必然损失。这种确定期望值的方法也可以用来估计与投资风险相关的潜在价值。以下示例展示如何评估投资风险。

例 11.13 一家寻求增加天然气供应的燃料公司提议钻探更多的油井。如果钻探成本为 75 万美元，确定每口井的预期价值。每口井的成功率为 35%。如果在一年内获得收益，一口成功油井的平均收入为 180 万美元。

在这种情况下，一口井花费 75 万美元的概率为 100%，成功实现 180 万美元收入的概率为 35%。因此

$$E = \sum \rho P = 0.35 \times 1800000 + 1 \times (-750000) = -120000 \text{ 美元}$$

因此，在这种情况下，这类企业是没有利润的。

11.7.1.2 概率树评估

概率树是确定期望值的另一种方法。这些概率树旨在帮助说明和确定具有多种不同结果的潜在投资的期望值。例如，考虑一家公司，该公司希望确定研究项目的期望值，该项目旨在生成一个现有流程的成功修改版本，图 11.7 中所示的概率树就是为这个修改版本构建的。

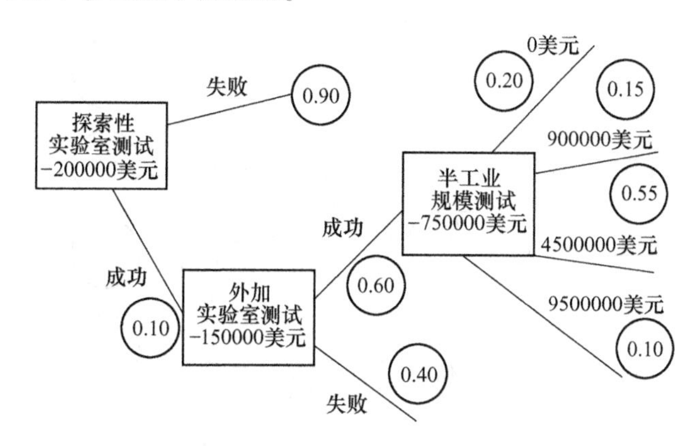

图 11.7 具有相关概率和相关结果期望值的研究项目概率树

利用表 11.2 中决策树的数据可以构造。

表 11.2 决策树

事 件	概 率	数值/美元
探索性测试	1.00 × 1.0 = 1.00	-200000
外加实验室测试	0.10 × 1.0 = 0.10	-150000
半工业规模测试	0.10 × 0.6 = 0.06	-750000
结果 1	0.10 × 0.6 × 0.20 = 0.012	0
结果 2	0.10 × 0.6 × 0.15 = 0.009	900000
结果 3	0.10 × 0.6 × 0.55 = 0.033	4500000
结果 4	0.10 × 0.6 × 0.10 = 0.006	9500000

数据来源：图 11.7。

因此，该项目的期望值表示为：

$$E = 1.00 \times (-200000\text{ 美元}) + 0.10 \times (-150000\text{ 美元}) + 0.06 \times (-750000\text{ 美元}) + 0.012 \times 0 + 0.009 \times 900000\text{ 美元} + 0.033 \times 4500000\text{ 美元} + 0.006 \times 9500000\text{ 美元} = -46400\text{ 美元}$$

因此，尽管在研究结束时存在高值，但由于获得高值结果的概率较低，总体期望值并不理想。另一个例子见例 11.14。

例 11.14 如果每年变速器、引擎和其他故障的概率分别为 0.15、0.07 和 0.25，则计算对于使用了 7 年的汽车的一年维护成本期望值，并且维护成本取决于经销商和各自损坏的概率，如图 11.8 所示（另见表 11.3）。

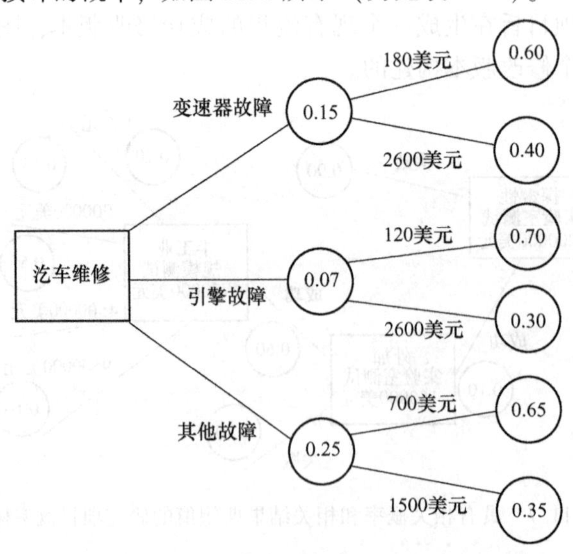

图 11.8 例 11.14 给出的每年汽车维修的概率树

表 11.3 决策树

事　件	概　率	数值/美元
变速器故障结果 1	0.15 × 0.60 = 0.09	-1800
变速器故障结果 2	0.15 × 0.40 = 0.06	-1500
引擎故障结果 1	0.07 × 0.70 = 0.049	-1200
引擎故障结果 2	0.07 × 0.30 = 0.021	-2600
其他故障结果 1	0.25 × 0.65 = 0.1625	-700
其他故障结果 2	0.25 × 0.35 = 0.0875	-1500

数据来源：图 11.8。

$$E = 0.09 \times (-1800\text{美元}) + 0.06 \times (-1500\text{美元}) + 0.049 \times (-1200\text{美元}) + 0.021 \times (-2600\text{美元}) + 0.1625 \times (-700\text{美元}) + 0.0875 \times (-1500\text{美元}) = -610.40\text{美元}$$

11.7.1.3 基于 Monte Carlo 模拟的评估

例 11.10 给出的维修成本方案说明了所考虑的单个项目的成本可能会有所不同。一个项目的成本差异可能与其他项目不同。虽然用于解决经济评估中不确定性或风险因素的概率树方法是有用且相对简单的，但它只能容纳部分可能性。使用具有相关值分布的统计函数可以进行更准确的评估。

图 11.9 给出了一个更实际的数值分配的例子，它是基于 25 位投资者从 100000 美元的投资中获得的年收入或利益。结果显示，这些投资者的平均收入为 15760 美元。然而，数据有很大的差异。一些人收入少，而另一些人的收入高于平均水平。图 11.9 中的曲线表示基于正态分布函数的期望值分布。数据与正态分布函数拟合较好，说明正态分布函数是一种表示潜在结果范围与其发生概率成比例的合理方式。正态分布函数为[15]

$$f(x) = \frac{1}{\sigma\sqrt{2\pi}}\exp\left[\frac{-(x - x_{\text{平均}})^2}{2\sigma^2}\right] \tag{11.60}$$

式中，$f(x)$ 是 x 值的测量分数；$x_{\text{平均}}$ 是 x 的平均值；σ 是标准差。

统计函数可用于帮助量化风险的影响以及与成本相关的不确定性。

Monte Carlo 模拟方法可用于确定期望值。该方法利用概率函数和随机数的选择，且数值为通过概率加权得到的期望值。

该方法可以以不同方式执行。执行 Monte Carlo 模拟的其中一种方式可以用五个步骤来描述。(1) 确定每个参数的分布函数。(2) 准备数据表，其中的空格由其在分布函数中的加权所得值填充。(3) 随机选择表中的空格以确定特定选择的值。换句话说，对从中选择随机数的数据库进行加权。加权导致接近平均

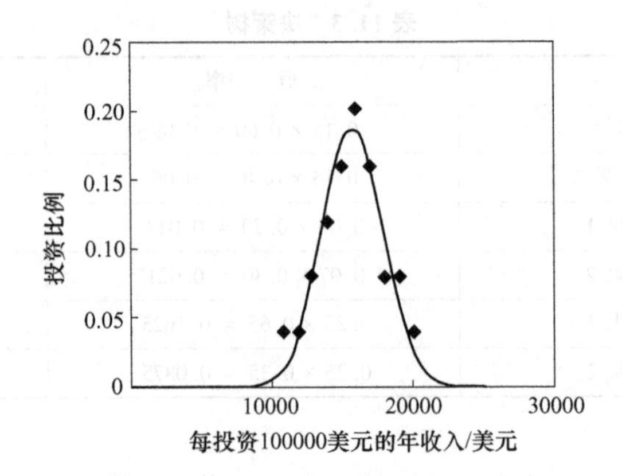

图 11.9　投资者比例与一个假设的 25 人组织的投资小组
每投资 100000 美元的年收入比较图
（菱形表示实际数据点，实线表示最佳拟合正态分布函数）

值的比例较高，而远离平均值的比例较低。加权与分布函数成比例。然后允许对每个参数进行随机选择。（4）根据这些随机选择值的平均值计算期望值。（5）随机选择过程是确定一系列期望值，形成一个总体分布。该分布的平均值就是总体期望值，且最终分布的标准差可用于统计分析。此外，该分布可用于确定适当的置信区间。95. 4%的置信区间由分布函数下面积的 95. 4%的取值范围组成。对于正态分布函数，95%的置信区间与平均值±2 标准差的极限一致。对于图 11. 9 所示的数据，95. 4%的置信区间为平均值 15760 美元±2×2146 美元，换句话说，真实值在 11468～20052 美元之间的概率为 95. 4%。正态分布中标准差的置信区间为 68%，因此，真实值介于 15760 美元±1×2146 美元，即介于13614～17906 美元之间的概率为 68%。标准差可由公式[16]确定：

$$\sigma = \sqrt{\frac{1}{N-1}\sum(x_j - x_{平均})^2} \tag{11.61}$$

式中，σ 是 x 的标准差；N 是测量次数；x_j 是位置 j 的 x 值；$x_{平均}$ 是 x 的平均值。换句话说，标准差是一个集合中给定参数时每个值的变化量。可以确定与标准差和正态分布相关的置信区间的重要值。平均值±0. 57σ 用于 50%的置信区间，平均值±1. 28σ 用于 80%的置信区间，平均值±2. 38σ 用于 98%的置信区间，平均值±3. 4 σ 用于 99. 9%的置信区间，平均值±4. 0σ 用于 99. 99%的置信区间[17]。

11.7.2　权变因素

成本估算的一个重要附加因素是提供或预备不可预测的费用。这些不可预测的成本可能与由于项目延误、设备价格大幅上涨和设计变化等引起的经济风险有关。对估计项目成本的这种应急调整通常在确定所有其他成本后进行，但又是在最终的经济分析之前做出来的。或有事项（意外事件）的目的是最大限度地降低与新项目相关的财务风险。项目定义越清楚，意外事件就越低。对于初步评估，总体意外事件可以为35%或40%。由于项目定义明确，并且从最近的类似项目中获得可靠的成本估算，因此总体意外事件可能会降至15%。换句话说，如果一个项目预计耗资1000000美元，则完整的经济评估在1000000美元的预期成本加上总成本的15%的应急费用（150000美元），总项目成本为1150000美元。

11.7.3 灵敏度分析

风险评估的另一种方法是灵敏性分析。这包括改变输入变量，如资金成本、运营成本和预期收益，以及测量响应变量的灵敏度。常见的响应变量是收益率。因此，响应的变化是相对于输入变量的变化来测量的。响应变量的结果变化对最重要的输入变量的变化最敏感。因此，这种方法目的在于揭示最重要的输入变量。最重要的输入变量需要最准确的信息。表11.4和表11.5给出了一个简单的灵敏度分析的例子。

表11.4 收益率对资金成本变化的灵敏度分析（与表11.5比较）

投资值/美元	资金变化/%	回报率/%	回报率变化/%
-200000	-50	60	200
-300000	-25	40	100
-400000	0	20	0
-500000	25	0	-100
-600000	50	-20	-200

表11.5 收益率对经营附加值变化的灵敏度分析（与表11.4比较）

运营附加值/美元	附加值变化/%	回报率/%	回报率变化/%
-40000	-50	37	85
-60000	-25	28	40
-80000	0	20	0
-100000	25	12	-40
-120000	50	2	-90

在表11.4中，可以很明显看出初始投资成本的变化对收益率的变化有很大影响。因此，收益率对初始投资成本非常敏感。

在表11.5中，可以明显看出运营附加值的变化对收益率的变化有着显著影响。但是，运营附加值对收益率的影响不如初始投资那么大。因此，收益率对运营成本的敏感度低于初始投资成本（见表 11.4）。

11.8　工程经济术语

摊销：履行财务义务的付款计划。

年金：在相同的时间段内支付的一系列同等报酬，通常还与特定的退休账户分配有关。

资产：公司所有的或公司拥有的债务。

债券：与本票类似的金融工具。债券持有人是债权人，通常定期支付利息，本金在到期时偿还。

账面价值：原始成本减去累计折旧。

资本：用于购买随时间折旧、消耗或摊销的物品的货币资源，如设备和建筑物。

资本回收：通过定期付款收回资本的过程。

现金流量：进入或退出金融企业的资金。

普通股：代表财务所有权的工具。

流动资产：在一个商业周期内合理可用的所用潜在价值，包括应收账款、现金、债券和存货。

流动负债：在商业周期（如一年）内应付的公司债务。

公司债券：公司发行的期票，如债券。

延期年金：推迟到另一时期的一系列付款。

损耗：减少。

折旧：资产价值下降。

直接成本：因特定产品、运营或服务的成本。

现金流折现：由于时间和利息的影响而被折现为共同参考的货币价值，如现值。

普通股：投资者拥有资本的一部分。

预期值：考虑风险后投资的预期价值。

固定成本：不受生产水平影响的成本。

固定资产：由可折旧、消耗或摊销的物品组成的资产，如建筑物、设备和矿藏。

商誉：与无形资产相关的价值，如公众或客户满意度。

间接成本：不能直接追溯到生产、运营或服务的成本，通常被称为间接费用。

无形资产：非商业性质的资产，如商誉和商标。

负债：公司的所有应付款，如工资、股息、债券和应付账款。

边际成本：额外生产或服务单位的成本。

改进的加速成本回收系统（MACRS）：一种资产折旧方法，使用特定的双递减折旧表，具体取决于具体项目及其使用寿命。

机会成本：与排除其他选择的资源投入相关的成本。

简介费用：见间接成本。

投资回收期：从投资中获得零净现值所需的时间。

优先股：在资产清算时，在普通股股息、无表决权和优先回收资产之前支付固定股息的资本所有权工具。

收益率：投资的价值变化率。

恢复期：见投资收益期。

留存收益：将利润再投资于原机构，而不是作为股息分配给普通股股东。

残值：已使用物品在销售时的价值。

运营资本：为一般业务提供资金所需的投资资金，如供应成本、水电费和工资单债务。它实际上是企业银行账户中流动负债以外用于经营的资金。

参 考 文 献

[1] D. G. Newnan, J. P. Lavelle, T. G. Eschenbach, "Essentials of Engineering Economic Analysis," 2nd edition, Oxford Press, New York, p. 86, 2002.

[2] T. G. Eschenbach, "Engineering Economy: Applying Theory to Practice," 2nd edition, Oxford Press, New York, p. 26, 2003.

[3] M. S. Bowman, "Applied Economic Analysis for Technologiests, Engineers, and Managers," Prentice-Hall, Upper Saddle River, NJ, p. 130, 1999.

[4] J. R. Couper, "Process Engineering Economics," Marcel-Dekker, New York, p. 155, 2003.

[5] F. J. Stermole, "Economic Evaluation and Investment Decision Methods," 3rd edition Investment Evaluations Corporation, Golden, CO p. 13, 1980.

[6] G. J. Thuesen, W. J. Fabrycky, "Engineering Economy," 7th edition, Prentice-Hall, Englewood Cliffs, p. 40, 1989.

[7] J. L. Riggs, D. D. Bedworth, S. U. Randhawa, "Engineering Economics", 4th edition, McGraw-Hill, New York, p. 29, 1996.

[8] H. Levy, M. Sarnat, "Capital Investment and Financial Decisions," 5th edition, Prentice-Hall, New York, p. 36, 1994.

[9] R. A. Brealey, S. C. Myers, "Capital Investment and Valuation," McGraw-Hill, New York, p. 39, 2003.

[10] J. R. Couper, "Process Engineering Economics," Marcel-Dekker, New York, p. 155, 2003.

[11] J. R. Couper, "Process Engineering Economics," Marcel-Dekker, New York, pp. 110-

111, 2003.

[12] J. R. Couper, "Process Engineering Economics," Marcel-Dekker, New York, p. 115, 2003.

[13] J. R. Couper, "Process Engineering Economics," Marcel-Dekker, New York, p. 136, 2003.

[14] D. A. Jones , "Principles and Prevention of Corrosion," 2nd edition, Prentice-Hall, pp. 538-548, 1996.

[15] J. R. Taylor, " An Introduction to Error Analysis," Oxford University Press, New York, p. 111, 1982

[16] J. R. Taylor, " An Introduction to Error Analysis," Oxford University Press, New York, p. 87, 1982.

[17] J. R. Taylor, " An Introduction to Error Analysis," Oxford University Press, New York, p. 116, 1982

思考练习题

11.1 如果今天以 15000 美元的价格购买一个设备，根据 15%的年收益率来计算该设备项目在 12 年后的终值。

(答案：80254 美元)

11.2 如果年利率为 12%，则计算 20 年内 1800000 美元年现金流量的终值。

11.3 计算运营费用的终价值，从第一年年底开始，每年 10000 美元，且在接下来的 14 年中每年增加 10000 美元，到项目最后第 15 年结束时每年 24000 美元。假设年收益率为 13%。

11.4 计算未来 20 年的医疗保险费，从第一年年底开始，每年 3000 美元，且每年以 7%的速度增长。假设年收益率为 12%。

(答案：-346597 美元)

11.5 如果初始投资为 150000 美元，计算 20 年后以税后等值 800000 美元出售的投资的收益率。

11.6 如果一件物品的当前相关成本指数为 925，之前的成本指数（20 年前）为 438，则估算 20 年前可以以 500 美元购买的物品的现行成本。

11.7 一家公司预计在 10 年内以 800000 美元的价格出售房产。如果年利率为 6.5%，则确定预期未来房产销售的等值现值。

11.8 假设年利率为 10%，确定 25 年期间每年预计支出 89000 美元的等效现行成本。

(答案：807857 美元)

11.9 假设年利率为 11%，确定累积医疗保健费用的等值现值。开始时医疗保健费用为每年 700 美元，然后在 24 年（总费用累积 25 年）内每年以 8%的速度递增。

11.10 计算一个公司扩张需要 5300000 美元购买设备的净现值，该设备预计将产生 1300000 美元净年收入，且预计将连续 12 年。项目结束时的设备价值预计为 900000 美元，回报率为 12%。考虑所需的收益率，确定投资在经济上是否可行。

(答案：2983230 美元)

11.11 计算具有以下财务数据的新项目的税后净现值：

固定资本投资（土地、建筑、设备等）	3750000 美元
营运成本	750000 美元
每年维护成本（第一年）（每年增加 8%）	575000 美元
每年间接成本	100000 美元
年销售收入（第一年）（每年增加 10%）	1700000 美元
其他年度业务费（用品/原料）	300000 美元
残值（在项目结束时）	400000 美元
最低年收益率	11%
税率	35%
折旧（直线或线性平均寿命为 15 年）	15 年

11.12 一家寻求生产更多石油的能源公司提议钻探更多的油井。如果每口井的平均勘探成本为 400000 美元，确定每口井的期望值，勘探区域的平均钻井成本为 900000 美元，每口井的平均成功率为 30%，成功井的平均收入为 3500000 美元，假设收入在 1 年内收回。

第12章　一般工程统计学

统计学提供了重要的工具，可以帮助工程师做出客观的评估和决策。

本章节主要的学习目标和效果

(1) 知道如何评估测量误差和不确定度；
(2) 理解如何使用正确的有效数字；
(3) 知道如何计算基本的统计学术语；
(4) 知道如何获得基本的统计概率和置信区间；
(5) 知道如何计算和评估统计数据；
(6) 理解如何应用实验的统计设计和评估相关数据。

12.1　不确定度

所有测量都有一定程度的不确定度。一些不确定度是由测量设备的精度引起的，且信息记录和利用的人为误差还会带来额外的不确定度。不确定度与相关测量以如下形式[1]表达

$$x = x_{最佳} \pm \delta x \tag{12.1}$$

式中，x 是测量的值；$x_{最佳}$ 是 x 测量的最佳估计值；δx 是测量相关的不确定度或误差。不确定项表示测量的值可能高于或低于测量的最佳估计值。仪器的不确定度反映了仪器的准确性。例如，如果数字万用表精确到正确值的0.001V以内，则10.034V电压源的准确测量为（10.034 ± 0.001）V。当然，这需要精确的校准。但是，由于测量需要将万用表和电压源用线夹连接，从而会影响测量值以及与顶灯和相邻电源相关的电噪音，因此实际的不确定度很可能要大得多。如果所有电位不确定度之和为0.005V，则10.034V电压源的准确测量应为10.034 ± 0.005V。

12.1.1　有效数字

测量不确定度可以用于更准确地报告和评估过程。

数字很容易不恰当地表达，因为数字太多而无法合理解释。如果测量距离为（10.25 ± 0.04）m，仪器给出的数字很可能比相关数字更多。可能仪表显示10.2532m，测量不确定度计算值为0.0374m。报告（10.2532 ± 0.0374）m是不

合适的，因为10.25右边的数字远远低于不确定度水平。换句话说，不确定度大于0.01，所以测量值中小于0.01的任何数字都是不确定的，因此不重要，故数值四舍五入到不确定度的数量级（或等同左边的小数位置）。在这种情况下，不确定度的数量级为0.01。因此，10.2532的相应测量值四舍五入到最接近0.01量级值为10.25。此外，最合适的测量表述为（10.25 ± 0.04）m。因此，虽然仪器给出了六位数字，但测量值中只有四个有效数字。

如果数值相乘、相除或相加，则最终计算值中的有效位数不应大于最小的有效数值。

例12.1 实验室技术人员称取0.0058g氯化钠（摩尔质量：58.443），以制备1L的0.0001M NaCl溶液。确定浓度和正确的有效数字。忽略不确定度。

浓度的计算值为（0.0058/58.443）0.000099242M。但需要注意的是，称重值只有两位有效数字，因此，最终浓度应为0.000099M。

12.1.2 和与差的系统或相关（最大）不确定度

和与差的不确定度是可相加的。如果A颗粒重量的不确定度为5g，而B颗粒重量的不确定度或误差为3g，则A和B的组合重量的不确定度为8g。系统或相关不确定度的一般公式用于表示和与差的最大不确定度，对于组合测量，x、y、z的q($q = x + y + z$或$q = x - y - z$) 为[2]

$$\delta q \approx \delta x + \delta y + \delta z \tag{12.2}$$

式中，δq是和与差q测量中的不确定度；δx是x测量的不确定度；δy是y测量的不确定度；δz是z测量的不确定度。

12.1.3 乘积与商的系统或相关（最大）不确定度

乘积与商的不确定度在分数不确定度的基础上使用时也是可相加的。系统或相关不确定度的一般公式用于表示乘积与商的最大不确定度[3]

$$\frac{\delta q}{|q|} \approx \frac{\delta x}{|x|} + \frac{\delta y}{|y|} + \frac{\delta z}{|z|} \tag{12.3}$$

12.1.4 幂的系统或相关（最大）不确定度

具有系统或相关不确定度的幂的变量的不确定度是由分数不确定度乘以幂来确定。q，δq($q = x^n$) 中最大系统不确定度的一般公式为[4]

$$\frac{\delta q}{|q|} \approx n\frac{\delta x}{|x|} \tag{12.4}$$

式中，δq是q测量的不确定度；n是幂；δx是x测量的不确定度。

12.1.5 和与差的随机和独立不确定度

通过正交加法确定误差或不确定度在具有随机不确定度的独立测量值中的传播。和与差的随机不确定度的一般公式 δq 如式（12.5）所示[5]，对于组合测量，q 是 x、y、z 的函数（$q = x + y + z$ 或 $q = x - y - z$）。

$$\delta q = \sqrt{(\delta x)^2 + (\delta y)^2 + (\delta z)^2} \tag{12.5}$$

相对于系统或相关不确定度情况，该表达式总是给出不确定度的简化估计，如式（12.2）所示。

12.1.6 乘积与商的随机和独立不确定度

乘积与商的随机不确定度在分数不确定度的基础上使用时也是正交加法。与乘积和商相关的随机或独立不确定度的一般公式为[6]：

$$\frac{\delta q}{|q|} = \sqrt{\left(\frac{\delta x}{x}\right)^2 + \left(\frac{\delta y}{y}\right)^2 + \left(\frac{\delta z}{z}\right)^2} \tag{12.6}$$

例 12.2 如果长度 l、宽度 w 和高度 h 分别为 750 ± 20m、150 ± 10m 和 9 ± 2m，则计算堆浸提高的体积和相关不确定度。

第一步是确定体积计算中的分数不确定度：

$$\frac{\delta V}{|V|} = \sqrt{\left(\frac{\delta l}{l}\right)^2 + \left(\frac{\delta w}{w}\right)^2 + \left(\frac{\delta h}{h}\right)^2} = \sqrt{\left(\frac{20}{750}\right)^2 + \left(\frac{10}{150}\right)^2 + \left(\frac{2}{9}\right)^2} = 0.2335$$

下一步是确定体积的最佳估计值：

$$V_{最佳} = lwh = 750\text{m} \times 150\text{m} \times 9\text{m} = 1013000\text{m}^3$$

其次，将体积分数不确定度转化为直接不确定度：

$$\delta V = \frac{\delta V}{|V|}|V| = 0.2335 \times 1013000\text{m}^3 = 236000\text{m}^3$$

最后，将这些数字组合成正确有效的值：

$$V = V_{最佳} \pm \delta V = (1000000 \pm 200000)\text{m}^3$$

12.1.7 多元函数的随机和独立不确定度

多元函数的随机不确定度也是正交加法。函数中变量的偏导数乘以变量测量中的不确定度。与多元函数相关的随机或独立不确定度的一般公式为[7]：

$$\delta q = \sqrt{\left(\frac{\partial q}{\partial x}\delta x\right)^2 + \left(\frac{\partial q}{\partial y}\delta y\right)^2 + \left(\frac{\partial q}{\partial z}\delta z\right)^2} \tag{12.7}$$

例 12.3 如果反应速率 R、A 浓度 C_A 和 B 浓度 C_B 分别为（0.1 ± 0.003）mol/h，（0.01 ± 0.0005）mol/L 和（0.01 ± 0.0003）mol/L，则计算 $R = kC_A C_B^2$ 反

应体系的反应常数和相关不确定度。

第一步确定变量之间的函数关系：

$$k = \frac{R}{C_A C_B^2}$$

其次，确定速率常数的不确定度：

$$\delta k = \sqrt{\left(\frac{\partial k}{\partial R}\delta R\right)^2 + \left(\frac{\partial k}{\partial C_A}\delta C_A\right)^2 + \left(\frac{\partial k}{\partial C_B}\delta C_B\right)^2}$$

$$\delta k = \sqrt{\left(\frac{\delta R}{C_A^1 C_B^2}\right)^2 + \left(-\frac{R}{C_B^2}\delta C_A\right)^2 + \left(-\frac{R}{C_A}\delta C_B\right)^2}$$

$$\delta k = \sqrt{\left(\frac{0.003}{0.01 \times 0.01^2}\right)^2 + \left(-\frac{0.1}{0.01^2} \times 0.0005\right)^2 + \left(-2 \times \frac{0.1}{0.01} \times 0.0003\right)^2} = 3000$$

下一步，确定反应常数的最佳估计值：

$$k = \frac{R}{C_A C_B^2} = \frac{0.1\text{mol/h}}{0.01\text{mol/L} \times (0.01\text{mol/L})^2} = 100000\text{mol}^{-2}\ \text{L}^{-3}\ \text{h}^{-1}$$

最后，将这些数字组合成正确有效的值：

$$k = k_{最佳} \pm \delta k = (100000 \pm 3000)\text{mol}^{-2}\ \text{L}^{-3}\ \text{h}^{-1}$$

12.2　基本统计学术语和概念

正确应用统计学需要对基本统计学术语和概念有适当的理解。“种群”一词是指特定类型或系统的所有单个项目的集合，如整个城市内的居民人口。样本被定义为在总体中随机选择的项目组或项目子集。样品的例子包括通过对一个城市人口的一小部分进行调查获得的一组意见，或对从同一溶液来源获得的一系列样品瓶中的一种化学品的数量进行的一组测量。随着一个样品中的数据量变大时，便近似于一个总体。采样模式是采样中最常见的值。样本中位数是样本的中间值。换句话说，样本中值大于或等于样本值的一半，小于或等于样本值的一半。样本均值是样本中包含的所有值的数值平均值。因此，对于值为 1、4、4、4、7、8、8、9 和 9 的样本，样本众数为 4，样本中位数为 7，样本均值为 6。在数学上，样本均值定义为[8]：

$$\bar{x} = \sum_{i=1}^{n} \frac{x_i}{n} = \frac{x_1 + x_2 + \cdots + x_n}{n} \tag{12.8}$$

平均值是关键的统计数据点。

式中，$\bar{x}$ 是样本均值；x_i 是 x 的个体值。因此，x_1，x_2，…，x_n 分别是第一，第二和第 n 个 x 的对应值。n 是样本中值的个数。样本方差是相对于样本均值数据分布的度量，是基于单个值与样本均值之间的平方差以及自由度的数量，我们将在后面解释。样本方差在数学上定义为[9]：

$$s^2 = \sum_{i=1}^{n} \frac{(x_i - \bar{x})^2}{n-1} = \frac{n\sum_{i=1}^{n} x_i^2 - (\sum_{i=1}^{n} x_i)^2}{n(n-1)} \tag{12.9}$$

式中，s^2 是样本方差；$\bar{x}$ 是样本均值；x_i 是 x 的个体值。其中 x_1，x_2，…，x_n 分别是第一，第二和第 n 个 x 的对应值。n 是样本中值的个数。样本标准偏差是对样本均值数据偏差的度量，其基于各个偏差相加，然后通过自由度数进行归一化。样本标准偏差等于样本方差的平方根。样本标准偏差的数学公式为[10]：

$$s = \sqrt{\sum_{i=1}^{n} \frac{(x_i - \bar{x})^2}{n-1}} = \sqrt{\frac{n\sum_{i=1}^{n} x_i^2 - (\sum_{i=1}^{n} x_i)^2}{n(n-1)}} \tag{12.10}$$

标准偏差能够显示测量数据的波动。

自由度大小 v 可定义为独立数据块的数量。也就是说，它是完成一组信息所需要的信息量。预测的可靠性随着自由度的增加而增加。请注意，如果一个样本包含 5 个值，且样本均值已知，则只需要其中的 4 个值以及样本均值就可以确定第五个值，即最终值。上述的这个例子有 $n-1$ 或 4 个自由度。此外，样本方差和样本标准差的自由度始终为 $n-1$。这是因为样本均值必须是已知的。如果使用一个被认为很大的总体来确定这些值，则使用替代定义。这是因为当 n 很大时，$n-1$和 n 几乎相等。因此，对于整个种群，种群方差定义为：

$$\sigma^2 = \sum_{i=1}^{n} \frac{(x_i - \mu)^2}{n} \tag{12.11}$$

式中，σ^2 是总体方差和μ 是总体均值。还要注意的是，样本均值和总体均值是相同的。然而，总体均值通常用符号 μ 表示。相应的总体标准差定义为：

$$\sigma = \sqrt{\sum_{i=1}^{n} \frac{(x_i - \mu)^2}{n}} \tag{12.12}$$

通常，统计分析是基于样本而不是总体。因此，通常使用与 x、s^2 和 s 相应的公式。

12.3 正态分布

许多重复的自然现象，如天气以及许多物理测量，其值以一种常见的模式分布在平均值周围。这种类型的值分布称为正态分布

一般情况下，正态分布可以用在特定值的实体密度表示为正态分布密度函数，表示为[12]：

$$f(x)=\frac{1}{\sigma\sqrt{2\pi}}\mathrm{e}^{-\{(1/2)[(x-\mu)/\sigma]^2\}} \tag{12.13}$$

式中，$f(x)$ 为发生的密度或频率。图 12.1 中的例子是均值为 50、标准差为 15 的正态分布。

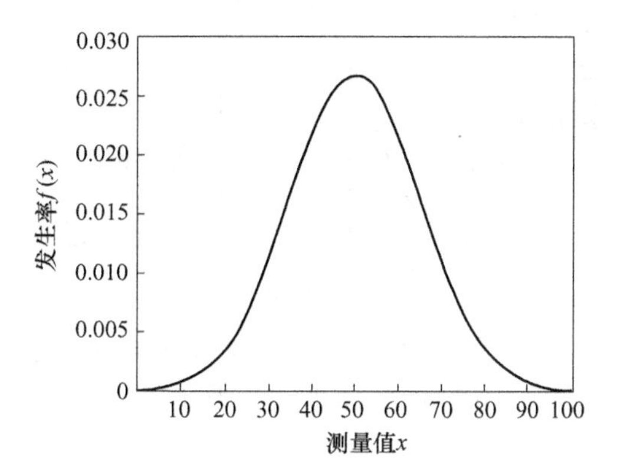

图 12.1 $f(x)$ 与总体均值为 50，总体标准差为 15 的变量 x 的正态分布图

12.4 概率与置信度

通过概率和置信区间来量化从数据中得出结论的可信程度。

通过对分布函数曲线进行积分，求出相关面积，得到某一特定值范围内某一事件发生或获得某一测量值的概率。整个曲线下面积等于 1。此外，在离平均值足够大的范围内找到一个值的概率总是 1。从数学上讲，给定事件在指定值（x_1 和 x_2）范围内发生的概率表示为：

$$P(x_1 < x < x_2)=\int_{x_1}^{x_2} f(x)\,\mathrm{d}x \tag{12.14}$$

$f(x)$ 可以表示后面给出的几个分布函数中的任意一个。对于正态分布函数情况，这个表达式变为：

$$P(x_1 < x < x_2)=\int_{x_1}^{x_2}\frac{1}{\sigma\sqrt{2\pi}}\mathrm{e}^{-\left\{\frac{1}{2}[(x-\mu)/\sigma]^2\right\}}\,\mathrm{d}x \tag{12.15}$$

在均值的一个标准差范围内，出现的概率为 0.68 或 68%。如图 12.2 所示为在平均值 50 的一个标准偏差 15 内的曲线下面积等于事件发生的相关概率为 0.68。因此，对于图 12.2 所示的数据，从分布中随机选取的值在均值的一个标准差范围内，或者说在 35 到 65 之间，有 68%的置信度。置信度描述特定结果的可能性，与概率直接相关。因此特定置信值的范围通常称为置信区间。显著性水平 α，相当于 1 减去部分置信度或发生概率，或在数学上表示为：

$$P(x_1 < x < x_2)=1-\alpha \tag{12.16}$$

式中，α 是事件的显著性等级，即事件不太可能发生的概率。

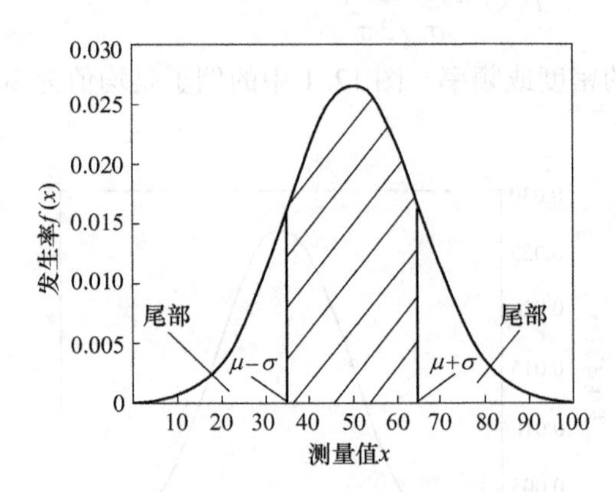

图 12.2　$f(x)$ 与总体均值为 50，总体标准差为 15 的变量 x 的正态分布图
（交叉阴影的中间部分表示曲线下距均值一个标准差范围内的面积 0.68）

图 12.2 中没有交叉阴影的区域称为正态分布的尾部。如果选择中间值，显著性水平包含与分布函数尾部相关的概率。这种包括分布的双尾的显著性水平，与双尾部检验有关。相反，那些只包含一个"尾部"的测试与单尾测试相关(例如，当 x_1 为零或 x_2 为∞时)。因此，在双尾检验中，每个尾下的曲线下面积是 $\alpha/2$，而对于单侧测试相关的区域显著性水平 α。通常，$\alpha=0.05$ 被认为是显著的，而 $\alpha=0.01$ 看作是差别非常显著的。当特定数据集落在相应的置信区间内时，基于统计的角度考虑是否接受，或者如果值在该范围之外（即在显著性水平内）则拒绝接受。

例 12.4　一家公司希望确保其某一款 500g 产品中至少 99%的产品重量不低于 500g。为了完成这一任务，必须正确确定产品被拒绝的重量设置测量装置的下限。如果总体均值为 510g，总体标准差为 5g，且总体服从正态分布，则是否必须采用较低的权重设置作为拒绝标准?

这是一个单尾检验问题，因为所考虑的范围只超过了一个指定的极限，而不是在某个有限极限之间。这个问题可以通过对正态分布密度函数的数值积分，在电子表格中用 x 的微小变量 Δx 来模拟 dx 来求解，从而找到概率为 99%或 0.99 的权值下限：

$$P(x_1 < x < \infty) = f(x)$$

密度分布函数 $f(x)$ 的正态分布：

$$f(x) = \int_{x_1}^{\infty} \frac{1}{\sigma\sqrt{2\pi}} e^{-(1/2)[(x-\mu)/\sigma]^2} dx$$

因此

$$P(x_1 < x < \infty) = 0.99 = \int_{x_1}^{\infty} \frac{1}{\sigma\sqrt{2\pi}} e^{-(1/2)[(x-\mu)/\sigma]^2} dx$$

相关的数值积分得到 x_1 值为 498.36。

示例 12.3 表明，置信区间可以很轻松地解决数值积分问题。然而，使用计算器进行数值积分是相当不方便的。对于这种分析，分析表也不实用，因为可能的均值和标准差有无数个。实际统计分析的另一个难题是，总体标准偏差通常是未知的。逐步地，已经发现了解决这些问题的替代办法。最值得注意的是，t 和 z 变量以及相关函数被用来分析来自正态总体分布的数据，并结合假设检验讨论。

12.4.1 正态总体内基于 z 的连续函数值概率的确定

z 是标准正态变量。它用于将正态分布数据转换为均值为 0、标准差为 1 的标准正态分布。

基于 *z* 的评估体系用于评估具有大量服从正态分布的数据块（<30）的样本。这种方法使用变量 *z* 作为评估基础。变量 *z* 被称为标准正态变量。它用于将正态分布数据转换为均值为 0、标准差为 1 的标准正态分布。变量 *z* 由一个度量值相对于给定总体均值的偏离率组成，与总体标准差有关。接着，对于样本中非常多的数据块，*x* 从正态总体分布到 *z* 的变换将导致总体均值为 0，总体标准差为 1。此外，使用 *z* 将各种应用程序和大小的值转换为标准正态分布函数的通用版本，可以为此构造通用表。具有连续正态分布的总体 *z* 值为[13]：

$$z = \frac{x - \mu}{\sigma} \tag{12.17}$$

因为 *z* 是一个应用于多个统计场景的转换变量，用户应该确保将正确的表单用于所需的场景。替换的 *z* 和 d*z*（$dz = dx/\sigma$）成正态分布方程代替 *x* 和 d*x* 可得：

$$P(z_1 < x < z_2) = \int_{z_1}^{z_2} \frac{1}{\sqrt{2\pi}} e^{-(z^2/2)} dz \tag{12.18}$$

因此，z_1 和 z_2 之间的 *z* 值或这些值之间的正态分布曲线下面积的概率可以用这个积分来确定。图 12.3 显示了 *z* 在−2 和 2 之间的区间（约 0.95）与曲线下的概率或面积。表 12.1 和表 12.2 给出了得到小于 z_1 的 *z* 值的概率的精确值。因此，确定 z_1 和 z_0 之间的概率的方法是在适当的表中找到相关区域或概率值的差异。

例 12.5 假设反应速率遵循连续正态分布，总体平均速率为 15mol/h，总体标准偏差为 3mol/h，计算得到 10~20mol/h 之间的反应速率的概率。

实现这种双尾评估的第一步是将速率值转换为相应的 *z* 值（在这种情况下，对于连续正态分布函数）：

$$z_1 = \frac{x_{low} - \mu}{\sigma} = \frac{10 - 15}{3} = -1.67$$

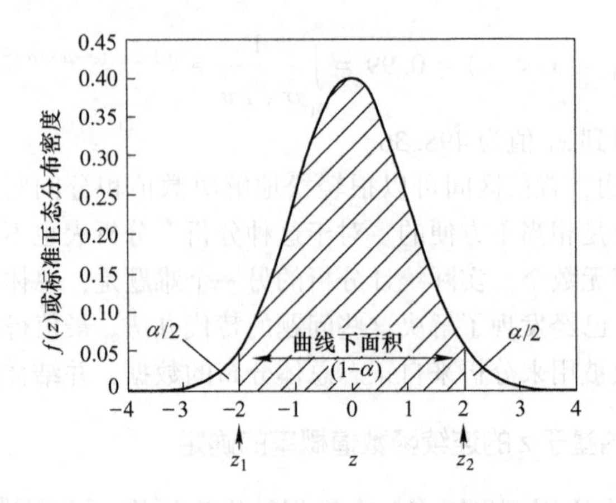

图 12.3　将标准正态分布密度值与 z 的对应值进行比较

（z_1 到 z_2 之间的范围提供了一个等于 1-α 的区域或概率以及尾分布区域在 z_1 以上但 z_2 以下的区域或 α/2 概率）

$$z_2 = \frac{x_{\text{high}} - \mu}{\sigma} = \frac{20 - 15}{3} = 1.67$$

接着，用 z_2 以下区域 z 的概率与 z_1 以下区域 z 的概率之差求 z_1 与 z_2 之间 z 的概率：

$$P(z_1 < x < z_2) = P(z < z_2) - P(z < z_1) = 0.9525 - 0.0475 = 0.9050 \text{ 或 } 90.5\%$$

表 12.1　标准正态分布密度函数下从−∞到 z 的面积

z	0	0.02	0.04	0.06	0.08
−2.9	0.0019	0.0017	0.0016	0.0015	0.0014
−2.8	0.0026	0.0024	0.0023	0.0021	0.002
−2.7	0.0035	0.0033	0.0031	0.0029	0.0027
−2.6	0.0047	0.0044	0.0041	0.0039	0.0037
−2.5	0.0062	0.0059	0.0055	0.0052	0.0049
−2.4	0.0082	0.0078	0.0073	0.0069	0.0066
−2.3	0.0107	0.0102	0.0096	0.0091	0.0087
−2.2	0.0139	0.0132	0.0125	0.0190	0.0133
−2.1	0.0179	0.017	0.0162	0.0154	0.0146
−2.0	0.0228	0.0217	0.0207	0.0197	0.0188
−1.9	0.0287	0.0274	0.0262	0.0250	0.0239
−1.8	0.0359	0.0344	0.0329	0.0314	0.0301
−1.7	0.0446	0.0427	0.0409	0.0392	0.0375

续表 12.1

z	0	0.02	0.04	0.06	0.08
-1.6	0.0548	0.0526	0.0505	0.0485	0.0465
-1.5	0.0668	0.0643	0.0618	0.0594	0.0571
-1.4	0.0808	0.0778	0.0749	0.0722	0.0694
-1.3	0.0968	0.0934	0.0901	0.0869	0.0838
-1.2	0.1151	0.1112	0.1075	0.1038	0.1003
-1.1	0.1357	0.1314	0.1271	0.1230	0.1190
-1.0	0.1587	0.1539	0.1492	0.1446	0.1401
-0.9	0.1841	0.1788	0.1736	0.1685	0.1635
-0.8	0.2119	0.2061	0.2005	0.1949	0.1894
-0.7	0.2420	0.2358	0.2296	0.2236	0.2177
-0.6	0.2743	0.2676	0.2611	0.2546	0.2483
-0.5	0.3085	0.3015	0.2946	0.2877	0.2810
-0.4	0.3446	0.3372	0.3300	0.3228	0.3156
-0.3	0.3821	0.3745	0.3669	0.3594	0.3520
-0.2	0.4207	0.4129	0.4052	0.3974	0.3897
-0.1	0.4602	0.4522	0.4443	0.4364	0.4286
0	0.5000	0.4920	0.4840	0.4761	0.4681

表 12.2 从 $-\infty$ 到 z 的标准正态分布曲线下的面积

z	0	0.02	0.04	0.06	0.08
0	0.5000	0.5080	0.5160	0.5239	0.5319
0.1	0.5398	0.5478	0.5557	0.5636	0.5714
0.2	0.5793	0.5871	0.5948	0.6026	0.6103
0.3	0.6179	0.6255	0.6331	0.6406	0.6480
0.4	0.6554	0.6628	0.6700	0.6772	0.6844
0.5	0.6915	0.6985	0.7054	0.7123	0.7190
0.6	0.7257	0.7324	0.7389	0.7454	0.7517
0.7	0.7580	0.7642	0.7704	0.7764	0.7823
0.8	0.7881	0.7939	0.7995	0.8051	0.8106
0.9	0.8159	0.8212	0.8264	0.8315	0.8365
1.0	0.8413	0.8461	0.8508	0.8554	0.8599
1.1	0.8643	0.8686	0.8729	0.8770	0.8810

续表 12.2

z	0	0.02	0.04	0.06	0.08
1.2	0.8849	0.8888	0.8925	0.8962	0.8997
1.3	0.9032	0.9066	0.9099	0.9131	0.9162
1.4	0.9192	0.9222	0.9251	0.9278	0.9306
1.5	0.9332	0.9357	0.9382	0.9406	0.9429
1.6	0.9452	0.9474	0.9495	0.9515	0.9535
1.7	0.9554	0.9573	0.9591	0.9608	0.9625
1.8	0.9641	0.9656	0.9671	0.9686	0.9699
1.9	0.9713	0.9726	0.9738	0.9750	0.9761
2.0	0.9772	0.9783	0.9793	0.9803	0.9812
2.1	0.9821	0.9830	0.9838	0.9846	0.9854
2.2	0.9861	0.9868	0.9875	0.9881	0.9887
2.3	0.9893	0.9898	0.9904	0.9909	0.9913
2.4	0.9918	0.9922	0.9927	0.9931	0.9934
2.5	0.9938	0.9941	0.9945	0.9948	0.9951
2.6	0.9953	0.9956	0.9959	0.9961	0.9963
2.7	0.9965	0.9967	0.9969	0.9971	0.9973
2.8	0.9974	0.9976	0.9977	0.9979	0.9980
2.9	0.9981	0.9982	0.9984	0.9985	0.9986

12.4.2 基于 z 的连续正态分布均值分布的概率分析

从一个大的正态分布总体中抽取 n 大小的一系列样本，其均值的结果分布以及每个样本内值的总和将服从正态分布。样本均值分布的标准差可以计算为[14]：

$$\sigma_{\bar{x}} = \frac{\sigma}{\sqrt{n}} \tag{12.19}$$

$\sigma_{\bar{x}}$ 等于一个大总体平均值的标准差；种群样本大小为 n；总体标准差 σ。因此，如果在总体标准差已知的情况下，需要对一系列样本均值进行分析，则可以利用基于 z 的方法，将均值标准差和样本均值的项代入给出的前一个 z 的表达式中：

$$z = \frac{\bar{x} - \mu}{\sigma_{\bar{x}} / \sqrt{n}} \tag{12.20}$$

然后，可以使用与前面使用 z 相同的方法来评估观察样本均值的概率。

12.4.3 基于多个样本均值的总体均值z值估计

如果这两个值中有一个与总体均值和样本大小都已知，那么也可以反向使用 z 表，并用于确定总体均值或总体标准差的估计值。这个过程始于建立所需的置信区间，100%（$1-\alpha$），并制订了标准：

$$P(z_{\alpha/2} < x < z_{(1-\alpha)/2}) = 1-\alpha = P\left(z_{\alpha/2} < \frac{\bar{x}-\mu}{\sigma_{\bar{x}}/\sqrt{n}} < z_{(1-\alpha)/2}\right) \quad (12.21)$$

然后重排以给出预计 μ 的置信区间：

$$x - z_{\alpha/2}\frac{\sigma_{\bar{x}}}{\sqrt{n}} < \mu < \bar{x} + z_{(1-\alpha)/2}\frac{\sigma_{\bar{x}}}{\sqrt{n}} \quad (12.22)$$

例 12.6 如果各样本均值的均值为 10.2，样本均值的标准差为 1.7，则以样本容量为 8 的 10 个样本为基础，求得 95%置信区间的总体均值。

z 的值是：

$$z_{\alpha/2} = z_{(1-\alpha)/2} = 1$$

其基本公式为：

$$\bar{x} - z_{\alpha/2}\frac{\sigma_{\bar{x}}}{\sqrt{n}} < \mu < \bar{x} + z_{(1-\alpha)/2}\frac{\sigma_{\bar{x}}}{\sqrt{n}}$$

将值替换成方程可得：

$$10.2 - 1.96 \times \frac{1.7}{\sqrt{8}} < \mu < 10.2 + 1.96 \times \frac{1.7}{\sqrt{8}}$$

即 $9.02 < \mu < 11.38$。

此方法可用于使用不同的统计变量评估其他统计条件下的未知值。

12.4.4 用二项分布的近似值确定离散值的概率

个体实验的评价通常是根据实验的成功或失败来进行的。从多次实验中获得样本内的集体数据通常遵循二项分布，这些实验可分为成功或失败。当一个样本中的实验或数据量较大时，得到的二项分布可以近似为正态分布。对于遵循二项分布的大样本（>30），它是离散的而不是连续的（离散函数只能有整数值。相反，连续函数不受整数值的限制），其变换变量 z 给出如下：

$$z = \frac{x - np}{\sqrt{np(1-p)}} \quad (12.23)$$

x 是取得成功的次数，n 是样本容量，p 是成功结果的概率。二项分布的离散性导致面积单元的宽度为 1。元素的值位于相邻整数值的外部边界的中间位置。因此，如果需要求得与 x 的离散整数值相关的曲线下面积，则需要使用相关值 $x-0.05$ 和 $x+0.05$ 作为极限。此外，x 的值总是在元素所需的中心值之上或之下偏移 0.5。这可以确保测量与该元素关联的整个区域。例如，如果希望观察到五个正面结果的概率，相关区域在 4.5 到 5.5 之间。这些是元素的外部边界是以 5 为中心宽度为 1 的区域。

例 12.7 经过 5 年的测试，一家公司已经确定其一款产品 29%将在 6 年的服务期满时失效。如果随机抽样的 39 件产品在使用 6 年后被检测出失效，确定其中 12 到 16 件产品失效的概率。

使用寿命达到 6 年的概率是 71%或 0.71。正在被测试的值是在 39 个样本中有 23 到 27 个样本成功的概率。随后，预期概率将在 22.5 的下限 x 和 27.5 的上限 x 之间确定。对应的 z 值是：

$$z_1 = \frac{x_1 - np}{\sqrt{np(1-p)}} = \frac{22.5 - 39 \times 0.71}{\sqrt{39 \times 0.71 \times (1 - 0.71)}} = -1.83$$

$$z_2 = \frac{x_2 - np}{\sqrt{np(1-p)}} = \frac{27.5 - 39 \times 0.71}{\sqrt{39 \times 0.71 \times (1 - 0.71)}} = -0.07$$

相应的概率或与这些值有关的区域为：

$$P(z < z_1) = 0.0336$$

$$P(z < z_2) = 0.4721$$

因此，确定 z 在 z_1 和 z_2 之间的概率，即在 39 个样本中找到 12 和 16 个故障样本的概率，作为 z_1 和 z_2 概率的差值：

$$P(z_1 < x < z_2) = 0.4721 - 0.0336 = 0.4385$$

12.4.5 当总体均值和标准差已知时，基于 z 的样本均值评价

数学家们已经证明，在样本容量较大的情况下，任何分布的样本均值相对于总体均值都是正态分布的。统计观测是统计学家的重要核心工具。它被称为中心极限定理。接着，可以确定 z 值，将样本均值分布转换为标准正态分布。在总体均值和标准差已知的情况下，利用大样本 $n>30$ 的样本均值评价公式，确定了从 n 个样本大小测量给定均值的可能性时，变换变量 z 的值。

$$z = \frac{\bar{x} - \mu}{\sigma / \sqrt{n}} \tag{12.24}$$

这个方程可以用来确定测量样本均值的概率。它需要一个已知均值和标准差的总体作为样本容量的函数。在评估中使用转换变量 z 和相关的数据表。

12.4.6 基于 z 的总体均值与已知总体方差和样本均值的比较

用样本均值和已知的总体方差来比较总体均值有时是有效的。这种情况下通常适用于正态分布的随机变量。它们通常适用于相当大的样本量。这是一种不太

常见的情况，从样本 1 和样本 2 中得到总体 1 和 2 的 z 值为：

$$z = \frac{(\bar{x}_1 - \bar{x}_2) - (\mu_1 - \mu_2)}{\sqrt{\frac{\sigma_1^2}{n_1} + \frac{\sigma_2^2}{n_2}}} \tag{12.25}$$

如果两个总体的方差相等，则方程可以简化。

12.4.7 确定样本大小以在样本均值中达到期望的置信水平

重组后的公式可以用来比较样本和总体平均数，公式推导为：

$$n = \left(\frac{z_{\alpha/2^{\sigma}}}{\bar{x} - \mu}\right)^2$$

该公式可用于确定正态分布平均值的样本量。因此，当质量控制方案要求样本均值在指定的置信区间位于已知样本均值的指定范围内时，该等式可用于确定达到期望置信水平所需的样本大小。

例 12.8 在 95%置信水平下，如果总体标准差为 3ppm，随机选择的样本均值将在已知溶液总体均值浓度值的 100ppm 范围内，所需要的溶液样本大小。

95%置信区间对应 $1-\alpha = 0.95$ 或 $\alpha = 0.05$ 和 $\alpha/2 = 0.025$。z 的值对应于 $\alpha/2 = 0.025 - 1.96$ 基于 z 数据表。因此：

$$n = \left(\frac{z_{\alpha/2^{\sigma}}}{\bar{x} - \mu}\right)^2 = \left(\frac{-1.96 \times 3}{101 - 100}\right)^2 = 34.6(\text{或 } 35)$$

12.4.8 基于样本均值对已知总体均值和样本偏差的估计

结果表明，基于 z 的概率估计方法具有很大的实用价值。然而，基于 z 的方法需要大量的样本和总体均值和标准差的数据，且总体标准差通常是未知的。因此，基于 z 的方法不能直接应用于许多数据集。但稍微修改一下就用于上述数据集。由于样本均值和均值相关分布的标准差服从正态分布，可以用样本标准差近似代替标准差得到[15]：

$$s_{\bar{x}} = \frac{s}{\sqrt{n}} \tag{12.26}$$

此变换时通过用样本标准差代替总体标准差进行转换的，修改后的变换变量是 t。变量 t 用于将数据转换为均值为 0 的代表性密度函数。

t 分布，有时称为学生 t 分布，与标准正态分布非常相似。随着样本量的增大，趋于标准正态分布。变量 t 是一个与 z 非常相似的转换变量，因为它用于将数据转换成一个具有代表性的密度函数，其平均值为 0。当样本中的数据点趋于无穷时，t 变量等于 z。在实际应用中，当样本包含 30 多个数据点时，t 和 z 非常相似。然而，在有限的样本容量下，t 分布函数比 z 分布函数更接近正态分布的真实数据。因此，基于 t 分析的一个有价值的特征是没有一个已知的总体标准差。总体标准差通常比样本标准差更难得到。计算变量 t 的 $n-1$ 自由度的基础上使用以下公式[15]：

$$t = \frac{\bar{x} - \mu}{s/\sqrt{n}} \tag{12.27}$$

这类似于用中心极限定理求 z 的公式。因为 t 和 z 不一样，它有一个不同的分布密度函数，被给定为[16]：

$$f(t) = \frac{\Gamma(v+1)0.5}{\Gamma 0.5v\sqrt{\pi v}}\left(1 + \frac{t^2}{v}\right)^{-[(v+1)/2]} \tag{12.28}$$

函数 Γ，对于给定的自由度是一个常数。函数定义为[17]：

$$\Gamma(\gamma) = \int_0^{\infty} x^{\gamma-1}\mathrm{e}^{-x}\mathrm{d}x \tag{12.29}$$

正态分布只取决于总体均值和标准差。除样本值外，t 分布还取决于自由度。t 和 z 分布的巨大差异与样本容量 n 有关。n 是在 t 表达式的分母中。与基于 z 的评估应用一样，t 信息用于确定 t 发生的概率。由于计算 t 发生概率所需的密度函数涉及一个相当复杂的数学函数，所以使用了表 12.3 所示的表格数据。为了在 t 表中找到合适的概率，必须知道样本中数据点的个数或样本大小。样本大小或自由度对 t 分布影响较大，等于 $n-1$，如图 12.4 所示。换句话说，$v = n-1$ 为一组典型的数据。

表 12.3　t 分布函数的值①

v	α						
	0.4	0.25	0.1	0.05	0.025	0.01	0.005
1	0.325	1.000	3.078	6.314	12.71	31.82	63.66
2	0.289	0.816	1.886	2.920	4.303	6.965	9.925
3	0.277	0.765	1.638	2.353	3.182	4.541	5.841
4	0.271	0.741	1.533	2.132	2.776	3.747	4.604
5	0.267	0.727	1.476	2.015	2.571	3.365	4.032
6	0.265	0.718	1.440	1.943	2.447	3.143	3.707
7	0.263	0.711	1.415	1.895	2.365	2.998	3.499
8	0.262	0.706	1.397	1.860	2.306	2.896	3.355
9	0.261	0.703	1.383	1.833	2.262	2.821	3.250
10	0.260	0.700	1.372	1.812	2.228	2.764	3.169
11	0.260	0.697	1.363	1.796	2.201	2.718	3.106

续表12.3

v	α						
	0.4	0.25	0.1	0.05	0.025	0.01	0.005
12	0.259	0.695	1.356	1.782	2.179	2.681	3.055
13	0.259	0.694	1.350	1.771	2.160	2.650	3.012
14	0.258	0.692	1.345	1.761	2.145	2.624	2.977
15	0.258	0.691	1.341	1.753	2.131	2.602	2.947
16	0.258	0.690	1.337	1.746	2.120	2.583	2.921
17	0.257	0.689	1.333	1.740	2.110	2.567	2.898
18	0.257	0.688	1.330	1.734	2.101	2.552	2.878
19	0.257	0.688	1.328	1.729	2.093	2.539	2.861
20	0.257	0.687	1.325	1.725	2.086	2.528	2.845
21	0.257	0.686	1.323	1.721	2.080	2.518	2.831
22	0.256	0.686	1.321	1.717	2.074	2.508	2.819
23	0.256	0.685	1.319	1.714	2.069	2.500	2.807
24	0.256	0.685	1.318	1.711	2.064	2.492	2.797
25	0.256	0.684	1.316	1.708	2.060	2.485	2.787
26	0.256	0.684	1.315	1.706	2.056	2.479	2.779
27	0.256	0.684	1.314	1.703	2.052	2.473	2.771
28	0.256	0.683	1.313	1.701	2.048	2.467	2.763
29	0.256	0.683	1.311	1.699	2.045	2.462	2.756
30	0.256	0.683	1.310	1.697	2.042	2.457	2.750

①基于单侧检验的重要性等级。

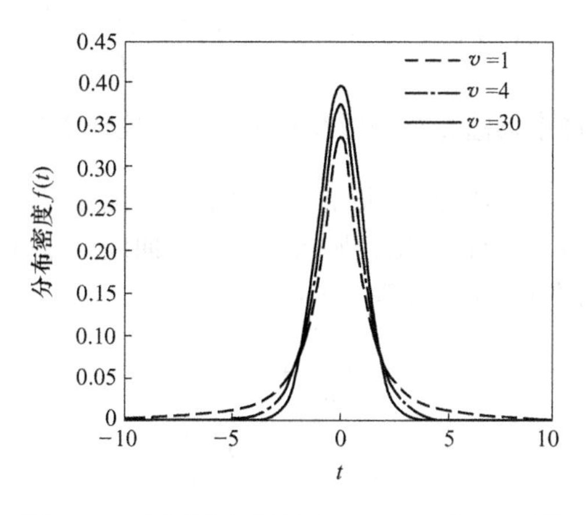

图 12.4 在不同自由度（v = 1、4 和 30）下，作为 t 函数的分布密度函数的比较

例 12.9　公司生产操作员需要确保工艺流程中的平均铁含量低于 3000ppm，以防后续工艺中产生沉淀。因此，派遣技术人员从生产流程中收集九个随机溶液样品用于分析铁的含量。溶液分析的铁含量是 2710、2890、2660、2780、2930、2920、2840、2770 和 2670ppm。操作员能否保证平均铁含量低于 3000ppm 的概率至少有 99%？

$$\bar{x} = \sum_{i=1}^{n} \frac{x_i}{n} = \frac{x_1 + x_2 + \cdots + x_n}{n} = 2797$$

$$s = \sqrt{\frac{n\sum_{i=1}^{n} x_i^2 - (\sum_{i=1}^{n} x_i)^2}{n(n-1)}} = \sqrt{\frac{9 \times (70478900 - 633528900900)}{9 \times 8}} = 104$$

使用具有统计功能的电子表格可以更轻松地执行这些计算。在这种情况下，要求的平均值是 3000ppm，因此 t 的值是：

$$t = \frac{\bar{x} - \mu}{s/\sqrt{n}} = \frac{2797 - 3000}{104/\sqrt{9}} = -5.86$$

因为所述目标是确定样本平均值是否小于 3000ppm，所以仅评估分布的一个尾部。对于 $n-1(9-1=8)$ 自由度，表 12.3 对应 $\alpha = 0.01$ 的 t 值是 2.896，值远小于计算的 5.86。(注意负号将对应于 t 分布表的另一端，但由于分布是对称的，因此正值和负值都适用)。因此，结论是可以确保铁含量水平低于 3000ppm 的概率大于 99%。

12.4.9　基于 t 评估样本均值和方差以及对未知等量样本方差的假设

通常使用比较样本均值的方法来评估两种不同的统计方法。如果样本均值和方差已知并且总体方差相等，则可用 t 分布曲线，来评估如下形式 t 的总体均值：

$$t = \frac{(n_1 + n_2 - 2)[(\bar{x}_1 - \bar{x}_2) - (\mu_1 - \mu_2)]}{[s_1^2(n_1 - 1) + s_2^2(n_2 - 1)]\sqrt{\frac{1}{n_1} + \frac{1}{n_2}}} \tag{12.30}$$

12.4.10　基于 t 评估样本均值和方差以及对未知不等量样本方差的假设

通常使用比较样本均值的方法来评估两种不同的统计方法。如果样本均值和方差已知并且总体方差不同且未知，则可用 t 分布曲线，来评估如下形式 t 的总体均值，当给出自由度时，t 近似等于 t'：

$$v = \frac{\left(\frac{s_1^2}{n_1} + \frac{s_2^2}{n_2}\right)^2}{\frac{\left(\frac{s_1^2}{n_1}\right)^2}{n_1 - 1} + \frac{\left(\frac{s_2^2}{n_2}\right)^2}{n_2 - 1}} \tag{12.31}$$

t'可表达为：

$$t' = \frac{(\bar{x}_1 - \bar{x}_2) - (\mu_1 - \mu_2)}{\sqrt{\frac{s_1^2}{n_1} + \frac{s_2^2}{n_2}}} \tag{12.32}$$

认为 t'的值近似等于 t 的值，来确定适当的概率。

12.4.11 F 分布（用于分析样本方差和比较两种统计方法）

在许多统计分析中，比较不同样品之间的测量方差是有用的。方差比率为评估方差差异提供了一个有用的指标，这个比率被称为 F 值，它可以表达为：

$$F = \frac{s_1^2 \sigma_2^2}{s_2^2 \sigma_1^2} = \frac{\frac{x}{v_x}}{\frac{y}{v_y}} \tag{12.33}$$

注意：如果比较相同样本分布的样本数据，则群体标准偏差相互抵消。相关的 F 分布密度函数如下[18]：

$$f(F) = \frac{\left(\frac{v_1}{v_2}\right)^{0.5v_1} \Gamma[(v_1 + v_2)(0.5)]}{0.5\, v_2 \Gamma(0.5v\sqrt{\pi v})} \left[\frac{F^{(0.5v_1 - 1)}}{(1 + \frac{v_1 F}{v_2})^{0.5(v_1+v_2)}}\right]^{-\frac{v+1}{2}} \tag{12.34}$$

F 值是衡量两个样品的相对方差

如图 12.5 所示是 F 分布密度函数，表 12.4 列出了具体值。将结合第 12.8 节演示 F 分布的应用方法。

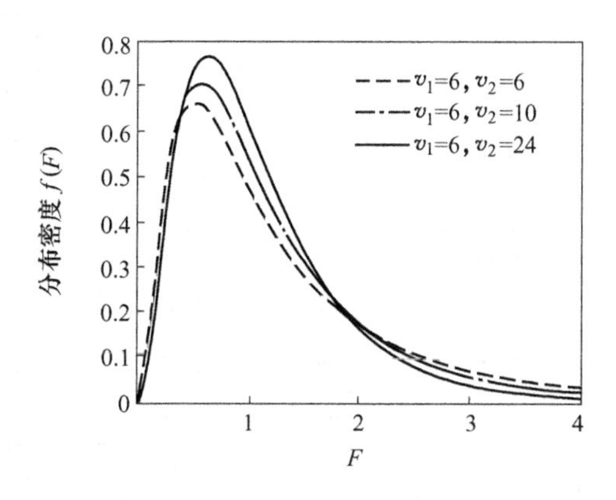

图 12.5 不同自由度下，F 分布密度函数的分布密度值与 $f(F)$ 的关系

表 12.4　*F* 分布函数的值（单侧 $\alpha = 0.05$ 显著性水平）

v_2	v_1（$\alpha = 0.05$）					
	1	2	3	5	10	15
1	161.5	199.5	215.7	230.2	241.9	246.0
2	18.51	19.00	19.16	19.30	19.40	19.43
3	10.13	9.55	9.28	9.01	8.79	8.70
4	7.71	6.94	6.59	6.26	5.96	5.86
5	6.61	5.79	5.41	5.05	4.75	4.62
6	5.99	5.14	4.76	4.39	4.06	3.94
7	5.59	4.74	4.35	3.97	3.64	3.51
8	5.32	4.46	4.07	3.69	3.35	3.22
9	5.12	4.26	3.86	3.48	3.14	3.01
10	4.96	4.10	3.71	3.33	2.98	2.85
11	4.84	3.98	3.59	3.20	2.85	2.72
12	4.75	3.89	3.49	3.11	2.75	2.62
13	4.67	3.81	3.41	3.03	2.67	2.53
14	4.60	3.74	3.34	2.96	2.60	2.46
15	4.54	3.68	3.29	2.90	2.54	2.40
16	4.49	3.63	3.24	2.85	2.49	2.35
17	4.45	3.59	3.20	2.81	2.46	2.31
18	4.41	3.55	3.16	2.77	2.41	2.27
19	4.38	3.52	3.13	2.74	2.38	2.23
20	4.35	3.49	3.10	2.71	2.35	2.20
21	4.32	3.47	3.07	2.68	2.32	2.18
22	4.30	3.44	3.05	2.66	2.30	2.15
23	4.28	3.42	3.03	2.64	2.27	2.13
24	4.26	3.40	3.01	2.62	2.25	2.11
25	4.24	3.39	2.99	2.60	2.24	2.09
26	4.23	3.37	2.98	2.59	2.22	2.07
27	4.21	3.35	2.96	2.57	2.20	2.06
28	4.20	3.34	2.95	2.56	2.19	2.04
29	4.18	3.33	2.93	2.55	2.18	2.03
30	4.17	3.32	2.92	2.53	2.16	2.01

12.4.12　χ^2(卡方检测) 独立性评估

卡方是样本和总体方差之比乘以自由度的结果。

在许多统计比较中，比较测量数据的分布相对于已知总体样本的分布是可取的。因此，样本和总体方差的比值，乘以自由度的个数，决定了卡方的值。卡方的值可以用以下方程来计算：

$$\chi^2 = \frac{(n-1)s^2}{\sigma^2} = \sum_{i=1}^{n}\frac{(x_i - \bar{x})^2}{\sigma^2} \tag{12.35}$$

相关的卡方分布密度函数为[19]：

$$f(\chi^2) = \frac{1}{2^{0.5v}\Gamma(0.5v)}(\chi^2)^{(0.5v-1)}e^{-0.5\chi^2} \tag{12.36}$$

图 12.6 为卡方分布密度函数图，表 12.5 为卡方分布密度函数表。

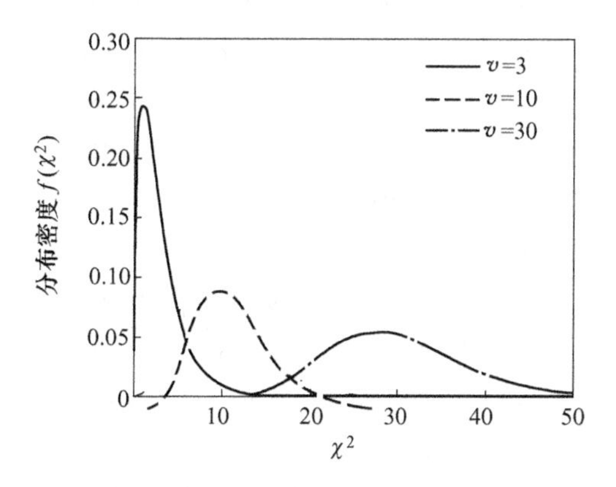

图 12.6　不同自由度下，分布密度函数与卡方值的函数关系

表 12.5　χ^2（卡方分布）函数的值

v	α						
	0.25	0.10	0.05	0.025	0.01	0.005	0.001
1	1.323	2.706	3.841	5.024	6.635	7.879	10.827
2	2.773	4.605	5.991	7.378	9.210	10.597	13.815
3	4.108	6.251	7.815	9.348	11.345	12.838	16.268
4	5.385	7.779	9.488	11.143	13.277	14.860	18.465
5	6.626	9.236	11.070	12.832	15.086	16.750	20.517
6	7.841	10.645	12.592	14.449	16.812	18.548	22.457
7	9.037	12.017	14.067	16.013	18.475	20.278	24.322
8	10.219	13.362	15.507	17.535	20.090	21.955	26.125

续表12. 5

v	α						
	0. 25	0. 10	0. 05	0. 025	0. 01	0. 005	0. 001
9	11. 389	14. 684	16. 919	19. 023	21. 666	23. 589	27. 877
10	12. 549	15. 897	18. 307	20. 483	23. 209	25. 188	29. 588
11	13. 801	17. 275	19. 675	21. 920	24. 725	26. 757	31. 264
12	14. 845	18. 549	21. 026	23. 337	26. 217	28. 300	32. 909
13	15. 984	19. 812	22. 362	24. 736	27. 688	29. 819	34. 528
14	17. 117	21. 065	23. 685	26. 119	29. 141	31. 319	36. 123
15	18. 245	22. 307	24. 996	27. 488	30. 578	32. 801	37. 697
16	19. 369	23. 542	26. 296	28. 845	32. 000	34. 267	39. 252
17	20. 489	24. 769	27. 587	30. 191	33. 409	35. 718	40. 790
18	21. 605	25. 989	28. 869	31. 526	34. 805	37. 156	42. 312
19	22. 718	27. 204	30. 144	32. 852	36. 191	38. 582	43. 820
20	23. 828	28. 412	31. 410	34. 170	37. 566	39. 997	45. 315
21	24. 935	29. 615	32. 671	35. 479	38. 923	41. 401	46. 797
22	26. 039	30. 813	33. 924	36. 781	40. 289	42. 796	48. 268
23	27. 141	32. 007	35. 172	38. 076	41. 638	44. 181	49. 728
24	28. 241	33. 196	33. 196	39. 364	42. 980	45. 558	51. 179
25	29. 339	64. 382	37. 652	40. 646	44. 314	46. 928	52. 620
26	30. 434	35. 563	38. 885	41. 923	45. 642	48. 290	54. 052
27	31. 528	36. 741	40. 113	43. 194	46. 963	49. 645	55. 476
28	32. 620	37. 916	41. 337	44. 461	48. 278	50. 993	56. 893
29	33. 711	39. 087	42. 557	45. 722	49. 588	52. 336	58. 302
30	34. 800	40. 256	43. 773	46. 979	50. 892	53. 672	59. 703

12.4.13　数据对分布函数拟合的卡方评估（拟合优度评价）

用于拟合优度评价的卡方变量为：

$$\chi^2 = \sum_{i=1}^{n} \frac{(x_i - x_{\text{期望}})^2}{x_{\text{期望}}} \tag{12.37}$$

式中，$x_{\text{期望}}$为 x 的期望值，或根据所选分布函数测算某一值的期望频率；x 为观测值或测算某一值的频率。

卡方检验的自由度数值是通过将评估中的列数减 1 乘以行数减 1（#列数-1）（#行数-1）来确定，其中行数等于分类数量，列数等于类别数量。

例 12. 10　建立随机溶液测量系统以监测来自相同流程中五个不同位置的溶

液排放浓度。如果总共进行 1000 次测量并且从每个位置获取的测量数量为 180、200、195、215 和 210 次，分别记为 A、B、C、D 和 E。则根据 0.01 显著性水平的正态分布函数确定随机测量系统是否真正随机。

评估的第一步是确定预期值。由于从五个位置进行了 1000 次测量，因此预计每个位置将具有总数的 1/5 即 200 次测量。因此，相关的卡方值是：

$$\chi^2 = \sum_{i=1}^{n} \frac{(x_i - x_{期望})^2}{x_{期望}}$$

$$\chi^2 = \frac{(180-200)^2}{200} + \frac{(200-200)^2}{200} + \frac{(195-200)^2}{200} + \frac{(215-200)^2}{200} + \frac{(210-200)^2}{200}$$

$$= 3.80$$

这个问题有两个类别（预期和测量）和五个分类，因此有 $(2-1)\times(5-1)=4$ 个自由度。因此，在 0.01 显著性水平下，卡方数据表（或计算机输出）的卡方值为 13.277。由于测量值小于表或计算机得出的 0.01 显著性水平的值，因此随机抽样系统能正常工作。

12.5　线性回归与相关内容

变量之间通常是相互关联的，这种关系一般是线性的。以下为一个典型的直线方程：

$$y_i = \alpha + \beta x_i$$

式中，α 和 β 是常数，通常使用最小二乘法来估算 α 和 β 的值，最小二乘法尽量缩小 y 的估计值和测量值之间的平方和。确定系数 α 和 β 的最小二乘法估计值 a 和 b 的公式如下[20]：

$$b = \frac{n\sum_{i=1}^{n} x_i y_i - \sum_{i=1}^{n} x_i \sum_{i=1}^{n} y_i}{n\sum_{i=1}^{n} x_i^2 - \left(\sum_{i=1}^{n} x_i\right)^2} = \frac{\sum_{i=1}^{n}(x_i - \bar{x})(y_i - \bar{y})}{\sum_{i-1}^{n}(x_i - \bar{x})^2} \tag{12.38}$$

$$a = \frac{\sum_{i=1}^{n} y_i - b\sum_{i=1}^{n} x_i}{n} = \bar{y} - b\bar{x} \tag{12.39}$$

如果函数 y 的值是正态分布的，则 a 和 b 的置信区间可以用 $n-2$ 自由度的 t 变换变量来计算，其中适合于 b 的 t 值是：

$$t = \frac{b - \beta}{s\Big/\sqrt{\sum_{i=1}^{n}(x_i - \bar{x})^2}} \tag{12.40}$$

而对于 $n-2$ 自由度的相应 t 值是：

$$t = \frac{a - \alpha}{s\sqrt{\dfrac{x_i^2}{\sum_{i=1}^{n} n \sum_{i=1}^{n}(x_i - \bar{x})^2}}} \tag{12.41}$$

另一个有用的统计分析是相关性。许多变量之间是线性相关的，利用样本相关系数来量化样本变量之间关系的线性程度是很有用的。利用如下公式[21]计算样本相关系数：

$$r = \frac{s_{xy}}{\sqrt{s_x s_y}} = \frac{n\sum_{i=1}^{n} x_i y_i - \sum_{i=1}^{n} x_i \sum_{i=1}^{n} y_i}{\sqrt{n\sum_{i}^{n} x_i^2 - (\sum_{i=1}^{n} x_i)^2}\sqrt{\sum_{i=1}^{n} y_i^2 - (\sum_{i=1}^{n} y_i)^2}} \tag{12.42}$$

相关系数量化了变量之间的相关性。如果 x 和 y 完全相关，则为 1。如果它们不相关则为 0。如果它们是负相关的则为-1。

如果样本相关系数接近 1，则相关性几乎是完美的。如果相关性接近 0，则 x 和 y 之间几乎没有相关性。如果相关系数接近-1，则相关性与测量的相关性相反，或者变量 y 在相对于 x 的相反方向上变化。然而，相关系数的定量值并不反映线性度。相反，通过判定系数比较线性度是合适的，这相当于 r^2 值：

$$r^2 = \frac{s_{xy}^2}{s_x s_y} = \frac{\left(n\sum_{i=1}^{n} x_i y_i - \sum_{i=1}^{n} x_i \sum_{i=1}^{n} y_i\right)^2}{\left[n\sum_{i=1}^{n} x_i^2 - (\sum_{i=1}^{n} x_i)^2\right]\left[n\sum_{i=1}^{n} y_i^2 - (\sum_{i=1}^{n} y_i)^2\right]} \tag{12.43}$$

判定系数 r^2 确定了变量 y 与 x 线性关系之间的偏移量。因此，如果 r^2 的值为 0.96，则表示 y 增量的 96%与 x 线性相关。当变量 x 和 y 为正态分布时，用如下公式[22]计算 t 值，则 r 值的分布服从 $n-2$ 个自由度的 t 分布。

$$t = r\frac{\sqrt{n-2}}{\sqrt{1-r^2}} \tag{12.44}$$

利用得到的 t 值，可以确定 x 和 y 之间线性相关的概率。

12.6　选择合适的统计函数

绝大多数常用的统计分析都是基于正态分布密度函数进行的，因为被广泛采用的方法如基于 z 的方法、基于 t 的方法、f 检验和卡方检验的统计都与正态分布密度函数有一定联系。然而，除正态分布密度函数外，还有许多类型的数据拟合函数。因此，了解还有哪些函数可用，并验证数据是否与分析中使用的函数相匹配，这是非常有用的。因此，本节将首先介绍其他分布函数，然后介绍一种方法来评估函数对所需数据集的适用性。

12.6.1 对数正态分布函数

对数正态分布函数的方程如下：

$$f(x) = \frac{1}{x\sigma\sqrt{2\pi}} e^{-\left\{\frac{1}{2}[(\ln x - \mu)/\sigma]^2\right\}} \tag{12.45}$$

12.6.2 威布尔分布密度函数

威布尔分布密度函数的方程如下：

$$f(x) = y\beta x^{\beta-1} e^{-yx^{\beta}} \tag{12.46}$$

参数 y 和 β 的值大于 1，x 的值也必须为正。

12.6.3 指数分布密度函数

指数分布密度函数的方程如下：

$$f(x) = \frac{1}{\beta} e^{-x/\beta} \tag{12.47}$$

参数 β 的值大于 1，x 的值也必须为正。

12.6.4 双指数分布密度函数

双指数分布密度函数的方程如下：

$$f(x) = \frac{1}{\alpha} \exp\left[\frac{-(x-\lambda)}{\alpha} - \exp\left(\frac{x-\lambda}{\alpha}\right)\right] \tag{12.48}$$

参数 α 和 β 的值大于 1，x 的值也必须为正。

12.6.5 确定最合适的分布函数

确定适当统计函数的一种常见方法是将数据转换为累积分布函数格式，以便进行评估。换句话说，将数据转换为累积概率，并将转换后的累积概率数据与密度函数的积分进行比较。首先对数值进行排序确定累计概率。排序是通过创建具有边界限制的关联存储区域来执行的，然后将存储区域的出现频率除以 n+1（由于 0 和 ∞ 的隐式边界，需要添加 1，否则将为存储区域创建未计数的存储区域或数据）。可以比较数据的相关累积分布函数，见第 12.6.6 小节。它还包含每个函数的线性化形式，便于图形化计算和线性相关系数比较。

12.6.6　威布尔累积分布函数

威布尔累积分布函数的方程如下：

$$F(x) = 1 - e^{-\alpha x^{\beta}} \tag{12.49}$$

相关的线性化形式是：

$$\ln\left[\ln\frac{1}{1 - F(x)}\right] = \ln\alpha + \beta\ln x \tag{12.50}$$

因此，适当的 $\ln\{\ln(1/[1 - F(x)]\}$ 与 $\ln x$ 的关系图将有利于使用相关系数数据分析数据的拟合程度。

12.6.7　指数分布密度累积函数

指数分布密度函数的方程如下：

$$F(x) = 1 - e^{-\beta x} \tag{12.51}$$

相应的线性形式是：

$$\ln[1 - F(x)] = \beta x \tag{12.52}$$

因此，适当的 $\ln[1 - F(x)]$ 与 x 的关系图将有利于使用相关系数数据分析数据的拟合程度。

12.6.8　双指数分布密度累积函数

双指数分布密度函数的方程如下：

$$F(x) = \exp\left[-\exp\frac{-(x - \lambda)}{\alpha}\right] \tag{12.53}$$

相应的线性形式是：

$$\ln\{-\ln[F(x)]\} = -\frac{x - \lambda}{\alpha} \tag{12.54}$$

因此，适当的 $\ln\{-\ln[F(x)]\}$ 与 x 的关系图将有利于使用相关系数数据分析数据的拟合程度。

12.6.9　正态累积分布和对数正态累积分布数据评估

正态分布函数和对数正态分布函数不能线性化。因此，与这些函数相关的数据的评估，通常是通过使用图 12.7 和图 12.8 中提供的图表来进行。表 12.7 给出了基于正态分布分析的统计公式汇总表。

例 12.11　确定最合适的统计分布密度函数，该函数适用于以下数据：30、50、70、80、100、120、140、150、170、180、200、220、240、260、280、310、320、330、350、380、420、450、500、550。

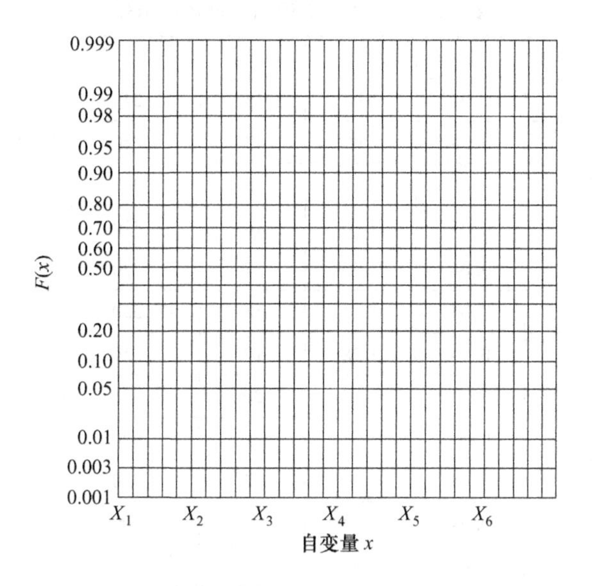

图 12.7 正态累积分布函数绘制图，当数据服从正态分布时，给出线性拟合数据

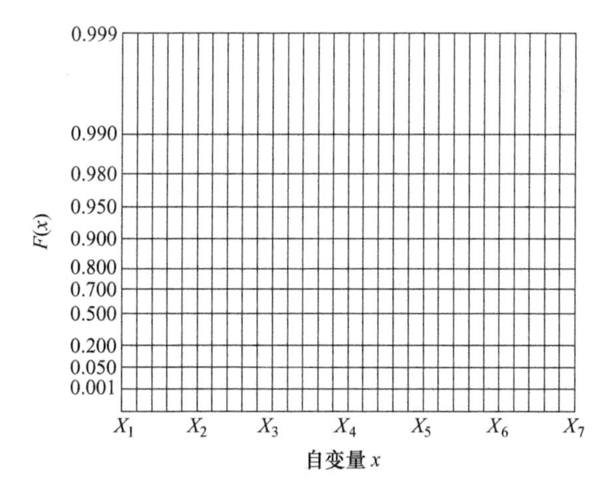

图 12.8 对数正态累积分布函数绘制图，当数据服从对数正态分布时，给出线性拟合数据

这组数据中有 24 个数据点要进行排序。因此，对于每个数据点，$f(x)$ 等于 $1/(24+1)=0.04$。累积分布函数由 $f(x)$ 的累加决定。这些数字与相关发生频率、分布密度和累积分布函数一起列在表 12.6 中。

表 12.6　例 12.11 中函数适用的数据

等级	x	$f(x)$	$F(x)$	等级	x	$f(x)$	$F(x)$
1	30	0.04	0.04	13	240	0.04	0.52
2	50	0.04	0.08	14	260	0.04	0.56
3	70	0.04	0.12	15	280	0.04	0.60
4	80	0.04	0.16	16	310	0.04	0.64
5	100	0.04	0.20	17	320	0.04	0.68
6	120	0.04	0.24	18	330	0.04	0.72
7	140	0.04	0.28	19	350	0.04	0.76
8	150	0.04	0.32	20	380	0.04	0.80
9	170	0.04	0.36	21	420	0.04	0.84
10	180	0.04	0.40	22	450	0.04	0.88
11	200	0.04	0.44	23	500	0.04	0.92
12	220	0.04	0.48	24	550	0.04	0.96

表 12.7　正态分布变量和近正态分布变量的统计分析变量选取公式及使用情况汇总

目　　的	自由度	n	分布变量及相关公式
估计值概率	n	1	$z = \dfrac{x-\mu}{\sigma}$
二项变量值 $x_1 < x < x_2$ 的估计概率	n	>30	$z = \dfrac{x-np}{\sqrt{np(1-p)}}$
样本平均值 P 的估计概率 $(x_1 < x < x_2)$	n	>30	$z = \dfrac{\bar{x}-\mu}{\dfrac{\sigma\bar{x}}{\sqrt{n}}}$
均值估计值	n	>30	$\bar{x} - z_{\alpha/2}\dfrac{\sigma}{\sqrt{n}} < \mu < \bar{x} + z_{\alpha/2}\dfrac{\sigma}{\sqrt{n}}$
估计值概率	$n-1$	<30	$t = \dfrac{\bar{x}-\mu}{\dfrac{s}{\sqrt{n}}}$
平均值估计值	$n-1$	<30	$x - t_{\alpha/2}\dfrac{\sigma}{\sqrt{n}} < \mu < \bar{x} + t_{\alpha/2}\dfrac{\sigma}{\sqrt{n}}$
估计总体均值之差的概率 $P[x_1 < (\mu_1-\mu_2) < x_2]$	n	>30	$z = \dfrac{(\bar{x}_1-\bar{x}_2)-(\mu_1-\mu_2)}{\sqrt{\dfrac{\sigma_1^2}{n_1}+\dfrac{\sigma_2^2}{n_2}}}$
估计总体均值之差的概率 $P[x_1 < (\mu_1-\mu_2) < x_2]$	$n-1$	<30	$t = \dfrac{(n_1+n_2-2)[(x_1-x_2)-(\mu_1-\mu_2)]}{[s_1^2(n_1-1)+s_2^2(n_2-1)]\sqrt{\dfrac{1}{n_1}+\dfrac{1}{n_2}}}$ 如果 $\sigma_1 = \sigma = \sigma_2$

续表 12.7

目　　的	自由度	n	分布变量及相关公式
估计总体均值之差的概率 $P[x_1 < (\mu_1 - \mu_2) < x_2]$	v 见公式	<30	$t \approx \dfrac{(\bar{x}_1 - \bar{x}_2) - (\mu_1 - \mu_2)}{\sqrt{\dfrac{s_1^2}{n_1} + \dfrac{s_2^2}{n_2}}} v = \dfrac{[(s_1^2/n_1) + (s_2^2/n_2)]^2}{\dfrac{(s_1^2/n_1)^2}{n_1 - 1} + \dfrac{(s_2^2/n_2)^2}{n_2 - 1}}$
方差估计概率无差异	$n - 1$		$F = \dfrac{s_1^2 \sigma_2^2}{s_2^2 \sigma_1^2}$
样本和总体方差的估计概率无差异	$n - 1$		$\chi^2 = \dfrac{(n-1)s^2}{\sigma^2} = \sum\limits_{i=1}^{n} \dfrac{(x_i - \bar{x})^2}{\sigma^2}$
估计方差 σ^2	$n - 1$		$\dfrac{(n-1)s^2}{\chi^2_{\alpha/2}} < \sigma^2 < \dfrac{(n-1)s^2}{\chi^2_{(1-\alpha)/2}}$

计算的分布值 z、t、F 和 χ^2 用于在表格中确定相关概率。

Plot 函数处理数据可得到以下评估数据：

评估函数	画　图	r^2
威布尔	$\ln\ln\{1/[1 - F(x)]\}$：$\ln(x)$	0.996
指数	$\ln[1 - F(x)]$：x	0.875
双指数	$\ln\{-\ln[F(x)]\}$：x	0.990

通过使用适当的坐标方格（图 12.7 和图 12.8）处理正态分布和对数正态分布数据。得出的数据图不是线性的。因为威布尔分布的拟合度是最好的，所以威布尔分布函数最适合相关数据。

12.7 假设检验

利用统计数据对基于定量数据得出结论的有效性进行决策是很常见的。基于统计决策的一个非常常见的方法是建立假设。这个过程首先基于错误理论建立零假设（H_0），然后基于正确理论建立替代假设（H_1）。下一步是选择所需的显著性水平、α 和检验类型（单侧或双侧检验）。假设随机样本数据可用，且零假设为真（目标是证明它应该被拒绝，所以证明从假设它为真开始），下一步是确定适当的统计值。接下来，做出接受或拒绝零假设的决定。最后，基于对原假设的判断，得出是否接受备择假设的结论。如果拒绝零假设，则接受备择假设。如果接受零假设，那么拒绝备择假设。这种方法适用于本章讨论的所有类型的一般统计函数测试。

例 12.12　根据以下腐蚀速率（密耳/年）数据，确定缓蚀剂 A 与缓蚀剂 B 在 0.05 显著性水平上是否存在差异，缓蚀剂 A：9.5、10.5、11.2、12.3、12.5、12.8、13.5、15.2；对于缓蚀剂 B：8.5、8.9、9.9、10.1、10.3、10.5、10.7 和 11.2。

确定已知或可以计算的内容：s_A、s_B、s_A^2、s_B^2、$\bar{x}_A$、$\bar{x}_B$、n_A、n_B、($n_A = n_B < 30$)。

进行 t 检验，比较缓蚀剂 A 和 B 的平均值。

H_1：缓蚀剂 A 的性能与缓蚀剂 B 不同。

H_0：缓蚀剂 A 和 B 的性能没有差别。

$\alpha = 0.05$（因为 A 性能必须比 B 优异）。

$n_A = n_B = 8$

$$\bar{x}_A = \sum_{i=1}^{n} \frac{x_i}{n} = \frac{9.5 + 10.5 + 11.2 + 12.3 + 12.5 + 12.8 + 13.5 + 15.2}{8} = 12.19$$

$$\bar{x}_B = \sum_{i=1}^{n} \frac{x_i}{n} = \frac{8.5 + 8.9 + 9.9 + 10.1 + 10.3 + 10.5 + 10.7 + 11.2}{8} = 10.0$$

$$s_A = \sqrt{\sum_{i=1}^{n} \frac{(x_i - \bar{x})^2}{n-1}} = \sqrt{\frac{n\sum_{i=1}^{n} x_i^2 - (\sum_{i=1}^{n} x_i^2)^2}{n(n-1)}} = \sqrt{\frac{8 \times 1211 - 9510}{8 \times 7}} = 1.78$$

$$s_B = \sqrt{\sum_{i=1}^{n} \frac{(x_i - \bar{x})^2}{n-1}} = \sqrt{\frac{n\sum_{i=1}^{n} x_i^2 - (\sum_{i=1}^{n} x_i^2)^2}{n(n-1)}} = \sqrt{\frac{8 \times 808 - 6413}{8 \times 7}} = 0.94$$

$$t \approx \frac{(\bar{x}_1 - \bar{x}_2) - (\mu_1 - \mu_2)}{\sqrt{(s_1^2/n_1) + (s_2^2/n_2)}} = \frac{12.19 - 10.01 - 0}{\sqrt{(1.78^2/8) + (0.94^2/8)}} = 4.08$$

$$v = \frac{[(s_1^2/n_1) + (s_2^2/n_2)]^2}{\frac{(s_1^2/n_1)^2}{n_1 - 1} + \frac{(s_2^2/n_2)^2}{n_2 - 1}} = \frac{[(1.78^2/8) + (0.94^2/8)]^2}{\frac{(1.78^2/8)^2}{7} + \frac{(0.94^2/8)^2}{7}} = 10.6 \approx 11$$

因此，在自由度为 11 的情况下，检验 t 分布表 $\alpha = 0.05$，得出的 t 值为 1.796，远低于计算值 4.08。

结论：拒绝 H_0。

推断：接受 H_1：抑制剂 A 的性能不同于抑制剂 B。

12.8　方差分析（ANOVA）

方差分析用于评估变量对特定结果的影响。

通常需要确定两种或两种以上不同的处理方式对特定结果的影响是否不同。

其中一种方法是对数据集进行方差分析（ANOVA）。使用这种方法的逻辑是基于这样一种理解：如果平均结果之间的方差与从单个样本中获得的结果的平均方差差异较大，那么处理方式将产生不同结果。相反，如果样本之间的平均结果方差较小，而每个样本内结果的平均方差较大，则结论是处理方式不会产生不同的结果。换言之，如果样本均值之间的差异性大于随机测量一个共同均值的预期，那么样本均值一定是不同的。F 统计量预测从一个数据集获得样本方差的概率，当已知各自的总体方差时，这一数据集与从另一个数据集获得的样本方差显著不同。因此，将 F 分布与两个新术语 s_{B}^2 和 s_{W}^2 一起用于此类评估，它们分别估计样本平均值和样本集内平均方差之间的差异。样本均值之间的估计方差为：

$$s_{\mathrm{B}}^2=\frac{ss_{\text{Treatment}}}{k-1}=\frac{\sum_{i=1}^{k}n_i\left(\bar{x}_i-\frac{\sum_{i=1}^{k}\bar{x}_i}{k}\right)^2}{k-1}=\frac{\sum_{i=1}^{k}\frac{\left(\sum_{j=1}^{n_i}x_{ij}\right)^2}{n_i}-\frac{\left(\sum_{i=1}^{k}\sum_{j=1}^{n_i}x_{ij}\right)^2}{N}}{k-1} \tag{12.55}$$

$$s_{\mathrm{W}}^2=\frac{\text{SSE}}{\sum_{i=1}^{k}n_i-k}=\frac{\text{SST}-\text{SS}_{\text{Treatment}}}{N-k}$$

$$=\frac{\left[\sum_{i=1}^{k}\sum_{j=1}^{n_i}x_{ij}^2-\frac{\left(\sum_{i=1}^{k}\sum_{j=1}^{n_i}x_{ij}\right)^2}{N}\right]-\left[\sum_{i=1}^{k}\frac{\left(\sum_{j=1}^{n_i}x_{ij}\right)^2}{n_i}-\frac{\left(\sum_{i=1}^{k}\sum_{j=1}^{n_i}x_{ij}\right)^2}{N}\right]}{N-k} \tag{12.56}$$

式中，下标 W 表示“内”样本，SSE 表示误差平方和或样本内平方和，SST 表示整组样本的平方和。

利用这些方程确定相应 F 值的一个重要关键是假设，如果假定产生与标准处理方式相同的结果，那么与总体相关的方差应相同，从而导致：

$$F=\frac{s_{\mathrm{B}}^2\,\sigma_{\mathrm{W}}^2}{s_{\mathrm{W}}^2\,\sigma_{\mathrm{B}}^2}=\frac{s_{\mathrm{B}}^2}{s_{\mathrm{W}}^2} \tag{12.57}$$

注：样本之间的方差有 $k-1$ 自由度，样本内的方差有 $N-k$ 自由度，其中 N 是样本大小的总和或所有样本的测量总数。

例 12.13 根据以下每组的相对过程结果，确定处理方式 a、b、c 和 d 在 0.05 显著性水平下对过程结果是否具有相同的效果：a：96、99、108、102、96、98、105；b：121、115、114、122、109；c：110、108、99、100、103、112、92；d：88，83、86、93、96、89、102、105、88、95、103。

示例 12.13 的方差分析表如下：

x_a，x_a^2	x_b，x_b^2	x_c，x_c^2	x_d，x_d^2
96，9216	121，14641	110，12100	88，7744
99，9801	115，13225	108，11664	83，6889
108，11664	114，12996	99，8901	86，7396
102，10404	122，14884	100，10000	93，8649
96，9216	109，11881	103，10609	96，9216
98，9604		112，12544	89，7921
105，11025		92，8464	102，10404
			105，11025
			88，7744
			95，9025
			103，10609

	x_a，x_a^2	x_b，x_b^2	x_c，x_c^2	x_d，x_d^2	总数
$\sum x$	704	581	724	1028	3037
$\sum x^2$	70930	67627	75182	96622	310362
n	7	5	5	11	30
$(\sum x)^2$	495616	337561	524176	1056784	2110137
$\frac{(\sum \bar{x})^2}{n}$	70802	67512	74882	96071	309267
$\bar{x}$	100.6	116.2	103.4	93.5	413.7

此类问题通常通过建立相关假设和使用软件或表格对数据进行方差分析来解决，以便于数据分析。

H_1：处理方式的效率有差异。

H_0：处理方式的效率无差异。

$$\mathrm{SS}_{\mathrm{Treatment}} = \sum_{i=1}^{k} \frac{(\sum_{j=1}^{n_i} x_{ij})^2}{n_i} - \frac{(\sum_{i=1}^{k}\sum_{j=1}^{n_i} x_{ij})^2}{N} = 309267 - \frac{3037^2}{30} = 1821$$

$$\mathrm{SST} = \sum_{i=1}^{k}\sum_{j=1}^{n_i} x_{ij}^2 - \frac{(\sum_{i=1}^{k}\sum_{j=1}^{n_i} x_{ij})^2}{N} = 310361 - \frac{3037^2}{30} = 2915$$

$$SSE = SST - SS_{Treatment} = 2915 - 1821 = 1094$$

$$F = \frac{s_B^2}{s_W^2} = \frac{\dfrac{SS_{Treatment}}{k-1}}{\dfrac{SSE}{N-k}} = \frac{\dfrac{1821}{3}}{\dfrac{1094}{26}} = 14.43$$

$$F_{(3,26)\alpha=0.05} = 2.98$$

$$F > F_{(3,26)\alpha=0.05}$$

结论：

拒绝 H_0：处理方式的效果没有差异。

接受 H_1：处理方式的效果存在差异。

结论：至少有95%把握认为处理方式在过程结果的有效性上有所不同。

12.9　因素设计与实验分析

因素设计对于用变量相对较少的实验来评估多个变量对一个或多个特定结果的影响非常有用。

为了测量A、B和C三个变量在关键过程中对输出变量 Y 的影响，需要进行实验。如果A、B和C完全独立，则有必要至少在两个水平上进行测试，以确定所选变量水平的变化是否对输出变量产生影响。因此，至少需要六次测试来评估这三个变量。然而，大多数应用程序需要一些测试来确定变量之间的相互依赖性或独立性。换句话说，A的水平会影响C的效果吗？或者B会影响A，或者A和B一起会影响C的性能吗？如果要将所有可能的影响和相互依赖性作为单独的测试系列进行评估，则需要进行大量的额外测试。然而，与传统的一次改变一个变量的方法相比，实验方法的因素分解设计允许操作更少的测试，并获得更多有关相互依赖性的信息。表12.8给出了采用因素设计方法进行的一组测试，其中变量A、B和C在高（+）和低（-）水平下进行了测试。

这些测试的相对水平和结果如图12.9所示。参数A、B和C的相对影响及其相关的相互作用可以用以下公式计算：

$$A = \frac{-Y_1 + Y_2 - Y_3 + Y_4 - Y_5 + Y_6 - Y_7 + Y_8}{4} \tag{12.58}$$

$$B = \frac{-Y_1 - Y_2 + Y_3 + Y_4 - Y_5 - Y_6 + Y_7 + Y_8}{4} \tag{12.59}$$

$$C = \frac{-Y_1 - Y_2 - Y_3 - Y_4 + Y_5 + Y_6 + Y_7 + Y_8}{4} \tag{12.60}$$

$$AB = \frac{+Y_1 - Y_2 - Y_3 + Y_4 + Y_5 - Y_6 - Y_7 + Y_8}{4} \tag{12.61}$$

$$AC = \frac{+Y_1 - Y_2 + Y_3 - Y_4 - Y_5 + Y_6 - Y_7 + Y_8}{4} \tag{12.62}$$

$$BC = \frac{+Y_1 + Y_2 - Y_3 - Y_4 - Y_5 - Y_6 + Y_7 + Y_8}{4} \tag{12.63}$$

$$ABC = \frac{-Y_1 + Y_2 + Y_3 - Y_4 + Y_5 - Y_6 - Y_7 + Y_8}{4} \tag{12.64}$$

$$\text{平均值} = \frac{Y_1 + Y_2 + Y_3 + Y_4 + Y_5 + Y_6 + Y_7 + Y_8}{4} \tag{12.65}$$

表 12.8　A、B 和 C 的高（+）和低（-）水平实验的三因素设计

运行	A	B	C	AB	AC	BC	ABC	观测
1	-	-	-	+	+	+	-	Y_1
2	+	-	-	-	-	+	+	Y_2
3	-	+	-	-	+	-	+	Y_3
4	+	+	-	+	-	-	-	Y_4
5	-	-	+	+	-	-	+	Y_5
6	+	-	+	-	+	-	-	Y_6
7	-	+	+	-	-	+	-	Y_7
8	+	+	+	+	+	+	+	Y_8

注意：A 与 B（AB）、A 与 C（AC）、B 与 C（BC）以及 A 与 B 和 C（ABC）的相互作用值的高低可以决定相互之间的作用强度水平，以确定这些相互作用对观测值的相对影响。

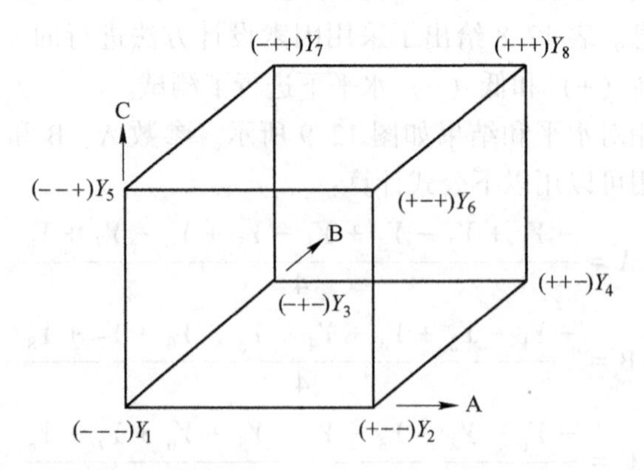

图 12.9　实验 8 因素设计示意图，其中包括两个层次的三因素参数集

效果值表明参数或参数交互作用对结果的影响。因此，如果 Y 的平均值为

100，而C效应计算为12，则C从较低水平到较高水平的平均变化导致 Y 的变化为12。

例12.14 利用电沉积实验的以下数据，确定影响电流效率的最重要因素。这些因素包括初始 Cu^{2+}/Cu^{+}（C）比例、初始 Fe^{3+}/Fe^{2+}（F）比例和HCl（H）浓度。铜和铁的高低值分别为0.111M 和9M，HCl的高低值分别为0.05M 和0.15M。实验和效果的因式分解设计如表12.9所示。

表12.9 实验实例的因式分解设计

运行	C	F	H	CF	CH	FH	CFH	当前效率
1	−	−	−	+	+	+	−	54
2	+	−	−	−	−	+	+	51.6
3	−	+	−	−	+	−	+	32
4	+	+	−	+	−	−	−	22
5	−	−	+	+	−	−	+	47
6	+	−	+	−	+	−	−	40
7	−	+	+	−	−	+	−	27
8	+	+	+	+	+	+	+	28

数据来源：P. K. Sarswat, M. S. Thesis, University of Utah, 2010。

$$Cu^{2+}/Cu^{+}=\frac{-54+51.6-32+22-47+40-27+28}{4}=-4.6$$

因此，铜离子比对电流效率有轻微的负面影响。可以对其他每个因素和相关交互作用进行类似计算。计算值如下：

$$Fe^{3+}/Cu^{2+}=\frac{-54-51.6+32+22-47-40+27+28}{4}=-20.9$$

$$HCl=\frac{-54-51.6-32-22+47+40+27+28}{4}=-4.4$$

Cu/Fe相互作用 = 0.1；

Cu/HCl相互作用 = 1.6；

Fe/HCl相互作用 = 4.9；

Cu/Fe/HCl相互作用 = 0.1。

因此，Fe^{3+}/Fe^{2+} 比对电流效率有非常大的负面影响（平均下降20.9%），即当此比率较高时，当前效率较低。这个结论是合理的，因为 Fe^{3+} 离子的存在会导致不必要的 Fe^{3+} 离子阴极还原，这将与铜还原过程竞争电子。

12.10 田口法

田口法是一种特殊形式的因素设计实验，使用干扰信息来评估参数效应。

12.9 节讨论了实验因式分解设计的好处和方法。如果一个实验者需要评估六个变量的影响，一个完整的实验因素设计将需要 64 个实验。通常，这样一系列的实验在工业上是很难证明的。其他的方法，如分数因素分解法和田口法，经常被用来减少实验数量[27]。田口法相对比较流行，因为它们比传统的因式分解设计使用更少的实验。田口法使用标准正交数组。它假定变量或因素不相互作用。

田口法的主要目标是提高产品的质量。前提是提高质量或保持高质量是造福社会的最佳途径。通过对控制因素的适当控制，可以提高或保持较高的质量水平。控制因素是期望过程和相关实验中可以控制的变量。通过将控制变量水平设置为最不敏感的干扰变量来实现质量。干扰变量是过程中无法控制的变量。

表 12.10 显示了一种常用于田口法的实验的常见正交设计。

具有 4~7 个变量的系统可以根据需要删除列，从而使用表 12.10。

表 12.10　L8 试验的正交设计（7 因素，两水平）

试验	因素 A	因素 B	因素 C	因素 D	因素 E	因素 F	因素 G
1	−	−	−	−	−	−	−
2	−	−	−	+	+	+	+
3	−	+	+	−	−	+	+
4	−	+	+	+	+	−	−
5	+	−	+	−	+	−	+
6	+	−	+	+	−	+	−
7	+	+	−	−	+	+	−
8	+	+	−	+	−	−	+

来源：改编自参考文献［27］。

数据分析通常基于信息-干扰信息比。SN 比实际上是相对于变化或干扰信息的比较。使用基于分析目标选择的公式进行序列号分析。表 12.11 提供了序列号公式。

表 12.11　SN 公式[26]

分 析 目 标	SN 比
最大化反应	$\mathrm{SN}_{\max} = -\lg\left(\frac{1}{n}\sum_{i=1}^{n}\frac{1}{y_i^2}\right)$
实现目标	$\mathrm{SN}_{\mathrm{tgt}} = 10\lg\frac{y_{\mathrm{ave}}^2}{\sigma^2}$
最小化反应	$\mathrm{SN}_{\max} = -10\lg\left(\frac{1}{n}\sum_{i=1}^{n}y_i^2\right)$

y_i 是在相同条件下进行的一系列 n 个试验中试验 i 的测量值，y_{ave} 是测量值的平均值，σ 是标准偏差，n 是在一个特定条件下的测量次数。通常，数据分析是通过将 SN 比作为响应来执行的。然后可以使用 SN 比作为反映来执行相应的方差分析（如上所述）。

例 12.15　比较处理方式 a、b、c 和 d 的 SN 比率，以评估哪个处理方式对过程结果影响最大，给定以下每组相对过程结果数据：a：96、99、108、102、96、98、105；b：121、115、114、122、109；c：110、108、99、100、103、112、92；d：88，83，86，93，96，89，102，105，88，95，103。假设最高的结果是最好的。利用田口序列号比较来评估信息。注意为了便于比较，数据与示例 12.13 中的数据相同。

$$SN_{max} = -10\lg\left(\frac{1}{7}\sum_{i=1}^{n}\frac{1}{96^2}+\frac{1}{99^2}+\frac{1}{108^2}+\frac{1}{102^2}+\frac{1}{96^2}+\frac{1}{98^2}+\frac{1}{105^2}\right) = 40.02$$

$SN_{max(b)} = 41.3$

$SN_{max(c)} = 40.2$

$SN_{max(d)} = 39.3$

通常，给出最高 SN 比的因素是影响最大的参数。因此，在这种情况下，处理方式 b 的 SN 比最高。

使用田口法对数据进行更为严格和有效的评估需要对每种情况进行多次测量。使用每个条件的多个测量值进行序列号分析。接下来，比较不同级别和条件下的 SN 值。此外，还进行了方差分析，并与前面讨论的 F 值进行比较。

在某些情况下，比较 SN 值和响应值，以确定简化比较中最重要的因素。示例 12.16 给出了这种方法的一个示例。

为了评估每种化合物（因素）的影响程度，对每小时提取的铜的浸出率进行了两次测定。通过构造 SN 和反应与因子水平相比，使用简化的田口序列号 SN 来分析数据。

例 12.16　某学生根据八个变量的修正正交 L18 设计进行 18 项测试[27]。此设计在三个级别测试最多七个变量，在两个级别测试一个变量。在设计应用中，省略了前两个变量和后两个变量。表 12.12 为学生测量的数据。

表 12.12　化合物（因子）A~E 氯化物浸出黄铜矿浸出数据

试验	因素 A	因素 B	因素 C	因素 D	因素 E	速率 1 /分数·小时$^{-1}$	速率 2 /分数·小时$^{-1}$
1	低	低	低	低	低	0.0013	0.0010
2	低	中	中	中	中	0.0038	0.0042
3	低	高	高	高	高	0.0100	0.0108

续表12.12

试验	因素 A	因素 B	因素 C	因素 D	因素 E	速率 1 /分数 · 小时$^{-1}$	速率 2 /分数 · 小时$^{-1}$
4	中	低	低	中	中	0.0050	0.0046
5	中	中	中	高	高	0.0042	0.0046
6	中	高	高	低	低	0.0050	0.0046
7	高	低	中	低	高	0.0029	0.0027
8	高	中	高	中	低	0.0075	0.0071
9	高	高	低	高	中	0.0046	0.0042
10	低	低	高	高	中	0.0113	0.0096
11	低	中	中	低	高	0.0033	0.0036
12	低	高	低	中	低	0.0033	0.0029
13	中	低	中	高	低	0.0075	0.0071
14	中	中	高	低	中	0.0063	0.0058
15	中	高	低	中	高	0.0042	0.0033
16	高	低	高	中	高	0.0075	0.0067
17	高	低	低	高	低	0.0050	0.0043
18	高	高	中	低	中	0.0025	0.0029

结果数据绘制在图 12.10~图 12.19 中。图中的数据表明，因素 C 和 D 对提高提取率有很大影响。SN 值基于式（12.9）。

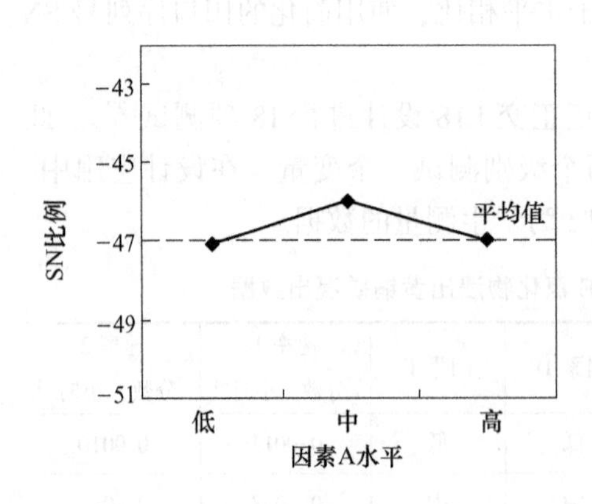

图 12.10　例 12.16 中因素 A 的 SN 水平比较

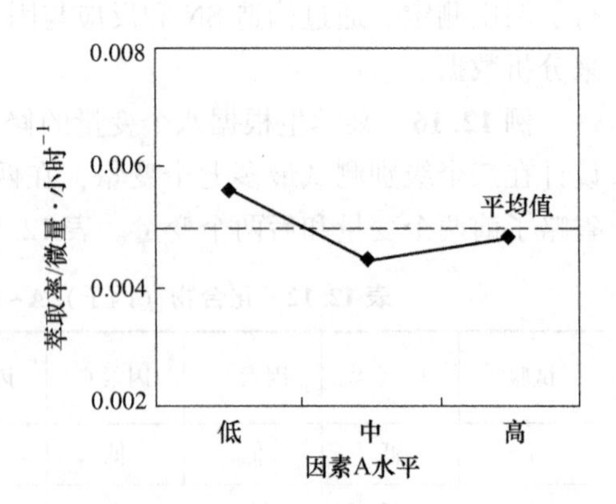

图 12.11　例 12.16 中因素 A 的比率比较

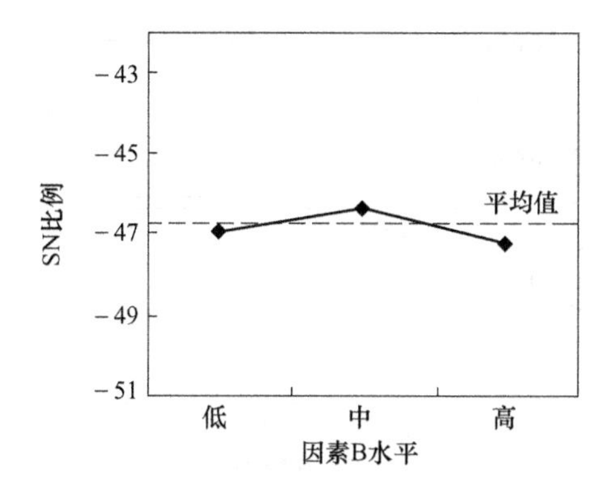

图 12.12 例 12.16 中因素 B 的 SN 水平比较

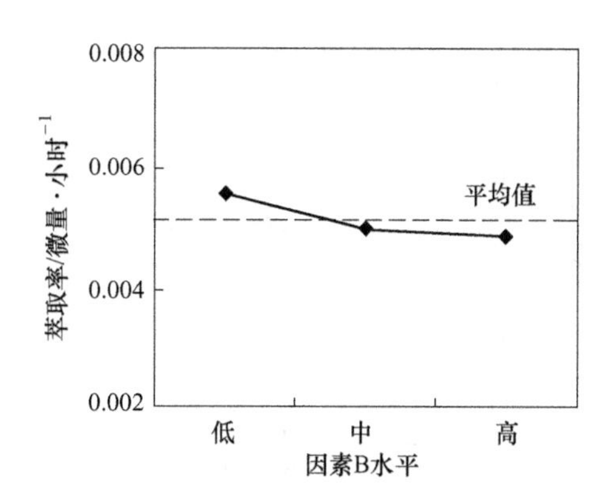

图 12.13 例 12.16 中因素 B 的比率比较

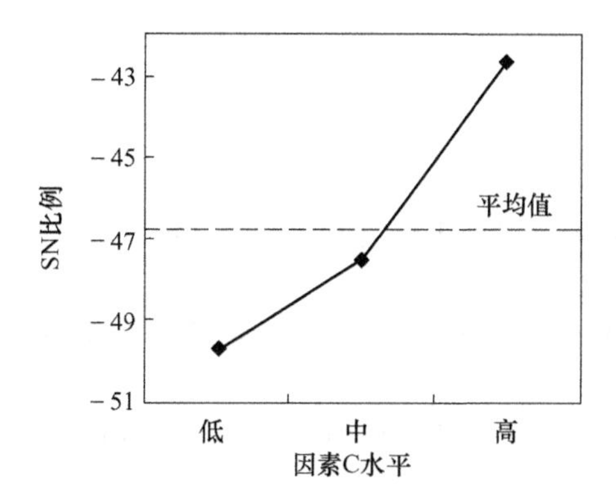

图 12.14 例 12.16 中因素 C 的 SN 水平比较

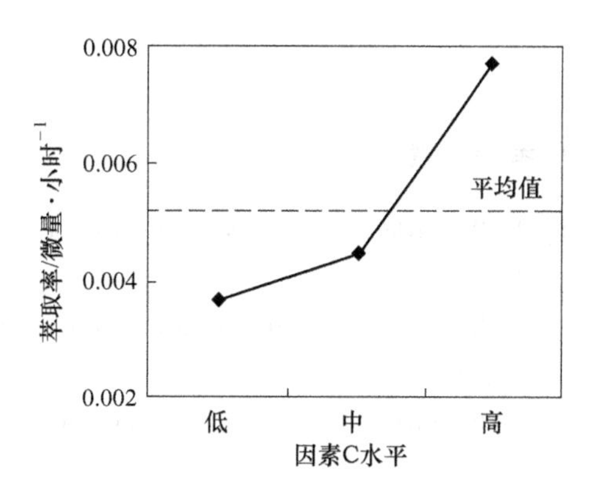

图 12.15 例 12.16 中因素 C 的比率比较

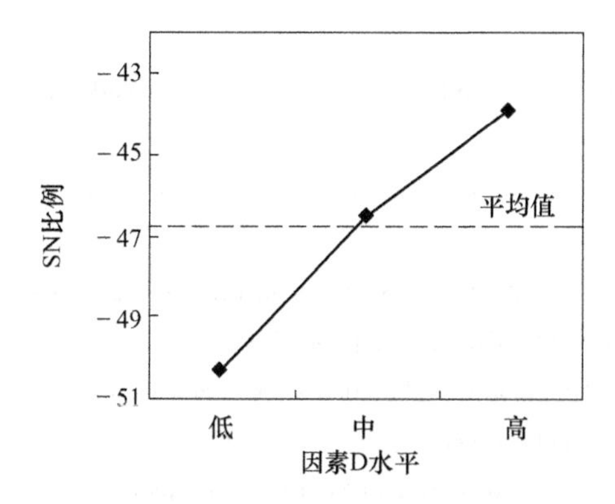

图 12.16 例 12.16 中因素 D 的 SN 水平比较

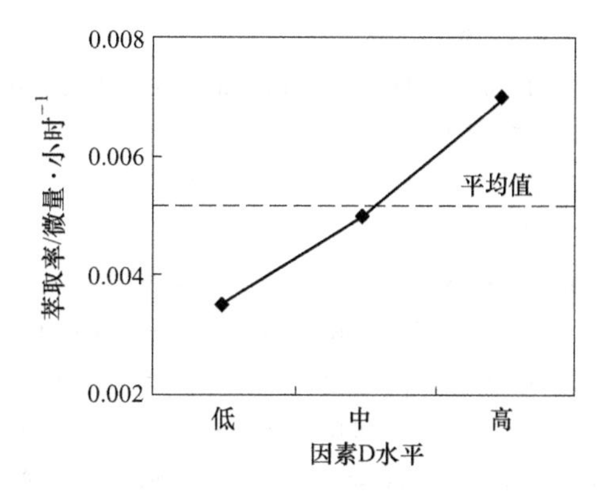

图 12.17 例 12.16 中因素 D 的比率比较

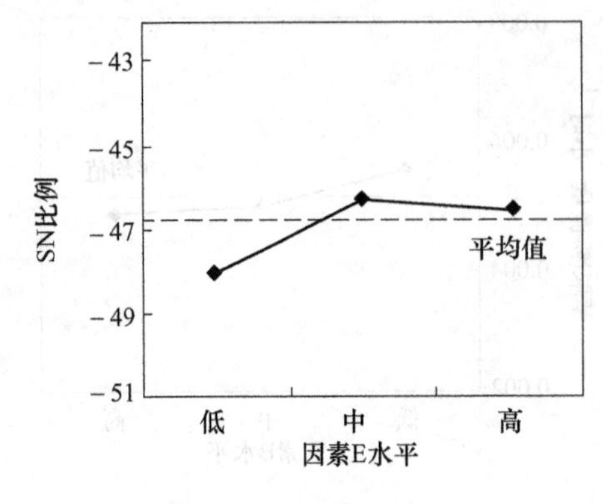

图 12.18 例 12.16 中因素 E 的 SN 水平比较

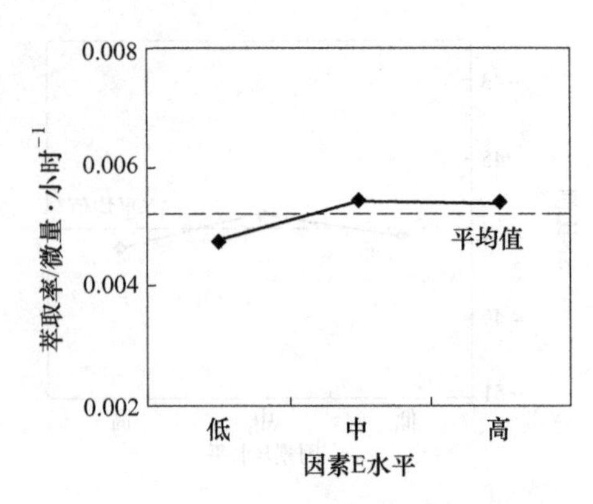

图 12.19 例 12.16 中因素 E 的比率比较

参 考 文 献

[1] J. R. Taylor, "An Introduction to Error Analysis," Oxford University Press, New York, p. 15, 1982.

[2] J. R. Taylor, "An Introduction to Error Analysis," Oxford University Press, New York, p. 45, 1982.

[3] J. R. Taylor, "An Introduction to Error Analysis," Oxford University Press, New York, p. 48, 1982.

[4] J. R. Taylor, "An Introduction to Error Analysis," Oxford University Press, New York, p. 51, 1982.

[5] J. R. Taylor, "An Introduction to Error Analysis," Oxford University Press, New York, p. 56, 1982.

[6] J. R. Taylor, "An Introduction to Error Analysis," Oxford University Press, New York, p. 57, 1982.

[7] J. R. Taylor, "An Introduction to Error Analysis," Oxford University Press, New York, p. 73, 1982.

[8] R. E. Walpole, R. H. Meyers, S. L. Meyers, "Probability and Statistics for Engineers and Scientists," 6th edition, Simon & Schuster, Upper Saddle River, NJ, p. 4, 1998.

[9] R. E. Walpole, R. H. Meyers, S. L. Meyers, "Probability and Statistics for Engineers and Scientists," 6th edition, Simon & Schuster, Upper Saddle River, NJ, p. 205, 1998.

[10] R. E. Walpole, R. H. Meyers, S. L. Meyers, "Probability and Statistics for Engineers and Scientists," 6th edition, Simon & Schuster, Upper Saddle River, NJ, p. 207, 1998.

[11] R. E. Walpole, R. H. Meyers, S. L. Meyers, "Probability and Statistics for Engineers and

Scientists," 6th edition, Simon & Schuster, Upper Saddle River, NJ, p. 115, 1998.

[12] R. E. Walpole, R. H. Meyers, S. L. Meyers, "Probability and Statistics for Engineers and Scientists," 6th edition, Simon & Schuster, Upper Saddle River, NJ, p. 145, 1998.

[13] R. E. Walpole, R. H. Meyers, S. L. Meyers, "Probability and Statistics for Engineers and Scientists," 6th edition, Simon & Schuster, Upper Saddle River, NJ, p. 149, 1998.

[14] G. H. Winberg, J. A. Schumaker, D. Oltman, "Statistics: An Intuitive Approach," 4th edition, Brooks/Cole, Monterey, CA, p. 150, 1981.

[15] G. H. Winberg, J. A. Schumaker, D. Oltman, "Statistics: An Intuitive Approach," 4th edition, Brooks/Cole, Monterey, CA, p. 254, 1981.

[16] R. E. Walpole, R. H. Meyers, S. L. Meyers, "Probability and Statistics for Engineers and Scientists," 6th edition, Simon & Schuster, Upper Saddle River, NJ, p. 266, 1998.

[17] R. E. Walpole, R. H. Meyers, S. L. Meyers, "Probability and Statistics for Engineers and Scientists," 6th edition, Simon & Schuster, Upper Saddle River, NJ, p. 167, 1998.

[18] R. E. Walpole, R. H. Meyers, S. L. Meyers, "Probability and Statistics for Engineers and Scientists," 6th edition, Simon & Schuster, Upper Saddle River, NJ, p. 233, 1998.

[19] R. E. Walpole, R. H. Meyers, S. L. Meyers, "Probability and Statistics for Engineers and Scientists," 6th edition, Simon & Schuster, Upper Saddle River, NJ, p. 172, 1998.

[20] R. E. Walpole, R. H. Meyers, S. L. Meyers, "Probability and Statistics for Engineers and Scientists," 6th edition, Simon & Schuster, Upper Saddle River, NJ, p. 366, 1998.

[21] R. E. Walpole, R. H. Meyers, S. L. Meyers, "Probability and Statistics for Engineers and Scientists," 6th edition, Simon & Schuster, Upper Saddle River, NJ, p. 396, 1998.

[22] R. E. Walpole, R. H. Meyers, S. L. Meyers, "Probability and Statistics for Engineers and Scientists," 6th edition, Simon & Schuster, Upper Saddle River, NJ, p. 398, 1998.

[23] R. E. Walpole, R. H. Meyers, S. L. Meyers, "Probability and Statistics for Engineers and Scientists," 6th edition, Simon & Schuster, Upper Saddle River, NJ, p. 173, 1998.

[24] R. E. Walpole, R. H. Meyers, S. L. Meyers, "Probability and Statistics for Engineers and Scientists," 6th edition, Simon & Schuster, Upper Saddle River, NJ, p. 174, 1998.

[25] R. E. Walpole, R. H. Meyers, S. L. Meyers, "Probability and Statistics for Engineers and Scientists," 6th edition, Simon & Schuster, Upper Saddle River, NJ, p. 168, 1998.

[26] R. E. Walpole, R. H. Meyers, S. L. Meyers, "Probability and Statistics for Engineers and Scientists," 6th edition, Simon & Schuster, Upper Saddle River, NJ, p. 601, 1998.

[27] R. K. Roy, A primer on the Taguchi Method, 1990, Van Nostrand Reinhold, NY, pp. 40-44.

思考练习题

12.1 使用方法 A 获得铜回收的以下数据：67、69、72、63、76，与方法 B 的数据相比：69、80、76、81、72。在多大程度上可以说流程 B 比流程 A 更好?

12.2 公司工厂运营商需要确保排放流中溶解铅的平均水平低于 30 ppb，以确保符合法规要求。

因此，派一名技术人员从工艺流程中采集 9 个随机溶液样品进行铅分析。溶液分析含铅 ppb 结果为 27.10、28.90、26.60、27.80、29.30、29.20、28.40、27.70 和 26.70。运营商是否至少有 99.5%的信心认为平均铅含量低于 30 ppb？

12.3 一名技术人员在不同的温度下进行了一系列 5 个反应实验，以确定与工艺反应相关的活化能。建立了反应常数的自然对数 $\ln k$ 与绝对温度倒数 $1/T$ 的关系图，并通过数据计算出线性回归，得出方程 $\ln k = 21512(1/T) + 35.103$，$r^2$ 值为 0.990。使用阿累尼乌斯方程和适当的统计分析，估算该反应的平均活化能及其相关的 95%置信区间。

附　　录

附录 A　化学元素相对原子质量

元素	符号	原子质量	元素	符号	原子质量
铝	Al	26.98	钼	Mo	95.94
锑	Sb	121.75	镍	Ni	58.71
氩	Ar	39.95	铌	Nb	92.91
砷	As	74.92	氮	N	14.01
钡	Ba	137.34	锇	Os	190.2
铍	Be	9.01	氧	O	16
铋	Bi	208.98	钯	Pd	106.4
硼	B	10.81	磷	P	30.97
溴	Br	79.91	铂	Pt	195.09
镉	Cd	112.4	钚	Pu	242
钙	Ca	40.08	钾	K	39.1
碳	C	12.01	镭	Ra	226
铈	Ce	140.12	铼	Re	186.2
铯	Cs	132.91	铑	Rh	102.91
氯	Cl	35.45	铷	Rb	85.47
铬	Cr	52	钐	Sm	150.35
钴	Co	58.93	钪	Sc	44.96
铜	Cu	63.54	硒	Se	78.96
氟	F	19	硅	Si	28.09
镓	Ga	69.72	银	Ag	107.87
锗	Ge	72.59	钠	Na	22.99
黄金	Au	196.97	锶	Sr	87.62
氦	He	4	硫	S	32.06
氢	H	1.01	钽	Ta	180.95
碘	I	126.9	碲	Te	127.6
铱	Ir	192.2	锡	Sn	118.69
铁	Fe	55.85	钛	Ti	47.9
铅	Pb	207.19	钨	W	183.85
锂	Li	6.94	铀	U	238.03
镁	Mg	24.31	钒	V	50.94
锰	Mn	54.94	锌	Zn	65.37
汞	Hg	200.59	锆	Zr	91.22

资料来源：“General Chemistry” by Linus Pauling, Dover Publications, NewYork, 1970.

附录 B　其他常量

常　量	符　号	值
元电荷	e	1.6022×10^{-19} C
法拉第常数	F	96485C/mol
玻尔兹曼常数	k	1.3807×10^{-23} J/K
气体常数	R	8.3144J/K 或 0.08206atm/(mol · K)
普朗克常数	h	6.6262×10^{-34} J · s
阿伏伽德罗常数	N_A	6.0221×10^{23} mol^{-1}
原子质量单位	AMU	1.6606×10^{-27}kg
电子质量	m_e	9.1095×10^{-31}kg
质子质量	m_p	1.6727×10^{-27}kg
中子质量	m_n	1.6750×10^{-27}kg
真空介电常数	ε_0	8.8542×10^{-12} C^2/(J · m)
真空中的光速	c	2.9979×10^{8} m/s

附录 C　换算系数

换 算 公 式	术　语
1atm = 101325Pa	m = 米(长度)
1atm = 760	kg = 千克(质量)
1atm = 14.7psi	g = 克(质量)
1t = 133.322Pa	C = 库伦(电荷)
1mmHg = 133.3224Pa	s = 秒(时间)
1eV = 1.6022×10^{-19}J	J = 焦耳(热量)
1cal = 4.184J	K = 开尔文(温度)
1J = 10^7erg = 10^7dyn · cm	W = 瓦特(能量)
1W = 1J/s	A = 安培(电流)
1A = 1C/s	V = 伏特(电压)
1V = 1J/C	N = 牛顿(力)
1N = 1J/m	Pa = 帕斯卡(压力)
1Pa = 1N/m^2	atm = 大气压(压力)
1ft = 12in	in = 英寸(长度)

续附录C

换算公式	术语
1in = 2.54cm	ft = 英尺(长度)
1kg = 2.205lb	psi = 磅/平方英寸(压力)
$1ft^3$ = 7.48 US gal	Btu = 英卡(热)
$1ft^3$ = 28.32l	cP = 厘泊(黏度)
1Btu = 252cal	l = 升(体积)
1 马力 = 0.746kW	lb = 磅(质量)
1cP = 0.01g/(cm · s)	ν = 动力黏度(黏度/密度)
1oz t = 31.1g	cS = 厘海 = 0.01cm^2/s
1oz = 28.35g	ton = 美吨 = 2000 磅
1lb = 453.59g	公吨 = 吨 = 1000kg
1℃ = 1.8°F	1 升气体 = 0.0446mol(STP)
273K = 0℃ = 32°F	

附录D 自由能数据表

化合物	$\Delta G_r^{\ominus}$ /J · mol^{-1}	参考文献
Ag^+	77100	[1]
Ag^{2+}	268200	[2]
AgCl	-109720	[2]
Ag_2O	-10820	[2]
AgO	10880	[2]
Ag(OH)	-91970	[2]
$Ag(CN)_2^-$	301500	[2]
$Ag(NH_3)_2^+$	-17400	[2]
$AgNO_3$	-32180	[2]
$Ag(S_2O_3)_2^{3-}$	-1036000	[2]
$Ag(SO_3)_2^{3-}$	-943100	[2]
Al^{3+}	-489400	[3]
AlO^{2-}	-839700	[2]
$Al(OH)_3$	-1154900	[3]
Al_2O_3(gamma)	-1562702	[3]

续附录 D

化　合　物	$\Delta G_r^\ominus$ /J · mol^{-1}	参考文献
$Al_2O_3 \cdot 3H_2O$(gibbsite)	-2320400	[2]
AsO_4^{3-}	-636000	[2]
AsO_2^-	-349900	[4]
AsO^+	-163650	[4]
AsO_3^{3-}	-447300	[4]
$AsH_3(g)$	68840	[4]
$HAsO_4^{2-}$	-707130	[2]
$H_2AsO_4^-$	-748550	[2]
H_3AsO_4	-769060	[2]
AsS	-70320	[3]
Au^+	163200	[2]
Au^{3+}	433500	[2]
$AuCl_2^-$	-47630	[5]
$AuCl_4^-$	-235000	[6]
$Au(CN)_2^-$	289300	[5]
$Au(CNS)_2^-$	241000	[6]
$Au(CNS)_4^-$	544000	[6]
$Au(OH)_3$	-290000	[6]
Au_2O_3	163200	[2]
$Au(S_2O_3)_2^{3-}$	-1065000	[5]
Ba^{2+}	-560700	[2]
$Ba_3(AsO_4)_2$	-3074000	[4]
$Ba(AsO_2)_2$	-1284000	[4]
$BaCO_3$	-1138900	[2]
$BaSO_4$	-1353000	[2]
$BaSeO_4$	-1062000	[2]
$BaWO_4$	-1563000	[2]
Br^-	-104010	[3]
Ca^{2+}	-553540	[3]
$Ca_3(AsO_4)_2$	-3058000	[4]

续附录D

化 合 物	$\Delta G_{\mathrm{r}}^{\ominus}$ /J · mol^{-1}	参考文献
$Ca(AsO_2)_2$	-1291000	[4]
CaF^+	-835700	[7]
CaF_2	-1162000	[2]
$Ca(OH)^+$	-717800	[2]
$Ca(OH)_2$	-898408	[3]
$CaCO_3$(calcite)	-1128842	[3]
CaO	-603487	[3]
$CaSO_4$	-1291000	[3]
$CaSO_4(2H_2O)$	-1797197	[3]
Cd^{2+}	-77580	[3]
$CdCO_3$	-669440	[3]
CdO	-228515	[3]
$Cd(OH)_2$	-470550	[2]
CdS	-145630	[3]
Cl^-	-131270	[3]
Cl_2(aq)	6900	[3]
HCl	-131170	[2]
ClO^-	-37240	[2]
HClO	-79960	[2]
ClO_3^-	-2590	[2]
$HClO_3$	-2590	[2]
ClO_4^-	-10750	[2]
$HClO_4$	-10340	[2]
CN^-(cyanide)	172400	[8]
HCN	119700	[8]
HCN(g)	124700	[8]
OCN^-	-97400	[8]
HOCN	117100	[8]
CO	-131171	[3]
CO_2(g)	-394375	[3]

续附录 D

化合物	$\Delta G_r^{\ominus}$ /J · mol^{-1}	参考文献
$CO_2(aq)$	−385980	[8]
CO_3^{2-}	−527900	[3]
HCO_3^-	−586850	[3]
$H_2CO_3(aq)$	−623170	[3]
$CH_3OH(aq)$	−175200	[2]
$HCO_2H(aq)$	356000	[2]
$HCHO(aq)$	−129700	[2]
$HCO_2(aq)$	−334700	[2]
$HCOO^-$	−351000	[8]
H_2CO_2	−372300	[8]
Co^{2+}	−54400	[3]
Co^{3+}	134000	[3]
CoO	−214194	[3]
$Co(OH)_2$	−456100	[2]
$Co(OH)_3$	−596700	[2]
Cr^{2+}	−176155	[2]
$Cr^{3+}(Cr(6H_2O)^{3+})$	−215490	[2]
CrO_4^{2-}	−736800	[2]
$HCrO_4^-$	−773700	[2]
Cr_2O_3	−1047000	[2]
$Cr_2O_7^{2-}$	−1320000	[2]
$Cr(OH)_2$	−587900	[2]
$Cr(OH)_3$	−900900	[2]
Cu^+	49980	[8]
Cu^{2+}	65520	[3]
$Cu_3(AsO_4)_2$	−1299600	[4]
$Cu(AsO_2)_2$	−701000	[4]
$Cu(CN)_2^-$	257800	[8]
$CuCl$	−119860	[8]
$CuCl^+$	−68200	[8]

续附录D

化 合 物	$\Delta G_r^\ominus$ /J · mol^{-1}	参考文献
$CuCl_3^{2-}$	-376000	[8]
$CuCl_2$	-175700	[8]
$CuCl_2^-$	-240100	[8]
$CuCO_3$(aq)	-501700	[2]
Cu_2O	-146030	[3]
CuO	-129564	[3]
$Cu(OH)_2$	-356900	[2]
$CuCO_3 \cdot Cu(OH)_2$	-893600	[8]
$(CuCO_3)_2 \cdot Cu(OH)_2$	-1315500	[8]
CuS	-49080	[3]
Cu_2S	-86868	[3]
$CuSO_4$	-662310	[3]
Cu_2SO_4	-652700	[2]
F^-	-276500	[2]
HF(aq)	-294300	[2]
Fe^{2+}	-78870	[3]
Fe^{3+}	-4600	[3]
$FeAsO_4 \cdot 2H_2O$	-1263520	[9]
$FeAsO_4$	-771600	[10]
$FeCl_3$	-333754	[3]
FeO	-251156	[3]
FeOOH(goethite)	-488550	[3]
$Fe(OH)^+$	-277400	[8]
$Fe(OH)_2$	-486500	[8]
$Fe(OH)^{2+}$	-438000	[8]
$Fe(OH)_3$	-714000	[11]
Fe_3O_4	-1012566	[3]
Fe_2O_3	-742683	[3]
FeS	-101333	[3]
FeS_2(pyrite)	-160229	[3]

续附录 D

化 合 物	$\Delta G_{\mathrm{f}}^{\ominus}$ /J · mol^{-1}	参考文献
$FeSO_4$	−820800	[8]
$Fe(SO_4)^+$	−772700	[8]
$Fe(SO_4)_2^-$	−1524500	[8]
$Fe_2(SO_4)_3$	−2249555	[3]
H^+	0	[3]
$H_2(aq)$	17600	[8]
$H_2O(l)$	−237141	[3]
$HO_2^-(aq)$	−67300	[8]
$H_2O_2(aq)$	−134030	[8]
Hg_2^{2+}	−153600	[3]
Hg^{2+}	164400	[3]
Hg_2CO_3	−442700	[2]
HgCl	−105415	[3]
$HgCl_2$	−185800	[2]
Hg_2Cl_2	−210700	[2]
$Hg(OH)_2$	−274900	[2]
$HgSO_4$	−590000	[2]
Hg_2SO_4	−623900	[2]
HgS(cinnabar)	−50645	[3]
K^+	−282490	[3]
KCl	−408554	[3]
KOH	−378932	[3]
La^+	−292620	[3]
LiOH	−438941	[3]
Mg^{2+}	−454800	[3]
$Mg_3(AsO_4)_2$	−2773000	[4]
$MgCO_3$	−1029480	[3]
MgO	−569196	[3]
$Mg(OH)_2$	−833506	[3]
$MgCl_2$	−591785	[3]

续附录 D

化　合　物	$\Delta G_r^{\ominus}$ /J · mol^{-1}	参考文献
Mn^{2+}	-228000	[3]
Mn^{3+}	-82000	[2]
$MnCO_3$	-816700	[8]
MnO	-362896	[3]
MnO_2	-465140	[8]
MnOOH	-557700	[2]
MnO_4^-	-447200	[8]
$MnSO_2$	-957326	[3]
MoO_2	-533053	[3]
MoO_3	-668055	[3]
NH_3(gas)	-16410	[3]
NH_3(aq)	-26600	[3]
NH_4^+	-79457	[3]
NH_4NO_3	-183803	[3]
NH_4OH	-263800	[2]
HNO_3(aq)	-26650	[2]
NO_3^-	-111500	[3]
NO_2	51310	[1]
Na^+	-261900	[3]
NaCl	-384212	[3]
$NaCO_3^-$	-797300	[2]
Na_2CO_3(aq)	-1052000	[2]
$NaHCO_3$(aq)	-847600	[2]
NaOH	-379651	[3]
Na_2S	-362400	[2]
Na_2SiO_3	-1427000	[2]
Ni^{2+}	-45600	[3]
$NiCO_3$	-615100	[2]
NiO	-211581	[3]
NiO_2	-198740	[2]

续附录 D

化 合 物	$\Delta G_r^{\ominus}$ /J · mol^{-1}	参考文献
$HNiO_2^-$	−349200	[2]
$Ni(OH)_2$	−453100	[8]
$NiSO_4$	−773700	[8]
O_2(g)	0	[1]
O_2(aq)	16400	[9]
O_3(aq)	174100	[8]
O_3(gas)	163000	[8]
OH^-	−157328	[3]
P_2O_5	−1372797	[3]
PO_4^{3-}	−1019000	[3]
HPO_4^{2-}	−1094000	[2]
$H_2PO_4^-$	−1135000	[2]
H_3PO_4	−1147000	[2]
Pb^{2+}	−24400	[3]
PbO(litharge-red)	−189202	[3]
PbO(massicot-yellow)	−188573	[3]
$Pb(OH)_2$	−420508	[8]
Pb_3O_4	−617700	[2]
Pb_2O_3	−411800	[2]
PbO_2	−215314	[3]
$PbCO_3$	−626400	[2]
PbS	−96075	[3]
$PbSO_4$	−813026	[3]
PbS_2O_3	−560700	[2]
Pt^{2+}	−229300	[2]
S^{2-}	85800	[3]
H_2S(gas)	−33543	[3]
H_2S(aq)	−27830	[3]
HS^-	12100	[3]
HSO_4^-	−755910	[8]

续附录 D

化　合　物	$\Delta G_f^{\ominus}$ /J · mol^{-1}	参考文献
H_2SO_4(l)	−689995	[3]
H_2SO_4(aq)	−744530	[1]
SO_2(gas)	−300194	[8]
SO_2(aq)	−300676	[8]
$S_2O_3^{2-}$(thiosulfate)	−522500	[8]
$HS_2O_3^-$	−541900	[2]
$H_2S_2O_3$	−543500	[2]
SO_3^{2-}(sulfite)	−486600	[3]
HSO_3^-	−527300	[2]
SO_4^{2-}(sulfate)	−744630	[3]
SbO^+	−175700	[2]
Sb_2S_3	−173470	[3]
Se^{2-}	129000	[3]
SeO_2	−173600	[2]
SeO_3^{2-}	−373800	[2]
SeO_4^{2-}	−441100	[2]
$HSeO_3^-$	−411300	[2]
$HSeO_4^-$	−452700	[2]
H_2SeO_3	−425900	[2]
H_2SeO_4	−441100	[2]
SiO_2(quartz)	−856288	[3]
$H_3SiO_4^-$	−1200000	[2]
H_4SiO_4(aq)	−1308000	[3]
Sn^{2+}	−26200	[2]
Sn^{4+}	−2720	[2]
SnO	−257300	[2]
SnO_2	−519902	[3]
$Sn(OH)^+$	−253600	[2]
SnS	−104698	[3]
Sr^{2+}	−559440	[3]

续附录 D

化 合 物	$\Delta G_{\mathrm{r}}^{\ominus}$ /J · mol^{-1}	参考文献
Ti^{2+}	−314200	[2]
Ti^{3+}	−349800	[2]
TiO	−513312	[3]
TiO_2(anatase)	−883303	[3]
TiO_2(rutile)	−889446	[3]
$Ti(OH)_3$	−1050000	[2]
U^{3+}	−520500	[3]
U^{4+}	−579100	[3]
UCl_3	−823820	[3]
UCl_4	−1018390	[3]
UO_2	−1031770	[3]
UO_3	−1146461	[3]
V^{2+}	226800	[2]
V^{3+}	−251400	[2]
VO^{2+}	−456100	[2]
VO_2^+	−596700	[2]
VO	−404219	[3]
V_2O_3	−1139052	[3]
V_2O_4	−1318457	[3]
V_2O_5	−1419435	[3]
$V(OH)_3$	−912200	[2]
WO_2	−533858	[3]
WO_3	−764062	[3]
WO_4^{2-}	−920500	[2]
WS_2	−297945	[3]
Zn^{2+}	−147260	[3]
$Zn_3(AsO_4)_2$	−1903000	[4]
$Zn(AsO_2)_2$	−917900	[4]
$ZnCO_3$	−746500	[2]
ZnO	−320477	[3]

续附表 D

化　合　物	$\Delta G_r^{\ominus}$ /J · mol^{-1}	参考文献
ZnO_2^{2-}	−388870	[2]
$Zn(OH)^+$	−330100	[8]
$Zn(OH)_2(\gamma)$	−553810	[8]
$Zn(NH_3)_4^{2+}$	−301900	[8]
$Zn(NH_3)_2^{2+}$	−225000	[8]
ZnS(sphalerite)	−202496	[3]
ZnS(wurtzite)	−190220	[3]
$ZnSO_4$	−871530	[3]
Zr^{4+}	−594000	[2]
ZrO_2	−1036400	[2]

附录 E　实验室计算

E.1　背景信息

测量精度是仪器精度的函数。对于溶液容器，重要的是注意体积标记的准确性。容量瓶比烧杯更加准确，因为容量瓶通常在 20℃ 的规定温度下进行校准，使其在很小的误差范围内容纳(TC) 所规定的体积(温度改变会改变体积)。公差级别通常会在烧瓶上注明，以便使用者明确精度。大多数的新烧瓶都有一个公差等级名称，其中 A 类是最精确的。大多数 A 类烧瓶的精确度约为千分之一。因此，无论重量平衡有多精确，溶液的精确度通常只能达到千分之一。大多数 B 类烧瓶的精度不超过千分之二。移液管也有类似的公差。然而，需要注意的是，大多数移液管都经过校准，以分配(TD) 指定的体积。可分配的体积不同于容纳的体积，这是因为在分配的时间内液体残留在薄膜上没有流出容器。通过将纯净水分配到预先称重的容器中，然后在精确的天平上重新称重，可以对给定容器的准确性进行简单检查。然后，应使用适当的换算方法将水的重量与规定的体积进行比较(在 22℃时，1mL 纯水质量为 0. 9978g)。所有好的烧瓶和可重复使用的移液管上都有 TD 或 TC 字样，以便使用者知道指定的容器是容纳量还是分配量。注意，切勿使用烧杯进行体积测定，因为它们的体积标记通常不准确。

E.2　溶液配制原则

安全是配制溶液最重要的方面。那些配制溶液的人必须确保所需溶液的配制是安全的，并且所有推荐的安全设备和程序都得到了适当的利用。

准确的溶液配制取决于配制过程中使用的设备和化学品的准确性和清洁度。对于浓度非常低的精确溶液，玻璃器皿必须非常干净，通常需要在硫酸、硝酸或盐酸溶液中进行酸清洗，然后在强碱中清洗，并根据玻璃器皿中使用的溶液在纯净水中进一步彻底清洗。稀释溶液制备中使用的水也必须具有很高的纯度。溶液的所有成分都需要在容器上清楚地标记。

准确的溶液配制也需要高纯度的化学品。许多以高纯度形式出现的化学物质并不是我们所需要的确切化合物。例如，当购买硫酸亚铁时，它通常含有 7 个水合水，在溶液配制计算中必须考虑到这一点。一些高纯化合物，如酸，由于难以浓缩成纯酸，通常以稀释的形式出售。其他化合物会吸收水分或与大气气体(如氧气和二氧化碳）发生反应，形成与标签上所述不同的化合物——尤其是在使用前已经储存很长时间的化合物。当使用容易与空气发生水合或反应的高纯度固体时，使用准确的分析仪器，如 ICP 和 AA 光谱，用认证的标准溶液校准，验证纯度是很重要的。

E.3　溶液配制计算

在实验室环境下进行精确计算的关键是明确需要什么和可以产生什么，并确保正确使用计算单位。根据等式进行必要的单位转换，这些等式的值已设置为统一数值或 1。

$$1\text{mol NaCl} = 58.43\text{g NaCl} \rightarrow \frac{1\ \text{mol NaCl}}{58.43\text{g NaCl}} = 1$$

$$1\text{m} = \frac{1\text{mol}}{1000\text{g solvent}} \rightarrow \frac{1\text{m}}{\dfrac{1\text{mol}}{1000\text{g solvent}}} = 1$$

$$1\text{mol } Fe_3O_4 = 3\text{mol Fe} \rightarrow \frac{1\text{mol } Fe_3O_4}{3\text{mol Fe}} = 1$$

$$1\text{g HCl solution} = 0.37\text{g HCl} \rightarrow \frac{1\text{g HCl solution}}{0.37\text{g HCl}} = 1$$

$$1\text{mL } H_2O = 1\text{g } H_2O \rightarrow \frac{1\text{mL } H_2O}{1\text{g } H_2O} = 1$$

$$1\text{L} = 1000\text{mL} \rightarrow \frac{1\ \text{L}}{1000\text{mL}} = 1$$

当使用纯度为 37%的盐酸溶液时，相对等式可以写成以上形式。

整个计算是通过建立一个方程，然后用合适的单位和可用的等式重新求解方程。等式仅仅用来转换单位。

例 E.1　用 96%纯度的氯化钠，在 100mL 的容量瓶中配制 0.1*M* 的氯化钠溶液。把问题改写成方程形式：

$$0.1M\ \text{Na}=\frac{X[\text{g NaCl(impure)}]}{1000\text{mL}}$$

或

$X[\text{g NaCl(impure)}]=(0.1M\ \text{Na})(100\text{mL})$

$$=\frac{(0.1M\ \text{Na})(100\text{mL H}_2\text{O})}{\dfrac{1\text{g NaCl(impure)}}{0.96\text{g NaCl}}\ \dfrac{1\text{g H}_2\text{O}}{1\text{mL H}_2\text{O}}}\ \frac{\dfrac{1\text{mol Na}}{1000\text{g H}_2\text{O}}}{1M\ \text{Na}}\ \frac{1\text{mol NaCl}}{1\text{mol Na}}\ \frac{58.43\text{g NaCl}}{1\text{mol NaCl}}$$

所以 $X[\text{g NaCl(impure)}]=0.6086$

注意：除了 g NaCl(impure)之外的所有单位都被抵消。因此，在 100mL 水中加入 0.6086g 的 NaCl，就可以得到理想的 0.1M 的氯化钠溶液。

例 E.2 计算在 100mL 烧瓶中配置 0.0001M 标准铜溶液所需体积。

$$\frac{X\ \text{mL Cu(std)}}{1000\text{mL H}_2\text{O}}=0.0001M\ \text{Cu}$$

$X\ \text{mL Cu(std)}=(0.0001M\ \text{Cu})(1000\text{mL H}_2\text{O})$

$$=\frac{(0.0001M\ \text{Cu})(100\text{mL H}_2\text{O})}{\dfrac{1\mu\text{g Cu}}{10^{-6}\text{g Cu}}\ \dfrac{1\text{g H}_2\text{O}}{1\text{mL H}_2\text{O}}}\ \frac{\dfrac{1\text{mol Cu}}{1000\text{g H}_2\text{O}}}{1M\ \text{Cu}}\ \frac{63.55\text{g NaCl}}{1\text{mol Cu}}\ \frac{1\text{mL Cu(std)}}{1000\mu\text{g Cu}}$$

$$X\ \text{mL Cu(std)}=0.6355$$

因此，在 100mL 烧瓶中加入 0.6355mL 标准铜溶液，即为 0.0001M 的标准铜溶液。显然，由于无法精确测量 0.6355mL 的标准溶液，因此需要制备更浓缩的溶液，然后再进行另一次稀释以制备准确浓度的所需溶液。

例 E.3 假设硫酸完全分解为 H^+ 和 SO_4^{2-}，将 10L 水 pH 从 7.0 调节到 3.5，没有其他反应发生，活度系数等于 1[$\text{pH}=-\lg(a_{\text{H}^+})$，单位活度系数，摩尔浓度$=10^{-\text{pH}}$]，计算添加浓硫酸(96%纯度) 的近似重量。

$$\frac{X\ \text{g H}_2\text{SO(soln)}}{10\text{L H}_2\text{O}}=10^{-3.5}M\ \text{H}^+$$

$X\ \text{g H}_2\text{SO}_4=(10^{-3.5}\ M\ \text{H}^+)(10\text{L H}_2\text{O})$

$$=\frac{(10^{-3.5}M\ \text{H}^+)(10\text{L H}_2\text{O})}{\dfrac{1\text{g H}_2\text{SO}_4\text{(soln)}}{0.96\text{g H}_2\text{SO}_4}\ \dfrac{1000\text{g H}_2\text{O}}{1\text{L H}_2\text{O}}}\ \frac{\dfrac{1\text{mol H}^+}{1000\text{g H}_2\text{O}}}{1M\ \text{H}^+}\ \frac{1\text{mol H}_2\text{SO}_4}{2\text{mol H}^+}\ \frac{98.07\text{g H}_2\text{SO}_4}{1\text{mol H}_2\text{SO}_4}$$

$$X\ \text{g H}_2\text{SO}_4\text{(soln)}=0.1615$$

因此，应添加0.1615g浓硫酸，以将pH从7降至3.5。由于此值非常小，因此有必要先配制稀酸储备液，然后使用储备液进行pH调节。

E.4　问题

确定用浓硝酸(69% HNO_3，密度1.42）配制 1×10^{-3} *M* HNO_3溶液需要多少毫升浓硝酸？

附录F　选定离子种类数据

物　种	ΔH_{298}/J·mol^{-1}	$S^{\ominus}_{298}$/J·(mol·K)$^{-1}$	偏摩尔/J·(mol·K)$^{-1}$	
			c_p(25~60℃)	c_p(25~200℃)
Ag^+	105750	73.38	125	180
Al^{3+}	-531000	-308	301	451
Ba^{2+}	-537640	9.60	159	230
Be^{2+}	-383000	-130	259	385
Ca^{2+}	-542830	-53.1	188	276
Cd^{2+}	-75900	-73.2	188	280
Cl^-	-167080	56.73	-213	-276
CO_3^{2-}	-677140	-56.90	-552	-631
Cu^{2+}	64770	-99.6	205	301
F^-	-335350	-13.18	-196	-272
Fe^{3+}	-48500	-316.0	293	439
H^+	0	0	96	146
HCO_3^-	-691990	91.2	-113	146
K^+	-252170	101.04	113	163
Li^+	-278455	11.30	150	217
Mg^{2+}	-466850	-138	213	314
Mn^{2+}	-220700	-73.6	196	293
Na^+	-240300	58.41	146	188
NO_3^-	-207400	146.94	-205	-238
OH^-	-230025	-10.71	-196	-272
Pb^{2+}	-1700	10.0	155	226
SO_4^{2-}	-909270	20.0	-414	-477
Sr^{2+}	-545800	-33.0	180	263

数据来源：C. M. Criss, J. W. Cobble, "The Thermodynamic Properties of High Temperature Aqueous Solutions. IV. Entropies of the Ions up to 200℃ and the Correspondence Principle," Journal of Physical Chemistry, 86, 5385；和R. A. Robie, B. S. Hemingway, and J. R. Fisher, "Thermodynamic Properties of Minerals and Related Substances at 298.15K and 1 Bar(10^5 Pascals) Pressure and at Higher Temperatures," Geological Survey Bulletin 1452, US Department of the Interior, Washington, D. C., 1978.

附录 G 标准半电池电位

反 应	$E^{\ominus}$/V
$F_2 + 2e \rightleftharpoons 2F^-$	+2.65
$O_3 + 2H^+ + 2e \rightleftharpoons O_2 + H_2O$	+2.07
$Co^{3+} + e \rightleftharpoons Co^{2+}$	+1.84
$H_2O_2 + 2H^+ + 2e \rightleftharpoons 2H_2O$	+1.776
$OCl^- + 2H^+ + 2e \rightleftharpoons H_2O + Cl^-$	+1.714
$MnO_4^- + 8H^+ + 5e \rightleftharpoons Mn^{2+} + 4H_2O$	+1.52
$Au^{3+} + 3e \rightleftharpoons Au$	+1.498
$ClO_3^- + 6H^+ + e \rightleftharpoons Cl^- + 3H_2O$	+1.45
$Cl_2 + 2e \rightleftharpoons 2Cl^-$	+1.358
$Pt^{3+} + 3e \rightleftharpoons Pt$	+1.358
$ClO_4^- + 2H^+ + 2e \rightleftharpoons H_2O + ClO_3^-$	+1.186
$Br_2 + 2e \rightleftharpoons 2Br^-$	+1.065
$HNO_2 + H^+ + e \rightleftharpoons H_2O + NO$	+0.99
$NO_3^- + 3H^+ + 2e \rightleftharpoons H_2O + HNO_2$	+0.94
$NO_3^- + 2H^+ + e \rightleftharpoons NO_2 + H_2O$	+0.81
$Ag^+ + e \rightleftharpoons Ag$	+0.799
$Hg_2^{2+} + 2e \rightleftharpoons 2Hg$	+0.788
$Fe^{3+} + e \rightleftharpoons Fe^{2+}$	+0.770
$O_2 + 2H^+ + 2e \rightleftharpoons H_2O_2$	+0.680
$Cu^{2+} + 2e \rightleftharpoons Cu$	+0.337
$Ge^{2+} + 2e \rightleftharpoons Ge$	+0.230
$Cu^{2+} + e \rightleftharpoons Cu^+$	+0.153
$2H^+ + 2e \rightleftharpoons H_2$	0.000
$Pb^{2+} + 2e \rightleftharpoons Pb$	−0.126
$Sn^{2+} + 2e \rightleftharpoons Sn$	−0.136
$Ni^{2+} + 2e \rightleftharpoons Ni$	−0.250
$Co^{2+} + 2e \rightleftharpoons Co$	−0.277
$Cd^{2+} + 2e \rightleftharpoons Cd$	−0.403
$Fe^{2+} + 2e \rightleftharpoons Fe$	−0.410

续附录 G

反　应	$E^{\ominus}$/V
$Ga^{3+} + 3e \rightleftharpoons Ga$	-0.56
$Cr^{3+} + 3e \rightleftharpoons Cr$	-0.744
$Zn^{2+} + 2e \rightleftharpoons Zn$	-0.763
$Mn^{2+} + 2e \rightleftharpoons Mn$	-1.18
$V^{2+} + 2e \rightleftharpoons V$	-1.18
$Al^{3+} + 3e \rightleftharpoons Al$	-1.662
$Ti^{3+} + 3e \rightleftharpoons Ti$	-1.80
$U^{3+} + 3e \rightleftharpoons U$	-1.80
$Be^{2+} + 2e \rightleftharpoons Be$	-1.85
$Mg^{2+} + 2e \rightleftharpoons Mg$	-2.363
$Na^{+} + e \rightleftharpoons Na$	-2.712
$Ca^{2+} + 2e \rightleftharpoons Ca$	-2.87
$Sr^{2+} + 2e \rightleftharpoons Sr$	-2.89
$Ba^{2+} + 2e \rightleftharpoons Ba$	-2.90
$K^{+} + e \rightleftharpoons K$	-2.92
$Li^{+} + e \rightleftharpoons Li$	-3.05

注：所有涉及氢的反应都假定 pH 为 0

资料来源：数据来自参考文献[2]~[5]和[8]~[10]。

附录H　通 用 术 语

团聚　在浸出过程中，使用水和黏合剂(如水泥）将微细材料固定成微粒团的过程。

阳极　发生氧化反应的带正电的电极。

阳极电解质　阳极周围的电解质溶液，通过膜或多孔屏障与阴极周围的溶液隔离。

漏穿容量　吸收剂在容器或柱中吸收特定物质而不允许物质超过阈值水平排放到废水中的容量。

阴极　发生还原反应带负电的电极，通常是金属镀层。

阴极电解质　通过膜或多孔屏障与阴极周围的溶液隔离的电解质溶液。

螯合剂　一种能以复合形式与中心金属原子多重连接的化学试剂。

粉碎　粒径减小的过程。

积垢　由有机物、水和固体物质组成的混合物，在溶剂萃取过程中需要解决的问题。

稀释剂 用于稀释的化合物。通常作为溶液萃取剂载体的有机溶剂。

废水 离开特定过程的溶液。

E_h 溶液相对于标准氢半电池的电化学电势或氧化还原电位。这个术语经常被不恰当地用来表示未转换为氢电池基准的各种基准电池电位的测量电位，表示自由能热力学计算中使用的相同电位。

电解质 溶于水溶液中或在熔融状态下就能够导电的化合物。通常与其他用于电化学过程的溶液一起使用，如电精炼、电积或电镀。

淋洗剂 用于淋洗过程的溶液。

淋洗 通常与剥离离子交换树脂相关的萃取过程。

淘洗 用液体分离固体的过程。另外，也可以描述固体的洗涤。

乳化剂 一种液体中微小的不混溶液滴在另一种液体中的分散。

萃取剂 一种离子或化合物，可以通过化学作用或结合溶解其他不溶物质。

萃取系数 在溶剂萃取或离子交换过程中，萃取相中金属与水相中金属的比率。

湿法冶金 在含水或含水环境中对金属化学的研究。

相转化 在涉及两种互不相溶液体(如溶剂萃取) 中从一个连续相过渡到另一个连续相的过程。

浸出 通过溶液溶解、萃取或去除金属或混合矿物的过程。

溶液 工艺液体(通常与含有所需物质的溶液结合使用)。

配体 与金属离子等目的物种形成复合物。如：氯化物。

浸出剂 能通过化学作用或结合溶解其他不溶物质的一种离子或化合物。

改性剂 用于改变另一物种的行为的化学添加剂。通常用于提高溶剂浸出率。

ORP 氧化还原电位，如果以标准氢电池为基准，则与 E_h 相同(见 E_h)。

氧化剂 能通过电化学反应增加另一种物质的氧化能力的一种离子或化合物。

pH 即 $\lg a_{H^+}$，a_{H^+} 是氢离子活度。

p*K* 即 $-\lg K$，其中 K 表示平衡常数。

pK_a 即 $-\lg K_a$，当除氢离子外所有物种的活性都是统一时的酸化平衡的平衡常数。因此 pK_a 代表氢离子发生结合/解离反应时的平衡 pH 值。

pH_{50} 离子在水相和有机相之间平均分配的溶剂萃取过程时的 pH 或萃取系数等于时 1 的 pH 值。

含贵重矿物溶液 包含所需矿物的溶液。换言之，是体现其价值的溶液。

萃余液 从中移除有价值物质的溶液。溶剂萃取过程的剩余含量有低浓度所需物质的水溶液。

还原剂 能通过化学反应降低其他物质的氧化能力的一种离子或化合物。

难提取 在金的提取过程中，矿石对传统浸出的抵抗力表示难浸性。不适于传统开采的矿石称为难选矿石。金矿石对传统浸出的抵抗力通常与分散在硫化物中的亚微米级金颗粒有关，这使得传统浸出效果不佳。通过某种形式的氧化预处理矿石，使这些金颗粒可以被浸出剂浸出。

擦洗 描述利用化学过程(如溶剂萃取) 选择性地去除杂质的过程。

悬浮液 由液体和悬浮颗粒组成的介质。

溶质 溶解的物质。

TCLP 表示毒性特征浸出程序。本程序旨在从模拟填埋环境中的固体废物中提取潜在的有毒离子，以确定材料是否为潜在的危险废物。

附录I 常见的筛网尺寸

目数[①]	筛孔尺寸/mm
4	4.75
8	2.36
20	0.850
60	0.250
80	0.180
100	0.150
170	0.090
200	0.075
270	0.053
325	0.045
400	0.038

①泰勒，美国(ASTM-E-11-70) 和加拿大标准筛序(8-GP-1d).

附录J 金属和矿物

金属元素	矿产资源	化 学 式
铝(Al)	铝土矿[①]	
	水铝石	AlO(OH)
	三水铝矿	$Al(OH)_3$
	勃姆石	AlO(OH)
	矾土	Al_2O_3

续附录J

金属元素	矿产资源	化 学 式
锑(Sb)	辉锑矿①	Sb_2S_3
砷(As)	毒砂 雄黄 雌黄	$FeAsS$ AsS As_2S_3
铍(Be)	绿柱石① 硅铍石	$Be_3Al_2Si_6O_{18}$ $Be_3Al_2(SiO_3)_6$
铋(Bi)	铋金属	Bi
镉(Cd)	硫镉矿	CdS
铯(Cs)	铯榴石① 锂云母	$Cs_4Al_4Si_9O_{26} \cdot H_2O$ $K(Li, Al)_3(Si, Al)_4O_{10}(OH, F)_2$
铬(Cr)	铬铁矿①	$FeCr_2O_4$
钴(Co)	砷钴矿 辉钴矿 硫铜钴矿 硫钴矿	$CoAs_2$ $CoAsS$ $CuCo_2S_4$ CoS_4
铜(Cu)	黄铜矿① 辉铜矿① 斑铜矿① 铜蓝① 赤铜矿① 孔雀石① 自然金属 砷铜矿 黝铜矿 蓝铜矿 硫砷铜矿	$CuFeS_2$ Cu_2S Cu_5FeS_4 CuS Cu_2O $CuCO_3 \cdot Cu(OH)_2$ Cu $Cu_8As_2S_7$(变化很多) $4Cu_2S \cdot Sb_2S_3$ $2CuCO_3 \cdot Cu(OH)_2$ $Cu_3As_5S_4$
镓(Ga)	没有重要的矿物，副产品	
锗(Ge)	硫银锗矿	$3Ag_2S \cdot GeS_2$
金(Au)	自然金属① 针碲金银矿 碲金矿	Au $(AuAg)Te_2$ $AuTe_2$
铪(Ha)	无重要矿物，与Zr共生成物	

续附录 J

金属元素	矿产资源	化 学 式
碘(I)	没有重要的矿物质，副产品	
铁(Fe)	赤铁矿①	Fe_2O_3
	磁铁矿①	Fe_3O_4
	针铁矿	$Fe_2O_3 \cdot H_2O$
	褐铁矿	水合氧化铁
	菱铁矿	$FeCO_3$
	磁黄铁矿	FeS(不同的硫铁比)
	黄铁矿	FeS_2
铅(Pb)	方铅矿①	PbS
	白铅矿	$PbCO_3$
	硫酸铅矿	$PbSO_4$
	脆硫锑铅矿	$Pb_4FeSb_6S_{14}$
锂(Li)	锂辉石①	$LiAlSi_2O_6$
	锂磷铝石	$2LiF \cdot Al_2O_3 \cdot P_2O_5$
	锂云母	$LiF \cdot KF \cdot Al_2O_3 \cdot 3SiO$
镁(Mg)	白云石	$MgCa(CO_3)_2$
	菱镁矿	$MgCO_3$
	光卤石	$KMgCl_3 \cdot 6H_2O$
	水镁石	$Mg(OH)_2$
锰(Mn)	软锰矿①	MnO_2
	水锰矿	Mn_2O_3
	褐锰矿	$3Mn_2O_3 \cdot MnSiO_3$
	硬锰矿	氧化物混合物
汞(Hg)	辰砂①	HgS
钼(Mo)	辉钼矿	MoS_2
	钼铅矿	$PbMoO_4$
镍(Ni)	镍黄铁矿①	(FeNi)S
	硅镁镍矿①	水合硅酸 Ni-Mg
	红砷镍矿	NiAs
	针硫镍矿	NiS
铌(Nb)	烧绿石①	$(Ca,Na)_2(Nb,Ta)_2O_6(O,OH,F)$
	钶铁矿①	$(Fe,Mn)(Nb,Ta)_2O_6$
铂族金属 (Ru, Rh, Pd, Os, Ir, Pt)		

续附录J

金属元素	矿产资源	化学式
铂(Pt)	自然金属[1] 砷铂矿[1]	Pt $PtAs_2$
锇(Os)	锇-铱合金	Os-Ir
稀土金属 (Ce, Pr, Nd, Sm, Eu, Gd, Tb, Dy, Ho, Er, Tm, Yb, Lu)		
铈(Ce)	氟碳铈矿[1]	$(Ce,La)(CO_3)F$
镧(La)	氟碳铈矿[1]	$(Ce,La)(CO_3)F$
钇(Y)	磷钇矿[1]	YPO_4
钍(Th)	独居石[1] 方钍石	$(Ce,La,Th)PO_4$ $ThO_2U_3O_8$
镭(Ra)	副产品	
铼(Re)	无重要矿物质，MoS_2副产品	
铷(Rb)	没有重要的矿物质，副产品	
硅(Si)	石英[1]	SiO_2
硒(Se)	硒银矿[1] 硒铅矿 赤霞石 硒铜矿	Ag_2Se PbSe $(AgCu)_2Se$ Cu_2Se
银(Ag)	辉银矿[1]	Ag_2S
钽(Ta)	烧绿石[1] 钶铁矿[1]	$(Ca,Na)_2(Nb,Ta)_2O_6(O,OH,F)$ $(Fe,Mn)(Nb,Ta)_2O_6$
碲(Te)	针碲金银矿 碲金矿	$(AuAg)Te_2$ $AuTe_2$
铊(Tl)	没有重要的矿物质，副产品	
钍(Th)	见稀土	
锡(Sn)	锡石[1]	SnO_2
钛(Ti)	钛铁矿[1] 金红石 锐钛矿	$FeTiO_3$ TiO_2 TiO_2
钨(W)	钨锰铁矿[1] 白钨矿[1]	$(Fe,Mn)WO_4$ $CaWO_4$

续附录 J

金属元素	矿产资源	化 学 式
铀(U)	沥青铀矿①	UO_2
	云母铀矿①	U_3O_8
	钒钾铀矿	$K_2(UO_2)_2(VO_4)_2 \cdot 3H_2O$
	钙铀云母	$Ca(UO_2)_2(PO_4)_2 \cdot (10\sim12)H_2O$
	铜铀云母	$Cu(UO_2)_2(PO_4)_2 \cdot 12H_2O$
钒(V)	绿硫钒石①	VS_4
	钒钾铀矿①	$K_2(UO_2)_2(VO_4)_2 \cdot 3H_2O$
	钒云母	$H_8K(MgFe)(AlV)_4(SiO_3)_{12}$
	钒铅矿	$(PbCl)V_4(PO_4)_3$
锌(Zn)	闪锌矿①	ZnS
	菱锌矿	$ZnCO_3$
	铁闪锌矿	$(Zn, Fe)S$
	红锌矿	ZnO
	硅锌矿	Zn_2SiO_4
锆(Zr)	锆石	$ZrSiO_4$

①主要工业矿产资源。

资料来源：B. A. Wills, "Mineral Processing Technology", 3rd edition, Pergamon Press, 1985.

参 考 文 献

[1] P. W. Atkins, "Physical Chemistry", 3rd edition, W. H. Freeman and Company, New York, 1986.

[2] R. M. Garrels and C. L. Christ, "Solutions, Minerals, and Equilibria," Jones and Bartlett Publishers, Boston (MA), 1990.

[3] R. A. Robie, B. S. Hemingway, and J. R. Fisher, "Thermodynamic Properties of Minerals and Related Substances at 298. 15 K and 1 Bar(105 Pascals) Pressure and at Higher Temperatures," Geological Survey Bulletin 1452, U. S. Department of the Interior, Washington, D. C., 1978.

[4] R. G. Robins, "Arsenic Hydrometallurgy," in Arsenic Metallurgy Fundamentals and Applications, eds. R. G. Reddy, J. L. Hendrix, P. B. Queneau, TMS, Warrendale(PA), pp. 215-247, 1988.

[5] C. A. Fleming, "Hydrometallurgy of Precious Metals Recovery," in Hydrometallurgy, Theory and Practice, Vol. B, eds. W. C. Cooper and D. B. Dreisinger, Elsevier, Amsterdam, 1992.

[6] R. W. Boyle, "The Geochemistry of Gold and its Deposits," Canadian Geological Bulletin 280, Minister of Supply and Services, Canada, p. 10, 1979.

[7] K. P. Anathapadmanabhan, P. Somasundaran, "Role of Dissolved Mineral Species in Calcite-Apatite Flotation," Minerals and Metallurgical Processing, 5, 36-42, 1984.

[8] D. D. Wagman, W. H. Evans, V. B. Parker, R. H. Schumm, I. Halow, S. M. Bailey, K. L. Churney, and R. L. Nuttall, "The NBS Tables of Chemical Thermodynamic Properties," Journal of Physical and Chemi-

cal Reference Data, 11(suppl 2), National Bureau of Standards, Washington, D. C., 1982.

[9] S. Therdkiattikul, "Treatment Methods, Safe Contaminants Precipitation Disposal and Water Reclamation, and Recycling of Effluent from Bacterial Leaching of Precious Metal Refractory Ores," Ph. D. Dissertation, University of Utah, 1996.

[10] N. Papassiopi, M. Stefanakis, A. Kontopoulos, "Removal of Arsenic from Solutions by Precipitation as Ferric Arsenates," in Arsenic Metallurgy Fundamentals and Applications eds. R. G. Reddy, J. L. Hendrixs, P. B. Queneau, TMS, Warrendale(PA), 1988.

[11] D. C. Silverman, Corrosion, 38(8), 453-455, 1982.